普通高等教育农业农村部"十四五"规划教材

中国农业系列研究生教材
Series of postgraduate textbooks for Chinese agriculture

牧草与草坪草种子科学与技术

第2版

毛培胜　主编

中国农业大学出版社
·北京·

内容简介

《牧草与草坪草种子科学与技术》第2版针对新农科建设和草学硕士研究生人才培养、立德树人的时代需求，重点在牧草、草坪草种子科学理论创新与技术成果等方面进行内容更新。本书包括绪论、牧草与草坪草种子的形成与发育、牧草与草坪草种子的形态解剖结构、牧草与草坪草种子的休眠、牧草与草坪草种子的萌发、牧草与草坪草种子质量检测技术、牧草与草坪草种子扩繁与收获技术、牧草与草坪草种子的处理与加工、牧草与草坪草种子的寿命与老化及牧草与草坪草种子检疫技术共10部分内容。

《牧草与草坪草种子科学与技术》主要是为草学专业研究生培养提供教学参考和学习用书，也可作为牧草或草坪草种子生产、加工领域科技人员的生产实践技术指导资料。

图书在版编目(CIP)数据

牧草与草坪草种子科学与技术/毛培胜主编. -- 2版. -- 北京：中国农业大学出版社，2023.5
ISBN 978-7-5655-2928-3

Ⅰ.①牧… Ⅱ.①毛… Ⅲ.①牧草-种子-研究 ②草坪-种子-研究 Ⅳ.①S540.32 ②S688.4

中国国家版本馆CIP数据核字(2023)第018383号

农业农村部教材办公室审定编号：NY-1-0031

书　　名　牧草与草坪草种子科学与技术　第2版
　　　　　Mucao yu Caopingcao Zhongzi Kexue yu Jishu
作　　者　毛培胜　主编

策划编辑　韩元凤　宋俊果　　责任编辑　韩元凤
封面设计　中通世奥图文设计中心
出版发行　中国农业大学出版社
社　　址　北京市海淀区圆明园西路2号　　邮政编码　100193
电　　话　发行部 010-62733489,1190　　读者服务部 010-62732336
　　　　　编辑部 010-62732617,2618　　出版部 010-62733440
网　　址　http://www.caupress.cn　　E-mail　cbsszs@cau.edu.cn
经　　销　新华书店
印　　刷　北京鑫丰华彩印有限公司
版　　次　2023年7月第2版　2023年7月第1次印刷
规　　格　185 mm×260 mm　16开本　19.25印张　480千字
定　　价　59.00元

第2版编委会

主　　编　毛培胜

编写人员　毛培胜(中国农业大学)
王显国(中国农业大学)
石凤翎(内蒙古农业大学)
李曼莉(中国农业大学)
马　啸(四川农业大学)
韩云华(兰州大学)
王佺珍(西北农林科技大学)
何学青(西北农林科技大学)
夏方山(山西农业大学)
马春晖(石河子大学)
张铁军(北京林业大学)
曾会明(北京林业大学)

主　　审　王明玖(内蒙古农业大学)
董宽虎(山西农业大学)
张蕴薇(中国农业大学)

第 1 版编委会

主　　编　毛培胜　中国农业大学

编写人员　毛培胜　中国农业大学
王显国　中国农业大学
孙　彦　中国农业大学
马春晖　塔里木大学
石凤翎　内蒙古农业大学
王佺珍　西北农林科技大学
马　啸　四川农业大学

第2版前言

草种业是现代草业的重要组成和基础，优质饲草的生产、退化草原的生态修复以及城乡绿化和运动场草坪建设，对各种饲草、草坪草、生态草等种子的专业化、国产化水平提出了更高要求。2020年中央经济会议中首次提出解决好种子的问题，2021年中央一号文件提出打好种业翻身仗。种子的产量和质量不仅关系到现代草业的可持续发展，而且也决定着我国草种业的战略安全和国际竞争力。

《牧草与草坪草种子科学与技术》教材自2011年出版，经历了草种业和草学高等教育迅速发展的10年。按照党的二十大“实施科教兴国战略，强化现代化建设人才支撑”精神，我国需培养德智体美劳全面发展的社会主义建设者和接班人。为适应新农科建设和现代草种业科技发展的需求，培养适应现代草种业发展的专业人才，在中国农业大学出版社的关心和2020年中国农业大学研究生教材建设项目(JC202022)资助下，我们组织成立第2版编委会，对教材进行修订。

面临新农科建设和草学硕士研究生人才培养的时代需求，此次修订针对草种子科学研究与应用技术的最新进展，重点在理论创新与技术成果等方面进行内容的更新。删除原第5章牧草与草坪草种子生产认证技术，新增第4章牧草与草坪草种子的休眠、第5章牧草与草坪草种子的萌发、第10章牧草与草坪草种子检疫技术内容，调整并补充其余各章内容，突出分子生物学、组学、生物信息学等前沿理论研究进展，充实种子质量检测、种子生产、种子活力控制、种子引发与包衣等先进技术，跟踪国际种子科技发展的动态，建设系统性、专业性的硕士研究生教材。毛培胜修订第1章，王显国修订第2章，石凤翎修订第3章，夏方山和李曼莉编写第4章，毛培胜和马啸编写第5章，李曼莉修订第6章，毛培胜和韩云华修订第7章，王佺珍和何学青修订第8章，马春晖和夏方山修订第9章，张铁军和曾会明编写第10章。

为落实立德树人根本任务，贯彻《高等学校课程思政建设指导纲要》的文件精神，强化价值观引导并将其融入知识传授和能力培养中，推进课程思政建设，在教材修订过程中，结合我国草种业发展的实践，增加了思政教育内容，培养学生的强国意识和专业情怀，树立积极向上的发展观和价值观。同时，为加强教材内容信息化效果，将教材涉及的扩展教学内容以数字教学资源形式存放于中国农业大学出版社“中农De学堂”教学资源平台上，供读者查阅参考，实现数字资源与纸质的有机融合，打造新形态教材。

《牧草与草坪草种子科学与技术》可作为全国高等农业院校草学硕士研究生专业课程教材，也可作为种子生产加工企业管理人员和从事草种业工作技术人员的参考书籍。由于编者的专业知识和实践技能有限，教材中的错误和不足之处在所难免，敬请广大读者批评指正。

编　者

2022年7月

二维码1	二维码2	二维码3	二维码4	二维码5
各章图片	其他相关图片	种子田播种视频	种子田喷灌视频	苜蓿种子田切叶蜂

第1版前言

随着我国现代草业的快速发展，牧草种子作为人工草地建植、退化草地改良的物质基础，在优质高产牧草新品种的推广、草地生产力的提高、生态环境的改善中发挥了重要的作用。同样，城市绿化和运动场草坪面积随着我国经济发展而不断增加，也有赖于草坪草种子的供给。可见，牧草和草坪草种子不仅是草地建设、牧草生产、草坪绿化的重要保证，而且其产量水平、质量优劣也关系到草产业的健康持续发展。

长期以来，种子只是牧草生产的副产品，并且受广种薄收生产方式的影响，种子生产专业化程度低、生产技术落后，种子产量低、质量差的现状成为我国草业发展的瓶颈。而且单纯依赖草种进口，虽然能够缓解种子的供求矛盾，但也限制了我国草种业的国产化进程。自2000年以来，我国政府投入10亿元国债资金和农业综合开发经费进行牧草种子生产和良种繁育基地建设，但迄今为止，大部分种子生产基地难以维持，种子平均产量为400 kg/hm^2，种子生产技术水平相对落后，仍与发达国家种子生产水平有很大差距。因此，掌握牧草和草坪草种子科学与技术的基本知识，运用生产、加工、贮藏技术，促进种子生产的专业化和规范化，形成牧草和草坪草种子生产技术体系，满足我国草业生产对各类牧草和草坪草种子的需求，对于推动我国草种业的健康持续发展将是必不可少的。

该教材以我国现代种子科学与技术发展的最新成果为基础，搜集借鉴国内外种子科学与技术发展的最新成果，重点介绍种子质量检测技术、种子生产认证技术、种子生产田间管理技术、种子收获技术、种子贮藏技术等相关生产实践技术。在编写过程中，由中国农业大学组织了部分全国高等农业院校的专业骨干教师共同完成。全书共分8章，第一章、第六章由中国农业大学毛培胜负责撰写，第二章由中国农业大学王显国负责撰写，第三章由内蒙古农业大学石凤翎负责撰写，第四章由中国农业大学孙彦负责撰写，第五章由四川农业大学马啸负责撰写，第七章由西北农林科技大学王佺珍负责撰写，第八章由塔里木大学马春晖负责撰写。

《牧草与草坪草种子科学与技术》主要是为草业科学专业研究生培养提供教学参考和学习用书，也可作为牧草或草坪草种子生产、加工领域科技人员的生产实践技术指导资料。

由于编者专业理论和技术水平有限，编写过程中存在的不足和缺陷在所难免，请读者批评指正。

编　者

2011年2月

目　　录

第1章 绪 论

种子与人类的历史和文化紧密联系，且由于其在农林生产和人们生活中的特殊重要性，长期以来受到人们的高度重视。历史上自游牧游猎转为定居即建立农业之时，野生植物的栽培和周期性耕种，就依赖于种子。人类在开发利用野生植物资源、创造和改良栽培植物品种、从事植物栽培生产的历史过程中，也在种子方面积累了丰富的经验和知识(郑光华，2004)。

19世纪欧洲各国自然科学发展迅猛，以生物学、农学、森林学和畜牧学等理论发展为基础，种子科学理论和技术也不断积累，并逐渐形成一门新的学科。1876年Nobbe所著《种子学手册》的出版，标志着一门新兴学科——种子学的出现，也开创了种子成熟、种子寿命、种子萌发等科学研究的新领域。进入20世纪，种子科学与技术发展迅猛，种子寿命与贮藏技术、种子休眠的内源激素和呼吸代谢途径调控理论、赤霉素和壳梭孢素调控种子萌发的生理效应、种子活力及其控制技术、种子引发和渗调技术、播种技术等取得突破和进展。

从20世纪50年代以来，我国就一直在开展牧草、草坪草种子的生产工作，但缺少专业化的种子生产田，草地建设、草坪绿化所需的大量种子主要通过牧草、草皮生产田或野生植物种子的收集获得。同时，种子质量检测技术研究与应用相继开展，成为发展较早的技术领域。随着我国现代草业发展对种子的需求迅速增加，牧草、草坪草种子生产技术研究与实践也呈现系统深入的趋势。从2000年开始先后实施了天然草原植被恢复、牧草种子基地、草原围栏、退牧还草、京津风沙源治理、草原治虫灭鼠、西南岩溶地区草地治理等生态工程，对于优质牧草种子的需求持续增长。2011年后，围绕草原生态保护和治理、苜蓿草产品生产等开展的草原改良和人工草地建设，对于草种业发展提出了更高的要求，而单纯依赖野外收集和从国外进口种子，远远不能满足草地建设的需求。退牧还草、天然草原改良、草原生态保护补助奖励机制等国家各项草地建设工程相继开展，对于种子生产技术和产量水平要求更高。同时，随着人工种草规模增长和饲草新品种选育的需求，种子也由野外收集转向专业化生产。此外，国产乡土草种的种子产量、质量问题也已成为现代草种业关注的重点。相应地，针对种子科学与技术的相关研究也成为草种业发展的核心。

1.1 种子科学与技术

种子作为草类植物幼小生命和世代繁殖的载体，长期以来在草原畜牧业生产和草原植被恢复过程中发挥着不可缺少的作用。随着我国社会经济的快速发展，尤其是进入21世纪后，传统草原畜牧业内涵不断延展，逐渐发展成为涵盖草地资源与生态保护、草原畜牧业、草地农业、草种业、草坪业、草产品生产加工业等多领域在内的现代草业。其中，草种业作为整个现代草业的基石，将对退化草地改良、优质牧草生产、草坪建植和草地生态建设等多项工程的顺利实施提供物质保障。

1.1.1 种子科学与技术的含义

种子在植物学上是指胚珠发育而成的繁殖器官。在农业生产中，种子是最基本的生产资料，其含义要比植物学上的种子广泛得多，凡农业生产中可直接用作播种材料的植物器官都称为种子。牧草与草坪草种子具有农业种子的特点，但牧草也常用营养繁殖器官(根茎、鳞茎、球茎、块茎、块根等)进行播种。种子科学是植物学的一个分支，主要包括种子发育成熟、种子形态特征、种子化学成分、种子生理生化、种子寿命与贮藏、种子休眠与萌发、种子活力等理论内容。种子代表着有生命的胚，而胚是包被在营养物质贮藏组织内的。因此，种子技术的目标是保护这个生物学实体，并在种子生产、加工、处理、运输、贮藏和销售的各种阶段寻求其价值。种子技术是涵盖对象广泛的一门交叉科学，是围绕种子生长和发育、种子生理、种子休眠和萌发、种子生活力和寿命、种子微生物和病害以及基于现代植物学和农学所开展的种子改良研究(Desai et al.，1997)。在广义角度上，种子技术包括优良品种的培育、评估和释放，种子生产、处理、加工、贮藏、检测、认证、质量控制、销售和推广；在狭义角度上，包括种子生产、加工、贮藏、检测和认证、销售和推广以及相关的研究(Agrawal，1995)。

1.1.2 牧草与草坪草种子的重要性和作用

1. 种子是保障草原生态安全、现代草产业的重要基础

自20世纪中叶以来，随着我国社会经济发展和人口数量增长，天然草原的生产力水平已经无法满足草原畜牧业发展的要求，同时以优质高产人工草地建设为基础的现代草地畜牧业发展迅速。国家退牧还草、退化草原生态修复等各项工程的实施，都需要适应性强、质量高的不同种类牧草种子。此外，随着人们生活水平的提高，膳食结构的改善对于安全畜产品的要求更高，优质饲草的供求矛盾凸显，振兴奶业苜蓿发展行动等草牧业、粮改饲政策的实施，以苜蓿种植和干草生产加工为主的现代草业成为地区经济发展的新增长点。相应地，以苜蓿种子为代表的优质牧草种子供给成为现代草业发展的重要前提。城乡绿化、运动场草坪的建设需求也日渐高涨，生活环境美化和休闲健身成为城镇建设的标配，草坪草种子国产化的短板和种子进口量增长迅猛的鲜明对比，愈发显现草坪草种子供给的潜在风险，亟须解决草坪草种子的瓶颈问题。因此，种子是天然草原生态修复、人工草地建设、草坪建植的首要物质条件，只有突破种子的瓶颈问题，才能为草原生态建设、现代草业生产提供保障。

2. 种子科学理论的创新是草种业发展的源发动力

种子既是牧草与草坪草生命延存的器官，又是新生命开始形成正常植株的载体。因此，需要科学认识、研究掌握种子形成、发育、成熟、处理加工、贮藏、休眠与萌发以及相关的生理生化特性和变化规律，不断丰富和完善种子生物学理论，进而提高种子的种用价值和商业价值。1876年德国学者Nobbe所著《种子学手册》的出版开启了种子科学研究的新篇章，围绕种子成熟、休眠、萌发等过程的生理研究取得大量成果，种子萌发过程光敏色素的发现、种子休眠的内源激素和代谢途径调控理论等，为解释和科学认识种子生理变化规律奠定了理论基础。种子科学理论内容的不断丰富，也强化了种子科学在植物学的地位和作用。同时，种业发展受益于种子科学理论的创新与进步，现代种业具有专业化、高附加值的特点，成为高科技现代农业的重要基础和保障。草种业虽然作为种业的组成部分，但草种业相对较小并且十分特殊，草种子的科学研究主要出现于20世纪初。牧草与草坪草开花、种子发育成熟规律，种子休眠与萌发、

种子活力与劣变机理，以及种子生产的地域性理论等均是制约草种业发展的理论瓶颈。针对多年生牧草或草坪草的生长和繁殖特性，解决开花、种子成熟的不一致性及营养繁殖与有性生殖的竞争机制，促进种子保持活力和较高的发芽能力等一系列问题，均有赖于种子科学研究的突破。随着科学研究的快速发展，种子科学研究沿着微观、宏观两大方向前进。微观方向由种子整体向细胞、细胞器和分子水平深入，尤其是分子生物学、组学理论的发展，集中于种子发育、种子萌发与休眠、种子活力等领域的相关基因表达和代谢调控途径研究。因此，围绕“种子问题”，只有通过理论创新和进步才能为种业的发展提供源源不断的内在动力。

3. 种子技术的创新应用是草种业进步的助推剂

草种业是现代草业的基础产业，也是关系到草业健康发展和战略安全的产业。纵观国际种业的发展，在强大的农业生产背后均需要有发达的种业来支撑，并且在国际种业强国都具有专业化的种子扩繁、处理加工和销售推广技术体系。在我国悠久的农业发展过程中，对于种子的认识和利用积累了极为丰富的实践经验。在《周礼》《齐民要术》中就有采取、留种和保藏种子方法的记载。牧草与草坪草作为重要的植物资源，种子的采集和贮藏技术一直都是人们关注的重点。同样，牧草与草坪草种子在国家草地建设、草原生态环境修复等各项重大工程项目建设当中发挥了重要的作用。相应地，种子质量检测技术、种子丸衣技术、种子生产技术等在种子应用过程中不断创新提升，不仅提高了种子质量、产量水平，而且也满足了相关草地建设的种子需求。国内种业发展的实践表明，先进种子技术的推广应用成就了发达的种业。北美地区的专业化种子生产技术显著提高了多年生牧草与草坪草的种子产量水平，尤其是切叶蜂授粉技术使紫花苜蓿种子大田单产水平超过1 500 kg/hm^2，成为世界上紫花苜蓿种子的高产地区。以国际种子检验协会(ISTA)为代表的种子质量检测技术水平，引领国际种子质量控制体系，不仅规范了种子质量的检测技术，而且促进了国际种子贸易的市场流通和交易。我国于1982年颁布实施的《牧草种子检验规程》(GB 2930—1982)带动了牧草与草坪草种子发芽技术的集中研究，解决了多年生牧草或草坪草种子发芽条件、休眠等技术难点，有效改善了种子发芽困难的问题，也为种子质量标准化建设和草种业的国际接轨创造了条件。还有，围绕水肥管理等相关的牧草种子专业化生产技术研发、我国西部牧草种子专业化生产区的初步形成等均助力于我国草种业的进步。草种业的专业化、国产化建设将为乡土草种的种子扩繁提供技术支撑，也为国家“山水林田湖草”系统治理和生态修复的实施奠定了基础。

1.2 牧草与草坪草种子科学与技术的发展

牧草与草坪草种子作为草地建设中的重要播种材料和市场流通的重要商品，与人们的生活和生产息息相关。数千年来的人类社会生产活动，也是种子科学与技术不断发展与进步的历程。人们在种子的采集、保存、种植等生产活动中积累和加强了对种子的认识和了解，逐渐掌握了种子收获、贮存和利用的简单技术。种子科学研究直到19世纪后期才出现，并很快受到社会关注，成为植物科学研究的热点。我国的种子科学研究始于20世纪30年代，对于牧草与草坪草种子的科学研究则开始于50年代。时至今日，我国的牧草、草坪草种子科学与技术也随着社会进步呈现出时代发展的特点。

1.2.1 种子科技的启蒙阶段(—1980年)

从新中国成立起，我国科技发展进入一个历史新阶段。以草原资源普查为代表的天然草原的理论研究成为草原科学发展的重要历史事件。我国天然草原主要分布在西藏、内蒙古、新疆、青海、四川、甘肃等省区，野生植物种子的收集通常作为草地植物种植利用的主要方式。20世纪30年代在新西兰释放了第一个培育的牧草品种，成立了国际上第一个牧草种子真实性和质量控制系统(Hampton and Scott，1990)，草种业开始起步并发展成农业中的一个重要产业。在50—60年代草种子生产的地域性变化明显，在牧草或草坪草种子产量较高并且稳定的国家或地区，都建立了种子集中生产区。以美国、加拿大、荷兰、新西兰、丹麦、澳大利亚等国家为主的牧草与草坪草种子集中生产区，生产和销售了国际上流通的大部分牧草或草坪草种子，并形成了发达的种子产业。随着社会的进步和草地畜牧业的发展，以及人工种草和饲草新品种选育需求的增加，种子也由野外收集转向专门进行生产。我国牧草种子生产工作起步较早，于20世纪50年代就已经建立了20多个草籽繁殖场，在青海、内蒙古等省区专门生产各种牧草种子，满足各地区草原改良、荒山荒坡治理等各项建设的种子需求。在此时期，由"家家种田、户户留种"农业生产方式，逐步建立了以县良种场为骨干、公社良种队为桥梁、生产队种子田为基础的县、社、队三级良种繁育体系，种子工作实行自繁、自选、自留、自用，辅之以国家调剂的"四自一辅"方针。但缺乏对于牧草种子科学、技术方面的研究，更多关注牧草的引种和驯化。吴永敷和杨明(1980)从1978年起开展了内蒙古引种沙打旺(*Astragalus adsurgens*)并提高结实率的研究，经过调查与风土驯化试验表明，驯化1～2代后，种子产量为150 kg/hm^2 左右，提高50～100倍。在甘肃庆阳地区毛苕子(*Vicia villosa*)秋播试验表明，秋季播种相比当年春季播种种子产量更高，可增产27%；认为9月上旬至中旬是秋季播种的适宜播期(汪从云等，1982)。国内各地相继开展紫云英(*Astragalus sinicus*)、红豆草(*Onobrychis viciifolia*)、沙打旺等牧草的种植栽培，从国外引进圭亚那柱花草(*Stylosanthes guianensis*)、野牛草(*Buchloe dactyloides*)等进行引种和种植利用，观测植株的种子产量变化情况。1975—1979年在黄土高原干旱区进行的飞播种草实践中，针对沙打旺、柠条(*Caragana korshinskii*)和苜蓿(*Medicago spp*)等飞播材料，研究了温度对种子萌发的影响，提出种子及其萌发的生物生态学特性是选择飞播草种的重要依据(李代琼等，1981)。

在种业科技专业人才培养方面，1958年在内蒙古农牧学院(现内蒙古农业大学)畜牧系内成立了我国第一个草原本科专业，开启了草学专业人才培养的新纪元，也启动了"牧草种子学"课程和教材的编写工作。1979年在甘肃农业大学召开了制订草原专业教学计划与配套教材编写会议。确定了草原调查规划、草原管理学、牧草与饲料作物栽培学、牧草育种学、草原啮齿动物学、牧草昆虫学、牧草病理学、畜牧学、草原生态化学、植物分类学、土壤学附地貌等学科教材的编写(胡自治等，2005)。而牧草种子科学与技术的内容未能独立编写，这与更加关注草原、牧草资源的时代背景是密切相关的。随着农业生产技术水平的进步，对种子的质和量提出了更高的要求。1978年国家实行"四化一供"的种子工作方针，即种子生产专业化、加工机械化、质量标准化和品种布局区域化，以县为单位统一组织供种。从种业发展方向、制度要求以及产业管理等方面均将草种业科技发展带入了全新的阶段。

1.2.2 种子科技的活跃发展阶段(1981—2000年)

进入20世纪80年代，随着牧草种子生产的起步、种子市场流通和贸易的快速增长、种子质量检测技术体系的建设，牧草种子科技进入了一个活跃发展阶段。

牧草种子生产基地的建设不断加强。1983年起甘肃省先后建设紫花苜蓿(*M. sativa*)、白花草木樨(*Melilotus albus*)、红豆草、沙打旺、红三叶(*Trifolium pratense*)、老芒麦(*Elymus sibiricus*)等草籽繁殖基地。此外,贵州省也开始了牧草种子的引种、评价、推广利用和生产工作。1983年贵州与新西兰合作建立了贵州独山牧草种子繁殖场,成为牧草种子专业化生产的新标志,以多年生黑麦草(*Lolium perenne*)、多花黑麦草(*L. multiflorum*)、红三叶、白三叶(*T. repens*)、鸭茅(*Dactylis glomerata*)等种子生产为主。海南省成为圭亚那柱花草、棕籽雀稗(*Paspalum plicatulum*)、糖蜜草(*Melinis minutiflora*)、卡松古拉狗尾草(*Setaria anceps*)等热带牧草的主要生产区。随着我国牧草种子生产规模持续稳定增长,生产种子量明显增加。1989年全国有兼用牧草种子田33万hm^2,种子年产量为2.5万t(毛培胜等,2016)。

在牧草种子生产技术研究方面,针对沙打旺、红豆草、红三叶、白三叶、紫花苜蓿、多年生黑麦草、多花黑麦草等牧草开展了施肥、灌溉等综合管理技术研究,了解牧草的开花习性和种子成熟特点,通过田间管理措施提高种子的产量。1981—1985年将原产黄河古道的沙打旺引入气候条件近似的甘肃省安西县进行种子繁殖试验,2~5龄草种子产量在225 kg/hm^2以上(吴衍庆,1994)。施用激素乙烯利催熟可提高沙打旺种子产量(赵长友和吴春兰,1982)。在红三叶种子生产研究中提出了红三叶开花期长,种子成熟不一致,分期分批采摘种花是获得种子高产的基础,用红三叶第二茬留种,亩产量比第一茬高19.4%(陈绍萍,1984)。在红三叶、白三叶种子生产田喷施不同浓度的硼肥和钼肥,分析比较其对种子产量的影响(肖贻茂,1985)。在紫花苜蓿种子生产技术研究中,赵佩铮(1986)总结了河北省苜蓿种植管理的经验,提出在肥沃地块上密度较大的苜蓿田内不浇水,否则易倒伏造成减产;但在密度适宜的地上,在现蕾至初花期浇水,能提高种子产量15%~25%。多立安(1989)建议从选地播种、田间管理、昆虫辅助授粉、种子的收获与贮藏、良种繁育制度等方面改进,提高紫花苜蓿种子产量水平。通过新疆地区苜蓿种植管理的试验研究与调查,闵继淳和肖凤(1990)建议在种子生产中采取控制植株密度、施肥量、杂草危害等措施来提高苜蓿种子产量。1989年北京农业大学(现中国农业大学)首先从加拿大引进苜蓿切叶蜂,填补了国内应用切叶蜂进行苜蓿授粉制种的一项空白。在农作物良种繁育实践中,长期沿用的"三圃制"良种繁育方法已不适应农业发展形势的需要。1988年起在农作物良种繁育实践中研究"四级种子生产程序",通过示范推广保持优良品种纯度和种性(张万松等,1995)。虽然种子生产技术的研究逐渐增多,但围绕牧草单株种子产量的提升,仅仅局限于小区试验研究,无法代表大田制种时牧草群体的种子产量水平。同时,草田和种子田兼用现象的普遍存在,也在很大程度上限制了种子生产技术的应用和大田种子单产水平的提高。到了20世纪90年代的后期,许多种子生产技术的研究方向明显改变,高羊茅(*Festuca arundinacea*)、草地早熟禾(*Poa pratensis*)、多年生黑麦草、结缕草(*Zoysia japonica*)、紫羊茅(*F. rubra*)等草坪草种子生产技术研究成为热点。同时,在技术环节方面也围绕无芒雀麦(*Bromus inermis*)、紫花苜蓿、老芒麦、俯仰臂形草(*Brachiaria decumbens*)、苏丹草(*Sorghum sudanense*)、多花黑麦草等牧草大田种子生产所需的播种、施肥、灌溉等系列管理措施开展集中研究。根据牧草与草坪草种子生产科学研究和实践,具备适宜气候土壤条件的地区进行种子生产才可发挥牧草与草坪草种子的生产潜力。我国的新疆大部分地区、河西走廊、黄河的河套地区也适于温带牧草种子的生产,只要满足了灌溉条件,有潜力发展成为我国温带牧草与草坪草种子的集中生产区,而海南省可以作为我国部分热带牧草与草坪草种子的重要生产基地(韩建国和毛培胜,2000)。

在牧草种子生物学方面,种子萌发特性的研究成为重点。康素珍和朱文江(1981)通过种子萌发率试验，探究外界因素对野燕麦(*Avena fatua*)种子休眠期长短的影响。吕芝香等(1984)使用不同贮藏方法贮藏大米草(*Spartina anglica*)种子后进行发芽试验。云锦凤和米福贵(1989)研究了冰草(*Agropyron cristatum*)、沙生冰草(*A. desertorum*)、西伯利亚冰草(*A. sibiricum*)、脆冰草(*A. fragile*)、米氏冰草(*A. michnoi*)和蒙古冰草(*A. mongolicum*)种子萌发所需的外界条件。张众等(1990)研究老芒麦、披碱草(*E. dahuricus*)、麦宾草(*E. tangutorum*)、短芒披碱草(*E. breviaristatus*)、垂穗披碱草(*E. nutans*)、肥披碱草(*E. excelsus*)、毛披碱草(*E. villifer*)、圆柱披碱草(*E. cyclindricus*)、紫芒披碱草(*E. purpuraristatus*)和加拿大披碱草(*E. canadensis*)种子的萌发生物学特性。针对沙打旺、甘草(*Glycyrrhiza uralensis*)、紫云英(*Astragalus sinicus*)、四棱豆(*Psophocarpus tetragonolobus*)等豆科牧草种子休眠等问题，通过采取种皮处理、培养基质、化学处理等方法研究比较种子萌发的规律。耿本仁等(1985)研究吸胀—回干处理对苏丹草种子发芽出苗及生长的影响。利用高寒牧区低温、低氧的特点贮藏13～16年的春箭筈豌豆(*Vicia sativa*)和苜蓿种子发芽率可达到70%以上，有利于种子寿命的延长(朱朝碧等，1982)。随后围绕萌发温度、水分、盐胁迫、稀土、植物激素、化学物质、贮藏条件等因素对牧草种子萌发的研究，在内容和种类方面迅速拓展。种子萌发特性和破除种子休眠方法的大量研究，对于深入认识各种牧草与草坪草种子的适宜萌发条件，完善种子质量检测技术发挥了积极作用。

种子活力的概念在20世纪80年代引入国内，并迅速成为种子生理研究的重点。围绕种子活力下降过程酶、激素等的变化，影响种子活力的温度、水分等生理生化因素，种子活力测定方法等内容，我国学者在作物、蔬菜等种子上集中开展了系列研究。在牧草方面，开展了老芒麦、蒙农红豆草、扁蓿豆(*M. ruthenica*)、羊柴(*Hedysarum laeve*)、紫花苜蓿种子活力测定方法的比较研究(易津，1988；玉柱等，1989；孙建华和陈江辉，1990)。于卓等(1990)认为柠条和花棒(*H. scoparium*)种子的活力随着贮藏年限的增加而降低，种子活力的高低与膜透性呈负相关，与发芽率、发芽势呈正相关。有关牧草与草坪草种子活力的研究逐渐拓展和深入，在种子活力测定方法的基础上，围绕外源添加剂、静电场、贮藏环境、贮藏年限、品种、粒重等研究其对种子活力的影响，对种子老化过程中理化性质相关的劣变规律研究也逐渐增多。在这阶段20年的发展，牧草与草坪草种子科学与技术在研究的内容、水平上都实现了一个质的飞跃，种子生产、检测技术迅速起步，服务于种子流通和市场需求；种子生物学、种子生理学、种子生态学研究热点不断，步入国内种子科学研究的正轨。

在草种子科学教育和技术应用方面，1983年以来设有草原专业的高等院校分别为本科生和研究生开设了牧草种子学、牧草种子技术等方面的课程，为我国牧草与草坪草种子事业的发展奠定了一定的基础。1982年首次颁布了国家种子质量检测标准——《牧草种子检验规程》(GB 2930—1982)。先后在北京、内蒙古、甘肃、山西、新疆等地建立了18个牧草种子质量检验监督中心(站)。中国农业大学牧草种子实验室于1989年加入了国际种子检验协会(International Seed Testing Association)，在我国牧草与草坪草种子对外贸易活动中的种子质量检验方面发挥了重要作用。中国草原学会于1987年成立了种子科学与技术委员会，在我国牧草与草坪草种子教学、科研以及质量标准的制定、种子市场信息、技术服务、人员培训等方面承担了桥梁和纽带的作用。1983年内蒙古农牧学院(现内蒙古农业大学)彭启乾主编出版《牧草种子生产及良种繁育》，用作农业科技推广人员的参考用书。1997年中国农业大学韩建国主编出版了《实用牧草种子学》，是我国围绕牧草与草坪草种子科学方面的首部专著，为牧草和草坪草种子科技工作人员提供理论和实践参考。为了适应草业学科教学发展的需要，1988 年甘肃农业大学聂朝向和陈宝书编写了自编教材《牧草种子学》，1994 年内蒙古农业大学西力布、李青丰和石凤翎编写了自编教材《牧草种子学》。在此基础上，2000 年韩建国主编出版了牧草与草坪草种子方面的首部本科生教材——《牧草种子学》，内容包括牧草种子的形态解剖、化学组成、形成发育、休眠、萌发、活力和寿命等基础理论，牧草种子分类、牧草种子质量检验、牧草种子生产、牧草种子审定、牧草种子加工及贮藏、牧草种子经营等实践部分。教材的建设不仅为牧草与草坪草种子科学教育和人才培养提供了有利条件，而且也为草业科学专业建设和草种业发展增添了新的动力。

尽管我国牧草种子事业有了长足的发展，但与草地畜牧业发达国家相比还存在着很大的差距，我国牧草种子总产量不仅低，单位面积的种子产量也低，平均为 395 kg/hm^2，仅为美国的 1/4～1/3，而种子质量也较差。我国每年需从国外进口优质牧草和草坪草种子来满足人工草地建设和绿地建植的需求，其中国内草坪草种子用量的 99%以上依赖进口。因此，建立健全牧草种子经营组织机构、建立牧草种子区域化生产基地、制定植物品种保护条例、制定牧草种子认证规程及执行机构、完善和补充牧草种子检验规程、加强牧草种子的教学、科学研究和技术推广工作，是促进我国草种业发展的迫切任务。

1.2.3 种子科技的爆发式发展阶段(2001 年—)

2000 年后，国家相继实施各项草地建设工程，如退牧还草、京津风沙源治理、天然草原改良、草原生态保护补助奖励制度等，在牧草种类、种子数量和质量上提出了更高的要求。为了适应草地建设对牧草种子需求的快速增长，2000—2003 年国家先后投资在内蒙古、新疆等省区共建设牧草种子基地 76 个；2000—2013 年通过国家农业综合开发草种繁育专项，建成草种繁育基地 150 余个，涉及内蒙古等 26 个省区(毛培胜等，2016)。在种子生产基地实践的同时，也需要种子扩繁体系的配套建设。闵继淳(2003)提出新疆苜蓿种子生产必须按“四级良繁体系”即原原种(育种家种子)—原种(基础种子)—注册种子—商品种子(合格种子)进行。2006 年行业标准——牧草与草坪草种子认证规程(NY/T 1210—2006)颁布实施，对于品种的各级种子扩繁要求进行了具体规定。以苜蓿种子为主的温带牧草种子生产集中在内蒙古、甘肃、新疆等西北地区，杂交狼尾草(*Pennisetum americanum*×*P. purpureum*)、柱花草等热带牧草种子生产于广西、海南等南方地区(刘自学，2016)。甘肃、内蒙古、青海是主要的牧草种子生产区域，苜蓿、燕麦(*A. sativa*)、苏丹草、披碱草是主要草种，其中苜蓿和燕麦也是国内生产最多的种类(全国畜牧总站，2022)。随着牧草种子集中生产区的形成，各项田间管理技术的推广应用均可使牧草或草坪草种子产量得到一定程度的提高。在种子科学专业教育领域，2011 年出版了研究生教材《草类植物种子学》《牧草与草坪草种子科学与技术》，进一步完善了种子科学专业本科到研究生教育的教学体系，形成了各层次人才培养的完整体系。

在种子生产规模增长的同时，种子生产技术的研究力量也呈现迅猛增长，依然延续了上一阶段主要的牧草与草坪草种类。但在研究的技术内容方面，不仅对于施肥、灌溉、收获等管理技术研究更具针对性，而且研究方法上不局限于种子产量指标本身，通过种子产量组分指标及其与水、肥等因素的相互关系来确定种子产量的变化规律。草坪草种子生产研究中，多年生黑麦草、草地早熟禾、高羊茅等种子生产技术研究集中在宁夏回族自治区、四川省等地区，通过建植、施肥、灌溉、植物生长调节、杂草控制、收获时间等环节进行管理措施的选择比较，确定增加种子产量的关键环节(鄢燕等,2003;游明鸿等,2003;苟文龙等,2006)。还有在云南、贵州、重庆、新疆、山东等省区开展白三叶、高羊茅、狗牙根(*Cynodon dactylon*)、结缕草等草坪草种子的生产技术研究。尽管针对草坪草种子进口的问题,研究草坪草种子国产化的管理技术,采取相应管理措施实现较高的种子产量水平,以改变依赖种子进口的局面,但在实际生产中,由于受品种知识产权的限制,只有结缕草种子由国内企业进行专门生产,其他草坪草种或品种的种子仍然依赖进口解决。这种状况也在一定程度上影响了种子生产技术的持续研究,对于草坪草的种子生产技术关注度也不断下降。牧草种子生产研究中,研究内容、研究牧草种类、试验区域等均呈现空前集中增长的态势。无芒雀麦、老芒麦、冰草、新麦草(*Psathyrostachys juncea*)等种子生产研究集中在内蒙古自治区、河北省;紫花苜蓿、新麦草、猫尾草(*Phleum pretense*)、苏丹草等种子生产研究以新疆维吾尔自治区、甘肃省、宁夏回族自治区为主;垂穗披碱草、老芒麦等青藏高原生长牧草种子生产研究主要在青海省;臂形草属、坚尼草(*Panicum maximum*)等热带牧草种子生产研究在海南省。牧草种子生产技术的大量研究对于掌握和认识种子产量组分、实际收获种子产量与播种密度、水肥管理等各项措施的相互关系,发挥了积极作用,也推动了企业种子扩繁的技术和产量水平。尤其是以苜蓿、老芒麦、垂穗披碱草、苏丹草为主的国产牧草,种子生产企业逐渐加强了新品种种子的扩繁规模,成为我国牧草种子专业化生产的主体。

牧草与草坪草种子生产过程包括播种时间、播种量、施肥种类、施肥量、施肥时间、杂草控制、灌溉方式、收获时间和方法等关键环节,这些环节一直都是种子生产者所关注的管理重点。合理的植株密度是获得种子高产的基础,而行距、株距以及播种量是决定植株密度的关键因素。国内学者开展了大量研究工作,比较确定不同地区适宜的播种行距和种植密度。尤其是对于种子生产田,按照宽行稀植的原则确定合理的播种密度是种子高产的前提,株行距处理、穴播等播种技术研究重新受到重视,不仅降低种子生产企业的播种量,而且促进生殖枝和小花数量增加。施肥也是牧草与草坪草种子生产中不可缺少的重要环节,土壤中氮磷含量是影响种子产量的关键因素,并且氮和磷对于植株分蘖、干物质积累等营养生长与花序形成、种子产量组分等生殖生长均有影响。豆科与禾本科牧草、草坪草相比,在氮、磷以及微量元素的吸收和利用上存在很大的差别,研究施氮对禾草种子产量的影响为主,而豆科牧草与草坪草研究以施磷、微量元素处理为主(毛培胜等,2016)。例如,在苜蓿种子生产试验中,施肥效果评价一直都是科学研究的重点。从东部的黑龙江省至西部的新疆维吾尔自治区的范围内,均有学者以氮肥、磷肥、钾肥和微肥施用为主研究苜蓿的营养生长与生殖生长竞争、种子产量组分以及种子产量的变化规律。合理施肥控制苜蓿植株营养生长、提高小花结实率是种子高产的重要因素。在我国干旱和半干旱地区种子生产田间管理中,灌溉是决定牧草种子产量水平的首要因素。灌溉量和灌溉时间的确定取决于种子田土壤质地、降雨量、蒸发量、气温以及灌溉方式,高效节水的灌溉技术成为种子生产者关注的重点。随着灌溉设备的更新,基于漫灌或喷灌条件下的种子生产研究逐渐转向滴灌技术研究。尤其是随着地下滴灌技术的应用推广,围绕滴灌技术开展的种子生产管理技术研究成为新的热点。通常采用水肥耦合提高管理效率。例如在地下滴灌条件下,现蕾期施肥 75 kg N/hm^2 处理,苜蓿种子产量最高(王玉祥等,2015)。在种子生产中利用授粉技术提高小花结实率也是提高牧草或草坪草种子产量的关键。尤其是针对苜蓿授粉所需的切叶蜂持续受到长期的关注。在宁夏、甘肃和内蒙古地区苜蓿种子田放蜂后,种子结实率和整齐度明显提高。合理施用植物生长抑制剂如矮壮素、抗倒酯和多效唑等均能不同程度地提高种子产量。在多花黑麦草、苜蓿种子生产中，由于植株生长旺盛和倒伏的现象较多，通过植物生长调节剂控制植株高度是减少植株倒伏的有效措施。另外，在我国云南、海南等省区，针对非洲狗尾草（*S. sphacelata*）、黑籽雀稗（*P. atratum*）、柱花草、臂形草属等热带牧草的种子生产研究持续受到关注。研究地面处理、播种处理、田间管理、刈割收获及后茬管理等关键技术，以解决种用性状退化和种子产量低等问题。种子生产技术的研究与实践一直都是种子生产者所关注的重点问题，加强种子生产关键技术研究，建成现代草种业发展所需的草种子扩繁技术体系，才能从根本上突破牧草或草坪草制种的限制瓶颈。

在种子田间管理技术研究的同时，牧草与草坪草种子发育的生理机制成为理论研究的关注点。牧草或草坪草营养生长与生殖生长、小花与种子发育、非叶光合等生理生化变化、细胞代谢作用也是关系种子产量形成的关键因素。禾草幼穗分化过程以茎尖生长锥伸长开始，其结实器官的形成特点直接影响到种子产量性状的形成，如花序的小穗数、小花数，籽粒的饱满度、整齐度等。在多花黑麦草、冰草、老芒麦等牧草幼穗分化规律认识的基础上，开展小花碱茅（*Puccinellia tenuiflora*）等禾草幼穗分化过程的研究，确定了幼穗分化的不同阶段及其形态特征。在老芒麦、披碱草、无芒雀麦、羊草（*Leymus chinensis*）、草木樨、红豆草、紫花苜蓿等牧草种子发育过程中，种子含水量、鲜重、干重均随着种子的发育成熟呈现阶段性下降的变化规律，但不同种类和品种的牧草种子水分散失速率不同。种子发育的生理变化规律有利于准确预测种子的成熟期，为提高田间管理和种子产量水平提供理论依据。种子是牧草或草坪草光合作用的产物，从受精合子发育为成熟种子的过程中，种子营养物质积累和水分变化关系不仅关系到种子产量高低，也影响种子活力水平。针对多年生牧草或草坪草营养物质积累、非叶绿色器官的光合作用特性，从源库关系中寻找限制种子产量提高的原因（王明亚，2018）；探索非叶绿色器官中绿色的花、未成熟的果实（包括禾草的颖片、内稃、外稃、芒以及穗轴与豆科牧草的果荚）的光合作用能力，提高牧草光合利用效率（张文旭，2014；汪辉，2018），为进一步提高种子产量提供新的思路。

进入21世纪，种子生理学、种子生态学领域的理论研究呈现出跨越式发展的势头。牧草与草坪草种子萌发、休眠规律的研究仍然是种子生物学研究的主要内容。在温度、光照、水分等种子萌发条件筛选优化的基础上，研究重点逐渐转向萌发促进处理、抗逆性等领域。围绕多年生牧草或草坪草野生性强、种子成熟不一致性强、种子休眠性强等特性，研究种子异型性、黏液等形态结构与环境因素的作用关系，探索种子萌发机制的生态适应性。另外，采取机械、电场、激素、植物生长调节剂等预处理方法，以解除种子的休眠和提高种子的萌发能力；利用浸种、引发等处理，研究种子的吸胀和萌发规律，提高种子萌发的整齐性和田间出苗能力；通过盐碱、干旱、重金属离子等胁迫处理，比较确定牧草与草坪草种子萌发的抗逆性。在种子活力研究方面，在牧草与草坪草种子活力评价方法改进的基础上，研究收获期、成熟度、品种、环境、粒重、含水量等因素与种子活力的关系，探索种子劣变的原因与机理。种子活力的研究逐渐侧重于细胞、细胞器生理与代谢功能方面，尤其是响应种子老化劣变的抗氧化机制。在种子科学研究不断拓展深入的同时，分子标记、转基因、组学等先进技术的应用，推动种子科学研究进入分子水平，并成为热点研究内容。利用QTL、GWAS等分析筛选与种子发育、萌发相关的特异性遗传标记，为新品种选育提供依据。通过蛋白组学、转录组学等比较种子发育、成熟、萌发以及贮藏加工等条件下差异蛋白、差异基因表达的规律，挖掘关键基因及其调控作用途径，成为研究种子细胞生理生化变化、代谢网络作用机制的重要技术手段。转基因技术与遗传转化体系的不断成熟，为掌握相关种子关键基因的功能提供了重要的研究平台。还有，高光谱识别技术、图像处理技术、DNA分子标记技术等现代高新技术也相继引入种子发芽、活力等质量检测研究中。

1.3 我国草种业发展的问题与趋势

《全国生态环境建设规划(1999—2050)》提出2011—2030年我国将新增人工草地、改良草地8 000万 hm^2。此外，“山水林田湖草生命共同体”理念的提出，草原生态功能受到更多的关注，草原生态治理也成为各级政府部门的长期任务。现代草业的发展对于牧草种子的产量和质量提出了更高的要求，其中抗逆牧草的种子生产是退化草原植被恢复成败的关键。但我国牧草种子的平均产量为320～400 kg/hm^2，与草地畜牧业发达国家相比存在很大的差距，无论数量和质量都不能满足我国草业发展和草原生态环境建设对种子的需求。因此，针对我国现代草业发展和草原生态建设的需求，如何建立国产抗逆牧草种子的生产体系，是实现种业国产化、现代化的核心。

自20世纪80年代初至今，由以草原利用为主的草原畜牧业逐渐转向以草捆、草颗粒、青贮等草产品和种子生产销售为主的现代草业，经历了现代草业的起步与振兴，草种业科学技术研究与生产实践也呈现系统深入的趋势。2000年国家各级政府开始先后实施了天然草原植被恢复、牧草种子基地、草原围栏、退牧还草、京津风沙源治理、草原治虫灭鼠、西南岩溶地区草地治理等生态工程，对于优质牧草种子的需求急剧增长。2011年后，围绕草原生态保护和治理、苜蓿草产品生产等开展的草原改良和人工草地建设，提高牧草与草坪草种子的生产量和质量，成为草种业发展需要解决的首要问题。2020年国家提出“种子”问题，对于草种业的科技发展提出了更高的要求。面临草种业发展的时代挑战，发挥我国草种质资源优势和新品种特点，建立高效的种子生产技术体系、种子生产认证体系和专业化种子生产区域，才能彻底解决草种业国产化过程中的卡脖子问题，实现草种业现代化与国际化。

单纯依赖野外收集和从国外进口种子，远远不能满足草地建设的需求。此外，国产乡土草种的种子产量、质量问题也已成为现代草种业关注的重点。相应地，针对种子科学与技术、种子质量控制与检测、种子营销与市场贸易等相关研究与实践也成为草种业发展的核心。但到目前为止，我国草种业发展水平与发达国家相比差距明显，草种业战略安全意识仍未在种业贸易管理、生产以及知识产权等方面获得普遍关注。

1.3.1 我国草种业发展的问题

我国牧草与草坪草种子产量低的问题一直以来都是制约草种业现代化的瓶颈，追求种子的持续高产是草种业健康高效发展的基础。牧草或草坪草由于具有较强的再生性、野生性和营养繁殖特性，其种子生产不同于一年生农作物。因此，针对牧草与草坪草种子繁殖特性，掌握种子产量、质量提高的限制因素，才能有效建立种子生产技术体系，为实现种子高产稳产创造条件。

1. 缺乏草种子专业化生产的区域性规划

我国南北跨越纬度近50°，具有多样的气候类型和复杂的地形地势，为各种牧草与草坪草种子的规模化生产提供了得天独厚的气候条件。牧草与草坪草种子生产实践和研究表明，在其生殖生长阶段(开花、授粉和结实)需要满足适宜的温度、光照和降雨条件，才能实现种子结实率和收获产量的提高。因此，选择气候干燥、晴朗天气条件适宜于种子发育成熟。在牧草或草坪草开花期和种子发育期间如果经常遇到降雨，不仅影响结实率，而且影响种子成熟，导致种子减产，且年际间产量变化剧烈，严重影响种子企业的持续生产和市场种子供应量的稳定。此外，在国际上草种业发达的国家均已形成了种子专业化生产的集中区域，例如美国、加拿大、新西兰等国家牧草与草坪草种子的专业化生产，成为全球牧草和草坪草种子的重要供种区。因此，需要针对不同牧草或草坪草种类、各地气候资源研究制订适宜专业化种子生产的区域规划，明确符合规模化、专业化种子生产的地域，打造草种子专业化生产优势产区，从根本上解决牧草或草坪草种子产量低的局限。

我国西部地区的气候环境资源为草种产业的专业化生产提供了建设条件。内蒙古西部地区和宁夏、青海、陕西、甘肃、新疆等省区由于其所具有的干旱少雨、晴朗高温天气成为我国适宜的种子生产区域，并且具有相应的灌溉条件。草种业的专业化生产也由国内各省区向西部地区集中。

2. 缺乏专业化的草种子生产技术体系

尽管我国草种业的发展受到长期的关注，经历了由农户自繁自用到企业专业化生产的艰难历程，但种子扩繁的产业化程度依然较低，种子生产技术配套体系缺乏，专业化制种的技术水平落后。20 世纪 90 年代以来，我国牧草与草坪草种子进口量呈上升态势，而出口量则呈下降态势，整体表现为进口状态，且贸易逆差呈逐渐扩大趋势。进口的种子主要是多花黑麦草、紫花苜蓿、无芒雀麦、燕麦等牧草，多年生黑麦草、高羊茅、草地早熟禾、白三叶等草坪草。除了结缕草、野牛草种子可以在国内生产之外，其余草坪草种子都是从国外进口。国内种子市场流通和交易中进口牧草和草坪草种子所占比例居高不下。参照草种业发达国家经验，完善的草种产业体系包括种子的研发、繁育、收获、加工、销售服务等，每个环节都需要有专门的公司参与，才能使得研究技术与生产实际紧密结合，实现牧草与草坪草育种目标明确、成果转化迅速、产业链条完整的育繁推一体化建设。

我国农作物种子生产技术的研究与应用实践表明，由 20 世纪 50 年代的“三圃制”复壮法应用到 90 年代提出的三级种子生产体系，进行育种家种子、原种种子、良种种子的生产，再到由育种家种子、原原种种子、原种种子、良种种子进行的四级生产，技术体系的改进更注重品种和种子二者的特性，尤其是突出种子的生物学性状。但多年生牧草或草坪草在种子繁殖和世代交替过程中，受环境因素的影响更加复杂，并且种子规模化生产对于生产环境选择、种植生产技术、田间管理技术、收获加工等具有特殊要求，需要加强密度控制、灌溉、施肥、收获等关键技术环节的重点研究，才能为种子的高产和稳产提供技术保障。尤其是在我国西北干旱半干旱地区进行规模化种子生产时，水分管理就是种子生产的首要问题。应以滴灌方式为基础，研究密度控制、施肥、除草剂、植物生长调节剂、收获等关键技术，形成不同种类牧草或草坪草的专业化种子生产体系。此外，牧草或草坪草播种萌发易受水分、盐碱、养分等土壤环境因素的制约，因此通常采用种子包衣技术，提高种子的萌发能力和出苗率。应针对草原改良和人工草地建设过程中所面临的土壤瘠薄、盐碱、干旱、寒冷等非生物逆境胁迫，通过引发、包衣等措施研究种子处理和加工技术，提高种子的活力、抗逆性以及种子的科技附加值，有利于草种业科技进步和产业水平的提升。我国多数草种子公司是以种子贸易为主，涉及牧草或草坪草种子专业化生产的企业则屈指可数。种子生产企业通过购买育种家的品种使用权获得品种进行种子生产活动，没有自己专门的研发团队，也没有具有自主知识产权的育成品种。导致研发资金靠政府、育成品种跟不上生产需求、良种推广面积小、成果转化慢，产业化发展格局未能形成。

3. 缺乏专业化草种子扩繁的认证体系

牧草或草坪草多数是多倍体的杂交种，本身的遗传变异性明显，选育新品种的真实性鉴定与评价存在很大难度。尤其是在市场流通过程中缺少新品种的真实性评价，将导致市场优质不优价，严重影响种子生产企业的积极性，必然会降低流通中的种子质量。由于牧草或草坪草品种在不断地世代繁育过程中遗传物质会产生交流，基因构成会发生变化，品种的性状就会改变。尤其是多年生牧草与草坪草，由育种家选育出来的品种种子数量较少，经若干个世代扩繁生产后，品种在基因纯度和遗传一致性方面就会发生大的变化，其种子的优良农艺性状也会随之消失，最终导致品种退化。尤其是野生性较强和杂交选育的牧草或草坪草品种，其遗传特性的保持是种子生产的先决条件。但在重视品种优良特性的同时，种子扩繁过程中的发育、成熟、萌发特性等常常被忽视。因此，缺乏牧草种子生产认证制度，导致种子真实性无法保障。

种子认证是通过对种子生产收获、加工、检验、销售等各个重要环节的行政监督和技术检测、检查，对种子生产和经营的全过程加以控制，从而保证优良牧草品种种子的生产、推广和应用。欧洲和北美均实行了种子认证制度，按照种子认证的程序要求进行优良品种的种子扩繁，实现由育种家种子到商品种子的遗传稳定性和一致性，保持品种的优良性状。通过种子生产认证制度，保障所生产品种的种子真实性和质量，并保护种子生产者的利益，延长了培育新品种的使用年限。因此，需要政府管理部门积极推动草种子生产认证，保证品种的真实性。

4. 草种子收获与加工的机械化水平低

不同种类的牧草或草坪草存在生物学特性差异，在开花和结实方面明显不同，针对种子在植株上的分布位置和成熟规律，要求收获机械将成熟种子都能收下来。我国草种子生产加工机械还处于研发初级阶段，草种子收获机械品种较少，多以中小型设备为主，最大工作幅宽3 m，多数只适合单一品种的种子收获，通用性较差，收获效率低，同时增加了使用成本（王德成等，2017）。在种子生产当中，常用联合收割机来收获苜蓿、老芒麦等牧草种子，但需要针对牧草的结实特性进行机械调整，如风量大小、筛板规格等。苜蓿种子收获机械大部分都是在现有联合收割机上进行改装，造成脱粒不干净，种子收获损失多，苜蓿种子收获损失量高达30%（毛培胜等，2015）。针对羊草等禾草种子集中于植株顶端的特点，有专门的禾草种子收获机械，但对于结缕草、白三叶等植株低矮的种类，机械收获种子困难，常常采用手工收获。欧美各国专业化的种子生产加工企业，均具备满足各种收获条件下全面机械化的需要，而且清选加工设备规格齐全、配套完整，能够处理多种植物种子。我国牧草与草坪草种子的收获、清选加工等关键设备生产不配套，部分依赖于进口，使我国草种业生产机械化、规模化、集约化、标准化程度低，造成生产成本高、种子质量无保证，缺乏市场竞争力。

5. 草种子生产经营与监管的相关法规政策不配套

草种子市场的健康发展依赖于种质资源利用，品种选育，种子生产、经营到市场监督各个环节的紧密衔接和高效运行，市场体系的规范有序需要强化政府部门的政策指导、市场监管和行政执法保障。虽然我国已经颁布了《中华人民共和国种子法》《中华人民共和国草原法》，但有关草种子方面的法律法规和部门规章尚需继续完善。草种子贸易管理、市场监管与草种子生产、经营息息相关。种子管理工作存在行业横向分割问题，且机构设置重复现象频繁（刘亚钊等，2013；张明均，2017）。种子管理队伍不健全。我国的草种管理工作主要是由县级以上地方人民政府草原行政主管部门开展，但由于人手少以及草原生态建设任务重，难以顾及草种监督管理，造成草种监督管理工作不到位，致使草种监管相对缺失、生产经营较为混乱。于是市场中便存在未取得草种生产经营许可证的单位或个人生产经营草种，非法牟利，使假冒伪劣种子流入市场。还有的不按规定建立和保存种子生产档案，生产地点、生产地块环境、亲本种子来源和质量、种子流向等重要信息不明(刘加文，2016)。因此，从国家制度建设方面形成育种家种子到良种种子生产的四级种子生产技术体系、实行种子生产认证制度等，将为实现新品种的育繁推一体化提供有力的保障。

1.3.2 我国草种业的发展趋势

现代草业发展的规模和程度均呈现出空前的繁荣景象，对优良牧草与草坪草种子的需求也急剧增加，草种业迎来了快速发展的历史机遇。尤其是在广泛关注种子问题的时代背景下，种子产量低、质量差，企业数量少和规模小等各种现实问题，在一定程度上减缓了草种业发展的步伐。按照二十大“推动绿色发展，促进人与自然和谐共生”精神，推进美丽中国建设，坚持山水林田湖草沙一体化保护和系统治理。草种业的振兴不仅是现代草业建设的重要基础，而且也是国家种业战略安全的重要保障。因此，只有建立起种子生产体系配套、高效管理的现代草种业，才能在未来国际市场竞争中占据全球种子贸易和产业的制高点，成为带动现代草业发展的核心动力。

1. 建立草种子专业化生产集中区域

借鉴国外牧草与草坪草种子专业化生产的经验，专业化种子生产需要建立相对集中的适宜区域，种子生产区域的选择直接关系到种子产量的高低。经过多年的实践与总结，我国专业化牧草种子生产逐渐向西部地区转移，以苜蓿等温性牧草为主的种子专业化生产相对集中。尽管在西部地区的气候条件适宜开展专业化的种子生产，但是符合种子生产的地域划分还不够具体。另外，在种子生产相对集中的西部地区，也并不是每个省份的所有地方都适合生产，还需要更进一步地科学细化，确定适宜的地域才能更好地发挥资源优势提高种子生产效益。针对牧草与草坪草繁殖特性，逐步开展种子专业化生产的区域布局，将有利于草种业的健康发展。

2. 建设草种子生产技术体系

按照二十大“加快实施创新驱动发展战略”精神、《“十四五”全国畜牧兽医行业发展规划》《“十四五”全国饲草产业发展规划》等的要求，明确提出要提高良种扩繁能力。未来发展应以市场为导向、资本为纽带，建设利益共享、风险共担、产学研相结合的草种业技术创新体系。加强牧草与草坪草种子生产扩繁体系的建设，针对苜蓿、老芒麦、冰草、无芒雀麦等建立专业化种子生产基地，合理布局，科学配置生产、收获、加工等管理技术和机械，提高种子生产能力和水平，培育具有核心竞争力和较强国际竞争力的种子生产加工企业。建立种子生产技术体系，不仅为实现草种业育繁推一体化奠定扎实基础，而且也是草种业国产化的迫切需要。

在加强牧草与草坪草种子专业化生产过程中，不仅要重视种子生产、收获以及加工机械设备的配套，更要发挥收获和加工机械设备的重要作用，从田间到仓库提高种子的产量和质量水平。利用电子、液压精确控制等高新技术，积极研发新型产品，增加机具的科技含量，提高机具的工作可靠性和通用性。现代草种业的发展离不开高效配套的种子生产、收获和加工机械设备，也为设备制造业的发展提供了更加广阔的空间。

3. 建立现代草种子认证与质量管理体系

针对多年生牧草生长年限长、异花授粉的特性，建立符合我国牧草与草坪草品种的种子生产认证制度，推进《牧草与草坪草种子认证规程》(NY/T 1210—2006)的应用，按照育种家种子—基础种子—认证种子生产的制度，生产各级别种子，制定品种保护、良种繁育、质量状况等方面标签管理的具体规定。按照二十大“坚持全面依法治国、推进法治中国建设”精神，制定《草种子生产认证管理规定》《草种子标识管理规定》等相关的规章制度，形成草种生产管理配套的法律法规体系。加强种子质量监督管理体系建设，成立草种质量监督管理机构，负责草种认证和草种生产、经营的监督管理工作。加强种子质检体系建设，提升草种质检机构的检测技术和水平，强化其在草种质量监督管理中的技术支撑作用。加强草种监督抽查力度，定期制定全国草种质量监督抽查规划和各级草种质量监督抽查计划，将草种打假纳入农资打假综合执法工作中，保护优良品种的生产者和消费者的正当利益，保障种子市场贸易的健康持续发展。

4. 建立草种子专业教育与人才培养体系

牧草与草坪草种子生产对于生产环境选择、种植生产、田间管理、收获加工等具有特殊要求，因此在各生产技术环节都与饲草生产截然不同。虽然在高校中已经成立10余个草业相关学院，培养草业科技人才，但在种子学相关课程、专业设置方面依然薄弱。因此，实施草种业发展战略，应切实加强草种业人才队伍建设。按照二十大“实施科教兴国战略、强化现代化建设人才支撑”精神，首先，要扩大草种业从业人员的规模，不仅要扩大草业科技人才的规模，更要扩大管理人才、经营人才、技工人才的规模，只有科研人才、管理人才、经营人才和技工人才相结合，一体化才能促进草种业的发展；其次，要加强从事草种业生产的各种人才梯队建设，避免人才断层。由于种子生产的专业性和特殊性，草种业呈现出对人才要求的专门特点，表现在技术水平和专业程度都具有较高能力的人员才能胜任，还有种子生产周期长的因素，这些均对种子生产专业技术人员的梯队建设提出要求。可见，未来草种业的发展，人才培养是关键，也是种业振兴的标志。

参考文献

陈绍萍．1984. 红三叶种子生产的研究．贵州畜牧兽医科技，(2)：20-23.

耿本仁，牛峰，李俭．1985. 吸胀—回干处理对苏丹草种子发芽出苗及生长的影响．种子，(5)：32-33.

苟文龙，何光武，张新跃，等．2006. 播期对光叶紫花苕种子生产的影响．草业与畜牧，(11)：21-23，39.

韩建国，毛培胜．2000. 牧草种子生产的地域性．草业与西部大开发学术研讨会暨中国草原学会2000年学术年会．兰州．

韩建国．1997. 实用牧草种子学．北京：中国农业大学出版社．

胡自治，龙瑞军，张德罡，等．2005. 我国高等草业科学教育发展的道路及其在世界的地位. 草原与草坪，(5)：3-8.

康素珍，朱文江．1981. 野燕麦种子的休眠和萌发习性的初步研究．青海农林科技，(4)：20-24.

李代琼，梁一民，从心海，等．1981. 沙打旺、柠条、酸刺飞播种苗生物生态学特性的研究．陕西林业科技，(3)：8-14.

刘加文．2016. 大力发展中国草种业．草地学报，24(3)：483-484.

刘亚钊，王明利，杨春，等．2013. 我国牧草种子产业发展现状及趋势分析．中国畜牧杂志,20:44-47.

刘自学.2016.草种业现状与发展趋势.第四届中国草业大会论文集.中国畜牧业协会草业分会,2.

吕芝香,沈恒冠,仲崇信.1984.贮藏方法对大米草(*Spartina anglica* Hubbard.)种子萌发的影响.南京大学学报(自然科学版),(1):127-133.

毛培胜,侯龙鱼,汪辉,等.2015.甘肃省苜蓿种子生产现状分析与展望.中国奶牛,(18):12-15.

毛培胜,侯龙鱼,王明亚.2016.中国北方牧草种子生产的限制因素和关键技术.科学通报,61:250-260.

毛培胜.2011.牧草与草坪草种子科学与技术.北京:中国农业大学出版社.

毛培胜,王明亚,欧成明.2018.中国草种业的发展现状与趋势分析.草学,(6):1-6.

闵继淳,肖凤.1990.提高苜蓿种子产量的技术措施.新疆畜牧业,(2):66.

闵继淳.2003.新疆的苜蓿种子生产.第二届中国苜蓿发展大会暨牧草种子、机械、产品展示会.北京:中国草学会,76-81.

全国畜牧总站.2022.中国草业统计2019.北京:中国农业出版社.

孙建华,陈江辉.1990.紫花苜蓿种子活力的不同方法测定.草业科学,(4):53-57.

汪从云,郭延泰,赵明宽,等.1982.毛苕子秋播繁殖种子产量高.甘肃农业科技,(9):31.

汪辉.2018.苜蓿果荚光合性能及对干旱胁迫的生理响应.博士学位论文.北京:中国农业大学.

王德成,贺长彬,武红剑,等.2017.苜蓿生产全程机械化技术研究现状与发展分析.农业机械学报,48(8):1-25.

王明亚.2018.施氮对老芒麦种子产量及产量因子的作用.博士学位论文.北京:中国农业大学.

王玉祥,李陈建,陈述明,等.2015.施氮肥时间对苜蓿结荚率及种子产量的影响.草业科学,32(2):231-235.

吴永敷,杨明.1980.提高沙打旺结实率的研究.中国草原,(4):32-35.

鄢燕,张新全,张新跃.2003.黑麦草种子生产研究现状及发展对策.草业科学,(2):18-21.

易津.1988.老芒麦种子活力测定方法的研究.种子,(1):34-37.

游明鸿,毛凯,干友民,等.2003.管理因子对草坪草种子生产影响的研究概况.草业与畜牧,(1):37-39.

于卓,孙祥,张红蕾,等.1990.柠条、花棒种子活力研究初报.中国草地学报,(6):65,68.

玉柱,西力布,林柏和.1989.几种多年生豆科牧草种子活力及测定方法的探讨.种子,(6):41-43.

云锦凤,米福贵.1989.冰草的种子萌发、生长发育及其开花生物.中国草地学报,(4):18-23.

张明均.2017.牧草种子生产现状与对策探索.中国畜禽种业,(1):9.

张万松,陈翠云,袁祝三,等.1995.四级种子生产程序及其应用.种子,14(4):16-20.

张文旭.2014.紫花苜蓿荚的光合性能及产物转运、作用机理研究.博士学位论文.北京:中国农业大学.

张众,彭启乾,吴渠来.1990. 披碱草属牧草种子萌发生物学特性的研究. 中国草地,(2):51-54,65.

郑光华.2004. 种子生理研究. 北京:科学出版社.

朱朝碧,谢世财,何能学.1982. 高寒牧区牧草种子自然贮藏寿命较长. 四川草原,(4):59-60.

Agrawal R L. 1995. Seed Technology. 2nd Edition. New Delhi:Oxford and IBH.

Desai B B,Kotecha P M,Salunkhe D K. 1997. Seeds handbook:biology,production,processing,and storage. New York:Marcel Dekker,INC.

Hampton J G,Scott D J. 1990. New Zealand seed certification. Plant Varieties and Seeds,3(3):173-180.

第2章 牧草与草坪草种子的形成与发育

2.1 概述

牧草或草坪草从幼苗生长发育到一定时期，在光、温度等因素及其诱导的激素作用下，植株就进入了生殖生长阶段，在一定部位上形成花芽，然后开花、结实产生种子。了解牧草与草坪草的花序和小花的分化，开花、传粉和受精过程，种子的形成和发育规律，种子发育过程中的物质变化规律及环境因素的影响，对科学认识和掌握牧草或草坪草种子发育成熟、产量形成及提高种子的产量和质量都具有重要的意义。

牧草或草坪草从营养生长转变为生殖生长后，茎尖分生组织转变为花原基，并逐渐分化形成花或花序。牧草与草坪草感受到外界信号(温度或光照)便能够产生成花刺激物，成花刺激物运输到茎尖，发生一系列诱导反应，随后茎尖分生组织进入成花决定态。进入成花决定态，且外界条件适宜时就启动花的发生，进而开始花的发育。成花素 *FLOWERING LOCUS T* (*FT*)编码一种小球状蛋白，通过韧皮部运输到茎尖，激活花分生组织决定开花的识别基因。温度和光照等环境因素均影响相关基因的表达，从而调控 *FT* 基因的表达，控制牧草或草坪草开花。花原基的生长受到多个基因的调控，*LEAFY*(*LFY*)、*APETALA*1(*AP*1)、*CUP-SHAPEDCOTYLEDON*(*CUC*)等在花形成初期和花不同区域的分化发挥着重要作用。花原基形成后，花器官特征决定基因活化，细胞分裂并分化为不同的亚区，进而形成花器官的不同部位。通过对拟南芥(*Arabidopsis thaliana*)突变体的遗传学研究，总结提出了花器官特征决定基因的 ABCE 模型。A、B、C、E 分别代表不同功能基因，调控萼片、心皮、花瓣、雄蕊和雌蕊的分化。任何一个功能基因的缺失都会产生花发育不完全。而在禾本科植物花发育过程中 *LAX PANICLE*1(*LAX*1)、*BARREN STALK*1(*BA*1)对腋芽分生组织和小穗的分化至关重要。*ABERRANT PANICLE ORGANIZATION*1(*APO*1)和 *APO*2 是水稻(*Oryza sativa*)花序发育的关键调节因子，同时维持花序分生组织特性，抑制其小穗分生组织分化。*SQUAMOSA* 启动子结合蛋白基因(*SPL*)、*PANICLEPHYTOMER*2(*PAP*2)通过控制禾本科植物的小穗分生组织特性参与对花序结构的调控，*Six-rowedspike*1(*vrs*1)、*vrs*2、*vrs*3、*vrs*4 和 *Intermedium-C*(*Int-C*)则调控小穗形状的发育。此外浆片、花药、心皮、萼片以及芒的发育均受到不同基因的调控，共同控制花器官的发育。

随着分子生物学技术的研究与应用，越来越多的基因被证实参与开花调控，但牧草与草坪草中研究开花相关的基因功能比较少，主要集中在蒺藜苜蓿(*M. truncatula*)、紫花苜蓿、牛枝子(*Lespedeza potaninii*)和多年生黑麦草等种类中。紫花苜蓿的种植规模迅速增加，开花时间对于饲草产量、品质的影响成为新品种选育和推广关注的重要问题。紫花苜蓿开花光周期调控途径包括叶片对日照长度的感应、成花素信号的生成及其顶端分生组织感应成花素信号并开花。开花基因的相关研究主要集中在模式植物蒺藜苜蓿中。例如，成花素基因 *FT* 在蒺藜苜蓿中有 5 个同源基因(*FTa*1/*a*2/*b*1/*b*2/*c*)，过表达 *FTa*1，蒺藜苜蓿表现早花表型；春化

处理条件下 *FTa*1 需要长日照才能诱导表达(Putterill et al.,2013)。*FTb*1 受长日照诱导主要在叶片组织中表达并协同参与 *FTa*1 调控途径。*FTa*2 在春化过程中是组成型表达。*FTa*1、*FTb*1 和 *FTc* 都能够互补拟南芥 *ft*-1 晚花表型(Laurie et al.,2011)。光周期是苜蓿开花最重要的诱导因子,在光周期途径中 *FT* 家族基因是促进开花的诱导因子,对调控开花起至关重要的作用。Zhang 等(2013)提出紫花苜蓿 *MsFRI-L* 和 *MsLFY* 通过赤霉素和光周期途径参与花期调节,*MsLFY* 基因受赤霉素诱导表达,在长日照条件下可促进开花。紫花苜蓿 CCCH 类锌指蛋白 MsZFN 对延迟开花具有调节作用。在长日照条件下,过表达 *MsZFN* 增强了开花抑制因子 FLC 的表达,抑制了开花促进基因 *FT*、*SOC* 和 *GI* 的表达,*MsZFN* 参与了光周期调控途径,延迟了开花(Chao et al.,2014)。经 miR156 剪切得到基因 *MsSPL*6、*MsSPL*12 和 *MsSPL*13 的转录本,且 *MsSPL*13 参与了苜蓿开花和分枝的调控,是营养生长和生殖生长的关键调控基因(Gao et al.,2018)。Kang 等(2019)发现紫花苜蓿 *MsFTa* 在长日照条件下促进开花。Lorenzo 等(2020)从紫花苜蓿克隆了 *MsFTa*1、*MsFTa*2、*MsFTb*1、*MsFTb*2、*MsFTc* 共 5 个 *FT* 同源基因,只有 *MsFTa*1 是调控开花促进因子,其调控模式与光周期反应一致。同时,发现在短日照条件下苜蓿不会开花,对于已经开花的苜蓿从长日照条件转到短日照条件下开花的状态很快转变为营养生长阶段。此外,转基因苜蓿中下调 *MsFTa*1 的表达,显著延迟开花时间,开花延迟导致叶茎比增加。研究报道,MsLEA-D34 是一种典型的固有无序蛋白,参与了苜蓿花期调控。过表达 *MsLEA-D*34 的紫花苜蓿在干旱和灌溉条件下均能提前开花。*MsLEA-D*34 的过表达通过促进紫花苜蓿毛状根中 *FT* 的积累,从而促进开花。然而 *MsLEA-D*34 的表达则主要通过 ABA 反应元件(ABRE)和转录因子 MsABF2 结合到启动子中的 RY 元件来激活表达(Lv et al.,2021)。张云秀(2022)过表达 *MsHMG-Y* 紫花苜蓿阳性植株,表现出延迟开花的表型,同时受 GA3、SA、MeJA 三种激素的诱导表达水平上调。光周期调控途径开花基因 *MsPHYA*、*MsGI*、*MsFTa*1、*MsTEM*1、*MsSVP* 变化显著,表明 *MsHMG-Y* 对光周期调控途径延迟苜蓿开花的调控机制有重要的作用。葛玲巧(2022)对蒺藜苜蓿 *CYP* 基因家族进行了识别与鉴定,得到了 *MtCYP*19-1*B* 和紫花苜蓿同源基因 *MsCYP*19-1*B*。通过 *MsCYP*19-1*B* 进行紫花苜蓿转基因材料鉴定、表型分析、生理指标测定和功能鉴定,初步确定了 *MsCYP*19-1*B* 通过光周期途径、激素信号途径和花发育途径调控苜蓿的开花。

花器官发育成熟后,在适宜环境下开花传粉,受精后发育形成种子。不同类型的牧草与草坪草花期、每日开花时间都具有一定的规律。开花之后,成熟的花粉借助外力进行传粉,牧草与草坪草传粉分为自花传粉和异花传粉。花粉达到柱头,并成功进入胚囊,与卵子相结合完成受精,形成合子;进而发育形成胚、胚乳和种皮,这一过程受到多种基因共同调控,并伴随细胞分裂增长及形态生理变化。种子的发育分为三个过程,分别为细胞分裂组织分化、营养物质的贮存和成熟干燥。种子发育过程中大量细胞分裂,分化形成不同组织类型;营养物质、激素、酶的一系列变化,可溶性小分子化合物在种子成熟过程中逐渐转化为不溶性的大分子化合物,包括碳水化合物、脂肪、蛋白质等营养物质在种子中不断积累。种子经过旺盛的生长期后,干物质积累减慢,激素含量下降,酶活性下降,种子进入休眠状态。在种子成熟过程中,种子水分也呈现规律性下降,尤其是在种子发育后期,不断脱水干燥,逐渐硬化,且种皮呈现固有颜色。因此,耐脱水性代表了一种重要的种子质量性状,可以表现成熟种子在干燥状态下的存活时间,这种特性是在种子成熟后期获得的。在种子脱水干燥过程中,B3 域转录因子、AP 域转录因子和 bZIP 转录因子等共同调控干燥脱水过程，而相关基因的缺失，会导致种子发育异常，种子无法正常储存有机物质，成熟后种皮颜色保持绿色，胚发育异常等。种子的成熟也受到环境的影响，适宜的温度、湿度和土壤条件则有利于形成正常的种子，并促进种子的成熟。

2.2　牧草与草坪草的小花形成与发育

牧草与草坪草进入生殖生长时，茎尖的分生组织不再形成叶原基和腋芽原基，而形成花原基或花序原基，并逐渐形成花或花序。

茎尖的分生组织可分为中央区和周围区，各区的分生组织也会发生相应的变化，中央区下部及髓分生组织上部的细胞很快出现活跃的有丝分裂，接着中央区的细胞和周围区细胞迅速分裂，中央区的界线消失。这种变化与细胞中 RNA 及蛋白质的合成显著增加有密切的关系。与此同时，茎尖中心髓分生组织分裂出来的细胞体积增大，出现较大的液泡，逐渐分化成髓部细胞，髓分生组织消失。

在茎尖端细胞内部活动变化的基础上，逐渐开始花萼、花冠、雄蕊群和雌蕊群的分化，通常起源于茎尖周围区的第二层或第三层细胞。分化开始时，相关部位的细胞先进行平周分裂，接着进行垂周分裂，使各原基逐渐突起。除花托外，花芽各部分的分化顺序通常由外向内地进行。牧草与草坪草种类不同，花芽分化顺序常有变化，但最早分化的多为萼片原基。花序的发生和分化与花相似，花序基部或外侧的花苞通常最早分化，然后向顶或自外向内进行小花的分化。

2.2.1　牧草与草坪草的花芽分化

1. 禾本科牧草与草坪草的花序分化

禾草花序的形成一般称为幼穗分化。幼穗分化过程以茎尖生长锥伸长开始。经过春化和光周期的诱导，生长锥表面一层或数层细胞分裂加速，细胞小而原生质浓，中部一些细胞则分裂减慢，细胞变大，原生质稀薄，有的出现了液泡。许多禾草幼穗分化时生长锥中部细胞内积累淀粉，而表面的细胞则没有淀粉的积累，但蛋白质和 RNA 的含量很高。细胞分裂的结果使生长锥表面出现皱褶，在原来形成叶原基的地方形成花序原基，在此基础上再分化出花的各部分原基。

以冰草的幼穗分化为例，通过幼穗分化、小穗和小花分化阶段的形态变化，说明各阶段的分化特点。冰草在完成一定时期的营养生长后，感受环境因素的成花刺激之后，茎尖由伸长转入幼穗分化阶段。

(1)幼穗分化　分化开始时，茎尖顶端从半球形显著伸长，扩大成圆锥体，渐渐在下部两侧相继出现环状苞叶原基(苞叶原基着生的地方是穗轴的节)，接着从幼穗下部开始，由下部向顶部，在苞叶原基的叶腋处分化出小穗原基(图 2-1)。

(2)小穗分化　首先在基部分化出颖片原基，随之在小穗轴的两侧自下而上地进行小花的分化。常常小穗中下部的小花已形成，但上部小花原基仍在继续分化(图 2-2a～f)。

(3)小花分化　小花的分化中，首先在基部形成外稃原基，之后在外稃的内侧出现 3 个雄蕊原基突起，在雄蕊原基发育的过程中出现了内稃的分化，接着在小花原基的顶端出现了雌蕊原基的分化，浆片原基最后出现(图 2-2g～k)。

在禾草茎尖生长锥分化的研究中，对于分化的等级和时期，尚未形成完全统一的看法。云锦凤等(1989)将冰草茎尖生长锥的分化分为 8 个时期，分别为初生期、伸长期、结节期、小穗突起期、颖片突起期、小花突起期、雌雄蕊形成期和抽穗始期。而 Martin 和 Field(1993)将多年生黑麦草茎尖生长锥从营养生长期到抽穗期的分化概括为 12 个时期,并且指出茎长的对数[$\log_{10}$(茎长+1)]同茎尖分化阶段具有很好的相关性。章崇玲和梁祖铎(1997)在多花黑麦草幼穗分化进程对种子生产性状影响的研究中,将多花黑麦草幼穗分化过程分为伸长期、单棱期、二棱期、护颖原基分化期、小花原基分化期、雌雄蕊原基分化期、药隔分化期和抽穗期共 8 个时期,并且穗分化进程对穗部性状和种子产量有显著影响。老芒麦幼穗分化过程中茎尖生长锥出现一系列的形态变化,并根据分化的特征将其分为初生期、伸长期、结节期、二棱期、小穗突起期、颖片突起期、小花突起期和雌雄蕊形成期 8 个时期(毛培胜等,2004)。

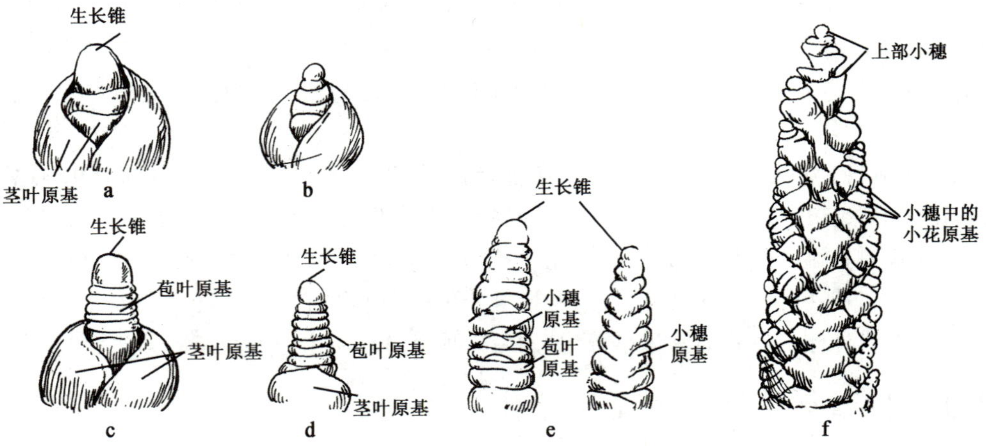

图 2-1 冰草的幼穗分化过程(韩建国,1997)

a. 生长锥 b~d. 苞叶原基分化 e. 小穗原基分化 f. 小花原基分化

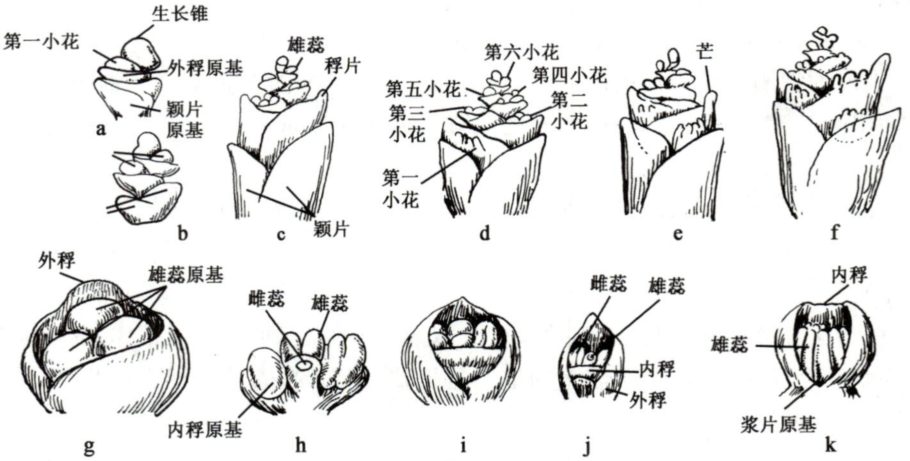

图 2-2 冰草的小穗与小花的分化过程(韩建国,1997)

a. 小穗生长锥及颖片原基和外稃原基的分化 b~d. 小花自下而上地分化 e~f. 外稃上芒的分化

g. 雄蕊的分化 h~j. 雌蕊、花药、内稃的分化 k. 去掉外稃的小花

2. 豆科牧草与草坪草的花序分化

营养生长阶段的豆科牧草与草坪草,茎尖最幼的腋芽原基常出现于从顶端数第三叶原基的叶腋处,通常第一和第二叶原基的叶腋处不会出现腋芽原基。从营养生长到生殖生长阶段

转变的第一个形态上的变化就是第一叶原基的叶腋处出现了类似于腋芽原基的突起。第一叶原基与其叶腋处的突起构成了形态上的“双峰结构”。第一叶原基叶腋处的突起实质上就是花序原基，很快发育为花序。

以白三叶的花序分化为例，通过花序分化、小花分化和雌雄蕊分化、花冠分化阶段的形态变化，说明各阶段的分化特点。白三叶匍匐茎从营养生长阶段进入生殖生长阶段，从茎尖顶端数第一叶原基的叶腋处出现了花序原基突起，与叶原基一起在茎尖最近处构成了“双峰结构”(图2-3A)。

(1)花序分化　第一叶原基叶腋处的花序原基分化后，其细胞迅速分裂形成一个粗糙的半球形突起(图2-3B)，半球形的花序原基继续增大。其体积和形状逐渐超过由分生组织组成的茎尖端，形成一个近轴一侧稍平的圆锥体，此时在圆锥体花序原基基部的远轴一侧开始由苞叶原基包被的小花原基的分化，形成了突起(图2-3C)；随着花序原基的继续伸长和加宽，在两侧和近轴一侧的小花原基进行分化，其顺序为从基部向顶部，直到被小花原基布满(图2-3D)；苞叶原基的分化早于小花原基，并发育迅速，最终形成苞片，保护内侧的花蕾。

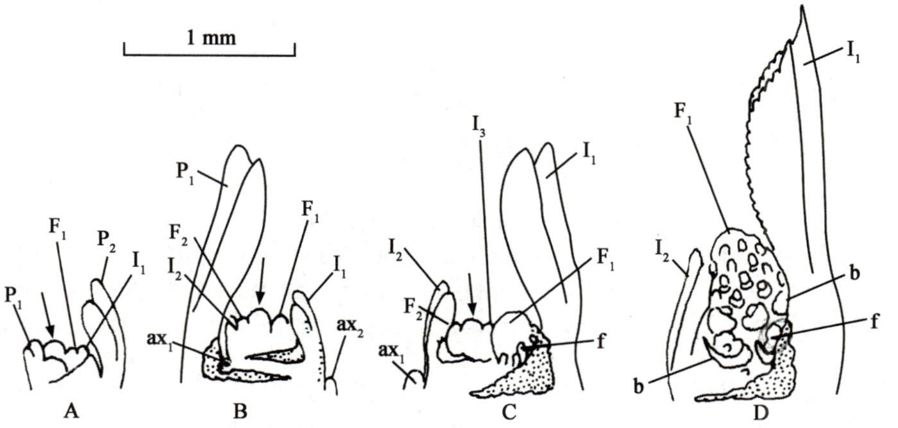

图2-3　白三叶在短日照处理后的连续光照条件下(23 ℃)主匍匐茎花序原基的发育过程(Thomas,1987)

图中A、B、C、D分别为连续光照后的第6、9、11和13天。P_1、P_2为连续光照开始时的幼叶原基；ax_1和ax_2分别为其腋芽；I_1、I_2、I_3为连续光照开始后出现的新叶原基，其叶腋处出现花序原基为F_1、F_2和F_3；b为苞叶原基；f为小花原基。

(2)小花分化及雌雄蕊发育　在小花的器官分化之前，小花原基分化为由分生组织组成的半球形突起(图2-4A)。之后进行花器官的分化，顺序为萼片、雄蕊、花瓣和心皮。

①花萼的分化　分化开始时在花托的基部出现一环状突起。最初萼片连在一起，呈合萼状，之后各萼片原基分离，首先远轴方出现一萼片，并逐渐被两侧出现的两萼片包被，近轴方的两萼片最后出现(图2-4B)，最终形成两侧对称的花萼。花萼发育过程中，基部连生部分和先端分离部分同时生长，开始远轴方的萼片生长快于近轴方萼片(图2-4E)，之后近轴方萼片生长速度加快，当花器官发育成熟时，近轴方较远轴方长1 mm。

②雄蕊的分化与发育　当近轴方的萼片出现时，花托上第一个雄蕊原基以小突起的形式出现于远轴方萼片的内侧，随后另两个雄蕊原基出现于第一个雄蕊原基的两侧，稍后，在花托近轴方萼片的内侧出现两个雄蕊原基，至此全部5个雄蕊原基在萼片内侧形成一轮(图2-4B、

C)。在轮生 5 个雄蕊原基中，近轴方两个雄蕊原基发育的同时，第二轮 5 个雄蕊原基在第一轮 5 个雄蕊原基的每两个之间相继出现，顺序与第一轮相同(从远轴方到近轴方)。雄蕊原基很快分化出花药和花丝。小花发育后期，除第二轮近轴方的 1 个雄蕊外，其余 9 个雄蕊基部的分生组织开始活动，向上生长，使 9 个雄蕊基部联合成管状，并在近轴一方分开(图 2-5b)。

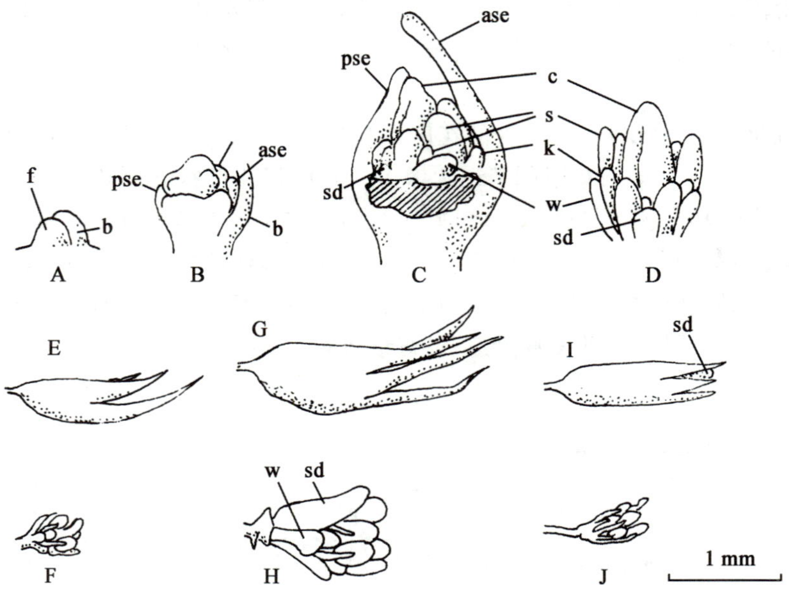

图 2-4 白三叶小花的分化过程(Erith，1924)

A. 苞叶原基包被的小花原基 B. 幼花 C. 去掉一个近轴方和一个远轴方萼片的小花 D. 去掉全部花萼的小花 E～I. 小花发育中的外观 F，H. E 和 G 去掉萼片的花器官 J. I 去掉花萼和花冠的有性器官 ase. 远轴方萼片 b. 苞叶原基 c. 心皮 f. 小花原基 k. 龙骨瓣 pse. 近轴方萼片 s. 雄蕊 sd. 旗瓣 w. 翼瓣

③花药的发育 横切面解剖结构表明，花药的发育过程中，花药两端表皮内侧的 2～3 个细胞——孢原细胞迅速增大，进行一次平周分裂，形成内外两层(图 2-5c)，外层为原始的壁细胞，内层为原始的造孢细胞(图 2-5d)，原始的壁细胞及相邻细胞进行平周分裂形成内外两层，内层分化为绒毡层，外层继续分裂形成与绒毡层相接的中层和与表皮相接的药室内壁(图 2-5e、f)，这样造孢细胞被同心的药室内壁、中层和绒毡层所包被。

花药通过已形成的细胞迅速生长而增大，随着花药的发育，中层解体并消失；绒毡层细胞膨大，原生质消失，细胞内为其他物质填充；表皮细胞的内含物消失；药室内壁发生条纹状加厚(图 2-5g)。在中层和绒毡层解体时，花粉囊内造孢细胞也进行分裂，形成很多花粉母细胞，每个花粉母细胞经过减数分裂形成 4 个子细胞，每个子细胞发育成为一个花粉粒。

④花冠的分化及发育 花瓣原基较雄蕊原基出现略晚。在第二轮雄蕊出现之前，首先两个龙骨瓣形成，接着是两个翼瓣，最后是旗瓣。旗瓣出现最晚，开始时最短(图 2-4C)，但其生长速度很快，当小花长到 0.7 mm 时，已发育为最长的花瓣(图 2-4F、H)。

⑤雌蕊的发育 在花轴的端点出现一半球形的心皮分生组织，其上近轴方出现一浅凹(图 2-6a、b)，随着心皮组织环绕浅凹的生长和伸长，形成由突出边缘围绕的空腔结构(图 2-4C、图 2-6c)，最终边缘相互靠拢，卷合并压在一起形成子房腔。压合部位形成腹缝线，胎座自腹缝线上形成。当心皮长到 0.8～1.0 mm 长时，先端伸长形成一短而钝圆的长柱，其顶端加宽形成柱头(图 2-6e)。

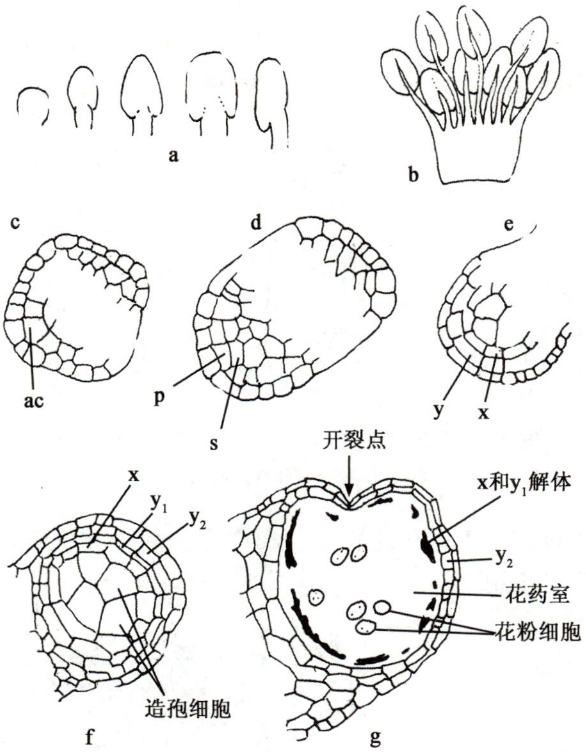

图 2-5　白三叶雄蕊的发育过程(Erith,1924)

a. 雄蕊发育的连续过程　b. 5 个先形成和 4 个后形成的雄蕊　c～g. 发育过程中雄蕊的横切面
a,c. 孢原细胞　p. 原始壁细胞　s. 原始造孢细胞　x. 绒毡层细胞　y_1. 中层　y_2. 药室内壁

腹缝线上的胎座表皮细胞或表皮之下的细胞进行分裂形成胚珠原基,在发育过程中每一胚珠的基部形成二层环套状向上延伸的结构,内层为内珠被,外层为外珠被(图 2-6f、图 2-7b)。开始外珠被略短于内珠被,但外珠被生长较快,在内珠被生长到一半时,外珠被已达到珠心的顶端(图 2-6f、图 2-7c)。最终内珠被到达株心顶端,接近包被株心,同时距珠柄较远一侧的外珠被继续生长并包被内珠被和珠心,仅留一珠孔(Rembert,1977)。

胚珠原基开始与心皮腹缝线呈垂直生长,很快生长方向转向心皮顶端,在心皮的近轴一侧出现了珠柄的发育,珠心先端几乎与珠柄垂直(图 2-6e、f)。之后,由于距珠柄较远一侧的珠被和合点迅速生长,使珠柄和珠心的相对位置发生变化,最终形成弯生珠心。

当胚珠原基发育到 50 μm 长时,在靠近珠孔一端的表皮下细胞体积较大,细胞质浓,核大而显著,称为孢原细胞。孢原细胞通过两次平周分裂形成大孢子四分体,四分体排列成纵行,最上面的细胞紧接表皮(图 2-7a)。四分体形成后,与四分体最上面细胞紧接的表皮中 2～3 个细胞进行一次平周分裂覆盖其上,使珠心顶点的表皮为两层;同时内珠被产生(图 2-7b),随后四分体中从珠孔一端数第三个细胞继续增大形成胚囊细胞,其余 3 个细胞萎缩退化(图 2-7b)。

胚囊发育时,珠心的其余细胞,特别是靠近珠孔一端的细胞逐渐萎缩退化,胚囊细胞从珠心组织和萎缩的细胞中吸收营养,体积不断增大,细胞核也稍有增大(图 2-7c),接着进行三次有丝分裂。第一次分裂形成 2 个子核,分别移至胚囊细胞的两极后,各自再分裂两次,形成 8 个细胞核,其中 4 个在珠孔一端,另 4 个在合点一端。之后每端的 4 个核中各有 1 个核移到胚

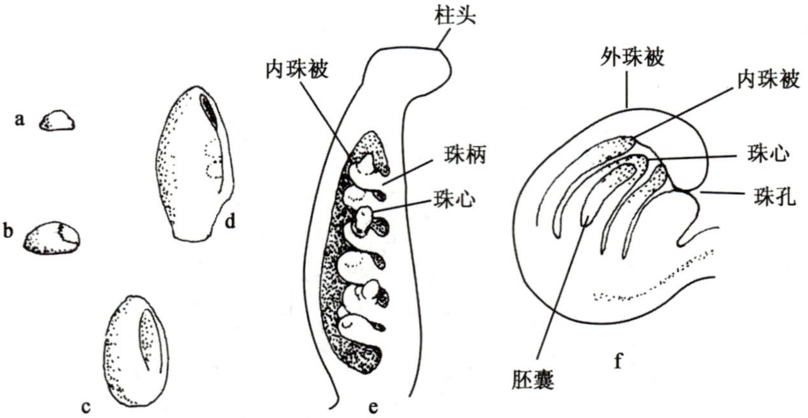

图 2-6 白三叶心皮和胚珠发育过程(Erith,1924)

a～d. 心皮的连续发育过程 e. 心皮发育晚期,胚珠在心皮内的排列 f. 近成熟时胚珠的纵切面

囊中央,互相靠拢,成为极核。近珠孔的另 3 个核,1 个分化为卵细胞,2 个分化为助细胞。近合点的 3 个核分化成反足细胞。

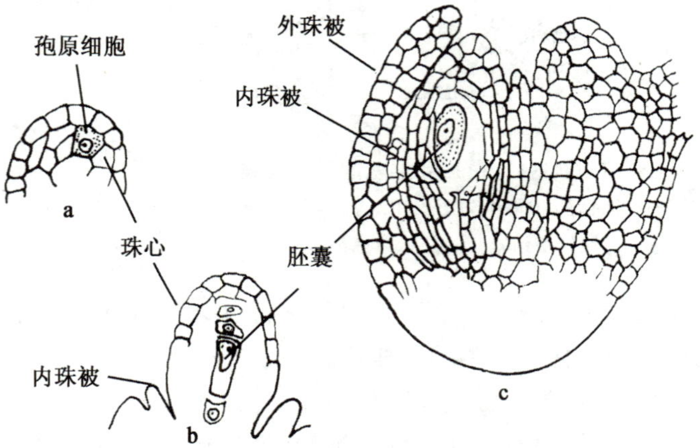

图 2-7 白三叶胚珠发育过程的纵切图(Erith,1924)

a. 心皮发育期(四分体期) b. 心皮发育晚期(胚囊形成期) c. 胚囊发育期

3. 牧草与草坪草成花诱导的分子调控

开花是一个多基因控制的数量性状,由遗传因素和环境条件共同决定,植物必须精准地将遗传信号和环境信号相结合,才能启动开花过程。牧草与草坪草在花芽或花分生组织形成之前,需要一定的光周期或温度条件,如果这样的条件得到满足,即使以后将植株放置到不适宜的光温条件下,仍可以开花,即完成了植物的成花诱导。环境因子通过调控关键基因的表达与阻遏诱导花芽的形成。例如,*FLOWER ING LOCUS C* (*FLC*)抑制开花,而低温则通过调控相关基因的表达,抑制了 *FLC* 表达。*CONSTANS* (*CO*)是调控长日照植物开花的关联基因,*CO* 基因的缺失通常导致长日照植物开花晚于短日照植物。禾本科植物 *Photoperiod*1 (*Ppd*1)显性形式可加速开花,而受到光周期调控的转录因子在大麦(*Hordeum vulgare*)和小麦(*Triticum aestivum*)中的活性丧失,促进 *Ppd*1 显性基因表达,导致不依赖光周期的植物加速开花。

围绕模式植物拟南芥开花遗传机制的大量研究和总结，得出高等植物开花调控途径包括光周期途径、赤霉素途径、春化途径、温度途径、年龄途径、自主途径（Fornara et al.，2010；Kinoshita and Richter，2020）和脱落酸途径（Xiong et al.，2019）。在开花调控系统中，存在许多促进开花的基因和物质，也有抑制开花的基因和物质。通过一系列基因的综合调控完成花的发育过程。

（1）低温诱导植物开花的调控作用　拟南芥开花前需要经历一段时间的低温。MADS-box 转录因子 *FLC* 能够抑制开花所需关键基因的表达，而长时间的低温能抑制 *FLC* 基因的表达。通过基因筛选，发现了一组经低温诱导，可以有效沉默 *FLC* 的基因（Hu et al.，2014；Whittaker and Dean，2017）。VERNALIZATIONINDEPENDENT3（VIN3）是一种含有植物同源结构域（PHD）的转录因子，低温环境诱导其表达，并在春化早期结合于 *FLC* 基因座。VERNALIZATION5（VRN5）也是一种 PHD 蛋白，与 *FLC* 基因体结合，并通过募集多梳抑制性复合物促进其沉默。较高的环境温度加速了拟南芥的开花。这种开花的加速取决于 *FT* 基因表达的上调。MADS-box 蛋白 SHORT VEGETATIVE PHASE（SVP）和 FLOWERING LOCUS M（FLM）都抑制 *FT* 表达，而较高的温度会降低它们的活性，使 *FT* 表达相应增加。PHYTOCHROME INTERACTING FACTOR4（PIF4）是一种 bHLH 转录因子，随温度的升高促进 *FT* 的表达，并且 PIF4 活性在转录和翻译后均随着温度升高而增加（Box et al.，2015；Raschke et al.，2015；Jung et al.，2016）。

冬小麦和大麦的春化由 *VERNALIZATION*2（*VRN*2）控制。*VRN*2 抑制植物开花，可抑制由 *FT* 相关基因 *VRN*3 编码的小麦成花素的表达。一旦满足春化要求，*VRN*3 基因表达就会对光周期产生反应。春化后，*VRN*2 的表达可被 *VRN*1 抑制，*VRN*1 是编码与拟南芥中 *AP*1 和 *FRUITFULL* 相关的 MADS-box 转录因子基因（Shimada et al.，2009）。

蒺藜苜蓿 *FTa*1 基因是响应春化促进开花所必需的。然而 *FTa*1 的表达在植株处于寒冷状态时不会被诱导，而只有在返回温暖条件并经历诱导性长日照光周期时才会表达（Hecht et al.，2011）。多年生黑麦草至少需要 12 周的冷处理才能诱导开花，在茎尖生长锥检测到 *LpTFL*1 表达量的下降。然而，在随后的高温诱导和长日照的光周期处理中，当多年生黑麦草茎尖生长锥形成可见的小穗时，*LpTFL*1 水平增加并达到最大值（Herridge et al.，2021）。

（2）光周期诱导植物开花的调控作用　拟南芥是兼性长日照植物，与短日照（8 到 10 h 光照）相比，长日照光周期（通常为 16 h）可加速开花。*CONSTANS*（*CO*）参与调控长日照植物开花。*CO* 功能缺失的突变体对光周期敏感，开花晚于短日照植物。*CO* 编码具有锌指基序的转录因子，该转录因子结合 *FT* 的启动子并激活其表达。*CO* 的表达在黎明后 16 h 左右达到峰值，CO 蛋白在光照下稳定，在黑暗中降解。通过这种方式，CO 蛋白在每一天结束时积累，从而激活开花。对蒺藜苜蓿中 *COL*（*CO-like*）基因的分析表明，*COLa* 或其他相关 *COL* 基因的失活不影响开花时间，与拟南芥 *CO* 相反，拟南芥中 *MtCOL* 基因的过表达不促进开花（Searle and Coupland，2004）。

转录因子 Photoperiod1（Ppd1）显性形式可加速开花，在大麦中的隐性突变体 *ppd-H*1 延迟开花。*Ppd*1 的表达受夜间复合体成员 EARLYFLOWERING3（ELF3）和 LUXARRYTHMO（LUX）的调节。在小麦和大麦中，*phy tochrome C*（*phyC*）中的突变等位基因导致 *Ppd*1 表达，从而导致减少和延迟开花（Digel et al.，2015）。

4. 花器官发育与基因调控

花的发育受到多种基因的调控。多种基因的调控，是以出现花分生组织为标志。花原基的分化生长主要由生长素的活性诱导，参与生长素信号转导通路的基因 *LEAFY*（*LFY*）在花分生组织的细胞中起重要作用，诱导花发育程序的开始，导致花器官的形成（Yamaguchi et al.，2013）。此外，*APETALA*1（*AP*1）基因在花发育中也非常重要。*LFY* 突变体表现出花的转化不完全，*AP*1 突变导致形成叶状器官而不形成萼片，并且无法形成花瓣（Bowman et al.，1993；Irish and Sussex，1990；Mandel and Yanofsky，1995）。*LFY* 和 *AP*1 基因的异位表达都会诱导茎尖分生组织转化为花分生组织，从而发育形成花。这两个基因在花形成早期表达，*LFY* 可直接或通过其他物质介导来调控 *AP*1 表达，*LFY* 还激活 *AP*1 旁系同源物 *CAULIFLOWER* 的表达，*CAULIFLOWER* 与 *AP*1 一起以冗余方式控制花发育的开始（Bowman et al.，1993；Ferrandiz et al.，2000）。

花原基来源于花分生组织的最上层（L1）细胞，花早期发育过程的主要参与者是 *CUP-SHAPEDCOTYLEDON*（*CUC*），包括 *CUC*1、*CUC*2 和 *CUC*3，该基因编码 NAC 结构域转录因子。*CUC*1 和 *CUC*2 受 *MIR*164 家族的 3 个基因调控，其中 *MIR*164*c* 基因的突变导致在早期出现的花朵中形成多余的花瓣。当 3 个 *MIR*164 基因都缺失时，与野生型相比，花朵的萼片和花瓣更多，但雄蕊更少。调控 *CUC*1 和 *CUC*2 的 miRNA 抗性植株中，其过表达导致花器官由于细胞数量减少而显著变小（Sieber et al.，2007）。C2H2 型锌指转录因子 RABBITE-ARS（RBE）调节 3 个 *MIR*164 基因，主要抑制 *MIR*164*c* 的表达。*rbe* 突变体的花表现出失去或形成异常花瓣以及融合的萼片，并且在某种程度上类似于 *cuc*1*cuc*2 双突变体的花朵。大多数 *rbe* 突变表型是由 *MIR*164*c* 上调引起的 *CUC*1/*CUC*2 表达水平降低的结果。*ptl* 突变花的特征不仅在于花瓣减少，也导致萼片融合。*PTL* 在萼片边界之间表达，表明它有助于第一花轮内的边界形成（Brewer et al.，2004）。

根据显示不同突变体导致的不同花区域的缺陷，将受影响的基因活动分配为三组，称为 A、B 和 C。花同源突变体以及不同的双突变体和三突变体组合的形态学分析形成了花器官特性的 ABC 模型。根据该模型，仅 A 功能活动形成萼片，而花瓣的形成需要 A 功能以及 B 功能活动。雄蕊的发育是基于 B 和 C 功能的联合活动，仅 C 功能就足以形成心皮。拟南芥中 A 功能由 *AP*1 和 *AP*2 调控，这些基因的突变体通常没有花瓣。在 *ap*2 突变体中，它们被转化为心皮或带有胚珠的心皮叶，而在 *ap*1 突变体花中，它们被叶状或苞片状器官所取代。B 功能基因 *APETALA*3（*AP*3）和 *PISTILLATA*（*PI*）的突变体在第二轮和第三轮中表现出缺陷，其中花瓣和雄蕊分别被萼片和心皮（或丝状结构）取代。*AGAMOUS*（*AG*）的强突变等位基因是 C 功能基因，缺乏所有生殖器官。ABC 模型的另一个重要假设是 A 和 C 功能活动相互拮抗，并分别阻止彼此在内部或外部两个花轮中的活动。这种拮抗作用主要由 *AP*2 和 *AG* 介导，如在 *ap*2 突变体中，心皮结构出现在第一轮而不是萼片中（表明 C 功能扩散到萼片中），而在 *ag* 突变体中，由萼片或花瓣形成花。花同源异质的活性需要花特异性辅助因子基因 *SEPALLATA*1（*SEP*1）到 *SEP*4。单 *sep* 突变体和不同的双突变体组合对花发育没有或只有很小的影响，*sep*1*sep*2*sep*3 三重突变体在所有花轮中形成萼片（Pelaz et al.，2000），当第 4 个 *SEP* 基因 *SEP*4 也失活时，四倍突变的 *sep*1-4 植物会产生叶子而不是花器官（Ditta et al.，2004）。*SEP* 基因对于所有四个花轮的花器官分化都是必需的。由于它们在花器官规格中的关键作用，*SEP* 基因作为“E 功能”基因被纳入 ABC 模型，从而形成了 ABCE 模型。

花器官形成过程中的一个重要步骤是建立花同源基因的正确时空表达域，这是由高度复杂的基因调控网络介导的。在花器官形成的最早阶段，B、C 和 E 功能基因被积极抑制以防止它们的早熟表达而导致花器官发育的分化程序过早启动(Liu et al.，2009a)。在花发育的早期阶段，*SEP*3 表达是一个关键的调节机制。*SEP*3 在花发育的最初阶段受到抑制，但在第 2 阶段花分生组织中被激活(Mandel and Yanofsky，1998)。*AP*1 通过两种机制促进 *SEP*3 的表达，首先是直接下调抑制基因的表达，从而随着时间的推移消除这些阻遏物；其次，它通过直接与其启动子结合来激活 *SEP*3。*SEP*3 的激活导致 *AP*1/*SEP*3 异二聚体的形成，这些异二聚体参与了花同源基因的激活(Kaufmann et al.，2010；Ng and Yanofsky，2001)。*SEP*3 也可作为 *LFY* 的辅助因子发挥作用，激活花同源基因(Liu et al.，2009b)。B 功能基因调控的另一个机制是由 C2H2 型锌指转录因子 SUPERMAN (SUP)介导的。*SUP* 基因的突变在第四轮周围的环状结构域中表达，导致多生雄蕊和心皮缺陷，以及轻微的花分生组织过度生长(Ito et al.，2003；Sakai et al.，1995)。在 *sup* 突变花中，B 功能基因表达比野生型进一步扩展到花分生组织的中心。因此，*SUP* 被认为是确定第三和第四花轮之间的边界，并防止 B 功能进入花分生组织的中心(Bowman et al.，1992)。

在蒺藜苜蓿基因组中包含 1 个 A 类基因、4 个 B 功能 MADS-box 基因和 3 个 C 类基因，蒺藜苜蓿花分生组织基因(*MtPIM*)是 *AP*1 的同源物，其表达模式与不同植物物种的 *AP*1 表达模式相似。在花分生组织分化之前，它在次生花分生组织中强烈表达(Benlloch et al.，2006)。

在花发育早期，A 功能基因 *MtPIM* 的表达仅限于分生组织的外围，后期则在萼片和花瓣中表达。*mtpim* 花的一个显著特征是萼片经常转化为与叶子非常相似的器官，这表明 *MtPIM* 参与了萼片性状的调控。蒺藜苜蓿包含的 4 个 B 功能 MADS-box 基因：2 个 *AP*3 和 2 个 *PI* 旁系同源物。两个蒺藜苜蓿 *AP*3 同源物 *MtNMH*7 和 *MtTM*6 是通过筛选花 cDNA 文库进行分离。B 类基因 *MtTM*6 转录物在围绕第二轮和第三轮的外细胞层中强烈表达，而 *MtNMH*7 在它们内部表达。此外，*MtNMH*7 在发育后期在胚珠中表达。RNAi 诱导的 *MtNMH*7 功能丧失主要导致花瓣发育缺陷，显示花瓣部分转化为具有绿色组织和萼片样细胞斑块的萼片结构，而雄蕊弱转化为心皮样器官。相反，RNAi 诱导 *MtTM*6 功能丧失而产生的花主要在第三轮中显示同源异形转化。*MtTM*6-*RNAi* 植物中 *MtTM*6 活性的下调不会导致花瓣发育中的同源异形缺陷。然而，与 *MtTM*6-*RNAi* 系相比，从蒺藜苜蓿 Tnt1 诱变种群中分离的 *mttm*6 突变体的花表现出更强的雄蕊转化为心皮。此外，*mttm*6 花表现出弱的同源异体转化，将花瓣转化为萼片样器官。*MtTM*6-*RNAi* 花的花瓣中缺乏同源异型转化是 *MtTM*6 低水平残留表达的结果，因为在 RNAi 策略中，基因功能降低但并未完全消除(Roque et al.，2013)。与花瓣和雄蕊中的这种互补表达模式一致，这两个蒺藜苜蓿 *AP*3 同源基因具有略微不同的 B 类功能。*MtNMH*7 更多地参与花瓣分化，而 *MtTM*6 在雄蕊分化中发挥更重要的作用。

蒺藜苜蓿包含两个属于 PI/GLO 亚家族的 B 功能 MADS-box 基因 *MtPI* 和 *MtNGL*9。*MtPI* 和 *MtNGL*9 在花发育过程中在花瓣和雄蕊中具有相似的时空表达模式，但它们的表达水平不同。从花发育的早期到晚期，*MtPI* 在花瓣和雄蕊中表现出高度均匀分布的表达。然而，*MtNGL*9 信号主要局限于表皮细胞。此外，*MtNGL*9 在胚珠中表现出差异表达。*MtPI*-*RNAi*、*mtap* 和 *mtpi*-2 花都表现出第二和第三轮器官的同源异形转化。虽然具有强

表型的 *mtp*1-2 和 *MtPI-RNAi* 花表现出花瓣完全转化为萼片，雄蕊转化为心皮，但 *mtap* 花的第二轮器官与野生型萼片相似，但第三轮器官表现出部分同源转化到心皮（Roque et al.，2016）。

蒺藜苜蓿拥有 C 功能基因 *euAG* 亚进化枝的两个成员（*MtAGa* 和 *MtAGb*）和 *PLENA* 的一个成员（*MtSHP*）。*MtAGa* 和 *MtAGb* 显示出几乎相同的空间表达模式，主要局限于从早期阶段和整个花发育过程中发育的雄性和雌性器官。在发育的早期阶段观察到主要差异，其中 *MtAGa* 表达在花分生组织中的分布比 *MtAGb* 更广泛。相比之下，*MtSHP* 仅在花发育后期的胚珠中检测到。*mtaga* 和 *mtagb* 突变体表现出相似的花表型：花在外观上是野生型，仅在第三和第四轮器官上显示出轻微的发育缺陷。第四轮心皮具柱头突起或多个未融合心皮和外露的胚珠。*MtAG-VIGS* 花表现出几乎完全丧失 C 功能的表型：雄蕊被花瓣或花瓣状器官取代，中央心皮被多个花瓣状或萼片同心结构取代。蒺藜苜蓿中的 C 功能由两个 *euAG* 基因冗余编码。*MtAGa* 和 *MtAGb* 是在花分生组织早期以及花发育期间的第三和第四花轮中显示出完整 C 功能活性的独特基因，与它们的祖先表达谱相似（祝步拓，2018）。*MtSHP* 表达在花发育过程中出现较晚，表明它对蒺藜苜蓿的 C 功能没有显著贡献，而在胚珠中的表达显示其在胚珠发育中可能发挥功能（Serwatowska et al.，2014）。

禾本科植物的花序结构由茎尖分生组织的活动产生，茎尖分生组织是维持茎尖的干细胞群。在从营养生长转变为生殖生长后，茎尖分生组织称为花序分生组织。新分生组织的启动是禾本科植物花序发育的先决条件。在大多数物种中，腋生分生组织作为茎尖分生组织开始发育（Sussex and Kerk，2002）。在营养阶段产生腋芽和在生殖阶段产生芽的行为存在显著差异。营养阶段产生的腋芽处于休眠状态，只有在环境和内部条件适合时才会生长，而生殖生长后产生的芽则不受约束，在发育后立即开始生长。

水稻的 *LAX PANICLE*1（*LAX*1）基因和玉米的 *BARREN STALK*1（*BA*1）基因对营养生长、生殖生长阶段的腋生分生组织形成至关重要。当 *LAX*1/*BA*1 功能丧失时，包括分蘖、花序枝和小穗在内的各种枝条形成都会受到严重抑制（Gallavotti et al.，2004；Komatsu et al.，2003a）。*LAX*1 和 *BA*1 *mRNA* 在新开始的腋生分生组织的背侧边缘表达。在 *lax*1 的弱等位基因中，每个花序枝顶部形成正常的小穗，而侧向小穗几乎被完全抑制。*BA*1 将来自叶片的信号与极性生长素转运途径整合，以产生新腋生分生组织形成所需的生长素水平（Gallavotti et al.，2010；Skirpan et al.，2008）。

水稻的 ABERRANT PANICLE ORGANIZATION 1（APO1）和 APO2 是花序发育的关键调节因子，编码 *UNUSUAL FLORAL ORGAN*（*UFO*）的直系同源物和拟南芥 *LEAFY*（*LFY*）的直系同源物 F-box 蛋白。*apo*1 和 *apo*2 突变体产生小的花序，分枝减少。此外，在 *apo*1 和 *apo*2 功能丧失突变体中，花序分生组织减小，叶间期的持续时间变短，花器官的发育受到干扰（Ikeda et al.，2005；Ikeda et al.，2007）。

花序分枝表型被解释为小穗分生组织的形成，*APO*1 和 *APO*2 具有维持分枝分生组织特性的功能，并抑制向小穗分生组织的转变。研究表明，*Ur*1 是一种导致花序分枝增加的显性突变体，是 *APO*1 基因的显性功能获得突变体。在 *apo*1 突变体的其他优势等位基因中，观察到花序分枝的增加。分枝表型依赖于 *APO*1 的表达水平。过表达 *APO*1 时，转基因水稻表现出极端的表型，其中花序由大量分枝组成。APO1 和 APO2 蛋白直接相互作用，*APO*2 功能对 *APO*1 功能至关重要，而 *APO*1 水平是分生组织相变时间的决定因素，仅 *APO*2 表达的升高不足以引起花序形式的任何变化。水稻的 *APO2/RFL* 抑制小穗分生组织特性并促进不确定的分枝分生组织特性(Irish,2010; Moyroud et al. ,2010)。

SQUAMOSA 启动子结合蛋白(SPL)基因通过控制禾本科植物的穗状分生组织特性参与了对花序结构的控制。水稻 *OsSPL*14 被鉴定为 QTL 基因座的 *WEALTHY FARMER'S PANICLE*(*WFP*)和 *Ideal Plant Architecture*1(*IPA*1)控制籽粒数量(Jiao et al. ,2010; Miura et al. ,2010)。*OsSPL*14 表达水平的增加导致花序分枝增加,从而小穗数增加。*OsSPL*14 表达水平的提高促进花序分枝的增加,也导致小穗分生组织数量的增加。*OsSPL*14 具有促进花序分枝的形成以及抑制分蘖即营养枝的生长的功能(Miura et al. ,2010)。

TAWAWA1(TAW1)被鉴定为水稻小穗分生组织特性的负调节因子。在独立的 *TAW*1 显性突变体 *taw*1-*D*1 和 *taw*1-*D*2 中,小穗分生组织形成延迟,并导致花序的形成,分枝数量增加。在携带纯合 *taw*1-*D*1 水稻中,强烈抑制向小穗分生组织分化,分枝分生组织重复形成,花序表现为未分化分生组织的聚集体。相反,在 *TAW*1 的弱功能丧失突变等位基因中产生的花序分枝数量减少。结果表明,*TAW*1 是确定小穗分生组织特性和维持不确定分枝分生组织特性过渡的负调节因子。*TAW*1 表达发生在分生组织中,表达量在分枝分生组织中最大,在分生组织转变为小穗分生组织时消失(Yoshida et al. ,2013)。*taw*1 突变体中的转录组分析表明,将 *SHORTVEGETATIVEPHASE* (*SVP*)型 MADS-box 基因确定为 *TAW*1 下游的候选基因,功能是抑制分生组织向小穗分生组织的转化(Hartmann et al. ,2000)。

编码水稻 MADS34 的 *PANICLEPHYTOMER*2(*PAP*2)基因,是 *SEPALLATA* (*SEP*)亚家族的 MADS 同源异形框基因,作为小穗分生组织特性的正调节因子。在 *pap*2-1 突变体中,花序产生更多的分枝。*PAP*2、*MADS*4 和 *AGLG* 的玉米(*Zea mays*)和小麦直系同源物分别表现出与 *PAP*2 相似的表达模式(Kobayashi et al. ,2012)。研究表明,*PAP*2 通过抑制 *TERMINALFLOWER*1 (*TFL*1)的 *RCNs*(水稻直系同源物)来促进小穗分生组织的分化。*RCN* 的异位表达延迟了花的转变和小穗分生组织的分化,导致形成高度分枝的花序。水稻中 *OsMADS*14 和 *OsMADS*15 作为 MADS 结构域基因 *AP*1/*FUL* 亚家族的成员,被认为是成花素复合物的直接靶标,进行生殖转变时在茎端分生组织中被诱导。*PAP*2/*OsMADS*34 和 *AP*1/*FUL* 亚家族基因 *OsMADS*14、*OsMADS*15、*OsMADS*18、*OsMADS*20 基因在相变分生组织中被显著诱导。*OsMADS*14、*OsMADS*15 和 *OsMADS*18 同时敲除突变体没有显示任何缺陷,而 *pap*2-1 突变的添加严重阻碍了花序分生组织的相变。表明 *PAP*2 和 3 个 *AP*1/*FUL* 类基因协作以促进花序分生组织形成(Kobayashi et al. ,2012)。

小麦族植物产生穗状花序,大多数物种每个节产生一个小穗,而大麦穗在中央主茎,花序上以两列方式在每个交替节处分化 3 个小穗。在每节的 3 个小穗中,中央小穗完全发育,而两侧小穗要么发育要么不育。但在六列大麦 3 个小穗均是完全可育的,并可获得更高的产量。六列花序排列性状由至少 5 个独立基因座控制,包括 *Six-rowedspike*1(*vrs*1)、*vrs*2、*vrs*3、*vrs*4 和 *Intermedium-C* (*Int-C*)(Sakuma et al. ,2011)。*Vrs*1 基因被确定为六棱小穗性状的主要调节因子。*Vrs*1 负调控侧穗育性,导致两列花序的发育,*Vrs*1 功能丧失导致侧穗育性恢复。*Vrs*1 的表达模式表明其作为一种阻遏蛋白起作用,与正调节侧小穗发育靶基因的 DNA 结合仅限于侧小穗,并且 *Vrs*1 主要负责两列花序性状。*Vrs*4 不同于 *vrs*1 和 *int-c*,其侧小穗的生育力受到影响。*vrs*4 突变体中侧小穗的育性得到了恢复,一个节上经常形成 3 个以上的小穗。如果将 3 个小穗看作为包含 1 个末端小穗和 2 个侧向小穗的短分枝,则 *vrs*4 基因表达可增强分枝分生组织的特性(Komatsuda et al. ,2007; Sakuma et al. ,2013; Sakuma et al. ,2010)。

花分生组织特性的另一个调节器是 LEAFY HULL STERILE1(LHS1)/OsMADS1(Agrawal,2005; Jeon,2000)。功能丧失的 *lhs* 突变体表现出从轻度到重度的多效性表型。在轻度情况下,外稃和内稃转化为叶状器官,表明 *LHS*1 是外稃和内稃识别所必需的。在严重的情况下,小穗反复产生叶状器官,很少产生花器官。这种表型可能是由于小穗分生组织的确定性丧失和小穗分生组织在向花分生组织的过渡中失败。*LHS*1 在外稃和内稃分生组织和原基中表达,但在花器官中不表达。*LHS*1/*OsMADS*1 是 MADS-box 转录因子 E 类基因家族的成员,与拟南芥 *SEPALLATA*(*SEP*)基因相似。与水稻 *LHS*1/*OsMADS*1 相比,拟南芥 *SEP* 基因在花瓣、雄蕊和心皮等花器官中表达,并与 ABC-花同源基因一起参与花器官形成。*ABERRANT SPIKELET AND PANICLE*1 (*ASP*1)和 *TONGARI-BOUSHI*1(*TOB*1)影响花序和小穗性状的多效性表型,这些表型与分生组织的维持和分化密切相关。*asp*1 突变体产生具有短分枝的小圆锥花序,包括一些在早期发育阶段退化的小穗,小穗数量减少,形态异常。*tob*1 突变体在小穗中出现缺陷,例如芒伸长、外稃/外稃生长减少、锥形器官形成和小穗分生组织过早终止。*FRIZZY PANICLE*(*FZP*)调节从分枝分生组织到小穗分生组织的分化。在 *fzp* 突变体中,不完整的小枝在未发育颖片的腋中重复产生,导致缺乏小穗高度分枝的花序。表明 *FZP* 通过抑制不确定的分枝分生组织来形成小穗分生组织(Komatsu et al. ,2003b)。

2.2.2 牧草与草坪草的开花

牧草与草坪草的花芽分化中雄蕊的花药发育成熟或雌蕊的胚囊发育成熟后,包被雌雄蕊的花器官展开,使雄蕊或雌蕊(或二者同时)暴露出来称为开花。不同类型的牧草与草坪草其开花具有一定的规律性。

1. 开花期

牧草或草坪草的开花期是指植株从第一朵花开放到最后一朵花开毕所用的时间。一般禾本科牧草与草坪草开花期较短,为 5～15 d(表 2-1),豆科牧草与草坪草开花期较长,不同种类植株的开花时间也有很大差异,如紫花苜蓿的开花时间可延续 1～2 个月(表 2-2)。

2. 每日开花时间

很多牧草或草坪草在一个昼夜的循环中仅在某一段时间开花,具有开花的昼夜周期性。如草地早熟禾、多年生黑麦草、猫尾草等夜间开花;披碱草、鸭茅、草地羊茅(*F. pratensis*)等清晨或上午开花;羊草、冰草、无芒雀麦、草木樨等下午开花;紫花苜蓿、红豆草、红三叶等整个白天都开花(表 2-1,表 2-2)。

3. 每花开花时间

各种牧草或草坪草每朵小花开放的时间也各不相同,有些牧草或草坪草只开 5～20 min,有些牧草或草坪草开 1～2 h,而有些牧草或草坪草小花开花时间可长达 1～2 d。

表 2-1　禾本科牧草与草坪草的开花习性(内蒙古农牧学院,1987)

种类	开花期	单序开放期	一日内开花的时间
羊草	返青后 50 d 左右	16 d,开花后第 6 天达最高峰	14—18 时,15—16 时达高峰
冰草	返青后 65～66 d	13 d,第 8 天达最高峰	14—18 时,14—15 时达最高峰
无芒雀麦	返青后 60 d 左右	16 d,第 3、4 天达高峰	14—19 时,以 18—19 时达高峰
猫尾草	6 月中、下旬	4～6 d	2—4 时,以 3—4 时开花最多
草地羊茅	6 月中、下旬	6～8 d,5～6 d 达高峰	3—9 时,以 5—8 时达高峰
高燕麦草	6 月中、下旬	7～8 d,3～7 d 大量开放	2:30—7 时,以 4—7 时开花最多
鸭茅	6 月上、中旬	6～8 d,3～5 d 达高峰	3—9 时,以 3—7 时开花最多
虉草	6 月上、中旬	6～8 d,3～5 d 达高峰	3 时以后
看麦娘	5 月下至 6 月上旬	8～10 d,4～7 d 大量开放	2—6 时,3—5 时最盛
多年生黑麦草	6 月中、下旬	7～8 d,大量开放为 3～5 d	3—5 时
草地早熟禾	6 月上、中旬	6～8 d	3—4 时
披碱草	8 月上旬	7～8 d,大量开花为 4～6 d	9—11 时
苏丹草	出苗后 80～90 d	7～8 d,大量开花为 4～5 d	3—4 时

表 2-2　豆科牧草与草坪草的开花习性(内蒙古农牧学院,1987)

种类	开花顺序	一日内开花的时间	全序开花持续的时间
紫花苜蓿	下部腋生花序先开,上部的依序后开;在一个花枝上,下部的花先开	5—17 时,其中 9—12 时开花最盛	40～60 d;一个总状花序 2～6 d
草木樨	无限花序,一个总状花序下部先开,向上延及	14—15 时	一个总状花序 8～10 d
红豆草	最早从茎生枝的下部先开,自下而上,侧生枝在主茎花序开放一半时开放	4—21 时均开放,9—10 时和 15—17 时开花最盛	一花序为 10～13 d
红三叶	总状花序下部花先开,并向上延及,每日开 2～3 层,下部花先开	早 8 时开始	3～10 d,全株一月左右
箭筈豌豆	下部花先开,两花一先一后	10—20 时	1 d
毛苕子	无限花序,下部花先开,并向上延及	整日	20～28 d
白花山黧豆	下部花先开	10—20 时	

2.2.3　牧草与草坪草的传粉

成熟的花粉粒借助于外力从雄蕊开裂的花药传到雌蕊的柱头上称之为传粉。

1. 自花传粉

自花传粉是指成熟的花粉粒传到同一朵花的柱头上。生产中常把同株异花间的传粉也叫自花传粉,最典型的自花传粉为闭花受精,在花蕾开放之前已完成了传粉和受精作用。如地三叶(*T. subterraneum*)、南苜蓿(*M. hispida*)、加拿大披碱草(*E. canadensis*)、弯叶画眉草(*Eragrostis curvula*)等。

2. 异花传粉

异花传粉是指成熟的花粉粒传到同一朵花或同一植株花的柱头上不能萌发，或能够萌发但不能受精，而传到另一朵花或另一植株花的柱头上可以萌发并受精。异花传粉主要借助于风、昆虫、水、鸟、蚂蚁等作为传粉媒介。异花传粉的牧草或草坪草有多年生黑麦草、冰草、无芒雀麦、紫花苜蓿、白三叶、红三叶等。

豆科牧草与草坪草属虫媒花植物，昆虫的数量和活动直接影响传粉和结实。像紫花苜蓿只有当龙骨瓣被弹开后才能提高传粉率，不同种类的蜂在弹花能力方面有很大的差异，切叶蜂(*Megachile rotundata*)、碱蜂(*Nomia melanderi*)和蜜蜂(*Apis mellifera*)对紫花苜蓿的传粉最为有效。为了提高豆科牧草或草坪草的传粉率，增加结实率，在种子生产田配置一定数量的传粉昆虫是非常必要的。

2.2.4 牧草与草坪草的受精

牧草与草坪草的受精是指到达柱头的花粉粒借助于花粉管将精细胞送入胚囊中，使精子和卵子结合的过程。

1. 花粉粒的萌发及花粉管的生长

(1)花粉粒的萌发　花粉粒到达柱头后，经过“识别”，只有同种或亲缘很近的花粉粒才能萌发，使花粉粒内壁穿过外壁上的萌发孔向外突出，形成花粉管。亲缘较远的异种花粉往往不能萌发，或在异花传粉的牧草与草坪草中，柱头对自花传粉的花粉粒产生毒害或抑制的作用。

在花粉粒与柱头的“识别”中，来自绒毡层的花粉粒外壁蛋白是“识别”物质。在柱头的乳头状突起的外表，有一层蛋白质薄膜覆盖在角质层之上，是“识别”的感受器。花粉粒落在柱头上，几秒钟之内，花粉粒外壁释放蛋白质，与柱头的蛋白质薄膜相互作用。如果二者是亲和的，随后在内壁释放出来的角质酶前体被柱头蛋白质薄膜所活化，蛋白质薄膜内侧的角质层被溶解，花粉管得以进入柱头。如二者是不亲和的，柱头的乳头状突起随即产生胼胝质，阻碍花粉管的进入。此外，柱头的分泌物，如酚类物质、油脂、糖类、硼酸等，对花粉粒的萌发和生长也会起到促进或抑制的选择作用。

(2)花粉管的生长　经过相互“识别”或选择，亲和的花粉粒开始在柱头上吸水，呼吸作用增强，合成作用加快，细胞内部物质增多，花粉粒的内部压力增加，使内壁在萌发孔处向外突出形成花粉管，在角质酶、果胶酶的作用下，花粉管穿过柱头乳头状突起的角质层、细胞壁被局部溶解的胞内层，经由细胞间隙或穿过柱头细胞，伸向花柱。

花粉管进入花柱后，或沿花柱沟表面上的黏性分泌物生长(空心花柱)，或穿过充满分泌物的传递组织细胞间隙生长(实心花柱)。花粉管在花柱中向前生长时，常从花柱沟细胞或传递组织吸取营养物质，用于花粉管的生长和新壁的合成。如果由于其他因素的刺激作用导致不亲和的花粉粒萌发，在花粉管通过花柱沟或传递组织时，花柱沟或传递组织将分泌有害物质或胼胝质阻止花粉管的生长。如白三叶在花柱向下的 3/4 处，不亲和花粉产生的花粉管的生长会受到抑制(Baker and Williams，1987)。

花粉管穿过花柱，到达子房后，一般经珠孔穿过珠心进入胚囊。有些牧草或草坪草的花粉管是从合点进入胚囊的，有的是穿破珠被进入胚囊的。

助细胞与花粉管在雌蕊中的单向或定向生长有密切关系，它可分泌趋化物质，能诱导亲和的花粉粒产生花粉管伸向胚囊，多数牧草与草坪草花粉管多在助细胞或其附近进入胚囊。

花粉粒在柱头上萌发、花粉管在花柱中的生长以及花粉管最后进入胚囊所需的时间，随牧草与草坪草种类和外界环境条件而异。白三叶从花粉萌发到花粉管穿过花柱沟进入子房需1～2 h，到达第二个胚珠需 4 h，到达第 4 个胚珠需 6 h。白三叶亲和的异花花粉粒在 15 ℃条件下萌发需 20 h 到达子房，35 ℃条件下仅需 2 h(Chen 和 Gibson，1973)。

2. 双受精过程

当花粉管生长时，如为三核花粉粒，1 个营养细胞核和 2 个精细胞都流入花粉管。如为二核花粉粒，则营养核和生殖细胞流入花粉管、生殖细胞在花粉管中有丝分裂 1 次，形成 2 个精细胞，如白三叶。

花粉管到达子房后，通常从珠孔经珠心进入胚囊(图 2-8a)。当花粉管穿过胚囊的壁后，大多进入助细胞，或在助细胞与卵细胞的附近进入胚囊。之后花粉管在向着卵细胞的顶端侧壁上或先端开一小孔，花粉管中的精细胞、营养核及其他物质一起由小孔喷泻而出，形成一种细胞质流，将精细胞带到卵细胞和中央细胞之间的位置，随之花粉管中产生一个胼胝质塞，阻止物质继续进入胚囊。

两个精细胞中的一个与卵细胞渐渐相接，另一个与中央细胞接近(图 2-8b)。在精细胞和卵细胞之间的质膜发生融合，形成桥状，精细胞的核通过桥进入卵细胞，而精细胞的细胞质留在卵细胞外。另一精细胞进入中央细胞的过程也与此相似(图 2-8c)。

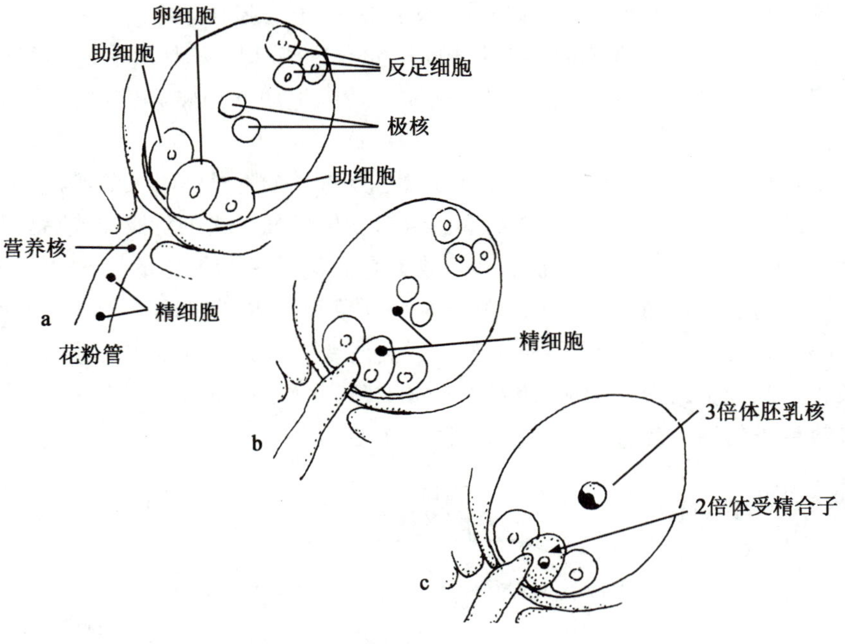

图 2-8　双受精过程(韩建国，2000)

a. 携带两个精核和一个营养核的花粉管进入珠孔　b. 精细胞与卵细胞和中央极核接近　c. 双受精完成

进入卵细胞的精核与卵核紧密接触后，接触处的外核膜首先融合成桥状，接着内核膜融合，精核和卵核的核质相连，并开始融合，核仁随之融合，精细胞和卵细胞的受精完成，形成二倍体合子(受精卵)，将来发育为胚。中央细胞的次生核和精核的融合过程也与此相似。中央细胞受精后形成三倍体的初生胚乳核，将来发育成胚乳。

2.3 牧草与草坪草种子的发育与成熟

牧草或草坪草植株生长到一定阶段，在光、温度等外源因子和内源激素的共同作用下进入生殖生长，经过开花、传粉后，其中一个精子与卵细胞结合形成合子(受精卵)，进而发育成胚；另一个精子与极核融合，形成初生胚乳核，最终发育成胚乳，珠被发育成种皮。整个种子发育过程伴随着多种基因的表达、强烈的细胞分裂增长和复杂的形态生理变化，在发育中期开始贮藏物质的积累，后期以种子迅速干燥脱水为典型特征，最后成熟的种子达到最大干重，获得发芽能力。牧草或草坪草种子发育成熟周期往往较长，易受外界环境条件的影响。这一阶段发育的好坏，直接决定种子的质量与产量水平，进而影响下一代的生长发育和经济产量形成。种子发育形成机制是牧草或草坪草种子生产的基本理论之一，了解并运用这一理论对提高种子生产水平具有重要意义。

2.3.1 牧草与草坪草种子发育的一般模式

在被子植物中，卵细胞和极性胚乳核双受精，形成了两种不同的结构：胚和胚乳。胚来自合子受精卵，胚乳在种子成熟之前有可能存在也有可能不存在。大多数单子叶植物中，胚乳细胞决定了种子的体积，双子叶植物中胚决定了种子的体积，在成熟种子中胚乳细胞被限制为一个或几个细胞层。然而也有例外，如咖啡豆、椰子、蓖麻子的胚乳等。

胚和胚乳是由基因之间复杂的相互作用产生的，这些基因来源于单倍体花粉粒、雌配子体、单倍体雌配子和母体的二倍体孢子体。这 3 个基因组的基因特异性在种子的发育中起着关键作用。

种子的发育尽管是一个连续的过程，但可以划分为 3 个阶段。①大量细胞的分裂促使胚、胚乳和种子周围不同组织类型形成，这发生在组织分化阶段。这个阶段完成后鲜重大量增加。此后，很少有细胞继续分裂，所以存储细胞的数量是固定的。②细胞的增大或膨胀，在胚和胚乳中将主要营养物质都贮藏起来。不同牧草与草坪草种子内营养物质合成的比例是不同的，所以油脂、淀粉和蛋白质的含量在线性生长阶段会改变。水分从种子中转移，被不溶性聚合贮藏物所代替。因此种子的干重增加，相对含水量下降。③干物质积累缓慢，并且在生理成熟时停止。大多数种类的种子都遵循这一发育模式(图 2-9)。

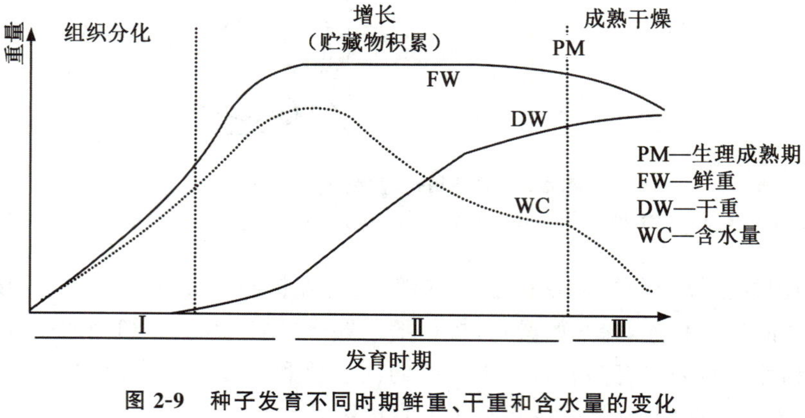

图 2-9 种子发育不同时期鲜重、干重和含水量的变化

(Bewley and Black，1994)

种子中主要营养物质的合成来源于一些由亲本提供的基础原料(主要是蔗糖、氨基酸和矿质营养)。碳和养分的供给在决定种子生长的速率和持续时间方面起着重要作用,并决定了每粒种子最终的大小。

种子达到最大干重时,不同种类的含水量也不相同,通常高于种子收获时的含水量。成熟后种子水分持续减少直到可收获的种子含水量水平,脱水比例在不同的种类和环境下也不同。呼吸作用在种子脱水的早期阶段进行,但是种子内干物质并没有明显的损失。

在种子发育过程中,种子的含水量(单粒种子中的水分重量)增加到最大值,并在种子干重接近最大时开始下降(图 2-9)。水分在第二阶段中向种子的移动促进了细胞体积的增大。有研究表明,种子体积持续增大的能力在维持种子生长方面起着重要的作用。例如,大豆的最终成熟是在细胞膨胀停止后,由干物质的持续积累导致。谷物内多数的贮藏物质保存在胚乳中;许多双子叶植物种子内主要的贮藏场所是子叶,种子发育期间胚乳被重新吸收,其降解成分作为胚中贮藏物合成时碳和养分的来源而被利用。有一些植物种类拥有宿存的胚乳,胚乳成为贮存营养物质的主要场所。例如,蓖麻(*Ricinus communis*)子中的油脂和蛋白质或豆科植物中的半纤维素都贮藏在这类胚乳中。在植物种子发育的最终阶段,成熟脱水伴随着种子与亲本的分离(株柄的皱缩),种子含水量下降到 7%～15%,并且容易脱落。进入这一阶段,种子表现出静止的状态,新陈代谢活动极轻微,还有些植物的种子在发育期间进入休眠状态。

2.3.2　牧草与草坪草种子发育的形态和生理变化规律

1. 禾本科牧草与草坪草种子发育的形态和生理变化规律

牧草与草坪草在传粉受精后,子房发育成果实,胚珠发育形成种子,其中合子(受精卵)发育成胚,初生胚乳细胞发育成胚乳,珠心被吸收消失或形成外胚乳(后者罕见),珠被形成种皮(内、外种皮),珠孔形成种孔。卵细胞受精后,形成有一层纤维素细胞壁的合子。合子进入减数分裂间期,间期长短随牧草与草坪草种类而异,长的可达 5～6 个月,短的只需要几个小时。胚的发育从合子开始,经过原胚、胚分化和胚成熟 3 个阶段。

(1)胚发育　以羊草为例来说明胚发育的过程。卵细胞受精后,合子体积没有明显变化。大多数合子内有 1 个大核仁,少数合子内雌雄性核仁一直没有融合,合子经历了 10～12 h 的休眠期。合子分裂前期,大部分雌雄核仁已融合为 1 个大核仁,少部分合子在雌雄性核仁没有融合的情况下进入有丝分裂的前期,经中期、后期,进入末期,2 个子核形成,最后形成 2-细胞原胚。其中顶细胞体积较小具有浓厚的细胞质;基细胞较大,其珠孔端有液泡;2-细胞原胚进一步分裂,形成 4-细胞原胚,4-细胞原胚呈线形或倒 T 形排列。

由合子到胚发育中期,合子横分裂产生顶细胞与基细胞,顶细胞纵向分裂,顶细胞分裂的衍生细胞与基细胞分裂衍生细胞的一部分构成胚体。顶细胞分裂较快,新形成的靠近珠孔端的细胞与基细胞一起参与胚柄的建成。基细胞分裂的衍生细胞构成胚柄,可观察到双胚现象。

(2)胚乳发育　胚乳是由一个精细胞与中央细胞融合而形成的,为胚的发育提供营养物质(糖类、脂类、蛋白质等)。通常,受精后初生胚乳核很快进入分裂。形成胚乳的方式主要有核型胚乳和细胞型胚乳。大多数牧草与草坪草的胚乳都属核型胚乳。初生胚乳核第一次有丝分裂及其以后的多次核分裂,不伴随细胞壁的形成,胚乳核呈游离核状态,核分裂到一定阶段,游离核周围出现放射状的细胞质,以后从珠孔到合点,由胚囊周围到中央逐渐形成具细胞壁的胚乳细胞。这种细胞分裂方式称为细胞的自由形成。核型胚乳在单子叶植物和双子叶植物离瓣花中最为普遍。

在草地早熟禾种子发育过程中，第一阶段，胚乳通过细胞分裂方式生长最快；第二阶段，胚乳细胞由于养分积累，主要表现为细胞增大。至细胞分裂末期，胚乳成为一个被充满和无光泽的结构。但由于细胞增大起始于第二阶段，胚乳横向部分迅速发生卷曲形成腹沟或折缝。胚乳的原外层分生组织将变为糊粉层组织，一般有一层或几层细胞厚，糊粉层主要为种子萌发提供营养。

在羊草种子发育过程中，胚乳的发育早于胚的发育。在合子处于休眠期时胚乳就开始发育。传粉后约 4 h，初生胚乳核便进入有丝分裂前期，经中期、后期，最终形成 2 个游离型胚乳。初生胚乳核的分裂不伴随形成细胞壁，羊草的胚乳发育属于核型胚乳。随着胚乳游离核数目的增加和液泡的扩大，胚乳游离核常常被挤到胚囊的周缘。中央被 1 个大液泡所占据。2-细胞原胚时胚乳游离核就达到 32 个，直到 64 个胚乳游离核之前其分裂是同步进行的。原胚发育到 4-细胞时，胚乳游离核开始细胞化。按照从胚囊的珠孔端到合点端，从胚囊边缘向胚囊内部的顺序进行。细胞化的胚乳细胞，仍以有丝分裂来增加胚乳细胞的数目。其分裂速度根据离原胚远近而有所不同。合点端的分裂速度较快，胚乳组织不断地从周围的珠心位置吸收营养物质，并贮存在胚乳细胞中。

沙生冰草种子发育过程中，初生胚乳核首先进行核分裂，游离核沿着胚囊周边分布。当胚细胞发育为多细胞原胚时，开始从珠孔端到合点端(沿胚囊边缘)依次形成细胞壁。在胚乳细胞壁的形成过程中，胚囊中央的核仍在进行有丝分裂，增加细胞量，最后胚乳细胞充满整个胚囊。当原胚分化盾片或盾片迅速生长时，在花后 8～10 d，胚乳最外层的胚乳细胞径向伸长细胞质增加，外切向壁和两个径向壁增厚，细胞内的淀粉粒减少，并出现糊粉粒，最终发育为糊粉层。

细胞型胚乳是在初生胚乳核分裂时，随即产生胞质分裂，形成细胞壁，继续分裂后形成许多胚乳细胞。此类型多见于双子叶植物的合瓣花类。

(3)种皮发育　在胚和胚乳发育的同时，珠被也发生变化，形成种皮，包被在胚和胚乳的外面，起保护作用。通常外珠被发育为外种皮，内珠被发育为内种皮。但有些牧草与草坪草在种子发育过程中，内珠被或外珠被被吸收消失，只有一层外珠被形成的种皮。多年生黑麦草、草地早熟禾等禾本科种子的种皮则由内珠被发育而来，而且种皮与果皮合生，不易分开。种孔由珠孔而来；种脐是胚珠与珠柄相连处断落留下的痕迹。

与禾本科牧草与草坪草种皮形成有关的 4 个不同组织，是珠心残余部、珠被、子房壁(果皮)和两个小花苞片(外稃和内稃)。在禾本科牧草与草坪草中种皮的明显变异均是这 4 种组织不同形式的变换。Cochrane 和 Duffus(1981)发现大麦开花后 23 d 珠被表皮细胞仍存在，但是在 10 d 后该层细胞退化成了一个紧实的壁质内层(透明层)。该层导致大麦糊粉层细胞与种皮的紧密结合。在二层种皮细胞高度分化的同时，其外层比内层变得更薄，当颖果成熟时，这两层细胞通常变成结皮，其内层常呈谷色。

2. 豆科牧草与草坪草种子发育的形态和生理变化规律

一旦可育的小花形成，种子成熟取决于从授粉到受精、胚乳形成和胚发生各发育过程的完全性。豆科牧草与草坪草不同于禾本科牧草与草坪草，属于虫媒花。因此，种子的结实性还受传粉昆虫和环境的影响。在大多数豆科牧草与草坪草中，限制种子产量的主要因素是小花的结实率。

(1)胚发育　紫花苜蓿早期的球形期胚胎是椭圆形的(图 2-10A),随后,胚胎继续增长变成了由大量细胞构成的球状物(图 2-10B)。紧接着球形胚顶部变为扁平(图 2-10C),子叶开始形成(图 2-10D),标志着发育的心形期开始。当子叶长度大约 10 μm 时,到达心形期末期(图 2-10E)。随着子叶继续延长胚根开始形成,此时胚胎进入鱼雷形期(图 2-10F)。当子叶继续生长,其长度超过种子宽度时致使胚胎弯曲(图 2-10G)。在紫花苜蓿胚胎发育期间可能会形成三片或四片子叶(图 2-10H),但这比较罕见。

紫花苜蓿合子胚包含胚柄(图 2-10A～E)。对胚柄结构的早期研究认为,胚柄只是由一排细胞组成的。然而,显微扫描显示其至少有两个细胞厚,并且可能会更厚(图 2-10A)。

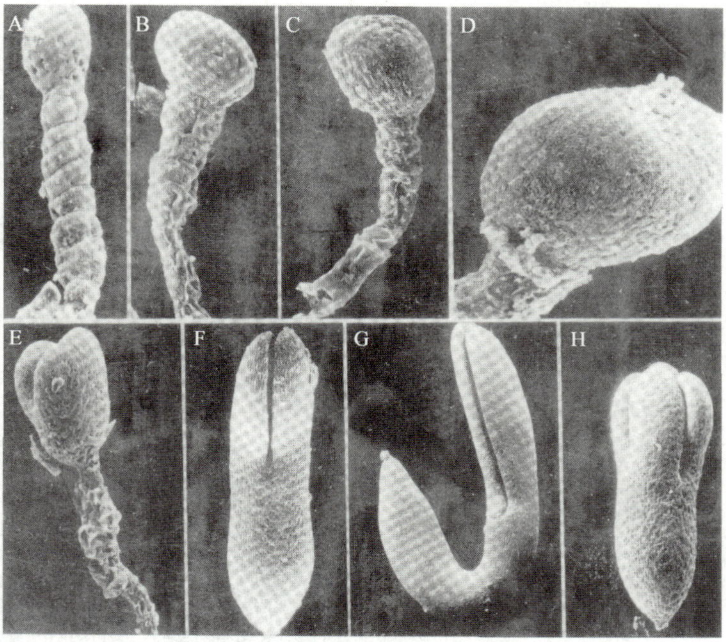

图 2-10　电子显微镜扫描紫花苜蓿合子胚的照片(Xu and Bewley,1992)

A. 球形期的早期　B. 球形期的中期　C. 球形期的后期　D. 心形期的早期,子叶开始形成　E. 心形期的后期,子叶开始伸长　F. 鱼雷形期(胚根开始形成)　G. 子叶伸长期　H. 拥有 4 个子叶的合子胚

(2)胚乳发育　除三叶草属外,大多数豆科牧草与草坪草趋向于无胚乳,即胚乳组织被发育的胚所吸收。但是,胚乳是胚发育所需营养的重要来源。这可以通过三叶草属的种间杂交胚因胚乳发育差而败育来证明。

初始胚乳发育是游离的胚乳核在受精后开始胚乳核分裂,继而发生同步的,至少是部分同步的分裂,这取决于牧草与草坪草种类。在发育最初阶段,胚乳核和细胞质在胚区域的胚囊边缘,并且在胚囊中胚体一端要比反足细胞一端分裂速度快,数量也多,在子叶出现时,游离胚乳核之间出现细胞壁分化,由游离胚乳核产生的胚核占胚囊的一半以下。在胚乳的位于合点一端胚乳吸器迅速发育,扩展到合点的顶端。

在红三叶中,授粉后第 18 天,糊粉层清晰可见(图 2-11),糊粉层也是一个重要的营养物质贮藏组织,有利于种子建植和抵御水分胁迫。

(3)种皮的发育　种子成熟时珠被在发育上的变化以及珠被的数目,使种皮的结构在不同豆科牧草与草坪草中差异很大,以白三叶种子种皮的发育为例说明。白三叶的内外珠被在未受精之前就融合在一起了，共计6层细胞(图2-12a)。受精之后，融合在一起的珠被外层细胞进行连续的垂直分裂，内层细胞逐渐向内分裂，速度减缓。外珠被的外表皮及毗邻的亚表皮层和内珠被的内表皮相对细胞数量从14∶10∶11发展到18∶10∶4(图2-12a、b)。最终外表皮细胞与亚表皮细胞数的相对比为3∶1(图2-12d)。这一变化使胚珠的直径增加了3～4倍。当外层细胞还在继续分裂时，大多数内层细胞变得拉长并萎缩，靠近外缘的细胞胞间层分解形成胞间空隙，胞间空隙多在亚表皮层。亚表皮层内侧的拉长程度较外侧大，故在表皮之下形成较大胞间间隙，使整个亚表皮层由倒置的类似蘑菇"菌蕾"的"骨状石细胞"组成，"菌帽"朝下，细胞壁较薄，"菌柄"朝上，细胞壁较厚。种子成熟时亚表皮层细胞全部死亡。

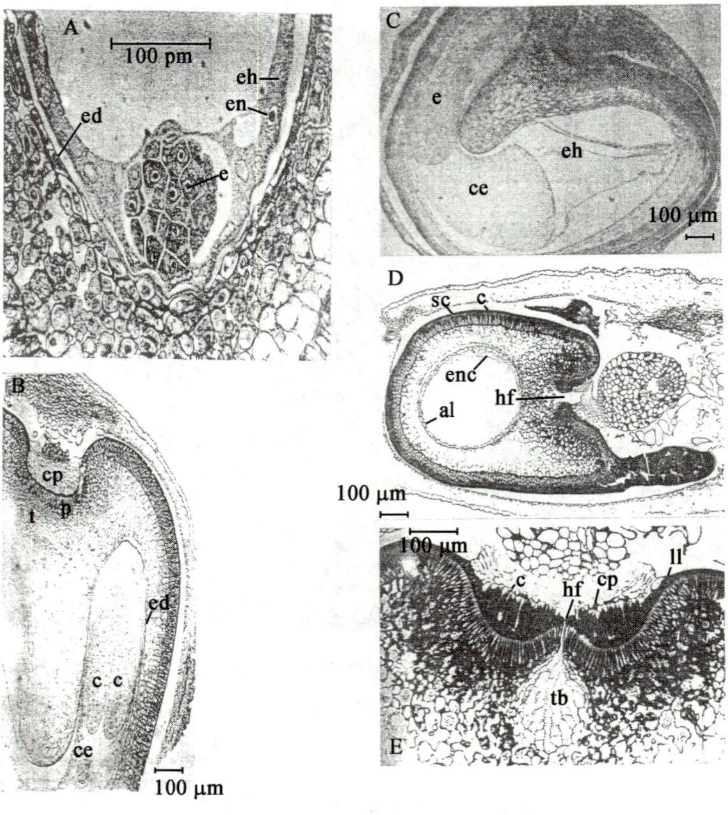

图2-11 红三叶种子发育(Pe,1978)

A. 授粉后第6天(球形胚时期)：e. 胚 eh. 胚乳吸器 en. 胚乳核 ed. 内皮 B. 授粉后第8天(鱼雷形期，胚由细胞状的胚乳管包围着)：ce. 细胞状的胚乳 c. 子叶 cp. 反栅栏细胞 p. 栅栏细胞 t. 管胞 ed. 内皮 C. 子叶：cp. 反栅栏细胞 p. 栅栏细胞 t. 管胞 ed. 内皮 D. 授粉后第18天(交错胚腔的横切片)：al. 糊粉层 enc. 细胞状的胚乳 sc. 下皮层 c. 角质层 hf. 种脐缝隙 E. 授粉后第18天(种脐区)：c. 角质层 hf. 种脐缝隙 cp. 反栅栏细胞 ll. 明线 p. 栅栏细胞 tb. 管胞柱

成熟的种子中亚表皮层细胞之下有两层完整的细胞(图2-12c)。外层为外珠被的第三层细胞，由薄壁细胞构成，未成熟种子种皮剥落时，包括这一层作为分离层，很容易与种子分离；内层为内珠被的外表皮，为一层保留完整的薄壁细胞，其外侧略加厚并强烈角化。内珠被的第二层和第三层细胞在种皮发育过程中解体。

外珠被的外层细胞发育为防止种子外部损伤和不透水的结构。未受精之前，外珠被的外层细胞是等径细胞(图 2-12a)。受精之后,进行垂周分裂,并沿着与胚珠表面垂直的方向伸长,使细胞的长为宽的 4～5 倍。伸长后称之为栅栏细胞(或肾锥体细胞)的细胞壁沿顶端到基部形成 6～8 个加厚的棱,横切细胞表现为星状结构。细胞顶端加厚的棱脊很宽,细胞腔几乎消失,基部加厚减弱,细胞腔变宽,顶端的细胞壁非常厚,在外面形成一盖层,并被一层角质所覆盖。

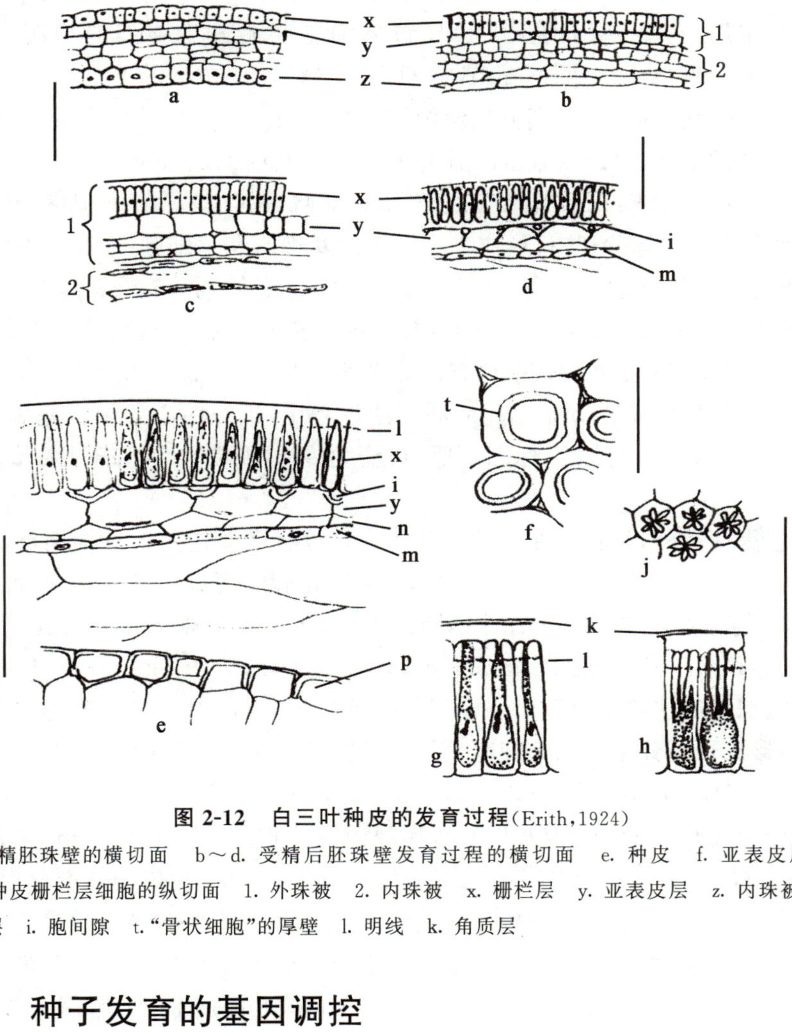

图 2-12　白三叶种皮的发育过程(Erith,1924)

a. 成熟而未受精胚珠壁的横切面　b～d. 受精后胚珠壁发育过程的横切面　e. 种皮　f. 亚表皮层(y)表面结构　g～h. 成熟种皮栅栏层细胞的纵切面　1. 外珠被　2. 内珠被　x. 栅栏层　y. 亚表皮层　z. 内珠被内层　n. 营养层　m. 糊粉层　i. 胞间隙　t."骨状细胞"的厚壁　l. 明线　k. 角质层

2.3.3　种子发育的基因调控

牧草与草坪草种子发育过程中,发生形态建成和营养物质积累变化。在早期胚形态发生阶段,建立了植株的基本发育计划,分化形成胚胎器官和组织系统。在胚发生后期的种子成熟阶段,胚或胚乳积累了包括蛋白质、脂质和淀粉在内的营养物质,获得了承受脱水干燥的能力,并在水分降低至一定水平后进入发育和代谢静止状态。

1. 胚发育的基因调控

胚胎发育是一个复杂的过程,需要数百个甚至数千个基因产物的调节,大多数调节因子出现在胚形态发生或成熟阶段。*LEAFY COTYLEDON*(*LEC*)基因在胚发生的早期发挥作用,以调控胚柄细胞的发育并确定子叶的分化。在胚发生后期,*LEC* 基因控制种子的成熟,或抑制种子早熟萌发。利用异位表达进一步研究 *LEC* 基因的功能。*LEC*1、*LEC*2 或 *FUSCA*3（*FUS*3）的错误表达赋予幼苗胚胎特征，例如 12 S 和 2 S 储存蛋白和油质蛋白，在形态上类似于胚胎并表达编码种子蛋白的基因。异位 *LEC*1 或 *LEC*2 活性足以诱导营养细胞形成体细胞胚，表明这些基因增强了细胞进行胚发生的能力（Crouch，1988；West et al.，1994）。研究表明在蒺藜苜蓿的体细胞胚胎发生过程中，*MEDICAGO TRUNCATULA SOMATIC EMBRYO RELATED FACTOR*1（*MtSERF*1）的 AP2/ERF 转录因子和 *WUSCHEL* 的假定直系同源物 *MtWUS* 发挥重要作用，这些基因的 RNAi 导致体细胞胚胎发生强烈的抑制，且 *MtSERF*1 和 *MtWUS* 也在合子胚胎中表达（Mantiri et al.，2008）。

胚的基本组成包括子叶、芽顶端分生组织、胚轴、胚根和胚根顶端分生组织，这些组织器官的分化基于极性胚的建立。*MPK*/*GRD* 途径和 *WOX* 基因家族成员决定合子极性建立和不均等分裂。蛋白激酶 MAPKKK4/YDA 突变体 *yda* 和 *MAPK*3、*MAPK*6 双突变体 *mapk*3/6 的合子都无法延伸并进行均等分裂，只形成大小相等的基细胞和顶细胞。*GROUNDED*（*GRD*）位于 *MAPK* 信号下游，具有起始胚发育功能，其缺失突变体与 *yda*、*mapk*3/6 表现型类似。*WOX*2、*WOX*8 在合子中同时表达，不均等分裂完成后的顶细胞和基细胞分别表达 *WOX*2 和 *WOX*8/*WOX*9，但 *WOX*8 在顶细胞中也有微量表达。此外，这 3 个基因决定了 8 细胞原胚期上下层细胞的胚柄细胞的发育方向。此后胚形成过程中，组织中心的标记基因 *WUS* 和静止中心的标记基因 *WOX*5 开始表达，标志着顶端分生组织的根端分生组织开始形成（Le et al.，2010）。

除受上述基因调控外，生长素在顶端—基端分化也有重要作用。在早期球形胚阶段（2～16 个细胞），生长素通过 PIN-FORMED7（PIN7）从胚柄转运至胚，PIN7 是介导生长素从细胞流出的几种 PIN 转运蛋白之一。随着球形胚的发育，生长素变得高度局部化，胚中生长素浓度变大，调节胚的顶端—基端极性分化（Friml et al.，2003）。

顶端分生组织的确立始于组织中心标记基因 *WUSCHEL*（*WUS*）的表达，*WUS* 信号作用下，叶原基之间形成顶端分生组织干细胞，干细胞进一步影响周围细胞形成具有持续分裂能力的顶端分生组织。*SHOOTMERISTEMLESS*（*STM*）是另一个控制顶端分生组织形成的重要基因。可通过介导细胞分裂素合成和信号传递间接促进 *WUS* 表达，还可与 *CUP-SHAPED-COTYLEDONS*（*CUC*）、*ASYMETRIC LEAVES*（*AS*）相互作用参与顶端分生组织的形成。

根端分生组织的确立始于静止中心细胞形成及其标记基因 *WOX*5 的表达。静止中心细胞起源于胚根原细胞，其发出的信号控制根端分生组织干细胞特性。生长素合成和积累是胚根原细胞特化为静止中心细胞的前提条件。胚内的生长素通过 PIN1 运输至其基端区域，然后通过 PIN4 运输至胚根原，即胚柄的最上层细胞。这与通过 PIN7 从基端胚柄细胞运输的生长素一起，导致根分生组织分化。胚根原细胞和胚根的形成取决于转录因子 MONOPTEROS（MP）/AUXIN RESPONSE FACTOR5（ARF5），该基因在胚根原附近的细胞中表达，并诱导 *TARGET OF MP*5（*TMO*5）和 *TMO*7 的转录，这些基因编码的辅因子也在指定该结构的形成中发挥作用。*TMO* 基因是接受生长素信息调控、保证静止中心形成的基因。在缺乏这种移动信号的突变体中，会产生异常种子，形成无根胚。*PLETHORA*（*PLT*）基因与 *TMO* 具有相同作用，该基因受 ARF7 和 ARF5 调控。PLT 作为生长素信号的整合因子维持 *WOX*5 的正常表达和根干细胞区的稳定。此外，*GRAS* 家族基因转录因子 SHORT ROOT（SHR）和 SCARECROW（SCR），在 *WOX*5 表达的静止中心形成过程中发挥重要作用，球形胚后期

SHR 蛋白进入棱镜细胞与 SCR 蛋白并存标志着静止中心细胞的形成。

球形胚后期生长素的积累启动子叶原基的形成。子叶形成过程中，*ABCB*19、*PIN*1、*IAA*18 负责调节生长素极性运输，以保证子叶原基的形成和正常生长。*PIN*1 使胚外周区尖端部分生长素浓度升高，导致子叶分化。子叶原基的位置由 *CUC-SHAPEDCOTYLEDONS* (*CUC*)/*STM*/*ASYMETRIC LEAVES* 1(*AS*1)之间的相互作用确定，*STM* 基因稳定顶端分生组织区域的同时确立了子叶原基的位置。此外，*PINOID* (*PID*)和 *ENHANCER OF PINOID* (*ENP*)基因已被证明是启动子叶分化所必需的(Chandler，2008)。

2. 胚乳发育的基因调控

胚乳由雌性配子体的中央细胞与精子细胞受精形成，最初进行自由核分裂以产生胚乳核合胞体。基因 *FERTILIZATION INDEPENDENT ENDOSPERM* (*FIE*)、*FERTILIZATION INDEPENDENT SEED* 2 (*FIS*2)、*MEDEA* (*MEA*)、*MULTICOPY SUPRESSOR OF IRA* (*MSI*1)、*BORGIA* (*BGA*)、*RETINOBLASTOMA RELATED PROTEIN* 1 (*RBR*1)可导致在没有受精的情况下开始胚乳发育。*MEA* 编码一个 SET 结构域蛋白，SET 蛋白具有组蛋白甲基转移酶活性，抑制染色质状态。*FIE* 编码一种具有 7 个 *WD*40 重复序列的蛋白质，与 *MEA* 发生物理相互作用。*FIS*2 编码锌指转录因子，在与胚乳特异性基因的启动子结合中起作用。*MSI*1 编码一种 *WD*40 蛋白，与 *FIE* 发生物理相互作用，可能是多梳蛋白体的一部分。*RBR*1 编码类似于哺乳动物视网膜母细胞瘤的肿瘤抑制蛋白，是细胞周期从 G1 到 S 期转变的负调节因子。*BGA* 基因编码多梳组蛋白。*PHERES*1 在受精后的胚胎和胚乳中表达，在种子发育中起作用。

含有 *FIE*、*FIS*、*MEA* 或 *MSI*1 突变等位基因的胚珠受精，种子开始发育。然而，突变体种子发育中的胚在鱼雷形胚阶段死亡，胚乳则过度发育。因此，编码这些植物多梳蛋白的基因在受精后具有限制胚乳生长作用。这些基因的野生型等位基因在雌性配子体(很可能是中央细胞)中起作用以控制胚乳发育。

3. 种皮发育的基因调控

珠被发育形成种皮，不同层的珠被，在发育过程中扮演着不同的角色。受精后，珠被进行垂周细胞分裂和伸长，部分受 *HAIKU*1 (*IKU*1)和 *IKU* 正调控。随着种皮的发育，类黄酮和黏质积累和特定的细胞层衰老。

在拟南芥种子中，外珠被最外层的柱状细胞发育形成种皮表面纹理，是由于径向细胞壁升高以增加种皮强度造成的。鼠李糖半乳糖醛酸等果胶成分在外珠被表皮细胞的反面高尔基网络中合成，然后被运输到囊泡中的质外体，沉积在外层细胞的细胞壁中；果胶包围着柱状细胞，成熟时变干。在吸胀时果胶形成黏质，作为水凝胶影响发芽期间种子的水分关系。缺乏黏质，在干燥条件下发芽影响幼苗成活，黏质是不利条件下幼苗建立的重要因素。

研究表明，黏质生物合成在拟南芥种皮中至少有三种控制途径。其中两条途径涉及由 APETALA 2 (AP2)、TRANSPARENT TESTA GLABRA 1(TTG1)和 bHLH(基本螺旋——环螺旋)蛋白组成的复合物。在第一个途径中，复合物激活 *TTG*2，通过一种未知的因子起作用，以增强黏质生物合成和积累。在第二个途径中，该复合物激活 *GL*2，然后激活 *MUCILAGE MODIFIED* 4 (*MUM*4)，一种假定的果胶生物合成基因。在第三条途径中，*MYB*61 是黏质生物合成和积累所必需的，但不受 *AP*2 和 *TTG*1 的调节。

在种子发育的早期阶段，内珠被的最内层积聚了原花青素，即类黄酮色素。这些色素最初以无色化合物的形式存在，在成熟干燥过程中被氧化，并赋予成熟种子深棕色。*BANYULS*（*BAN*）基因控制着花青素和原花青素之间的分支点。*BAN* 编码一种花色素还原酶，可将花色素（花色素和原花色素的共同前体）选择性地转化为后者。*ban* 突变体种子中，原花青素减少。缺乏原花青素生物合成所必需的酶或原花青素在液泡中积累的转运蛋白突变体会产生淡黄色或无色的种子，即 *transparent testa*（*tt*）突变体。控制原花青素生物合成和沉积的调节蛋白发生突变，例如 *TTG*2 也会导致形成 *tt* 表型。由于突变对胚乳的副作用，*ttg*2 突变种子是黄色的，比野生型种子小。

种皮和胚乳的发育独立于胚的发育，然而在种子发育过程中，种皮和胚乳之间也有一些协调。例如，*ttg*2 突变体中珠被细胞伸长受损，限制了胚乳的发育并导致种子变小。编码 miRNA 加工酶的 *DICER-LIKE*1（*DCL*1）缺陷突变体会导致胚死亡。野生型外珠被细胞层完全覆盖了胚珠的内珠被和胚囊，但在一些 *DCL*1 缺陷的突变体中，两个珠被层的生长不协调而导致胚胎死亡。突变体中的胚胎停滞，不仅是通过受精卵的缺陷，而且还通过种皮施加的母体效应。所以，种皮与胚乳、胚相互作用影响种子的发育（Lepiniec et al.，2006）。

种子大小是种子产量性状的重要组成成分，大量研究确定了种子大小的分子调控物质。Ge 等（2016）鉴定了 *TIFY* 家族的一种新型转录因子 MtBIG SEEDS1，当它被敲除时会导致蒺藜苜蓿和大豆种子的增大。*MtBS*1 编码一种抑制因子，通常抑制生长调节因子 *GRF* 和 *GIF*1 的表达以限制生长速率。在蒺藜苜蓿合点胚乳中，DASH（*DOF* 作用于胚胎发生和激素积累）是 DOF 家族的转录因子，在胚胎发生过程中表达（Savadi et al.，2018）。D'Erfurth 等（2012）为确定种子大小变化的原因，利用蒺藜苜蓿突变体（*SBT*1.1），发现种子重量和大小的下降是由于成熟胚内细胞数量的减少造成的，而不是由于细胞大小的下降导致的。

2.3.4 牧草与草坪草种子成熟及基因调控

1. 牧草与草坪草种子的成熟阶段

牧草与草坪草种子的成熟期是按其外部形态特征的变化划分的。不同的牧草与草坪草种子成熟阶段及外部特征差异很大，而且种子成熟的程序也不一致。要鉴定种子的成熟期是否已达到某阶段，应以植株上大部分种子的成熟度为标准。

通常将禾本科牧草与草坪草种子的成熟阶段划分为：①乳熟期，禾草种子成熟过程的第一时期，颖果为绿色，内外稃呈绿色，种子内含物呈白色乳汁状。此时种子体积已达最大限度，含水量较高，胚已发育完成，少数种子虽具发芽能力，但种苗生长不正常。②蜡熟期，禾草种子成熟过程的第二时期，颖片和内外稃开始褪绿，颖果呈固有色泽，内含物呈蜡状，用指甲压时易破碎，养分积累趋向缓慢。蜡熟后期，颖果逐渐硬化，稃片呈固有色泽。③完熟期，禾草种子成熟的结束时期，颖果干燥强韧，体积缩小，内含物呈粉质或角质状，指甲不易使其破碎，稃片呈固有色泽。很多牧草与草坪草种子开始自然落粒。

豆科牧草与草坪草种子成熟阶段划分为：①绿熟期，荚果和种子均呈鲜绿色，种子体积基本长足，含水量高，容易用手指挤碎。②黄熟前期，荚果转黄绿色，种皮呈绿色，比较硬，但容易用指甲刻破，种子体积达最大。③黄熟后期，荚果褪绿，种皮呈固有色，种子体积缩小，不易用指甲刻破。④完熟期，荚壳干缩，呈固有色泽，种子变硬。

2. 种子脱水干燥的生理效应

种子在成熟时期脱水干燥，产生许多重要的生理效应，主要包括酶类的钝化、RNA 水解酶类增加和复合体的形成。

种子干燥脱水后首先发生酶类的钝化。所有的酶促反应都需要底物，辅酶和辅助因子才能发生作用。一旦种子发生脱水干燥，发生空隙，将底物与酶隔开，酶就不能发生作用；辅助因子可使酶活化并与底物结合，在水分缺乏时，辅助因子无法输送至酶及底物所在部位；种子产生空隙，氧气增加，产生二硫键、过氧化物等物质，使酶钝化；干燥细胞中，因水分降低，氢离子浓度增高，pH 下降使酶活性降低，甚至完全丧失；种子细胞内离子浓度的增加不仅影响 mRNA 的转译，还与许多酶的活性有关。

随着种子逐渐干燥，RNA 水解酶增加，则多核糖体水解成单核糖体，使 mRNA 失去活性。此外，种子在脱水干燥期间，形成了许多复合体，如核糖核蛋白和酶原。核糖核蛋白是 mRNA 和蛋白质的复合体，由蛋白质将 mRNA 包围起来，不使 mRNA 转化破坏，以供种子萌发早期所需，这类 mRNA 也称为长命 mRNA，在干燥种子中还有许多类似复合体。酶原是一种酶和蛋白质的复合体。酶很容易被水解酶所水解，但与蛋白质形成复合体后，就达到保护本身的作用。随着种子的脱水干燥，细胞中的酶转化成酶原的种类很多，有酸性磷酸酶、植酸酶、核糖核酸酶和蛋白质降解酶等。

3. 种子成熟的基因调控

成熟后种子的干物质积累速度逐渐减慢，水分散失，种子开始静止或休眠。通过 *abscisic acid*（ABA）*insensitive* 3（*abi*3）、*leafy cotyledon*（*lec*1，*lec*2）、*fusca*（*fus*3）拟南芥突变体和 *viviparous*（*vp*）玉米突变体分析，揭示了许多具有改变休眠特征但在整个种子发育过程中具有正常 ABA 含量的基因型，具有典型的营养状态而非生殖状态的种子表型、干燥耐受性降低、发芽相关基因表达和未休眠。*LEC*1、*LEC*2、*ABI*3（*VP*1）和 *FUS*3 是在种子成熟控制中具有明显重叠功能的调节基因。种子成熟表现出脱水干燥的特征，耐干燥性则代表种子的一种质量性状，具有脱水耐受性成熟的种子在干燥状态下长时间存活，这种特性是在后期获得的。非还原糖的积累可提高种子的干燥耐受性，例如棉籽糖家族寡糖（RFO）、晚期胚胎富集蛋白（LEA）和其他相关蛋白（Okamoto et al.，2006；Ohto et al.，2007）。

在拟南芥 ABI 转录因子中，*ABI*3、*ABI*4 和 *ABI*5 中的功能丧失突变导致 ABA 不敏感，降低 *LEA* 和 *EARLY METHIONINELABELED*（*Em*）的 RNA 水平。LEA 蛋白可保护细胞结构和代谢，参与种子抗脱水过程。*ABI*3 突变对种子发育的影响严重，突变体的胚既不积累大量的贮藏物质，也不会获得脱水耐受性。*abi*3 突变体种子在潮湿条件下则表现出胎萌，成熟的种子在干燥后仍保持绿色，这表明成熟程序有缺陷，萌发和萌发后发育过早发生。表明 ABI3 是成熟过程的关键正调节剂。在蒺藜苜蓿中 *sgr* 突变体种子与 *abi*3 突变体种子类似，失去脱水干燥能力，在成熟时仍保持绿色（Debeaujon et al.，2001）。

增强编码与 *ABI*5 相同类别的 bZIP 蛋白的 *ENHANCED EARLY METHIONINELABELED EVEL*（*EEL*）基因，导致 *AtEm*1 RNA 水平增加。相比之下，*abi*5 突变体种子降低了 AtEm1 的水平。研究表明，*EEL* 和 *ABI*5 竞争 *AtEm*1 启动子中相同的结合位点，对野生型拟南芥种子中 *AtEm*1 进行平衡调节。降低单独的 *EEL* 表达或降低 *EEL* 与编码 bZIP 蛋白 *AtbZIP*6 和 *AREB*3 的表达，不会在种子发育中产生明显缺陷（Dekkers et al.，2016）。除了赋予对 ABA 不敏感外，*abi* 突变还会导致糖信号传导缺陷。*abi*4、*abi*3 和 *abi*5 突变体种子在高浓度糖的存在下比野生型拟南芥种子更容易发芽。*ABI*3、*ABI*4 或 *ABI*5 导致幼苗生长对糖类过敏。

ABI转录因子在种子成熟阶段彼此相互作用并与LEC转录因子相互作用。*ABI*3、*ABI*4、ABI5分别与*LEC*1、*FUS*3发生遗传互作以控制种子成熟过程。*LEC*1和*FUS*3可用于调节*ABI*3水平，*LEC*1通过调节*FUS*3、*ABI*3来控制种子成熟的过程，*LEC*2可调节*FUS*3的积累。*LEC*1和*FUS*3可调控发育停滞，基因突变则会导致未成熟胚继续生长（Hilhorst，1995；Xu and Bewley，1991； Xu and Bewley，1995；Santos-Mendoza et al. ，2008）。

参考文献

葛玲巧．2022. *MsCYP*19-1*B* 调控紫花苜蓿开花时间的功能研究．博士学位论文．北京：中国农业大学．

韩建国．1997. 实用牧草种子学．北京：中国农业大学出版社．

毛培胜，韩建国，刘刚．2004. 老芒麦幼穗的分化过程．中国草地，(5)：15-20.

内蒙古农牧学院．1987. 牧草及饲料作物栽培学．北京：农业出版社．

云锦凤，米福贵，杜建才．1989. 冰草茎生长锥分化、幼穗形成及小孢子发育．中国草地，(5)：30-35.

张云秀．2022. 紫花苜蓿高迁移率族蛋白基因 *MsHMG-Y* 调控花期的功能分析．硕士学位论文．北京：中国农业科学研究院．

章崇玲，梁祖铎．1997. 多花黑麦草幼穗分化进程对种子生产性状的影响．种子，(5)：21-24.

祝步拓．2018. 蒺藜苜蓿花器官决定基因 *MtAGa* 和 *MtAGb* 功能研究及其调控机理解析．博士学位论文．北京：中国农业大学．

Agrawal G K，Abe K，Yamazaki M，et al. 2005. Conservation of the E-function for floral organ identity in rice revealed by the analysis of tissue cultureinduced loss-of-function mutants of the *OsMADS*1 gene. Plant Molecular Biology，59：125-135.

Baker M J，Williams W M. 1987. White clover. Wallingfold：CAB International.

Benlloch R，d'Erfurth I，Ferrandiz C，et al. 2006. Isolation of mtpim proves Tnt1 a useful reverse genetics tool in *Medicago truncatula* and uncovers new aspects of AP1-like functions in legumes. Plant Physiology，142(3)：972-983.

Bewley J D, Black M. 1994. Seeds physiology of development and germination. NY：Plenum Press.

Bowman J L，Alvarez J，Weigel D，et al. 1993. Control of flower development in *Arabidopsis thaliana* by APETALA1 and interacting genes. Development，119：721-743.

Bowman J L, Sakai H, Jack T, et al. 1992. SUPERMAN, a regulator of floral homeotic genes in Arabidopsis. Development，114(3)：599-615.

Box M S，Huang B E，Domijan M，et al. 2015. ELF3 controls thermoresponsive growth in Arabidopsis. Current Biology，25(2)：194-199.

Brewer P B, Howles P A, Dorian K, et al. 2004. PETAL LOSS, a trihelix transcription factor gene, regulates perianth architecture in the Arabidopsis flower. Development, 131 (16)：4035-4045.

Chandler J W. 2008. Cotyledon organogenesis. Journal of Experimental Botany，59(11)：

2917-2931.

ChaoY H,Zhang T J,Yang Q C,et al. 2014. Expression of the alfalfa CCCH-type zinc finger protein gene *MsZFN* delays flowering time in transgenic *Arabidopsis thaliana*. Plant Science,215-216:92-99.

Chen C C,Gibson P B. 1973. Effect of temperature on pollen-tube growth in*Trifolium repens* after cross-and self-pollinations. Crop Science,13:563-566.

Cochrane M P, Duffus C M. 1981. Endosperm cell number in barley. Nature, 289: 399-401.

Crouch M L. 1988. Regulation of gene expression during seed development in flowering plants. Developmental Biology,5:367-404.

D'Erfurth I,Signor C L,Aubert G,et al. 2012. A role for an endosperm-localized subtilase in the control of seed size in legumes. New Phytologist,196(3):738-751.

Debeaujon I,Peeters A J,Léon-Kloosterziel K M,et al. 2001. Proanthocyanidin accumulation in the testa. Plant Cell,13:853-872.

Dekkers B J, He H, Hanson J, et al. 2016. The Arabidopsis *DELAY OF GERMINATION* 1 gene affects *ABSCISIC ACID INTENSITIVE* 5(*ABI*5)expression and genetically interacts with *ABI*3 during Arabidopsis seed development. The Plant Journal, 85 (4): 451-465.

Digel B, Pankin A, von Korff M. 2015. Global transcriptome profiling of developing leaf and shoot apices reveals distinct genetic and environmental control of floral transition and inflorescence development in barley. The Plant Cell,27:2318-2334.

Ditta G, Pinyopich A, Robles P, et al. 2004. The SEP4 gene of *Arabidopsis thaliana* functions in floral organ and meristem identity. Current Biology,14(21):1935-1940.

Erith A G. 1924. White clover(*Trifolium repens* L.). A monograph. London: Duckworth and Co.

Ferrandiz C,Gu Q,Martienssen R,et al. 2000. Redundant regulation of meristem identity and plant architecture by FRUITFULL, APETALA1 and CAULIFLOWER. Development, 127 (4): 725-734.

Fornara F, Montaigu A, Coupland G. 2010. SnapShot: Control of flowering in Arabidopsis. Cell,141(3):550.

Friml J, Vieten A, Sauer M, et al. 2003. Efflux-dependent auxin gradients establish the apical-basal axis of Arabidopsis. Nature,426:147-153.

Gallavotti A,Long J A,Stanfield S,et al. 2010. The control of axillary meristem fate in the maize ramosa pathway. Development,137:2849-2856.

Gallavotti A, Zhao Q, Kyozuka J, et al. 2004. The role of barren stalk1 in the architecture of maize. Nature,432(7017):630-635.

Gao R,Gruber M Y,Amyot L,et al. 2018. *SPL*13 regulates shoot branching and flowering time in *Medicago sativa*. Plant Molecular Biology,96(1-2):119-133.

Ge L,Yu J,Wang H,et al. 2016. Increasing seed size and quality by manipulating BIG

SEEDS1 in legume species. Proceedings of the National Academy of Sciences of the United States of America,113(44):12414-12419.

Hartmann U,Höhmann S,Nettesheim K,et al. 2000. Molecular cloning of SVP:a negative regulator of the floral transition in Arabidopsis. Plant Journal,21:351-360.

Hecht V,Laurie R E,Vander Schoor J K,et al. 2011. The pea GIGAS gene is a FLOWERING LOCUS Thomolog necessary for graft-transmissible specification of flowering but not for responsiveness to photoperiod. Plant Cell,23(1):147-161.

Herridge R,Samarth,Brownfield L,et al. 2021. Identification and characterization of perennial ryegrass(*Lolium perenne*)vernalization genes. Frontiers in Plant Science,12:640324.

Hilhorst H W M. 1995. A critical update on seed dormancy. I. Primary dormancy. Seed Science Research,5:61-73.

Hu X,Kong X,Wang C M L,et al. 2014. Proteasome-mediated degradation of FRIGIDA modulates flowering time in Arabidopsis during vernalization. The Plant Cell, 26: 4763-4781.

Ikeda K,Ito M,Nagasawa N,et al. 2007. Rice ABERRANT PANICLE ORGANIZATION 1, encoding an F-box protein,regulates meristem fate. Plant Journal,51(6):1030-1040.

Ikeda K,Nagasawa N,Nagato Y. 2005. *ABERRANT PANICLE ORGANIZATION* 1 temporally regulates meristem identity in rice. Developmental Biology,282:349-360.

Irish V F,Sussex I M. 1990. Function of the*apetala*-1 gene during Arabidopsis floral development. Plant Cell,2(8):741-753.

Irish V F. 2010. The flowering of Arabidopsis flower development. Plant Journal, 61: 1014-1028.

Ito T, Sakai H, Meyerowitz E M. 2003. Whorl-specific expression of the SUPERMAN gene of Arabidopsis is mediated by cis elements in the transcribed region. Current Biology,13 (17):1524-1530.

Jeon J S, Jang S, Lee S, et al. 2000. *leafy hull sterile*1 is a homeotic mutation in a rice MADS box gene affecting rice flower development. Plant Cell,12:871-884.

Jiao Y,Wang Y,Xue D,et al. 2010. Regulation of OsSPL14 by OsmiR156 defines ideal plant architecture in rice. Nature Genetics,42:541-544.

Jung J H,Domijan M,Klose C,et al. 2016. Phytochromes function as thermosensors in Arabidopsis. Science,354:886-889.

Kang J M,Zhang T J,Guo T,et al. 2019. Isolation and functional characterization of *MsFTa* ,a *FLOWERING LOCUS T* homolog from alfalfa (*Medicago sativa*). International Journal of Molecular Sciences,20(8):1968.

Kaufmann K, Wellmer F, Muino J M, et al. 2010. Orchestration of floral initiation by APETALA1. Science,328(5974):85-89.

Kinoshita A,Richter R. 2020. Genetic and molecular basis of floral induction in Arabidopsis thaliana. Journal of Experimental Botany,71(9):2490-2504.

Kobayashi K, Yasuno N, Sato Y, et al. 2012. Inflorescence meristem identity in rice is specified by overlapping functions of three AP1/FUL-like MADS box genes and PAP2, a SEPALLATA MADS box gene. Plant Cell, 24(5): 1848-1859.

Komatsu K, Maekawa M, Ujiie S, et al. 2003a. LAX and SPA: major regulators of shoot branching in rice. Proceedings of the National Academy of Sciences of the United States of America, 100(20): 11765-11770.

Komatsu M, Chujo A, Nagato Y, et al. 2003b. FRIZZY PANICLE is required to prevent the formation of axillary meristems and to establish floral meristem identity in rice spikelets. Development, 130: 3841-3850.

Komatsuda T, Pourkheirandish M, He C, et al. 2007. Six-rowed barley originated from a mutation in a homeodomain-leucine zipper I-class homeobox gene. Proceedings of the National Academy of Sciences of the United States of America, 104: 1424-1429.

Laurie R E, Diwadkar P, Jaudal M, et al 2011. The Medicago*FLOWERING LOCUS T* homolog, *MtFTa*1 is a key regulator of flowering time. Plant Physiology, 156: 2207-2224.

Le B H, Cheng C, Buia A Q, et al 2010. Global analysis of gene activity during Arabidopsis seed development and identification of seed-specific transcription factors. Proceedings of the National Academy of Sciences of the United States of America, 107(18): 8063-8070.

Lepiniec L, Debeaujon I, Routaboul J M, et al 2006. Genetics and biochemistry of seed flavonoids. Annual Review of Plant Biology, 57: 405-430.

Liu C, Thong Z, Yu H. 2009a. Coming into bloom: the specification of floral meristems. Development, 136(20): 3379-3391.

Liu C, Xi W, Shen L, et al 2009b. Regulation of floral patterning by flowering time genes. Developmental Cell, 16(5): 711-722.

Lorenzo C D, García-Gagliardi P, Antonietti M S, et al 2020. Improvement of alfalfa forage quality and management through the down-regulation of MsFTa1. Plant Biotechnology Journal, 18(4): 944-954.

Lv A M, Su L T, Wen W W, et al. 2021. Analysis of the function of the alfalfa*MsLEA-D*34 gene in abiotic stress responses and flowering time. Plant and Cell Physiology, 62(1): 28-42.

Mandel M A, Yanofsky M F. 1995. A gene triggering flower formation in Arabidopsis. Nature, 377: 522-524.

Mandel M A, Yanofsky M. 1998. The Arabidopsis AGL9 MADS-box gene is expressed in young flower promordia. Sexual Plant Reproduction, 11: 22-28.

Mantiri F R, Kurdyukov S, Lohar D P, et al. 2008. The transcription factor MtSERF1 of the ERF subfamily identified by transcriptional profiling is required for somatic embryogenesis induced by auxin plus cytokinin in *Medicago truncatula*. Plant Physiology, 146: 1622-1636.

Martin M L, Field R J. 1993. A development scale for perennial ryegrass. In: Proceedings of the XVII International Grassland Congress. 1679-1680.

Miura K, Ikeda M, Matsubara A, et al. 2010. *OsSPL*14 promotes panicle branching and higher grain productivity in rice. Nature Genetics, 42: 545-549.

Moyroud E, Kusters E, Monniaux M, et al. 2010. LEAFY blossoms. Trends in Plant Science, 15(6): 346-352.

Ng M, Yanofsky M F. 2001. Activation of the Arabidopsis B class homeotic genes by APETALA1. Plant Cell, 13(4): 739-753.

Ohto M A, Stone S L, Harada J J. 2007. Genetic control of seed development and seed mass. In: Seed Development, Dormancy and Germination. Bradford K J, Nonogaki H. eds. Oxford: Blackwell Publishing.

Okamoto M, Kuwahara A, Seo M, et al 2006. CYP707A1 and CYP707A2, which encode abscisic acid 8′-Hydroxylases, are indispensable for proper control of seed dormancy and germination in Arabidopsis. Plant Physiology, 141: 97-107.

Pe W. 1978. A study of seed development, seed coat structure and seed longevity in "Grasslands Pawera" red clover (*Trifolium pretense* L.). PhD Thesis. New Zealand: Massey University.

Pelaz S, Ditta G S, Baumann E, et al. 2000. B and C floral organ identity functions require SEPALLATA MADS-box genes. Nature, 405(6783): 200-203.

Putterill J, Zhang L, Yeoh C C, et al. 2013. *FT* genes and regulation of flowering in the legume *Medicago truncatula*. Functional Plant Biology, 40(12): 1199-1207.

Raschke A, Ibañez C, Ullrich K K, et al. 2015. Natural variants of ELF3 affect thermomorphogenesis by transcriptionally modulating PIF4-dependent auxin response genes. BMC Plant Biology, 15: 197.

Rembert D H Jr. 1977. Ovule ontogeny, megasporogenesis and early gametogenesis in *Trfolium repens* (Papilionaceae). American Journal of Botany, 64(4): 483-488.

Roque E, Fares M A, Yenush L, et al. 2016. Evolution by gene duplication of *Medicago truncatula* PISTILLATA-like transcription factors. Journal of Experimental Botany, 67(6): 1805-1817.

Roque E, Serwatowska J, Rochina C M, et al. 2013. Functional specialization of duplicated AP3-like genes in*Medicago truncatula*. The Plant Journal: for Cell and Molecular Biology, 73(4): 663-675.

Sakai H, Medrano L J, Meyerowitz E M. 1995. Role of SUPERMAN in maintaining Arabidopsis floral whorl boundaries. Nature, 378(6553): 199-203.

Sakuma S, Pourkheirandish M, Hensel G, et al. 2013. Divergence of expression pattern contributed to neofunctionalization of duplicated HD-Zip I transcription factor in barley. The New Phytologist, 197(3): 939-948.

Sakuma S, Pourkheirandish M, Matsumoto T, et al. 2010. Duplication of a well-conserved homeodomain-leucine zipper transcription factor gene in barley generates a copy with more specific functions. Functional & Integrative Genomics, 10(1): 123-133.

Sakuma S, Salomon B, Komatsuda T. 2011. The domestication syndrome genes responsible for the major changes in plant form in the Triticeae crops. Plant Cell Physiology, 52(5):

738-749.

Santos-Mendoza M, Dubreucq B, Baud S, et al. 2008. Deciphering gene regulatory networks that control seed development and maturation in Arabidopsis. The Plant Journal, 54(4): 608-620.

Savadi S. 2018. Molecular regulation of seed development and strategies for engineering seed size in crop plants. Plant Growth Regulation, 84(3): 401-422.

Searle I, Coupland G. 2004. Induction of flowering by seasonal changes in photoperiod. The EMBO Journal, 23: 1217-1222.

Serwatowska J, Roque E, Gómez-Mena C, et al. 2014. Two eu*AGAMOUS* genes control c-function in *Medicago truncatula*. PlosOne, (9): e103770.

Shimada S, Ogawa T, Kitagawa S, et al. 2009. A genetic network of flowering-time genes in wheat leaves, in which an APETALA1/FRUITFULL-like gene, VRN1, is upstream of FLOWERING LOCUS T. The Plant Journal: for Cell and Molecular Biology, 58(4): 668-681.

Sieber P, Wellmer F, Gheyselinck J, et al. 2007. Redundancy and specialization among plant microRNAs: role of the MIR164 family in developmental robustness. Development, 134(6): 1051-1060.

Skirpan A, Wu X, McSteen P. 2008. Genetic and physical interaction suggest that BARREN STALK 1 is a target of BARREN INFLORESCENCE2 in maize inflorescence development. Plant Journal, 55: 787-797.

Sussex I M, Kerk N M. 2002. The organization and function of plant meristems. In: Meristematic tissue in plant growth and development. McManus M T and Veit B E. Shefield: Schefield Academic Press.

Thomas R G. 1987. Reproductive development. In: Baker M J and Williams W M. eds. White clover. United Kingdom. 63-106.

West M A L, Yee K M, Danao J, et al. 1994. *LEAFY COTYLEDON1* is an essential regulator of late embryogenesis and cotyledon identity in Arabidopsis. The Plant Cell, 6(12): 1731-1745.

Whittaker C, Dean C. 2017 The FLC locus: a platform for discoveries in epigenetics and adaptation. Annual Review of Cell and Developmental Biology, 33: 555-575.

Xiong F, Rebn J J, Yu Q, et al. 2019. *AtU2AF65b* functions in abscisic acid mediated flowering via regulating the precursor messenger RNA splicing of ABI5 and FLC in Arabidopsis. The New phytologist, 223(1): 277-292.

Xu N, Bewley J D. 1991. Sensitivity to abscisic acid and osmoticum changes during embryogenesis of alfalfa (*Medicago sativa*). Journal of Experimental Botany, 42(6): 821-826.

Xu N, Bewley J D. 1992. Contrasting pattern of somatic and zygotic embryo development in alfalfa (*Medicago sativa* L.) as revealed by scanning electron microscopy. Plant Cell Report, 11(5-6): 279-284.

Xu N, Bewley J D. 1995. The role of abscisic acid in germination, storage protein synthesis and desiccation tolerance in alfalfa (*Medicago sativa* L.) seeds, as shown by inhibition of its synthesis by fluridone during development. Journal of Experimental Botany, 46 (6):687-694.

Yamaguchi N, Wu M F, Winter C M, et al. 2013. A molecular framework for auxin-mediated initiation of flower primordia. Developmental Cell, 24(3):271-282.

Yoshida A, Sasao M, Yasuno N, et al. 2013. *TAWAWA* 1, a regulator of rice inflorescence architecture, functions through the suppression of meristem phase transition. Proceedings of the National Academy of Sciences of the United States of America, 110(2):767-772.

Zhang T J, Chao Y H, Kang J M, et al. 2013. Molecular cloning and characterization of a gene regulating flowering time from Alfalfa (*Medicago sativa* L.). Molecular Biology Reports, 40: 4597-4603.

第3章　牧草与草坪草种子的形态解剖结构

牧草与草坪草种子的形态包括种子的大小、颜色及表面的特征。种子的大小决定着种子所含物质与能量的多少，种子颜色与种子成熟度和种子活力密切相关，种子表面特征与其萌发和抗逆性等有关。种子形态与种子数目、种子扩散传播、物种的系统发育等均存在一定的相关性，与其他性状共同决定着牧草或草坪草的生活史。种子形态结构差异是影响种子萌发、幼苗生长、休眠、寿命等生命活动的关键，在生态学和植物进化学上均有一定意义。

利用种子形态解剖结构识别（鉴定）牧草或草坪草的种子，是种子质量评价中的主要技术难点。种子形态描述、图像分析技术逐渐成为保存生物多样性必不可少的手段，通过研究种子数据集，开发出完整的种子识别、分类和检索系统，将促进种子科学与技术的快速发展。

3.1　概述

3.1.1　种子形态解剖结构与种子传播

牧草或草坪草种子的各种形态属性，如表面具翅、冠毛、长芒、钩刺等特征，是长期适应自然，为方便传播、扩大生存空间等形成的特异特征。而种子传播是牧草或草坪草种子完成自然更新的重要生态过程，自然的风力、鸟类、动物（家畜）等是其重要的传播媒介。

1. 种子（果实）形态特征与风传播

风传播是最重要的种子传播机制之一，包括初级传播（种子在空气中的移动）和次级传播（种子在地面上的移动）。种子风传播是在多种开放生境下的重要传播机制，例如沙漠、温带草原、海滨草地、积雪区域、城市地区及其道路（Zhu et al.，2022）。种子形态很大程度上影响其风传播扩散距离、种子升空速度以及种子在地面上的运动模式。各种形态属性主要通过降低种子重量与表面积之比或增加种子表面的粗糙度，从而增加空气对种子飞行的阻力。例如在温带植物群落中，多数物种的种子具有明显适应风传播的种子形态，平均占10%～30%，最高达70%（Willson et al.，1990）。

2. 种子（果实）形态特征与鸟类传播

种子（果实）的大小、颜色等形态特征对鸟类搬运种子、传播距离、种子排放地和幼苗更新等均有一定的影响，而鸟类的形态和行为特征对种子（果实）的传播具有一定的限制性和偏好性。例如鸟类的嘴裂程度和体型等，限制了能够取食的种子（果实）大小，影响了种子的取食量，而它们的取食偏好则影响着种子的传播（Sperry et al.，2021）。种子传播距离与鸟类的体型大小、生境适应能力和居留型等特征密切相关。鸟类取食后的生境决定了种子的排放地（李宁等，2021）。

3. 种子（果实）外部形态特征与家畜传播

一些果皮或种皮结构致密、难消化性纤维含量高的草种子，利用家畜食草排便而传播，这也是天然草地植被修复或草地改良的重要手段。家畜采食这些草种后进入其肠道不易被消化，仅腐蚀种子部分成分，而种子仍保持其活力，随家畜的排便而散播于草地。例如，在祁连山高寒草甸和荒漠草原调查中发现，在马、牛、羊粪便中有30种存活的牧草种子，其中多年生22种占比73%，马粪中存活的种子与地上植被的物种丰富度、物种多样性和Jaccard相似性系数均显著大于牛、羊粪。中等大小(10～30 mg)和球形(0.04～0.10形状指数)种子的发芽势最大，由此推断，马粪种子库对祁连山草地恢复贡献较大(Wang and Hou，2021)。利用山羊采食禾草具稃(或颖)的种子，然后放牧于山地上，种子在反刍动物的第一胃(瘤胃)中长达数天，与反刍动物的采食习惯相结合，可以起到山地草场撒播"丸化"种子的作用。

3.1.2 种子形态对种子萌发及幼苗生长的影响

种子大小对牧草或草坪草早期幼苗的大小起着至关重要的作用，直接决定其在自然界中能否成功定居。一般认为，种子大小与萌发速率、萌发率以及幼苗大小呈正相关关系(武高林和杜国祯，2008)。种子大小是幼苗生长表现的先天基础条件，同时还与物种特性和环境条件等因素有关。大种子营养物质储备较多，在种子萌发和幼苗生长阶段，具有更高的水分和养分吸收能力，因此，大种子常具有较高的萌发率和相对生长速率，会产生更强壮的幼苗以增加其存活率和竞争力(Moles et al.，2005)。随着幼苗的生长，由大种子发育而来的幼苗能够产生更多的叶片，具有更高的植株高度和更发达的根系，有着更大的生物量及生物量积累速度，并且比较小种子的寿命更长(Rebecca and Catherine，2007)。例如，小叶锦鸡儿(*Caragana microphylla*)幼苗发育初期，大种子的幼苗生长快，幼苗较高，根系较长，且种子大小(重量)与幼苗个体大小呈显著正相关(何玉惠等，2008)。研究证实，种子大小对幼苗早期生长的影响至关重要，大种子有着更大的幼苗，更易于存活，并可以保持其优势发育成大植株(张世挺，2003)。在光、水分、营养等因素竞争激烈的环境中，较大种子的幼苗无疑处于优势地位，在初始发育阶段存活的机会更高(Annick et al.，2013)。此外，在自然条件下，种子大小的变化可能对多年生植物的所有生命阶段产生影响(Rebecca and Catherine，2007)。

除种子大小外，种子颜色对幼苗的萌发和生长也有影响。具有不同种子颜色的拟南芥突变体与野生型相比，表现出休眠减少、发芽能力降低和幼苗异常率较高的特征(Debeaujon et al.，2000)。红粒小麦的穗发芽抗性显著高于白粒小麦，但不同红粒品种之间穗发芽抗性差异很大(陈泠等，2021)。在红三叶和草木樨不同颜色种子中，其种子活力差异显著，黄色种子的各项萌发指标最佳(吕鹏辉等，2021；张震东等，2020)。在作物及药用植物中，不同颜色种子与其内营养成分、药用成分含量有一定的相关性，如深色种子中含有较多的花青素，具有药用和营养价值。

3.1.3 种子大小与颜色的分子调控机制

1. 种子大小的分子调控机制

牧草与草坪草种子的大小不仅影响其进化适应性，而且影响其生物量。种子大小是种子产量的重要构成因子，在农业生产中，大粒种子可为萌发提供更多营养，还可以提高种子抗逆能力，增大粒重是提高作物产量的一种有效手段。但一般植物种子的大小常与其形成的种子数量呈反比(Eriksson，2000)。了解控制种子大小的机制已成为植物科学的一个重要研究领域。种子大小由母体和合子组织的综合信号决定，这些信号控制着胚、胚乳和种皮的协调生长，最终决定了种子的大小。已经确定了通过母体组织控制种子大小的信号通路，包括泛素—蛋白酶体途径、

G 蛋白信号、丝裂原活化蛋白激酶(mitogen-activated protein kinase，MAPK)信号、植物激素感知和体内稳态以及一些转录调节因子，同时合子组织的生长会部分受 HAIKU(IKU)途径和植物激素的调节(孙丹丹等，2021)。种子大小由多种发育和环境信号的复杂网络调节，探索种子大小调节的上游和下游成分及各调节途径之间的联系，将有助于育种者开发出产量更高、质量更好的植物品种。

(1)泛素—蛋白酶体途径　蛋白质泛素化通过影响蛋白质稳定性、活性和定位来控制细胞过程的许多方面。泛素—蛋白酶体途径在种子大小调节中具有重要作用。泛素—蛋白酶体途径由泛素受体蛋白 DA1、E3 泛素连接酶 DA2 和 EOD1(Enhancer of DA1)、去泛素化蛋白酶 UBP15(Ubiquitin-specific protease 15)等关键酶体组成(Xia et al.，2013)。DA1 是一种泛素受体，DA1 途径通过调节珠被中的细胞增殖来调控种子和器官的大小和生长(Li et al.，2011)。DA2 和 EOD1 均可泛素化 DA1，*DA2* 与水稻中控制粒宽和粒重的 *GW2*(Grain weight 2)基因具有显著的序列相似性，且 *DA2* 在水稻(Song et al.，2007)、玉米(Xie et al.，2017)、小麦(Su et al.，2011)、油菜(*Brassica napus*)(Wang et al.，2017)等得到证实，功能保守。26 S 蛋白酶体的结合蛋白 RPT2a(Regulatory particle triple-ATPase subunits 2a)和 SAMBA(Specific anaphase-promoting complex/cyclosome regulator)也可影响拟南芥的种子大小(Kurepa et al.，2009)，且 SAMBA 可能与 DA1 和 EOD1/BB 冗余或平行地发挥作用以控制种子大小(Eloy et al.，2012；Vanhaeren et al.，2016)。

(2)G 蛋白信号途径　G 蛋白在所有生物体的生长发育过程中均起着重要的作用，G 蛋白通过膜受体和由 Gα、Gβ、Gγ 亚基组成的异三聚体 G 蛋白复合物向下游效应分子传递信号(Lease et al.，2001)。G 蛋白亚基对拟南芥和水稻的种子大小控制有重要作用。过表达拟南芥 G 蛋白 AGG3，可通过促进细胞增殖从而促进种子和器官的生长，而 AGG3 功能缺失突变导致小种子和小器官(Li et al.，2012)。同样，失去功能或抑制水稻 *Gα* 或 *Gβ* 的表达可减小籽粒大小(Utsunomiya et al.，2011)。水稻中 GS3、DEP1 分别是由两个 QTL 编码的控制籽粒大小和穗长的蛋白质，与拟南芥 *AGG3* 具有显著的序列相似性(Mao et al.，2010)。GS3 与 DEP1 和 GGC2 拮抗作用，通过竞争性结合 *Gβ*(RGB1)来调节籽粒大小。DEP1 和 GGC2 与 RGB1 相互作用以正向调节粒长，但 GS3 与 DEP1 和 GGC2 竞争结合 RGB1，从而抑制 DEP1 和 GGC2 的功能(Sun et al.，2018)。

(3)MAPK 信号通路　MAPK 级联由 MAPK 激酶(MKKK)、MAPK 激酶(MKK)和 MAPK 组成(Xu and Zhang，2015)。水稻中 OsMKKK10、OsMKK4 和 OsMAPK6 作为级联来调节籽粒大小(Xu et al.，2018)。*OsMKK4* 的 SMG 1 突变后造成小穗壳中细胞增殖减少而形成小籽粒(Duan et al.，2014)，*OsMAPK6* 的突变导致小粒种子(Liu et al.，2015a)。OsMKKK10 可以依次磷酸化和激活 OsMKK4 和 OsMAPK6，并且 OsMAPK6 的活性与籽粒大小呈正相关(Xu et al.，2108)。水稻 OsMKP1 与 OsMKK4 拮抗作用，通过调节 OsMAPK6 活性来调节籽粒大小，OsMKP1 的功能丧失会增加籽粒大小，而 *OsMKP1* 的过表达会导致籽粒变小(Guo et al.，2018)。因此，OsMKKK10-OsMKK4-OsMAPK6 级联通过促进水稻小穗壳中的细胞增殖来控制水稻的籽粒大小，级联由 OsMKP1 通过 OsMAPK6 的可逆磷酸化调节。

(4)植物激素　在植物生长发育、应激反应和新陈代谢中植物激素具有多种功能。油菜素内酯(BR)和生长素(Auxin)已被证明通过母体组织调节种子生长。此外，这两种植物激素还可以影响胚乳发育以影响种子大小。拟南芥和水稻中的 BR 缺陷突变体和 BR 不敏感突变体形成短种子,表明 BR 促进种子生长(Jiang et al. ,2103)。水稻中调控种子大小的 *GS*5 和 *GL*3 两个基因均参与了 BR 信号转导。*GS*5 通过促进内稃/外稃中的细胞增殖和细胞扩张来调节籽粒宽度(Fang et al. ,2016)。*GS*5 可能通过调节 OsBAK1-7 的内吞作用来控制水稻的籽粒大小,*GS*5 可以与 OsBAK1-7 结合并影响其内吞作用(Xu et al. ,2015)。然而,*GS*5 和 OsBAK1-7 之间的遗传作用仍不清楚。玉米中 *GS*5 直系同源物(ZmGS5)也参与籽粒发育,表明 *GS*5 的功能在种子生长中是保守的(Liu et al. ,2015b)。*GL*3 通过去磷酸化 OsPPKL1 限制小穗壳细胞增殖,*qgl*3 等位基因含有一个单核苷酸突变,导致 OsPPKL1 的保守结构域发生天冬氨酸到谷氨酸的变化,从而在不影响籽粒质量的情况下增加籽粒长度和籽粒产量(Zhang et al. ,2012)。拟南芥中生长素响应因子 2(auxin response factors 2,ARF2)通过调节 *ANT* 和 *CYCD*3;1 的表达,限制珠被中的细胞增殖来发挥母体作用以调节种子生长(Schruff,2006)。ARF2 与 ANT 启动子结合,ANT 直接调节 *COLD-REGULATED*15*A* (*COR*15*a*)的表达,*cor*15*a* 敲除突变体的种子比野生型小,表明 *COR*15*A* 正向调节种子大小(Meng et al. ,2015)。欧洲油菜 *ARF*18 基因的自然变异影响种子重量和长角果长度(Liu et al. ,2015c)。水稻 BIG-GRAIN 1 的显性突变改变了生长素的运输和分布,使小穗壳中细胞增殖和细胞扩张增强而导致大粒(Liu et al. ,2015 d)。因此,生长素的生物合成、运输和信号传递对种子大小的控制是非常重要的。在多种激素的调控机制中,茉莉酸(Jasmonate,JA)是植物防御和发育过程的关键激素,JA 信号抑制了种子的大小,并负调控着种子细胞的增殖(Hu et al. ,2021)。

(5)转录调控　转录调节因子已被确定为植物种子大小控制的重要因素,包括转录因子、转录共激活因子和参与染色质修饰的调节因子。例如,水稻 OsSPL13 通过促进小穗壳中的细胞扩张来正向调节籽粒大小(Si et al. ,2016)。OsSPL16 通过增强细胞增殖和籽粒灌浆作为籽粒大小的正调节剂(Wang et al. ,2012)。miR396-GRFs-GIFs 模块在调控水稻和拟南芥种子大小中发挥类似作用,主要通过调节细胞扩增和增殖来控制种子大小,说明其功能是保守的(Li et al. ,2016; Liang et al. ,2014; Rodriguez et al. ,2010)。拟南芥 NGA-THA-like B3(NGAL3)结构域转录抑制剂(NGAL2)/DA1 抑制子(SOD7)及其同源物 NGAL3/DEVELOP-MENT-RELATED PCG TARGET IN THE APEX 4(DPA4)靶基因起着抑制种子生长的作用,*sod*7-2/*dpa*4-3 突变体由于母细胞的增殖增加而产生大的种子,*sod*7-2 *dpa*4-3 突变体产生大种子,而显性 *sod*7-1*D* 突变由于 NGAL2 的过表达而减小了种子大小,NGAL2/SOD7 直接与 Kluh(Klu)/CYP78A5(Cytochrome P450 78A5)启动子结合,抑制 *Klu* 的转录,*Klu* 通过促进母细胞增殖调节种子大小(Zhang et al. ,2015)。除此之外,还有 CYP 家族成员、APETALA2 型转录因子、WRKY 家族转录因子、Basic helix-loop-helix 家族转录因子也参与了种子大小控制(Li et al. ,2019)。HAIKU(IKU)途径和一些植物激素通过影响胚乳发育来调节种子大小。IKU 途径通过影响胚乳发育来控制种子大小,脱落酸和 BRs 调节 IKU 途径以影响种子大小,细胞分裂素作用于 IKU 途径的下游以控制种子大小(Li et al. ,2019)。

2. *种子颜色的分子调控机制*

种子颜色是识别种子的重要表型特征,种皮颜色包含不同的天然色素、营养及药用成分,其色素含量及组分的差别造就了多样的种皮颜色。种子颜色与种子(果实)质量和品质相关,例如，淡黄色种皮往往具有较高的类黄酮含量。种子颜色不同其萌发生长及抵御逆境胁迫的能力也会有一定差异。种皮颜色由其遗传位点间互作、相关基因间的调控以及类黄酮代谢通路共同构成其调控网络，其分子调控机制复杂(邱红梅，2021)。近 20 个基因参与类黄酮代谢途径，种子颜色的遗传规律基本明确，相关位点、基因及互作机制也逐步被解析。这些基因都与色素的代谢有关，这些基因的编码产物均参与类黄酮合成途径，表明类黄酮代谢与种子颜色密切相关，代谢产物含量与组成比例决定了种皮颜色(Su et al.，2021)。

AtTT8(TRANSPARENT TESTA8，bHLH TF)、AtTT2(TRANSPARENT TESTA2，MYB TF)和 AtTTG1(TRANSPARENT TESTA GLABRA1，WD40-Repeat TF)形成复合物调控拟南芥种子中 PA 生物合成基因的表达，影响种皮颜色(Li et al.，2018)。蒺藜苜蓿中 *AtTT2* 同源物 *MYB5* 和 *MYB14* 可以共同控制 PA 合成并调节种皮颜色(Liu et al.，2014)。*MYB2* 也可以控制种皮颜色，*MYB* 被 MYB5 强烈上调，*MYB2* 过表达减少了拟南芥种子和蒺藜苜蓿毛状根中花青素的积累(Jun et al.，2015)。欧洲油菜种子的颜色(黄色与棕色)可能由位于 9 号染色体上的一个 *bHLH* 基因和两个 *MYB* 基因决定。这三个 *TF* 基因参与调节类黄酮的生物合成，棕色种皮的类黄酮含量低于黄色的(Hong et al.，2017)。

3.1.4 牧草与草坪草种子识别技术

一般亲缘关系较近的牧草或草坪草及不同品种的种子在外部形态上相似，差异很小，通常采用基于种子外观特征的形态学检测方法来识别种子。人工检查方法不仅耗时而且主观，有些种子很难用肉眼区别(Chaugule and Mali，2016)，需要借助内部结构、化学方法、物理方法、生物学的方法等来鉴别。化学方法、蛋白质电泳和 DNA 分子标记等分子生物学方法虽然较为准确，但需要专业知识和复杂的操作，相对物理方法较耗时、费力、损坏样本、适用范围窄(Wu et al.，2019)。在紫花苜蓿、羊草、鸭茅等品种的种子鉴定中，采用品种 DNA 指纹图谱技术，但由于多年生牧草多数为异花授粉和多倍体，各品种的分子标记位点数多、样品取样量大及代表性差等问题，尚未形成成熟标准化的鉴别体系，限制了这些技术在现代种业大规模样品检测中的应用。

近年来开发出的具有快速、高效、无损等优点的高光谱技术，融合图像信息和光谱信息的物理法鉴定技术已成为植物品种识别的重要手段。高光谱成像技术具有诸多优势，已成功应用于种子研究领域，如品种分类、种子活力检测、种子病害鉴定(Feng et al.，2019)。利用近红外高光谱成像结合深度学习方法，可以有效识别植物品种的种子，已成为现代种业大规模种子检测的有力工具，对种子纯度检测及种子市场监管具有重要意义。近红外高光谱成像技术(HSI)已在水稻(Fabiyi et al.，2020)、小麦(Vermeulen et al.，2018)、玉米(Zhou et al.，2020)、大豆(*Glycine max*)(Zhu et al.，2019)、大麦(Sun et al.，2021)等种子的质量和品种鉴定中得到广泛应用。

高光谱图像数据中的每个像素都有一个光谱，每个波段都是一幅灰度图像，可以提供样本的空间和光谱信息。样品中包含的光谱信息非常相似，很难通过观察完成定量分析或准确分类。而机器学习方法可用于深度挖掘高光谱图像中包含的信息。利用高光谱成像技术和基于深度学习的方法，建立了水稻品种识别模型，准确率高于 95%(Weng et al.，2020；Jin et al.，2022)。识别了包衣玉米品种种子，并利用卷积神经网络(CNN)、循环神经网络(RNN)和长短期记忆(LSTM)建立分类模型，分类准确率超过 90%(Zhang et al.，2020)。利用近红外高光谱成像技术与深度卷积神经网络(DCNN)相结合，能够识别杂交秋葵(*Abelmoschus esculentus*)种子和杂交丝瓜(*Luffa cylindrica*)种子(Nie et al.,2019),还完成了燕麦品种种子的鉴定(Wu et al.,2019),证明了 HSI 的批量检测优势和 DCNN 出色的表示能力。

3.2 牧草与草坪草种子的解剖结构

种子的基本构造由种皮、胚和胚乳(有些种子成熟时退化)三部分组成。在一些植物种子外部还有一些附属器官,共同构成种子的组成单位。

禾本科牧草种子实际上是植物学中的果实(颖果),其外常有内外稃、芒、小穗轴等附属器官(图 3-1A)。紧包颖果的苞片为内外稃,与小穗轴紧贴的一片为内稃,对着的另一片为外稃。外稃顶端或背部可着芒,为中脉延伸而成。芒直或弯曲,有些芒膝曲,由芒柱和芒针两部分组成(图 3-1B)。芒柱常螺旋状扭曲,有的两次膝曲,芒柱和芒针上有时被羽状毛,如针茅属(*Stipa*)植物种子。每小穗含一小花的内外稃外面或含一可孕小花和一不孕小花的 3～4 枚内外稃(部分种的不孕小花内外稃退化)外面的苞片为颖片。有些禾草小花基部加厚而变硬的部分为基盘。

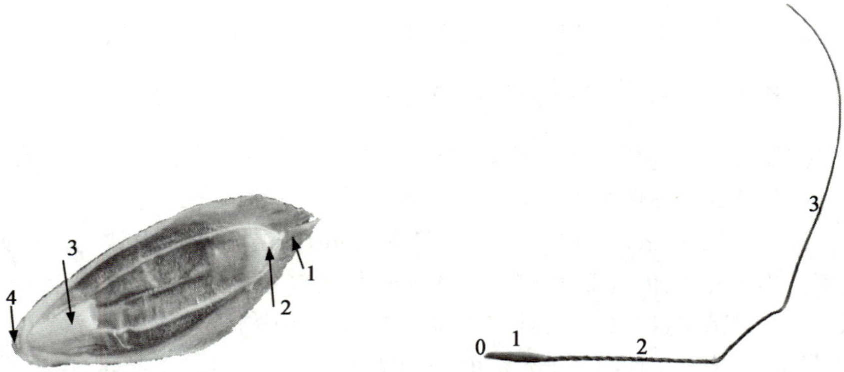

A.无芒雀麦果实上的附属器官
1.外稃 2.内稃 3.小穗轴 4.基盘

B.短花针茅果实上的附属器官
0.基盘 1.外稃 2.芒柱 3.芒针

图 3-1 种被外的附属器官

3.2.1 种被

种被是包围在胚和胚乳外部的保护组织,由果皮和种皮构成。成熟种子的种被细胞内无内含物,是死细胞组织,种被细胞的厚薄、结构的致密程度、细胞壁的加厚程度、所含的化学物质(单宁、色素等),都会影响到种子的休眠、寿命、萌发等。果皮和种皮的表面状况,可作为种子鉴别、清选和加工的依据。

果皮是由子房壁发育而来,分内果皮、中果皮、外果皮三层。但玉米等种子的果皮分化不明显。外果皮通常为一层或两层表皮细胞所组成,常有茸毛及气孔。中果皮通常只有一层,内果皮细胞一至数层不等。

种皮分内外两层,内种皮由内珠被发育而来,往往较薄,多呈薄膜状;外种皮则由外珠被发育而来,与内种皮相比厚而坚韧,保护功能强。禾草颖果的果皮与种皮难以分离,种皮是一些无原生质的死细胞,细胞间有许多孔隙,使种皮形成多孔结构。豆科牧草或草坪草种子具有坚硬的种皮(图 3-2),种皮的表皮下有栅栏状的厚壁组织细胞层,表皮上有厚的角质层。有些种子由于角质层过厚,种脐部的栅栏状细胞和厚壁组织细胞较多,影响其吸水,形成硬实。种皮外表有蜡质、角质、表皮毛等结构。菊科串叶松香草(*Silphium perfoliatum*)果实的内种皮为膜质状(图 3-3)。

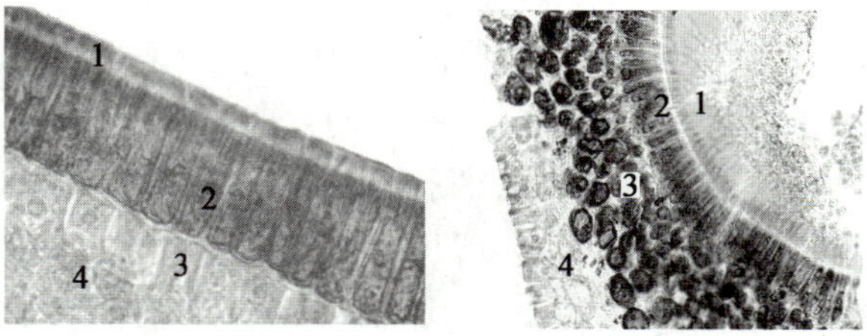

图 3-2　扁蓿豆种皮(左)及种脐(右)解剖结构

1. 角质层　2. 栅栏细胞层　3. 支持细胞层（厚壁组织）　4. 营养层

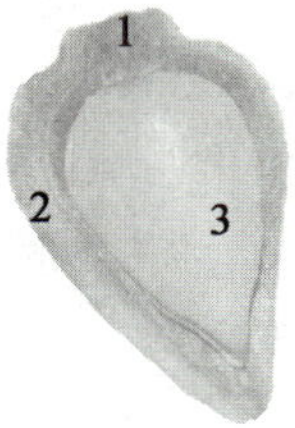

图 3-3　菊科串叶松香草果实纵剖面

1. 果脐　2. 果皮　3. 膜质种皮

豆科牧草或草坪草种子种皮上常具有种脐、种孔、种脊、种阜等结构。种脐为种子成熟后从珠柄或胎座上脱落所留下的疤痕。其色泽往往与种皮不同，形态也各异。豆科牧草或草坪草种子的种脐最为明显，其着生部位、形状、颜色等可以作为鉴别种子的重要依据。如箭筈豌豆的种脐为粗线状、白色(图 3-4A)。种孔由珠孔发育而来，是种子发芽时水分进入种子的主要通道，也是胚根、胚芽伸出种皮的通道，故又称发芽孔。胚根尖端正好位于种孔处。种脊又称脐条，是种皮上自种脐到胚珠基部的一条隆起的脊状棱，其内含有一条缠绕种子的细长维管束，是由弯曲的珠柄发育而来的，是倒生或半倒生胚珠发育时在种皮上的维管束遗迹。而由直生胚珠发育而来的种子则没有脐条。内脐为脐条的末端稍有隆起的部位，是珠被同珠心相连部位，胚珠时期合点遗迹。种阜(种瘤)是种子在种皮上着生于种脐附近的瘤状突起物，由外种皮延伸而形成。种阜组织疏松有利于水分的吸收和种子萌发。脐褥(脐冠)是种子从胎座上脱落时，珠柄残片衬垫在种脐上，很易分离的一小片组织。菊科白沙蒿瘦果外常宿存花柱(图 3-4B)。

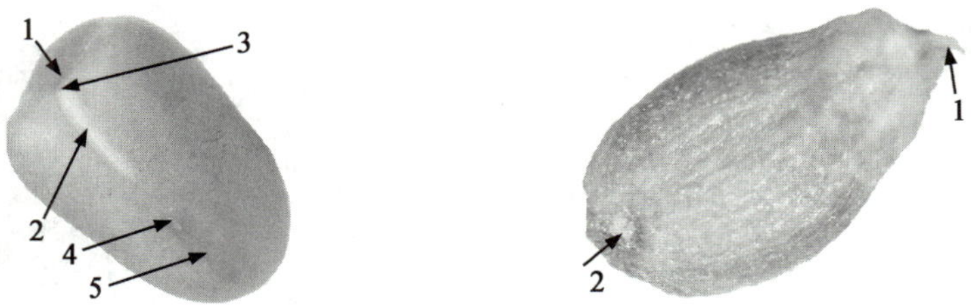

A.春箭筈豌豆种子

1.胚根　2.种脐　3.种孔　4.种瘤　5.脐条

B.白沙蒿果实

1.宿存花柱　2.果脐

图 3-4　牧草种子表面构造

3. 2. 2　种胚

胚由卵细胞和精细胞结合发育形成，是牧草或草坪草新生命的原始体。各类牧草或草坪草种子胚的组成基本相同，但因胚各部分的构造与发育程度不同，在胚的形态和位置上有较大的差异。

1. 胚的组成

发育完全的胚均由胚芽、胚轴、胚根和子叶组成(图 3-5)。

(1)胚芽(plumule)　又称幼芽，位于胚轴上方，茎叶的原始体，发育成地上部分。在种子萌发前，胚芽的分化程度因种类而异，有的已形成一片或数片初生叶，有的仅是一团分生组织。

禾本科牧草或草坪草种子的胚芽是由 3～5 片胚叶所组成，同时其外还有一层薄壁组织，称为胚芽鞘。在种子萌发时，芽鞘保护着胚芽顶出土面（图 3-5A）。

（2）胚根（radicle） 是位于胚轴下方，未发育的原始根，幼苗的初生根，有一条或多条。在胚根中已分化出明显的根初生组织和根冠，根尖有分生细胞。当种子萌发时，根尖分生细胞迅速生长和分化，产生根部次生组织。禾本科牧草或草坪草种子的胚根外包有一层薄壁组织，称为胚根鞘。种子萌发时，胚根突破胚根鞘而伸入土中。

（3）胚轴（embryo axis） 是连接胚芽和胚根的过渡部分。上胚轴（epicotyl）是指双子叶植物种子子叶着生点以上部分。下胚轴（hypocotyl）为双子叶植物种子子叶着生点和胚根之间的部分。中胚轴是指禾本科植物种子的胚轴，即胚芽与胚根之间的部分，也称中茎。在种子发芽前胚轴与胚根的界限一般不太明显，只有根据解剖学观察才可确定。种子萌发（播种后）子叶出土或留土与胚轴的伸长有关。随着胚芽和胚根的生长，当下胚轴伸长较快时，会将子叶和胚芽一同顶出土面，如苜蓿、草木樨、三叶草等种子的萌发过程，将这一类型称为子叶出土型。而在上胚轴伸长较快，胚芽显著生长时，胚芽会顶出土面而子叶则留在土中，如豌豆（*Pisum sativum*）、箭筈豌豆（图 3-5B）等的萌发过程，这种萌发类型称为子叶留土型。

（4）子叶（cotyledon） 为种胚的幼叶。子叶与真叶不同，常较真叶厚，叶脉一般不明显。单子叶植物种子有一片子叶，也称盾片（scutel），具有特殊的生理功能，在种子发芽时分泌酶，分解胚乳所贮藏的养料，并转运给胚利用。双子叶植物种子有两片子叶——包被着胚芽起保护作用，贮藏营养物质供贮藏消耗及萌发利用。两片子叶通常大小相等，互相对称。在扁蓿豆种子中还发现有三片子叶的现象（图 3-5D；杜宝红等，2007）。子叶出土植物中，子叶也是最初的同化器官，光合制造营养物质。子叶在整粒种子中所占比重为 45.8％～89.2％（表 3-2），其中一年生牧草种子子叶占整粒种子的比例高于多年生牧草种子。

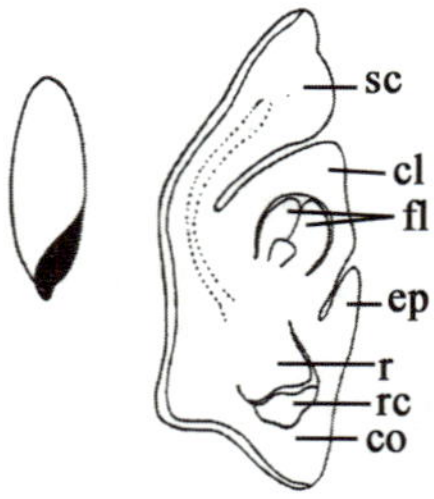

A.早熟禾胚的位置及内部结构
sc.盾片 cl.胚芽鞘 fl.胚芽 ep.外胚叶
r.胚根 rc.根冠 co.胚根鞘

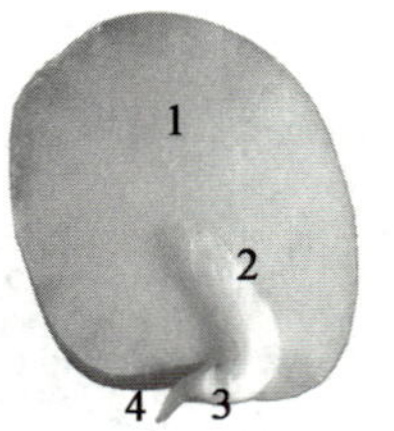

B.春箭筈豌豆种子去掉一片子叶的胚
1.子叶 2.胚芽 3.胚轴 4.胚根

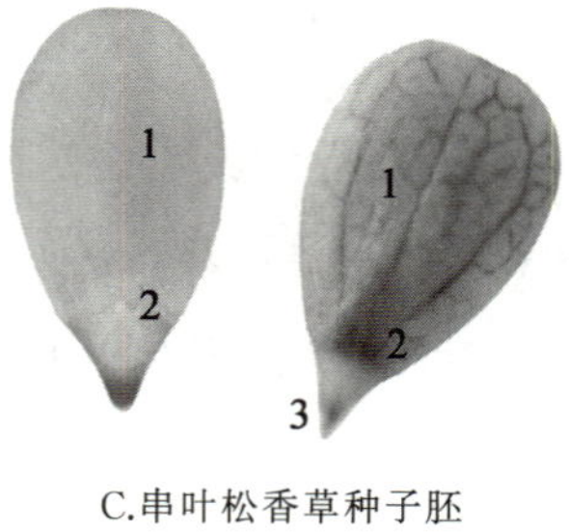

C.串叶松香草种子胚
1.子叶 2.胚芽 3.胚根

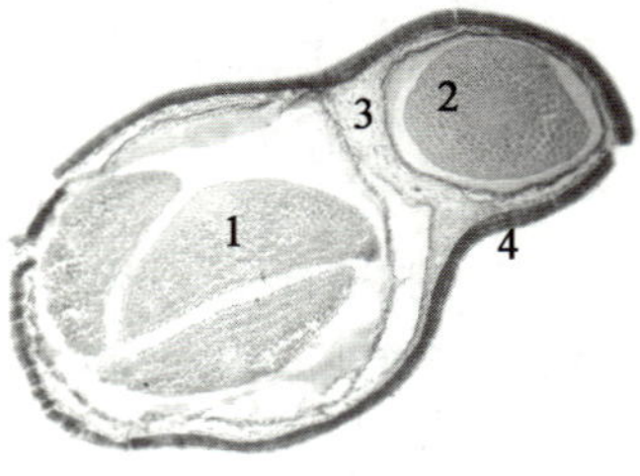

D.扁蓿豆种子侧纵切面
1.子叶 2.胚根 3.胚乳 4.种皮

图 3-5 牧草与草坪草种子胚的构成

2. 胚的形态

胚的形状多样，有椭圆形、长柱形或程度不同的弯曲形、马蹄形、螺旋形等。子叶也多种多样，有细长的、扁平的，有的肥厚呈肉质，如红豆草、箭筈豌豆；也有的呈薄薄的片状，如蓖麻；有的子叶与真叶相似，具有锯齿状的边缘，也有的在种子内部呈多次折叠。

胚在种子内存在的形态有以下几种类型(图 3-6)。

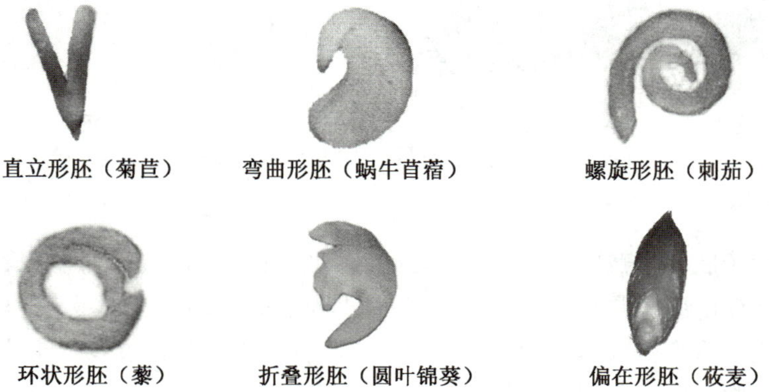

图 3-6　种子胚的形状(印丽萍和颜玉树，1996)

直立形：胚轴、胚根和子叶与种子纵轴平行，如葫芦科、菊科植物；

弯曲形：胚根和胚芽弯曲呈钩状，如豆科植物；

螺旋形：子叶与胚根盘卷呈螺旋形，如茄科植物；

环状形：胚细而长，且沿种皮内层绕一周呈环状，如藜科、苋科的植物；

折叠形：子叶发达，折叠数层，充满于种皮内部，如锦葵科植物；

偏在形：胚较小，位于胚乳的侧面或背面的基部，如无芒雀麦、燕麦等。

3.2.3　胚乳

牧草或草坪草种子的胚乳(endosperm)通常是由受精的极核发育而来的，为三倍体，包裹在胚的外面，贮藏有丰富的营养物质。根据胚乳发育来源分为内胚乳和外胚乳。

内胚乳是胚囊中受精极核发育而成的三倍体营养组织。如禾草种子的胚乳(图 3-7)，其外层为糊粉层，是有酶存在的活细胞组织；内层为淀粉层，通常是由淀粉粒构成的死细胞组织。玉米的淀粉层由两种不同形态的淀粉粒组成，一种是呈球形的粉质淀粉(白色部分)，另一种是多角形的角质淀粉(金黄色部分)。

禾本科植物种子具有发达的胚乳，一般透过果种皮，可清楚地看到胚和胚乳的分界线[图 3-6，莜麦(*A. nuda*)]。双子叶植物蓖麻的种子也具有发达的胚乳组织(图 3-8)。但有的植物种子在胚发育过程中，胚乳被部分或全部吸收，养料储备在子叶里，成熟种子中不具或只具很少的胚乳。如沙打旺、扁蓿豆等种子中只具少量胚乳；箭筈豌豆、山黧豆(*Lathyrus quinquenervius*)等豆科牧草种子无胚乳(图 3-5B)。在无胚乳种子中胚很大，在胚体的子叶中储有大量营养物质。

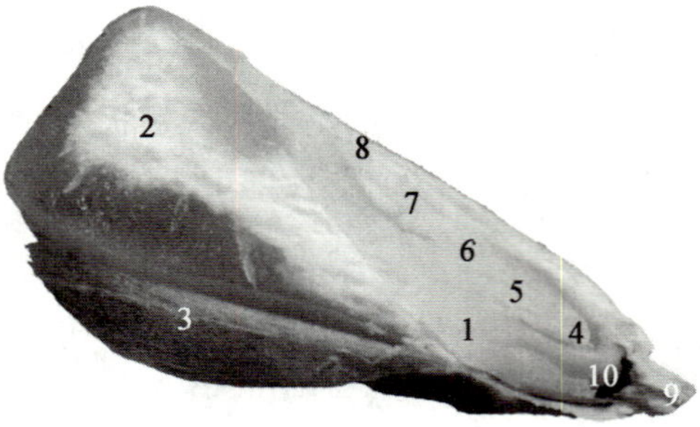

图 3-7 玉米种子纵切面

1. 盾片 2. 胚乳 3. 果种皮 4. 根鞘 5. 胚根
6. 胚轴 7. 胚芽 8. 胚芽鞘 9. 果柄 10. 褐色层

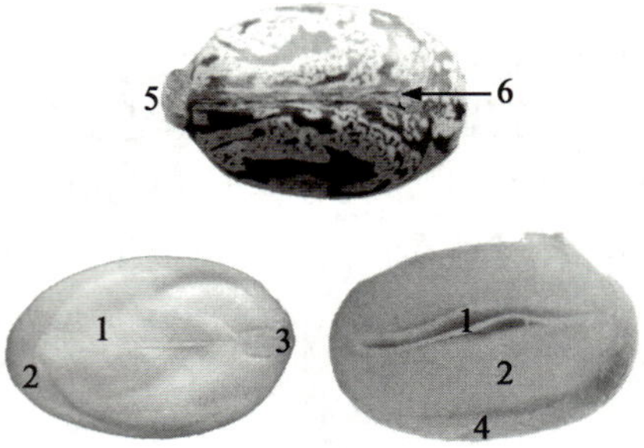

图 3-8 有胚乳种子-蓖麻

1. 子叶 2. 胚乳 3. 胚根 4. 种皮
5. 种阜 6. 种脊

不同植物种子胚乳贮藏物质的种类和活力不同。胚乳中最普通的贮藏物质是淀粉、蛋白质和脂肪。含淀粉的胚乳常是没有生命的，如灯芯草科、莎草科、禾本科、蓼科、石竹科植物种子中胚乳细胞成熟后细胞核退化；而在百合科、石蒜科、萱草属、蓖麻属和胡萝卜属植物种子中含淀粉的胚乳细胞是有生命的。

在种胚形成发育过程中，消耗了所有的内胚乳，而外胚乳是由珠心层发育而来的营养组织。如菠菜（*Spinacia oleracea*）、甜菜（*Beta vulgaris*）藜科、苋科、石竹科等植物的种子。

还有少量植物种子的内胚乳和外胚乳同时存在，如胡椒（*Piper nigrum*）、姜（*Zingiber officinale*）等。

3.2.4 种子各器官的比例

胚与胚乳的大小比例在各类植物种子中不同。大多数禾草种子胚乳所占比例为种子重的50%以上，而胚所占比例较小（表 3-1）。其中无芒雀麦种胚相对较大，占整粒种子重的17.0%；玉米种胚约占籽粒总体积的30%，占总重量的11.7%。而豆科牧草或草坪草种子中胚所占比例较大（表 3-2），对无胚乳的种子，种胚占总重量的60%以上。

表 3-1 禾本科牧草或草坪草种子各组成部分的重量比例（陈宝书，1999） %

生活年限	种子名称	稃＋种皮	胚	胚乳
多年生	无芒雀麦	39.0	17.0	44.0
	苇状羊茅	23.7	9.3	67.0
	多年生黑麦草	25.0	7.6	67.4
	鸭茅	26.6	8.7	64.7
	紫羊茅	28.9	10.9	60.2
	加拿大早熟禾	31.9	15.2	52.9
	河边冰草	33.2	6.9	59.9
一年生和二年生	大麦	12.2	7.3	80.5
	扁穗雀麦	30.5	4.0	65.5

表 3-2　豆科牧草或草坪草种子各组成部分的重量比例(陈宝书,1999)　%

生活年限	种子名称	种皮	胚	子叶
多年生	红豆草	17.0	14.0	69.0
	紫花苜蓿	34.0	18.0	48.0
	红三叶	38.0	14.7	47.0
	沙打旺	29.7	10.9	59.4
	柠条	29.6	3.9	66.5
	花棒	16.8	5.2	78.0
	白三叶	28.5	10.8	61.0
二年生	黄花草木樨	34.7	14.4	50.9
	白花草木樨	40.5	13.7	45.8
一年生	罗马尼亚毛苕子	17.0	12.0	71.0
	四川毛苕子	22.0	3.6	74.0
	箭筈豌豆(白皮)	9.5	5.0	85.5
	箭筈豌豆(黑皮)	11.0	4.0	85.0
	兵豆	8.4	3.0	88.6
	栽培山黧豆	9.3	1.5	89.2
	蜗牛苜蓿	26.9	9.9	63.2

3.3　牧草与草坪草种子的形态特征

牧草或草坪草种子的形态多样,不同种类的种子在形态构造上均存在着一定程度的差异。同一科属的牧草或草坪草种子在形态构造上相似,同时在化学成分和生理特性上也会有相近的特点。种子形态构造特征是牧草或草坪草生活史中最稳定的性状之一,因此可作为种子鉴别、清选、分级、包装和检验的重要依据。

3.3.1　种子的形态特征

种子的形态特征主要包括形状、大小、果(种)皮色泽、网纹结构及附属物等。种子的形状和色泽在遗传上是较稳定的性状,但在不同种之间,常有较显著的差异。种子的长度和宽度一般也比较稳定,但厚度和千粒重会随生长环境和栽培条件的不同而有所变化。另外,种子的形态还与种子本身的成熟度有关。

种子的形状因植物种类不同而有很大差异,主要有肾形(紫花苜蓿)、近球形[百脉根(*Lotus corniculatus*)]、倒卵形(紫云英)、心脏形(白三叶)等。为准确表述种子的形状,首先需要确定种子的上下端。一般借助外部观察到的特征,将种子受精时存在的柱头状痕迹的部分,或一般棱线集合而构成的尖形部分视为上端(或称头部或顶端);反之,棱线不清楚,肥大而圆的部分则视为下端(或基部)。还有学者提出,以种脐(或果脐)的一端为下端,与其相对的一端则为上端,而豆科牧草或草坪草种子则是将胚根尖指向端为下端,对应端为上端。

种子大小是植物生活史特征中重要的组成部分。种子大小会影响牧草或草坪草的播种量、幼苗生长速度、成株个体的大小、植株的寿命、种子萌发、扩散以及种子在土壤不同深度萌发的能力,因而潜在影响幼苗定居和群落更新。不同植物间的种子大小不同,有的大如成人拳头如椰子,小如某些兰科植物的种子像尘土般细微。种子的大小通常以长、宽、厚或千粒重表示。种子长度即上下端之间的距离,而与长度相垂直的背腹之间的距离为厚度、两侧之间的距离则为宽度。饲用玉米种子较大,千粒重 240～360 g;猫尾草种子较小,千粒重仅为 0.36～4.00 g。长、宽、厚常常是种子清选过程中关注的重要因素。在生产实践中常以千粒重作为衡量种子大小的指标。一般可将种子依大小划分为 4 个等级(表 3-3)。

表 3-3 主要牧草及饲料作物种子的粒级

粒级	分级标准	实例
大粒	平均每粒种子在 1 g 以上和平均每克种子在 1～10 粒以内	如秣食豆、白花山黧豆、玉米等
中粒	平均每克种子含有 11～150 粒	如箭筈豌豆、红豆草、柠条、苏丹草等
小粒	平均每克种子含有 151～500 粒	如紫花苜蓿、草木樨、冰草、披碱草等
细粒	平均每克种子含有 500 粒以上	如三叶草、百脉根、猫尾草、紫羊茅等

种子大小对物种的更新具有不同的影响。大种子所贮藏的营养物质多,可为种子萌发提供较充足的养分,以保证种子顺利萌发出苗。而体积小的种子,虽然能够萌发的比例很少,但由于种子总量大,仍可产生大量幼苗。如一年生杂草马齿苋(*Portulaca oleracea*)、灰菜(*Chenopodium album*)等,就是以这种方式进行大量繁殖的。在相同的生境中,由大种子萌发的幼苗成活率远高于由小种子萌发的幼苗。但是大种子目标大、不易被地表的枯枝落叶和土壤埋藏,而且内含营养物质多,易遭受小哺乳动物和鸟类取食,从而影响到种群更新;小种子比大种子更容易扩散,能生活更长时间。在植物生命早期中大种子的优势主要体现在能减少幼苗对水胁迫或竞争者的郁闭影响。因此,郁闭生境下的植物倾向于产生较大的种子。

种子含有各种不同的色素,使种子外表呈现出丰富的色彩和斑纹。通常可以根据种子的色泽来鉴别种和品种。例如,箭筈豌豆的种子就有白、褐、黄色之分。各颜色还有深浅和有无光泽之别,同时还常在底色上嵌有各色花纹,如胡枝子(*Lespedeza bicolor*)种子表面黑紫色或褐色并具黑紫色花斑。

种子的表面还常有一些其他的特征,如光泽有或无,光滑或粗糙。根据牧草与草坪草种子的表面特征归结为:具皱褶(指其面各方呈不规则折褶的隆起)、皱纹(指不规则隆起,但多走向一致)、嚼烂状(指贯穿着不规则沟道,像东西被嚼烂状态)、蜂窝状(指具长而浅的凹或孔穴)、糠秕状(指质地如糠的小鳞片)、棱(指纵的隆起)、肋(低于棱、高于脉的隆起成斜向)、脉(小的肋状隆起)、网状脉(指具隆起的网和狭而锐的线条)、瘤(指细而圆的突起,瘤分颗粒状、棒状、乳头状、横卧状和覆瓦状;瘤顶有尖、圆、膨大之分;瘤基有刻饰或否)、疣(指宽大于高的突起)。

在豆科牧草或草坪草种子表面,还可看到种子成熟后自珠柄上脱落留下的斑痕——种脐和珠孔。种脐的位置、形状、大小、凸凹、颜色等在不同种类的种子上表现出明显的差异(图 3-9)。有的种子还具有翅、冠毛、刺、芒和毛等附属物。如菊科植物"种子"(瘦果),其顶端常冠以毛状或鳞片状冠毛或刺状冠毛,并常具喙,这些特征有助于其种子的传播。禾草"种子"(颖果),果实外部具宿存总苞、颖片、内外稃、小穗轴等附属物,外稃及颖的形状、质地、表面特征,外稃及颖顶端的形态,芒的有无、形态、着生位置,小穗轴表面特征、横截面形状等特征也是种子鉴定的重要依据(图 3-10)。

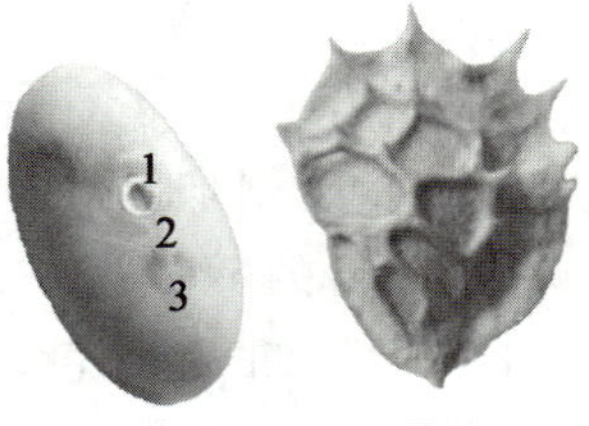

图 3-9　红豆草种子和荚果表面形态

1. 种脐　2. 种脊　3. 内脐

图 3-10　雀麦属几种牧草种子外部形态

沙地雀麦(上)、无芒雀麦(中)、缘毛雀麦(下)

3.3.2　主要牧草与草坪草种子的形态特征

1. 豆科牧草与草坪草种子形态

豆科牧草与草坪草果实一般为荚果，荚果开裂或不开裂，有时在种子之间缩缢或横断成节荚，果内含 1 至多数种子；种子通常由种皮和胚组成，无胚乳或具少量胚乳，营养物质主要贮藏于胚内子叶中。胚体大型，子叶肥厚，呈凸平面。

(1)紫穗槐 (*Amorpha fruticosa*)　荚果近镰刀形，两侧扁，长 7～9 mm，宽 2～3 mm。果皮暗灰褐色，表面粗糙而皱缩，并具球形或椭圆形的腺点，含树脂。成熟时不开裂，内含 1 粒种子。种子椭圆形，长 4.0～4.5 mm，宽约 2 mm，两侧稍扁，一端钝圆，另一端向腹面弯曲，呈“喙”状。种皮褐色或棕褐色，表面平滑，有光泽，外被油脂状黏性物。种脐圆形，凹陷，中央深褐色，周围有两圈晕环，呈褐色，位于种子腹部近基端，种瘤在相对一端，二者之间有一条细线，为深褐色的种脊。种皮革质，内含少量胚乳，胚体大，子叶肥厚。

(2)沙打旺(*Astragalus adsurgens*)　种子近方形、近菱形或肾状倒卵形，两侧扁。长 1.6～2.0 mm，宽 1.2～1.6 mm，厚 0.6～0.9 mm。胚根尖突出呈鼻状，尖与子叶分开，胚根长为子叶长的 1/2～2/3。表面褐色或褐绿色，具稀疏的黑色斑或无；具微细颗粒，近光滑。种脐在侧棱边上，近中部，圆形，稍凹入，直径约 0.1 mm，呈一白圈，中间有一黑点，具脐沟；晕轮隆起。种瘤与脐条连生，距种脐约 0.4 mm；脐条条状，黄褐色。有胚乳，很薄。见图 3-11(1)。

(3)紫云英(*Astragalus sinicus*)　荚果条形，稍弯曲，长 1～2 cm，先端尾状，成熟时果皮呈黑色，表面光滑无毛，内含数粒种子。种子肾形，两侧扁平，长约 3 mm，宽约 1.4 mm，背部拱圆，腹部内凹，胚根端部明显突出，先端向腹面弯曲，呈沟状。种皮红褐色，表面光滑，有强光泽。种脐矩椭圆形，弯曲，其中间有一条脐沟，位于腹部凹陷内，晕环隆起。种皮革质，内含微量胚乳，胚体大，子叶肥厚，胚根粗而长，与子叶分开。

(4)草木樨状黄芪(*Astragalus melilotoides*)　种子倒卵状肾形，两侧扁平或微凹。长 2.5～3 mm，宽 2～2.4 mm，厚 0.9～1.2 mm。胚根尖呈鼻状，并与子叶分开，胚根长为子叶长的 1/2，两者之间界线不明显或有一浅沟。表面黑色；具微细颗粒，近光滑；有光泽。种脐在侧棱边上，近中部，圆形(但胚根尖下的脐边常较直)，凹入，直径约 0.8 mm。种瘤距种脐约 0.48 mm，脐条不明显。胚乳极薄。见图 3-11(2)。

(5)糙叶黄芪(*Astragalus seaberrimus*)　种子倒卵状肾形或肾形，两侧扁，微凹。长 1.1～1.5 mm，宽 1.0～1.3 mm，厚 0.5～0.8 mm。胚根尖呈鼻状，其尖与子叶分开，胚根长为子叶长的1/2～3/4。表面黄褐色或褐绿色，散布稀疏的黑色斑点或无，具微细颗粒，近光滑；无光泽。种脐在侧棱边上，近中部，圆形，凹入，直径约0.12 mm，呈一白圈，中间具一黑点，具脐沟，晕轮隆起。种瘤距种脐约0.2 mm，脐条短。胚乳薄。

(6)蒙古锦鸡儿(*Caragana arborescens*) 种子椭圆状倒卵形或倒卵形，长4.0～5.5 mm，宽和厚3～4 mm。胚根尖稍突出或不明显，尖与子叶略分开(有的不明显)。表面红褐色至黑褐色；具微细颗粒，近光滑；稍具光泽。种脐位中部偏上，圆形，凹入，白色，直径约0.36 mm，具脐沟。种瘤位于种子基部，黑色，突出或不突出，距种脐2.5～3.5 mm，脐条黑色。无胚乳。

(7)柠条锦鸡儿(*Caragana korshinskii*) 种子多为卵形或椭圆形，两侧稍扁，有在荚内相互挤压而变形的痕迹；顶端钩状，基部尖。长6～9 mm，宽3.8～5.0 mm，厚2～4 mm。胚根突出，其尖与子叶分开。表面黑褐色或红褐色；具微细颗粒，近光滑；无光泽。种脐在侧棱边上，中部偏上，圆形，凹入，白色，具脐沟。种瘤在基部，突出，距种脐4～7 mm。脐条隆起，无胚乳。见图3-11(3)。

(8)小叶锦鸡儿(*Caragana microphylla*) 种子椭圆形或卵状椭圆形，长3.5～6.0 mm，宽和厚2.2～3.0 mm。胚根尖突出，与子叶分开。表面红褐色或黑褐色，有的具黑斑；具微细颗粒，近光滑，有光泽。种脐位于中部偏上，圆形，凹入，白色，直径约0.4 mm，具脐沟。种瘤在种子基部，突出，黑色，距种脐2.0～3.5 mm。无胚乳。

(9)野大豆(*Glycine soja*) 种子椭圆形，长3～5 mm，宽2.5～3.5 mm，厚1.8～3.0 mm，胚根不突出。表面黑色，具糠麸状物，粗糙。种脐近中部，矩圆形，凹入，长1.0～1.5 mm，脐沟黄白色；晕环隆起呈黑色。种瘤分成两个，与种脐连生，脐条隆起，在种瘤之下。无胚乳。

(10)小冠花(*Coronilla varia*) 种子圆柱形，稍扁。长3.5～5.0 mm，宽和厚约等，1.0～1.5 mm。胚根尖不与子叶分开，胚根长为子叶长的1/2。表面红紫色或深红紫色，密布细颗粒，稍粗糙；两侧面具隆起的中间线或不明显，无光泽。种脐位于中部，圆形，凹入，直径约0.2 mm，具脐沟。种瘤距种脐约0.3 mm。有胚乳。

(11)短萼鸡眼草(*Kummerowia stipulacea*) 种子宽椭圆形，两侧扁。长2.2～2.5 mm，宽1.5～2.0 mm，厚约1 mm。胚根长为子叶长的3/4或以上，两者间有一模糊的线。表面紫色；具微细颗粒，近光滑。种脐在种子基部或近基部，圆形，凹入，直径约0.12 mm(不包括脐冠)，环状脐冠和晕轮黄白色。种瘤不明显。无胚乳。

(12)广叶山黧豆(*Lathyrus latifolius*) 种子长椭圆形，近球形或方状球形。长4～5 mm，宽约4 mm，厚3.5～4.5 mm。表面赭色至褐色，有时具紫色花斑，具网状皱纹，粗糙。种脐位于中部，狭倒卵形，凹入，但脐沟唇与晕轮平，长3～4 mm，长约占种子圆周长的25%；脐沟黄白色，晕轮隆起。种瘤在脐条末端，距种脐约1 mm，脐条呈一小沟。无胚乳。

(13)草原山黧豆(*Lathyrus pratensis*) 种子近球形或长椭圆形，长3～4 mm，宽约3 mm，厚2～3 mm。表面浅褐色至深褐色，具较暗的紫色花斑，光滑，有光泽。种脐在中部偏上，狭椭圆形，凹入，但脐沟唇与晕轮平；长约2 mm，长占种子圆周长的17%～20%，脐沟黄白色，晕轮隆起。种瘤距种脐约0.2 mm。无胚乳。

(14)扁平豌豆(*Lathyrus sativus*) 种子斧头形，斧背长4～8 mm，宽4～5 mm，斧身高约8 mm。表面黄色、黄白色或褐色，深色者常带灰黑色花斑；具小颗粒，近光滑；无光泽。种脐多在斧背上，中部偏下，椭圆形，凹入，但脐沟唇与晕轮平，长 1.5～2.0 mm，脐沟黄白色；晕轮隆起。种瘤距种脐 1.5～1.8 mm，脐条明显。无胚乳。

(15)丹吉尔山黧豆(*Lathyrus tingitanus*)　种子长椭圆形，长 6.0～7.5 mm，宽 5.5～6.0 mm，厚 3.5～4.0 mm。表面茶褐色至黑色。有的具黑色花斑，围绕胚根具一黑色条纹；似天鹅绒，近光滑，无光泽。种脐位于侧棱边上，种子中部，窄椭圆形或倒卵状窄椭圆形，凹入，但脐沟唇与晕轮平；长 3.5～4.0 mm，长占种子圆周长的 15%～20%；脐沟白色，明显；晕轮隆起。种瘤黑色，距种脐 0.8～1.2 mm。无胚乳。

(16)绢毛胡枝子(*Lespedeza cuneata*)　荚果斜倒阔卵形，长约 3.5 mm，果皮疏被短柔毛。成熟时呈橙红色，不开裂，内含 1 粒种子。种子斜倒阔卵形，两侧稍扁，两端钝圆，长约 2 mm，宽约 1 mm。种皮浅绿黄色或黄色，有时具疏散的红色花斑，表面平滑，有光泽。种脐圆形，红褐色，凹陷，位于种子腹部下半部处。脐缘有一白色领状环，晕轮红褐色，种瘤褐色，位于距种脐 0.1 mm 处。种皮革质，内含微量胚乳，子叶两片、肥厚，胚根细长。

(17)二色胡枝子(*Lespedeza bicolor*)　种子三角状倒卵形，长 3～4 mm，宽 2.3～3.0 mm，厚 1.5～2.0 mm。胚根长约为子叶长的 1/2，两者间界线不明显。表面为黑紫色或底色为褐色，具密的黑紫色花斑，具微细颗粒，近光滑。种脐在中部偏下，圆形，直径约 0.23 mm(不包括脐冠)，具脐沟；环状脐冠白色，突出。种瘤距种脐约 0.55 mm；脐条呈沟状。无胚乳。见图 3-11(4)。

(18)尖叶铁扫帚(*Lespedeza hedysaroides*)　种子倒卵形，长 1.5～2.5 mm，宽 1.0～1.4 mm，厚约 1 mm。胚根尖长约为子叶长的 1/2。表面绿色、黄褐色或底色为浅绿色且具稀疏的红紫色花斑，光滑，有光泽。种脐在中部偏下，圆形，直径约 0.13 mm(不包括脐冠)；环状脐冠白色，或内侧白色，外侧浅褐色，突出；具脐沟；晕轮隆起，褐色或白色。种瘤距种脐约 0.2 mm。胚乳极薄。

(19)百脉根(*Lotus corniculatus*)　荚果圆柱状，长 1.5～3.0 cm，直径约 4 mm。果皮灰绿色或褐色。成熟时 2 瓣裂，果瓣扭曲，内含多粒种子。种子阔卵形或近圆肾形，长 1.5 mm，宽 1.3 mm，两侧稍扁。种皮橄榄绿色或暗褐色，一般具模糊的紫褐色斑点，表面近平滑，无光泽。种脐位于种子腹面近中部，圆形，微凹，周围有一圈白色领状环，晕环褐色。种瘤位于种脐下边，突起，呈深褐色。种皮革质，内含微量胚乳，胚体大，子叶肥厚。见图 3-11(5)。

(20)黄花羽扇豆(*Lupinus luteus*)　荚果长 4.0～5.5 cm，稍弯曲，果皮淡褐色，成熟时 2 瓣开裂，内含 4～5 粒种子。种子矩圆形或肾状矩圆形，长 5～7 mm，宽 5～6 mm，两端钝圆，两侧稍扁。种皮乳白色或淡黄色，并具黄褐色花斑，表面平滑，略有光泽。种脐椭圆形或倒卵形，呈黄色，凹陷，位于种子端部的侧面上。种瘤位于基部弯曲处，距种脐 1.5 mm 左右。种皮革质，内无胚乳，胚体大，子叶肥厚，胚根粗而尖，与子叶分离。

(21)白羽扇豆(*Lupinus alba*)　种子圆状四方形、宽矩形或圆形，扁平，宽大的两侧面中心常凹陷。种子大小变化较大，一般长 10～13 mm，宽 8～12 mm，厚 4～6 mm。胚根尖不与子叶分开，长约为子叶长的 3/4。表面黄白色(或乳白色)或带点肉色的白色，具微细颗粒，近光滑，无光泽。种脐在中部偏下，底角上，倒卵形，具菌托状的边，凹入，枯黄色，具脐沟。种瘤不明显，在脐条的中间，距种脐 2～3 mm；脐条明显，枯黄色，长 4～5 mm。无胚乳。见图 3-11(6)。

(22)紫花苜蓿(*Medicago sativa*)　荚果螺旋形，有 2～3 旋，顶端具尖喙嘴。果皮成熟时呈褐色，表面光滑，无毛，不开裂，内含数粒种子。种子肾形，长 2～3 mm，宽 1.2～1.8 mm，稍扁，略弯曲，两端钝圆。种皮黄色至黄褐色，表面平滑，有光泽。种脐圆形，黄白色，微凹陷，位于种子腹部凹陷内，晕轮浅褐色，种瘤微突起，位于距种脐 1 mm 处。种皮革质，内含少量胚乳，包围着胚。见图 3-11(7)。

(23)黄花苜蓿(*Medicago falcata*) 荚果窄镰状弯曲，含 2～9 粒种子。种子肾状椭圆形、卵形或长椭圆状卵形。长 1.7～2.3 mm，宽 1.0～1.5 mm，厚 0.7～1.0 mm。胚根尖与子叶分开，多数长为子叶长的 3/4 或以上，少数为 1/2 或等长；两者间有一条白色线，表面黄色、黄褐色或黄绿色；具微细颗粒，近光滑。种脐在侧棱边上，中部偏下，圆形，凹入，直径约 0.2 mm，具脐沟，晕轮黄褐色，在胚根尖与种脐间常有一褐色尖头。种瘤距种脐约 0.2 mm。胚乳极薄。见图 3-11(8)。

(24)天蓝苜蓿(*Medicago lupulina*) 荚果弯曲，长 2.0～3.0 mm，宽 1.0～1.5 mm，两侧拱圆。果皮无刺，表面被柔毛，并有同心圆纵脉纹。成熟时变黑色，不开裂，内含 1 粒种子。种子肾状椭圆形，长 1.5～2.0 mm，宽 1.0～1.4 mm，两侧拱形。种子黄绿色或黄褐色，表面近平滑，无光泽或微有。种脐圆形，褐色，凹陷，位于种子腹部。种瘤突起，褐色或暗褐色，位于近种子基部。种皮革质，内含少量胚乳，包围着胚。见图 3-11(9)。

(25)蜗牛苜蓿(*Medicago scutellata*) 荚果螺旋形，盘旋松弛，4.5～5 圈，边缘全缘，果皮浅褐色，表面具网状脉纹，并被疏细短柔毛，成熟时不开裂，内含数粒种子。种子肾形，长约 5 mm，宽约 2.5 mm，背面拱形，腹面凹陷。种皮橘黄色，表面平滑，无光泽。种脐圆形，脐冠白色。种瘤色较种皮深，位于距种脐 0.7 mm 处。种子含极少量胚乳，胚弯曲。见图 3-11(10)。

(26)小苜蓿(*Medicago minima*) 荚果螺旋形盘曲，球形，边缘有分叉状、硬直而细长的刺，其顶端呈钩状。果皮密被白色长绒毛。成熟时不开裂，内含数粒种子。种子肾形，长 2.0～2.4 mm，宽约 1.0 mm，背面拱圆，腹面凹入。种皮淡黄色，表面近平滑，具细微颗粒，有光泽。种脐圆形，甚小，直径仅 0.14 mm，黄白色，凹陷，位于种子腹部凹陷内，晕轮白色或褐色。种瘤位于靠近种脐处。种皮革质，内含少量胚乳，包围着胚。

(27)南苜蓿(*Medicago hispida*) 荚果螺旋形，2～4 旋，边缘具疏钩状刺。果皮黄绿色，表面有不规则隆起的网状纹，成熟时不开裂，内含数粒种子。种子肾形，长 2.0～3.0 mm，宽 1.1～1.6 mm，两侧稍扁，两端钝圆。种皮黄褐色或褐色，表面近平滑，有光泽。种脐圆形，微小，白色，微凹陷，位于种子腹部中央，晕轮黄褐色。种瘤微突起，位于种脐下方 0.2～0.3 mm 处。种皮革质，内含少量胚乳，包围着胚，胚根短于子叶。

(28)蒺藜苜蓿(*Medicago truncatula*) 荚果肾形，两侧扁。种子长 4.0～4.6 mm，宽 2.0～2.6 mm，厚 1.0～1.2 mm。胚根尖突出，与子叶分开，长约为子叶长的 1/2，两者间有隐约的浅色线，表面黄色或红褐色，具疏的瘤状突起，稍粗糙；无光泽。种脐位于侧棱边上，中部，圆形，凹入，白色，直径 0.2～0.3 mm，具脐沟；晕轮隆起，红褐色。种瘤突出，距种脐约 0.8 mm。有胚乳。见图 3-11(11)。

(29)扁蓿豆(*Medicago ruthenica*) 荚果矩形或宽椭圆形，两侧扁。种子长 1.6～2.0 mm，宽 1.2～1.4 mm，厚 0.8～0.85 mm，胚根尖突出呈鼻状，其尖与子叶明显分开，与子叶等长或略短；两者间具一沟和一白色线。表面黄色或浅黄褐色，具瘤状突起，粗糙；无光泽。种脐位于基部，圆形，凹入，白色，直径约 0.13 mm，具脐沟。种瘤褐色，突出，距种脐 0.3～

0.4 mm；脐条隆起。有胚乳。见图 3-11(12)。

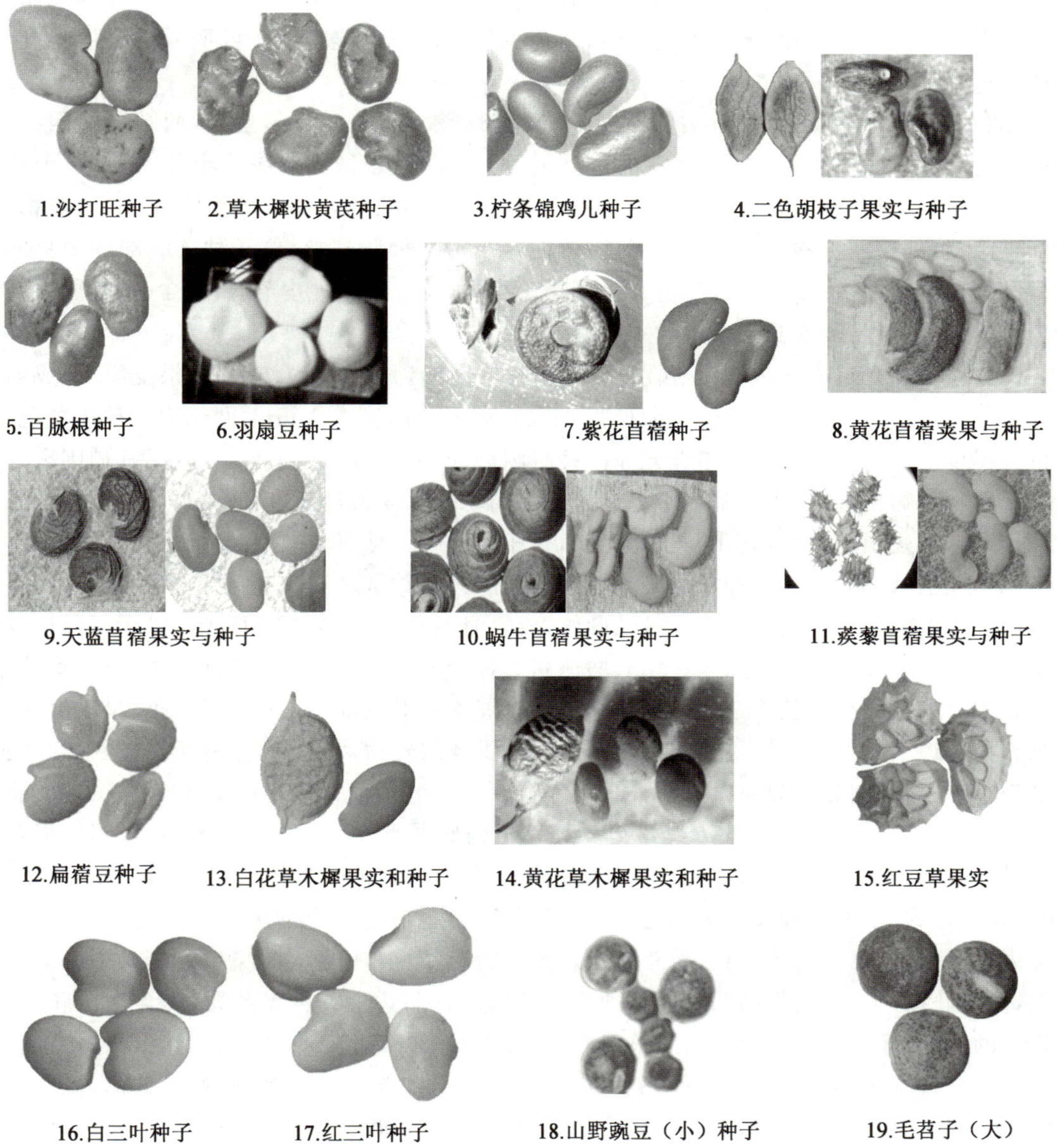

图 3-11　豆科牧草与草坪草种子形态

(30)白花草木樨(*Melilotus albus*)　荚果卵形或阔椭圆形，长 3.0～3.5 mm，稍扁。果皮灰棕色，表面有隆起的网脉，光滑无毛，基部有宿存花萼。成熟时不开裂，内含 1～2 粒种子。种子肾形，长约 2 mm，宽约 1.5 mm。一侧圆形，另一侧扁平。种皮黄色或黄褐色，表面近平滑，无光泽。种脐圆形，凹陷，白色，位于种子基端。种瘤突出，褐色，位于种子基端一侧处，靠近种脐边约 0.5 mm 处。种皮革质，内含极少胚乳，包围着胚，胚根粗而长，子叶肥厚，胚根与子叶近等长。见图 3-11(13)。

(31)黄花草木樨(*Melilotus officinalis*)　荚果卵形，长 2.5～3.5 mm。果皮稍被柔毛，表面有明显的网脉。成熟时不开裂，内含 1～2 粒种子，但常含 1 粒种子。种子肾形，长 1.7～

2.2 mm，宽约 1.5 mm，两端钝圆。种皮黄绿色或浅褐色，并具点状紫色花纹，或否，表面光滑，无光泽或稍有。种脐位于种子基端一侧，圆形，凹陷，呈白色或褐色，其中间有条褐色脐沟。种瘤微突出，位于种脐边缘上。种皮革质，内含少量胚乳，包围着胚，子叶肥厚，胚根与子叶近等长。见图 3-11(14)。

(32)红豆草(*Onobrychis viciifolia*) 荚果阔卵形，长 5～8 mm，扁形，两端具粗网纹，种脊隆起，并具刺状齿，网眼底平，并密被白色短柔毛，背部拱形，其边缘前半部有 5～7 个刺状齿，腹部截平。成熟时不开裂，内含 1 粒种子。种子肾形，长约 4 mm，宽约 3 mm，两侧稍扁，背部拱圆，腹部稍凹。种皮褐色或红褐色，表面近光滑。种脐圆形，位于种子腹部的中央凹陷内，具白色附属物。种瘤在种脐下边，突出，呈深褐色，种脊短。种皮革质，内含一胚，胚根与子叶分开，无胚乳。见图 3-11(15)。

(33)白三叶(*Trifolium repens*) 荚果矩长椭圆形，长 3.0～4.5 mm，果皮膜质，成熟时不开裂，内含 2～4 粒种子。种子阔卵形，长 1.2～1.5 mm，宽 1.1 mm，两侧扁。种皮黄色、黄褐色或褐色，表面具细微颗粒，略有光泽。种脐圆形，凹陷，褐色，位于种子基部，其周围有一圈褐色晕环。种瘤明显，位于紧靠种脐边上。种皮革质，内含微量胚乳，存在于胚的外围，胚体大，子叶肥厚，胚根粗而长，几乎与子叶等长，并相互分离。见图 3-11(16)。

(34)红三叶(*Trifolium pratense*) 荚果倒卵形，长约 2.2 mm，包藏于宿存花萼内，果实上半部果皮增厚，下半部膜质，表面具纵脉纹，成熟时不开裂，内含 1 粒种子。种子阔卵形或近三角形，长 1.5～2.5 mm，宽 1～2 mm，两侧扁。种子上部种皮呈紫色或绿紫色，下部呈黄色，表面有光泽。种脐呈白色小圆圈，中心褐色，种脐周围有褐色晕环。种瘤浅褐色，呈小突起，位于紧靠种脐边上。种皮革质，内含微量胚乳，存在于胚的外围，胚体大，子叶肥厚，胚根粗而长，几乎与子叶等长，并相互分离。见图 3-11(17)。

(35)杂三叶(*Trifolium hybridum*) 荚果矩阔椭圆形，长 3.0～3.5 mm，基部具宿存花萼。果皮膜质，成熟时不开裂，内含 2～3 粒种子。种子阔卵形或心形，长 1.3～1.5 mm，宽 1.0～1.2 mm。略扁。种皮暗黄绿色，掺杂暗绿色、紫色或近黑色的斑点或条纹，有时亦有种皮全为灰黑色的，表面具微颗粒，略有光泽。种脐圆形，微小，白色，呈小圆环状，其中心呈黑色小点，位于胚根与子叶之间的凹陷内。种瘤位于紧靠种脐边上。种皮革质，内含微量胚乳，存在于胚的外围，胚体大，子叶肥厚，胚根粗而长，几乎与子叶等长。

(36)草莓车轴草(*Trifolium fragiferum*) 种子宽椭圆状心脏形或心脏形，长 1.5～2.0 mm，宽 1.2～1.7 mm，厚 0.6～0.8 mm。胚根尖与子叶分开，长与子叶等长或超过，两者间具一浅沟和黄色线。表面黄色或红褐色，具紫色花斑或不明显；具微细颗粒，近光滑。种脐在种子基部，圆形，凹入，直径约 0.12 mm，具脐沟。种瘤在种子基部，距种脐 0.1～0.3 mm，脐条条状。胚乳很薄。

(37)匍匐车轴草(*Trifolium subterraneum*) 种子椭圆形，长 2～3 mm，宽和厚相等，1.5～2.0 mm。胚根尖与子叶分开，长为子叶长的 2/3 或以上，两者间界线不明显。表面黑色或紫黑色；具微细颗粒，近光滑。种脐在中部偏下，圆形，凹入，直径约 0.15 mm，具脐沟；晕轮微隆起。种瘤在种子基部，距种脐约 0.9 mm。胚乳极薄。

(38)山野豌豆(*Vicia amoena*) 种子球形或矩圆形。长 3.3～4.0 mm，宽 2.5～3.0 mm，厚 2.5～3.0 mm。表面黄褐色或黄绿色，具黑色或灰绿黑色花斑，似天鹅绒，近光滑，无光泽。种脐线形，平，长 3.0～3.8 mm，占种子圆周长的 30%～40%，具脐沟。种瘤在脊背上。无胚乳。见图 3-11(18)。

(39)广布野豌豆(*Vicia cracca*)　荚果矩椭圆形,长 1.5～2.5 cm,两端尖。果皮光滑,成熟时开裂,内含 3～5 粒种子。种子球形,长 3～4 mm,宽 2.5～3.5 mm,厚与宽近等。种皮黑褐色至黑色,表面乌暗而无光泽。种脐窄线状椭圆形,长占种子圆周长的 20%～35%,其宽度为 0.4～0.5 mm,呈黄褐色,其中间有一条黄白色脐沟。种瘤大,黑褐色,微突起,位于距种脐 0.4～1.0 mm 处。种皮革质,内无胚乳,胚体大,子叶肥厚。

(40)春箭筈豌豆(*Vicia sativa*)　荚果条形,长 2.5～4.5 cm,稍扁。果皮平滑无毛,成熟时呈棕褐色,2 瓣裂,果瓣扭曲张开,内含数粒种子。种子球形,长 3～6 mm,宽 2.5～5.5 mm,厚 2～5 mm,因品种繁多,种皮颜色变化多,一般为淡红褐色或绿褐色带黑色花斑,表皮平滑,略有光泽。种脐线形,长 1.8～2.0 mm,宽约 0.5 mm,约占种子圆周长的 20%,淡黄色,其中间有一条灰白色脐沟,位于种子一端。种瘤黑色,丘状突起,距种脐 0.5～1.0 mm。种皮革质,内无胚乳,胚体大,子叶肥厚。

(41)毛苕子(*Vicia villosa*)　荚果矩长椭圆形,长约 3 cm。两侧扁,两端急尖。果皮平滑,成熟时开裂,内含 2～8 粒种子。种子近球形,长 3.5～5.0 mm,宽 3.4～5.0 mm,厚 3.2～5.0 mm。种皮黑褐色至近黑色,表面乌暗,近光滑,无光泽。种脐长椭圆形,长约 2 mm,宽约 1 mm,长占种子圆周长的 12%～15%,褐色,其中间有一条灰白色脐沟。种瘤黑色,呈小丘状突起,距种脐 1.0～1.3 mm。种皮革质,内无胚乳,胚体大,子叶肥厚。见图 3-11(19)。

2. 禾本科牧草与草坪草种子形态

禾草果实为颖果,通常果实外面具宿存总苞或颖、稃等附属物。颖果由果种皮、胚和胚乳组成。胚乳发达,胚通常位于籽实基部的一侧。鉴别禾草种子时除依据颖果的形状、大小、颜色和表面特征外,常依据其附属物颖片、稃片、芒及小穗轴等形态特征。

(1)冰草(*Agropyron cristatum*)　小穗两侧扁,具两颖,颖片舟形,边缘膜质,先端渐尖成芒,芒与颖等长或稍短,芒刺状粗糙,具 2 脊或 1 脊。小穗成熟时自颖之上脱落,内含 4～7 朵小花,小花外稃侧面呈披针形,先端渐尖成芒,芒长 2～4 mm,具不明显的 3 脉,被短刺状毛,内稃短于外稃,先端 2 裂,具 2 脊,脊的中上部有短刺状毛,基部宿存一段小穗轴,长约 1 mm,小穗轴顶端膨大。颖果长椭圆形或披针形,长 3.5～4.5 mm,宽约 1 mm,顶端密生白色茸毛,腹面纵深凹,果皮灰褐色;果实与内外稃紧贴,不易剥离。胚卵形,长占颖果的 1/5～1/4。

(2)沙生冰草(*Agropyron desertorum*)　小穗轴节间圆筒形,先端膨大,顶端凹陷较深,具微毛,不与内稃紧贴,稍弯曲。外稃呈舟形,长 5～7 mm,具明显 5 脉,背面具短柔毛,基盘钝,圆形,先端渐尖呈 1～2 mm 的短芒;内稃等长于外稃,先端 2 裂,脊中上部具刺毛;内外稃与颖果紧贴,不易分离。颖果矩圆形,长 3.0～3.5 mm,宽 1 mm,深褐色,顶端密生黄色茸毛,腹面具沟,呈舟形;胚椭圆形,长占颖果的 1/5～1/4。见图 3-12(1)。

(3)小糠草(*Agrostis alba*)　小穗柄长 1～2 mm,先端膨大;外稃长 1.8～2.0 mm,膜质,透明,先端膨大呈细齿状,具不明显 5 脉,无芒,基盘两侧具短毛;内稃短于外稃,薄膜质,极透明,具 2 脉,顶端平截或微凹;内外稃疏松包围颖果,颖果长椭圆形,长 1.1～1.5 mm,宽 0.4～0.6 mm,黄褐色;脐圆形,稍突起;腹面具沟;胚卵形,长占颖果的 1/4～1/3。见图 3-12(2)。

(4)细弱剪股颖(*Agrostis tenuis*)　小穗两侧扁,两颖不等长,颖片披针形,质地较薄,具 1 脉,并隆起成脊,第 1 颖长 2 mm,第 2 颖长 2.3 mm。小穗成熟时自颖之上脱落,内含 1 朵小花,小花外稃长卵形,膜质透明,具 2 脉。颖果卵形,长约 1 mm,宽约 0.4 mm,黄褐色,胚体卵圆形，褐色，长约占果体 1/3，脐圆形，灰白色，位于果实腹面基部。

(5)大看麦娘(*Alopecurus pratensis*) 小穗两侧扁，具两颖，颖片膜质，浅紫褐色，具 3 脉。脊上有纤毛，侧脉亦有短毛，基部相连合。小穗成熟时自颖之下脱落，内含 1 朵小花，其外稃与颖等长或稍长，顶端疏生微毛，芒自外稃背面近基部伸出，芒长 5.8～7.2 mm，芒柱稍扭转，外稃边缘近基部相连合，内稃缺。颖果呈近半阔椭圆形或纺锤形，扁状，长 2.2～2.6 mm，侧面宽 1.0～1.5 mm，厚 0.5 mm，果皮浅黄褐色；胚近圆形，长约占果体 1/3，脐深褐色。

(6)无芒雀麦(*Bromus inermis*) 小穗两侧扁，两颖不等长，颖片披针形，边缘膜质，第 1 颖具 1 脉；第 2 颖具 3 脉，中脉成脊，脊上有纤毛。小穗成熟时自颖之上脱落，内含 4～8 朵小花，小花外稃披针形，基部楔形，具 5～7 脉，无毛或脉上具微毛，顶端钝或具裂口，其背面顶端常有一细短芒，芒长仅 1～2 mm。内稃短于外稃，具 2 脊，脊上有纤毛，基部宿存一段小穗轴，长约 3 mm，被微毛。颖果倒披针形，长约 8 mm，宽约 2 mm，极扁，背、腹面中间各有 1 条呈棕褐色纵隆起的线纹，顶端具白色茸毛，基部渐尖；胚椭圆形，长占颖果的 1/8～1/7。

(7)狗牙根(*Cynodon dactylon*) 小穗两侧扁，颖果近等长，具 1 脉，脉成脊。小穗成熟时自颖之上脱落，内含 1 朵小花(稀为 2 朵)，外稃草质，与小穗等长，具 3 脉，中脉隆起成脊，把背部分为两面形，侧面呈半卵形，内稃与外稃近等长，具 2 脊，基部有一段细长的小穗轴，顶端附着 1 退化小花的内、外稃。颖果矩圆形，长 0.9～1.1 mm。果皮黄褐色或棕褐色；胚矩圆形，凸起，长占果体的 1/3～1/2。

(8)鸭茅(*Dactylis glomerata*) 小穗两侧扁，两颖不等长，颖片披针形，具 1～3 脉，先端渐尖，延伸成长约 1 mm 的芒，脊粗糙或具纤毛，第 1 颖长 4.0～5.5 mm；第 2 颖长 6.0～7.5 mm。小穗成熟时自颖之上脱落，内含 2～5 朵小花，小花外稃披针形，具 5 脉，脊粗糙或具纤毛，顶端渐尖成为长约 1 mm 的芒；内稃较窄，与外稃等长或稍短，具 2 脊，脊上有纤毛，基部有一段小穗轴，长约 1 mm，顶端膨大。颖果长椭圆形，长 2.5～3.5 mm，宽 0.7～1.0 mm，略具三棱，顶端尖，果皮浅黄色或黄褐色；胚矩圆形，长占果体的 1/4～1/3。见图 3-12(3)。

(9)披碱草(*Elymus dahuricus*) 颖披针形，具芒；外稃背部被短毛，顶端延伸成芒、粗糙，成熟时向外展开；内外稃几乎等长。颖果长椭圆形，深褐色，长 7.0～8.0 mm，宽 1.5 mm。见图 3-12(4)。

(10)老芒麦(*Elymus sibiricus*) 颖狭披针形，粗糙，先端渐尖或具短芒。外稃顶端延伸成长芒，稍展开或向外反曲；内外稃几乎等长，先端二裂，颖果长扁圆形，极易脱落，长 7.5～8.5 mm，宽 1.5 mm。见图 3-12(5)。

(11)偃麦草(*Elytrigia repens*) 小穗两侧扁，具两颖，颖片披针形，长 8～15 mm，先端稍尖，表面光滑无毛，边缘膜质，具 5～7 脉。小穗成熟时自颖之下脱落，内含 6～10 朵小花，小花外稃披针形，边缘膜质，先端锐尖或呈短芒，芒长 1～2 mm，具 5～7 脉，内稃具 2 脊，脊上有纤毛，边缘膜质，基部有一段小穗轴，长 1 mm，无毛，向上逐渐膨大，顶端中央凹陷。颖果矩椭圆形，长 3～4 mm，宽约 1 mm，顶端钝圆，具白色茸毛，背部拱圆，腹面凹陷，中间有条隆起的棕黑色线纹，果皮红褐色；胚椭圆形，突出，长占颖果的 1/4～1/3。

(12)苇状羊茅(*Festuca arundinacea*) 小穗两侧扁，具两颖，颖片披针形，第 1 颖具 1 脉，第 2 颖具 3 脉。小穗成熟时自颖之上脱落，内含 4～5 朵小花，小花外稃卵状披针形，具 5 脉，脉上有时具短硬毛，顶端尖，无芒或具芒尖，芒尖自稃体先端稍下方伸出，芒长 1.5～2.0 mm，内稃与外稃等长或稍短，具 2 脊，脊上有短纤毛，基部有一段小穗轴，长 1.0～1.2 mm，无毛或被疏微毛，顶端膨大。颖果椭圆形，长 3.2～4.2 mm，宽 1.2～1.5 mm，先端平截或钝圆，具黄色茸毛，背面拱形，腹面凹陷，中间有条细隆线；胚体倒卵形，长约占果体的 1/4。见图 3-12(6)。

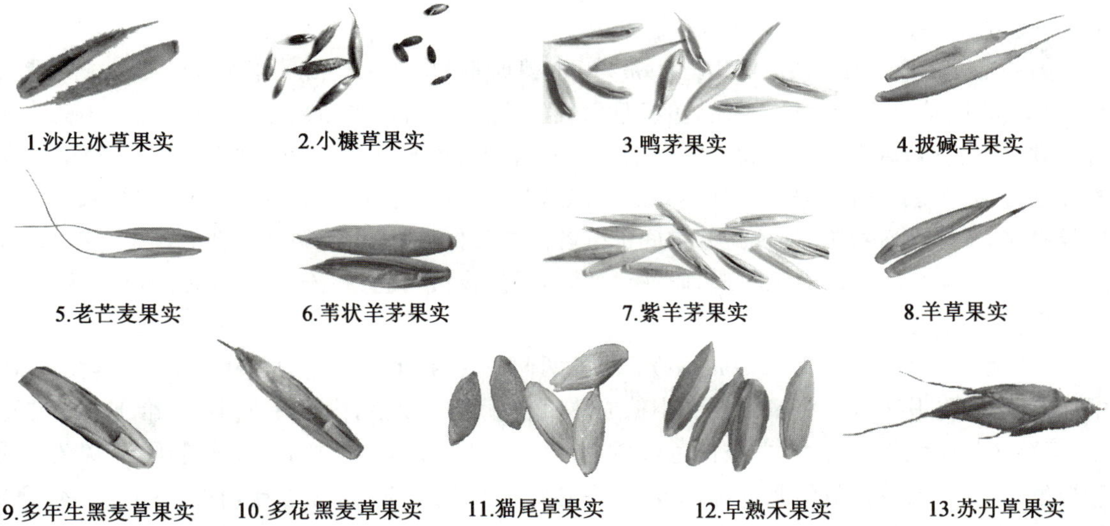

图 3-12　禾本科牧草与草坪草种子形态

(13)紫羊茅(*Festuca rubra*)　小穗含 3～6 花，长 7～11 mm；小穗轴节间圆柱形，顶端稍膨大，平截或微凹，稍具短柔毛。颖狭披针形，先端尖；第一颖具 1 脉；第二颖具 3 脉。外稃披针形，长 4.5～5.5 mm，宽 1～2 mm，顶端具细弱芒，边缘及上半部具微毛或短刺毛；内外稃等长，背上部粗糙，脊间被微毛。颖果与内外稃相贴，不易分离；矩圆形，长 2.5～3.2 mm，宽约 1 mm，深棕色；顶部钝圆，具毛茸；脐不明显；腹面具宽沟；胚近圆形，长占颖果 1/6～1/5，色浅于颖果。见图 3-12(7)。

(14)野大麦(*Hordeum brevisubulatum*)　穗轴每节上着生 3 枚小穗，侧生小穗常发育不全，其颖片呈针状，外稃顶端无芒；中间小穗具两颖，颖片针状，长 4～6 mm。小穗成熟时自颖之下的穗轴节上脱落，内含 1 朵小花，小花外稃近平滑或贴生微毛，顶端渐尖成芒，芒长 1～2 mm，内稃与外稃等长，具 2 脊，脊上无毛或于上部具极细微的纤毛。颖果长椭圆形，长 2.5～3.5 mm，宽 1.0 mm，先端钝圆，并密生茸毛，背部拱圆，腹面有纵沟，中间有条棕色细隆线，基部急尖，果皮淡棕色；胚椭圆形，约占果体的 1/4。

(15)羊草(*Leymus chinensis*)　颖披针形，偏斜着生；外稃披针形，基部裸露，顶端渐尖或形成芒状小尖头。颖果长椭圆形，深褐色，长 5.0～7.0 mm，宽 1.0 mm。见图 3-12(8)。

(16)多年生黑麦草(*Lolium perenne*)　小穗两侧扁，第 1 颖缺(除顶生小穗外)；第 2 颖披针形，具 5 脉，边缘膜质，通常长于第 1 小花。小穗成熟时自颖之上脱落，内含 7～11 朵小花，小花外稃披针形，长 5～7 mm，宽 1.2～1.4 mm，无芒或具短芒，内稃与外稃等长，具 2 脊，脊上有短纤毛，基部有一段小穗轴，长约 0.8 mm。颖果椭圆形，长 2.5～3.4 mm，宽 1.0～1.3 mm，顶端有白色茸毛，背面拱圆，腹面扁，微凹；胚卵形，长占果体的 1/5～1/4。见图 3-12(9)。

(17)多花黑麦草(*Lolium multiflorum*)　小穗两侧扁，第 1 颖缺；第 2 颖披针形，具 5～7

脉，边缘膜质，常与第 1 小花等长。小穗成熟时自颖之上脱落，内含 10～20 朵小花，小花外稃披针形，质薄，具 5 脉，顶端膜质透明，具长达 5 mm 的细芒（或上部小花芒缺），内稃与外稃近等长，具 2 脊，脊上有微纤毛，基部有一段小穗轴，长约 1 mm，光滑无毛。颖果扁椭圆形，长约 4 mm，宽约 1.2 mm，顶端有黄色残留物，背面拱圆，腹面微凹，果皮褐色；胚卵形，长约占果体的 1/5。见图 3-12(10)。

(18)毛花雀稗(*Paspalum dilatatum*) 小穗卵形，长 3～4 mm，宽 2.0～2.5 mm，背腹扁，第 1 颖缺；第 2 颖近圆形，膜质，边缘具白色丝状长毛，背面被白色短毛，具 5 脉。小穗成熟时自颖之下脱落，内含 2 朵小花。第 1 小花外稃与第 2 颖同形而稍短，内稃不存在；第 2 小花外稃近圆形，革质，表面具极微小的颗粒状突起，背面隆起，边缘向内卷曲，紧抱着同形的内稃，内稃膜质，边缘包着颖果，两侧边缘中间部分各向内延伸，形成上下两个圆孔。颖果阔卵形，长约 1.7 mm，宽 1.5 mm，背面拱圆，腹面稍凹陷，果皮浅黄褐色；胚体大，阔卵形，褐色，微凹，长约占果体的 1/3。

(19)虉草(*Phalaris arundinacea*) 小穗两侧扁，披针形，两颖同形，稍不等长，具 3 脉，脉中部隆起成脊，其上部有极窄的翼。小穗成熟时自颖之上脱落，内含 3 朵小花，第 1、2 小花退化，仅存 2 枚呈线形的外稃，并被白色长柔毛；第 3 小花结实，外稃披针形，软骨质，呈灰黄色或黄褐色，背面平滑，有光泽，具 5 脉，其上部及边缘有白色柔毛，边缘卷抱内稃，内稃舟形，具 2 脉，中间有脊，脊两边疏生柔毛。颖果近倒卵形，扁状，长约 1.5 mm，侧面宽约 0.8 mm，黑褐色；胚体近椭圆形，长约占果体的 2/3。

(20)猫尾草(*Phleum pretense*) 小穗两侧扁，椭圆形，两颖同形并等长，颖片椭圆形，长约 3.5 mm，顶端具长 0.5～1.0 mm 的尖头，质地较薄，具 3 脉，中脉成脊，脊上有长硬纤毛。小穗成熟时自颖之上脱落，内含 1 朵小花，小花外稃膜质，先端成小芒尖，具 7～9 脉，脉上有微毛，内稃稍短于外稃，具 2 脊，顶端圆形。颖果倒阔卵形，长约 0.9 mm，宽 0.6～0.7 mm，果皮红褐色，表面粗糙，无光泽，有不规则的小凸起。胚卵形，长约占果体的 1/3。见图 3-12(11)。

(21)早熟禾(*Poa annua*) 小穗两侧扁，具两颖，颖片披针形，质薄，第 1 颖长 1.5～2.0 mm，具 1 脉；第 2 颖长 2～3 mm，具 3 脉。小穗成熟时自颖之上脱落，内含 3～5 朵小花，小花外稃卵形，顶端及边缘膜质，具 5 脉，中脉成脊，脊上及边缘下部具柔毛，脉间基部也常有毛，但基盘无毛，内稃与外稃等长或稍短，具 2 脉，成脊，脊上有长丝状毛。颖果纺锤形，长 1.1～2.0 mm，宽约 0.5 mm，具三棱，两端尖，果皮褐色；胚椭圆形，稍凸出，长约占果体的近 1/4。见图 3-12(12)。

(22)草地早熟禾(*Poa pratensis*) 小穗两侧扁，具两颖，颖片卵状披针形，质薄，第 1 颖长 2.5～3.0 mm，具 1 脉；第 2 颖长 3～4 mm，具 3 脉。小穗成熟时自颖之上脱落，内含 2～4 朵小花，小花外稃卵状披针形，纸质，顶端及边缘膜质，具 5 脉，中脉成脊，脊上和边脉的中部以上具长柔毛，基盘具稠密而长的白色柔毛，内稃与外稃等长或稍短，具 2 脉，成脊，脊粗糙或具小纤毛。颖果纺锤形，具三棱，长 1～2 mm，宽 0.4～0.6 mm，顶端具白色茸毛，腹面有纵沟，果皮黄褐色；胚体小，隆起，长约占果体的近 1/4。

(23)普通早熟禾(*Poa trivialis*) 小穗两侧扁，具两颖，颖片披针形，质薄，第 1 颖具 1 脉；第 2 颖具 3 脉。小穗成熟时自颖之上脱落，内含 2～3 朵小花，小花外稃披针形，呈草黄色或带紫色，先端略为膜质，具 5 脉，中脉成脊，脊下部具柔毛，但脉间无毛，基盘有棉毛，内稃与外稃等长或稍短，具 2 脉。颖果纺锤形，长约 1 mm，宽约 0.3 mm，顶端具茸毛，果皮红褐色；胚体小,长约占果体的近 1/5。

(24)苏丹草(*Sorghum sudanense*)　小穗 2～3 枚着生于穗轴节上,有柄者为单性或中性花,无柄者为两性花。无柄小穗呈阔椭圆形,背腹扁,具两颖,颖片革质,有光泽,呈黄褐色、红褐色至紫黑色,第 1 颖具 2 脊,脊上有短纤毛;第 2 颖具 1 脊,近脊的顶端有纤毛。小穗成熟时自颖之下脱落,无柄小穗内含 2 朵小花,第 1 小花外稃和内稃均为膜质透明,第 2 朵小花外稃顶端 2 裂,芒自齿间伸出,膝曲扭转,芒长 8.5～12.0 mm;有柄小穗呈披针形。颖果倒卵形,长 4.0～4.5 mm,宽 2.5～2.8 mm,顶端钝圆,基部稍尖,果皮赤褐色;胚体大,近椭圆形,长占果体 1/2～4/5。见图 3-12(13)。

(25)玉米(*Zea mays*)　在籽粒上端的果皮上有花柱遗迹,基部有果柄,有时脱落。在充分成熟籽粒的果柄脱落处有褐色素累积,称为基部褐色层(或黑色层),是种子成熟的标志。玉米籽实外面是合生的果皮与种皮,其中果皮较厚,种皮较薄。透过果种皮可清楚地看到胚和胚乳的分界线。胚较大,约占籽粒总体积的 30%。胚乳分为内外两层,外层是含糊粉粒的糊粉层,内层为含淀粉粒的淀粉层。胚芽由数片幼叶包围着茎尖生长锥组成,胚芽之外包被胚芽鞘。位于胚轴下方的为胚根,其外包被胚根鞘,起保护作用。

(26)结缕草(*Zoysia japonica*)　小穗含 1 花,两性,单生,覆瓦状排列或稍有疏离,两侧扁,一侧贴向轴心,脱节于颖下;小穗卵形,长 3.0～3.5 mm,紫褐色;小穗柄弯曲长达 4 mm,深黄褐色,稍透明;顶端具宿存花柱;脐明显,深于颖果,腹面不具沟;胚在一侧的角上,中间突起,长占颖果的 1/2～3/5,色较颖果深。

3. 菊科牧草与草坪草种子形态

菊科植物“种子”实际是植物学中的瘦果,其顶端常冠以毛状或鳞片状冠毛或刺状冠毛,常具喙。果实内含 1 粒种子。果皮薄,无胚乳,胚体直生,胚根短,子叶扁平或为平凸形。

(1)牛蒡(*Arctium lappa*)　瘦果倒卵形,扁状,直或稍弯,长 5.5～6.5 mm,宽 2.2～3.0 mm。顶端截平,边缘隆起,围绕着深色的衣领状环,冠毛脱落,中央具残存花柱,突起。果皮灰褐色或浅黄褐色,并散布着不规则的紫色或黑色斑点或波状横斑纹,表面有 5～8 条明显的纵棱,棱间又有不明显的细纵棱,近顶端有较明显的波状横皱褶。果脐圆形,位于果实基部。果内含 1 粒种子,种子无胚乳,胚直生。

(2)黄花蒿(*Artemisia annua*)　瘦果倒卵形或椭圆形,长约 0.8 mm,宽约 0.4 mm。顶端钝圆,其中央具残存花柱,成小圆形突起,无衣领状环,无冠毛。果皮极薄,膜质,浅黄色,表面带有银白色细丝,并具有不明显的细皱纹和细纵沟,无毛,果实基部渐窄,并稍弯。果脐小,圆形,位于果实基部。果内含 1 粒种子,无胚乳,胚直生。

(3)草红花(*Carthamus tinctorius*)　瘦果倒卵形或椭圆状倒卵形,具四棱,长 6.0～7.5 mm,宽 4.0～5.5 mm。顶端斜截形,边缘具由棱上端延伸成的突尖,冠毛脱落,中央具残存花柱,圆形,微突出。果皮坚硬,白色,有时疏散着不规则的浅黄色条纹或斑点,尤其在果实的上部较明显,表面平滑,有光泽。果脐大,倒卵形,微凹,浅褐色,位于果实一侧基部的凹陷内。果内含 1 粒种子,种子与果实同形,种皮膜质,胚直生,无胚乳。

(4)菊苣(*Cichorium intybus*)　瘦果倒卵形或阔楔形,长 2～3 mm,宽 0.9～1.5 mm。顶端截平,边缘有一圈白色的短小鳞片组成的冠毛,其中央具残存花柱,圆形,微小而突出。果皮淡黄褐色或棕褐色,有时在淡黄褐色中夹杂着黑褐色斑,表面有 4～5 条明显的纵棱,并密布微颗粒状突起。果脐五角形,凸出,位于果实的基部。果内含 1 粒种子,无胚乳,胚直生。见图 3-13(1)。

(5)苦荬菜(*Lactuca indica*) 瘦果斜倒阔卵形,扁平,长 3.5 mm,宽 1.8 mm。顶端收缩成短喙,先端膨大,呈圆盘状,白色,衣领状环不明显,具白色冠毛。果皮棕黑色,两面中间各具 1 条隆起的脊棱,边棱具窄薄翅,翼上有横皱纹,脊棱与边缘中间有不明显的波状皱纹及 1～2 条细棱,表面粗糙,无光泽。果脐小,凹陷,位于果实基端。果内含 1 粒种子,种子与果实同形,胚直生,无胚乳。见图 3-13(2)。

(6)串叶松香草(*Silphium perfoliatum*) 瘦果倒卵形,极扁。边缘翅状并向腹面弯曲,长 10～13 mm,宽 7～8 mm。表面灰褐色。顶端中间有 U 字形缺口,腹面具一纵棱,基部圆形,有一黄白色细短柄,易折断。见图 3-13(3)。

(7)蒲公英(*Taraxacum mongolicum*) 瘦果窄倒卵形,常稍弯曲,长约 4 mm,宽 1.5 mm。顶端具细弱长喙,喙长 6～8 mm,易折断,其顶端具白色冠毛。果皮土黄色或浅黄褐色,表面具 12 条纵棱(5 条粗,7 条细),棱上有小突起。果实中部以上具尖头小瘤突起。果脐凹陷,位于果实基部。果内含 1 粒种子,种皮膜质,胚直生,无胚乳。

1.菊苣瘦果(披衣处理) 2.苦荬菜瘦果 3.串叶松香草瘦果

图 3-13 菊科牧草种子形态

4. 藜科牧草与草坪草种子形态

藜科植物的果实为胞果或坚果,具宿存花萼。果皮膜质或骨质,后者果皮常突出成刺棱;种子多为双凸透镜形或肾形,种皮革质或膜质,表面平滑或具小颗粒突起。胚环状或螺旋状,围绕着粉质胚乳(外胚乳)。

(1)法国菠菜(*Atriplex hortensis*) 胞果具 2 片紧贴的苞片,苞片卵形,翅状,长 10 mm、宽 6～8 mm,中脉明显,草黄色。种子扁圆形,直径 2.3～2.5 mm,厚 0.7 mm。表面灰褐色,无光泽,具小瘤。环状胚明显地表现于外部,胚根略外凸于周围。

(2)驼绒藜(*Eurotia ceratoides*) 胞果椭圆形或倒卵形,具被毛。种子直生,椭圆形或侧卵形,倒扁,长约 3 mm,宽约 1 mm。表面黄褐色,无光泽,胚马蹄形。见图 3-14(1)。

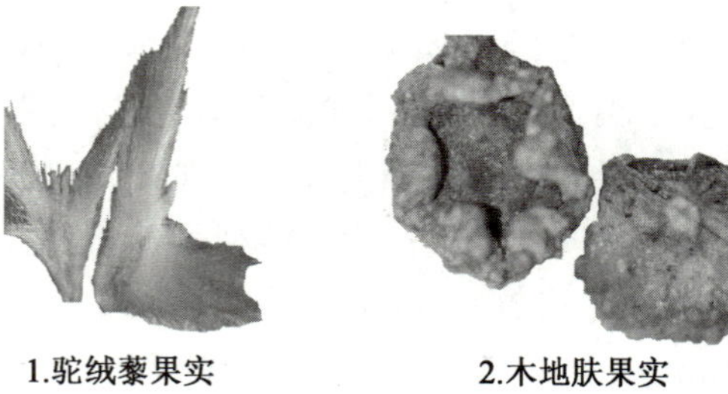

1.驼绒藜果实 2.木地肤果实

图 3-14 部分藜科植物果实形态

(3)地肤(*Kochia scoparia*) 胞果被宿存花被所包,其顶端微露,花被片背部横生突起而成短翅,胞果扁圆形或椭圆形,果皮膜质,浅灰色,易剥离。种子倒卵形,扁平,种皮橄榄褐色至黑色,表面具小颗粒,无光泽,胚弯曲,黄绿色,呈马蹄形,围绕着胚乳(外胚乳)。

(4)木地肤(*Kochia prostrata*) 胞果扁球形,果皮近膜质,紫黑色。种子横生,倒卵形或近圆形,扁,长约 2 mm,宽约 1.5 mm,或直径 1.5 mm。表面黑褐色或褐色,近光滑,无光泽。胚环形。见图 3-14(2)。

(5)角果碱蓬(*Suaeda corniculata*)　胞果圆形,扁,凸透镜状,边缘有一钩状突起和具缺刻。表面光滑,有光泽,具微细网纹。种子近圆形,直径 1.2～1.3 mm,厚 0.6 mm。表面黑褐色。种脐在钩状胚根之下。胚卷曲成螺旋状。

5. 检疫性杂草种子形态

国内外植物检疫对象包括危险性杂草,共有 190 余种,分属 39 个科,112 个属。列入检疫对象的主要是禾本科、豆科和十字花科等。一般杂草种子与牧草种子大小相似,不容易分离。一株杂草产生的种子数量巨大,如一株菟丝子(*Cuscuta* spp.),可产生近 10 万粒种子。

(1)苜蓿菟丝子(*Cuscuta approximata*)　寄生于豆科牧草,主要危害苜蓿、三叶草。荚果近球形,直径 2.5～3.0 mm,开裂,内含种子 4 粒。种子近球形,长 0.7～0.9 mm,宽 0.4～0.7 mm,种皮黄色至淡褐色,粗糙,有腺体。种脐圆形,脐线短。胚螺旋形卷曲,位于半透明的胚乳中。见图 3-15(1)。

(2)豚草(*Ambrosia artemisifolia*)　田野杂草。其花粉易引起人、畜过敏,有害健康。木质化囊状总苞呈倒卵形,长 3～4 mm,宽 1.8～2.5 mm。顶端中央具 1 粗而长的锥状喙,其周围一般有 5～7 个短的突尖,顺着突尖下延成明显的纵肋。总苞黄褐色,表面具疏网状纹,网眼内粗糙,有时具丝状白毛,尤其在果实顶端较密。总苞内含 1 枚瘦果,果体与总苞同形,果皮褐色或棕褐色,表面光滑。果内含 1 粒种子。种皮膜质,胚直生无胚乳。见图 3-15(2)。

(3)列当属(*Orobanche* spp.)　果实为蒴果,成熟时 2 瓣开裂,内含多粒种子。种子极细小,似灰尘,种皮表面凹凸不平,具脊状条纹和具有规则或不规则的网眼。见图 3-15(3)。

(4)毒麦(*Lolium temulentum*)　为燕麦冠锈病的寄主,也是一种危险的有毒植物。小穗第 1 颖缺,第 2 颖长 8～10 mm,宽 1.5～2.0 mm,与小穗等长,质地较硬,具 5～9 脉,边缘膜质。小穗成熟时自颖之上脱落,内含 4～6 朵小花,小花外稃卵形,质薄,具 5 脉,顶端边缘膜质透明,芒自顶端稍下方伸出,长达 1 cm,内稃与外稃近等长或稍短,具 2 脊,脊上有狭翼和微小纤毛,其背面有 1 段小穗轴,长 5～7 mm,无毛。颖果矩椭圆形,长 6～9 mm,宽 2.0～2.8 mm,厚 1.5～2.5 mm,顶端钝圆,背面拱形,腹面有宽而深的腹沟,果皮黄褐色至灰褐色,胚体倒卵形,凹陷,长约占果体 1/4,与果皮同色,果实与内外稃紧贴,不易分离。见图 3-15(4)。

(5)假高粱(*Sorghum halepense*)　世界性最凶恶的杂草之一,是一种难以防除的农田恶性杂草,也是一种高产牧草。体内含氢氰酸,喂养牲畜会引起中毒,导致死亡。小穗孪生或 3 枚共生于穗轴节上。有柄者为雄性或中性,无柄者为两性,小穗背腹扁,具两颖,颖片革质,呈黄褐色、红褐色或紫黑色,有光泽,先端锐尖,第 1 颖背部近扁平,具 2 脊,脊上具短纤毛;第 2

1.苜蓿菟丝子

2.豚草

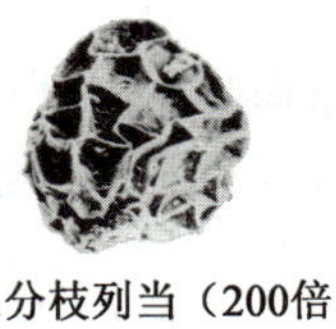

3.分枝列当(200倍)

4.毒麦

5.假高粱

图 3-15　部分检疫性杂草种子形态

颖舟形，脊上有短纤毛。小穗成熟时自颖之下脱落，内含小花 2 朵，第 1 朵小花外稃卵状披针形，膜质透明，边缘有毛，具 3 脉；第 2 朵小花外稃三角状披针形，膜质，顶端微 2 齿裂，中脉延伸自齿间伸出成芒，芒长约 3.5 mm，有时呈小尖头而无芒，内稃小，线形，膜质透明，边缘有毛。颖果倒阔卵形或阔椭圆形，长 2.0～3.1 mm，宽 1.4～1.8 mm，顶端圆形，基部钝尖，背部拱圆，腹部扁平，果皮呈暗红棕色，表面无光泽；胚体大，近椭圆形，长占果体 1/2～2/3；脐小，圆形，呈黑褐色。见图 3-15(5)。

我国北方常见长刺蒺藜草(*Cenchrus longispinus*)、黄花刺茄(*Solanum rostratum*)、芒颖大麦草(*H. jubatum*)、牛膝菊(*Galinsoga parviflora*)等入侵植物(图 3-16)。其中长刺蒺藜草主要分布于内蒙古自治区、吉林省、辽宁省三省份接壤的东北地区(贺俊英等，2019；张琦等，2022；张小丽等，2022)。

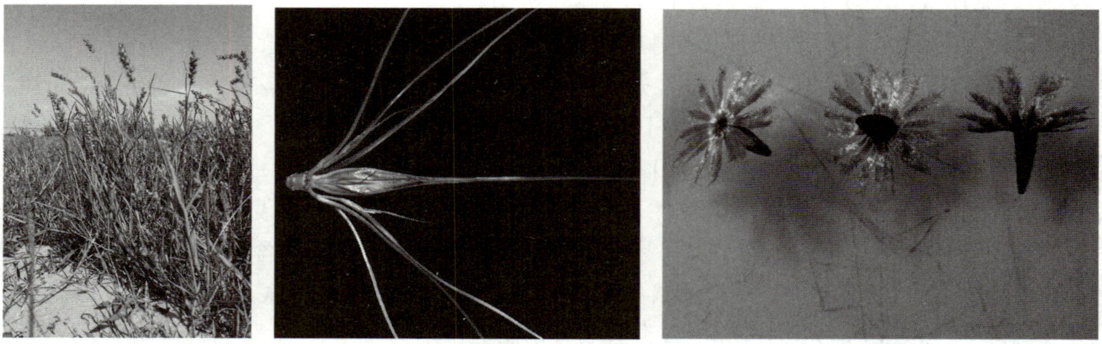

1.长刺蒺藜草　　2.芒颖大麦草　　3.牛膝菊

图 3-16　部分生物入侵植物种子形态

3.3.3　牧草与草坪草种子的分类和鉴别方法

种子的分类方法主要是依据种子的外部形态特征，当外部形态差异不明显时则辅之以内部结构、化学成分等特征。种子的分类可为种子的鉴别、检验和利用提供依据。中国科学院植物研究所及中国农业大学等相关研究者对部分牧草和草坪草种子，依据其形态特征编制了主要豆科和禾本科牧草种子分类检索表(毛培胜，2021)。印丽萍和颜玉树(1996)依种子或果实形态与其内部结构的特征，对 48 科 500 余种杂草(包括部分牧草)，编制了分科和分种检索表。

1. *形态和结构上的分类方法*

种子分类方法很多，可根据需要选择不同的方法，常用种子形态、结构特点进行分类。

利用种子形态进行分类，不同种类的分类依据也不同。豆科牧草或草坪草荚果开裂与否，每荚 1 粒种子(如红豆草)或多粒种子(如紫花苜蓿)，荚果形成缩缢或横断成节荚(如岩黄芪)；种子的形态、大小与种皮表面特征、晕环和晕轮的有无；种脐的位置和形状；种脐长与种子圆周长的比率；种瘤与种脐及种瘤与脐条的相对位置；脐沟的有无与颜色等。禾草颖果外部常宿存总苞、颖、稃等附属物，小穗的形态与结构，小穗轴的形态、截面形状，颖片、内外稃形态、质地及附属物有无；芒的有无、长短、着生部位、形态(有否关节、扭曲、挺直)；种子横切面形状等。

根据种子结构特点，将植物种子分成以下类型：包括果实及其外部附属物(芒、颖、苞叶、宿萼)，如大多数禾本科植物种子；包括果实全部，如红豆草、草木樨状黄芪；包括种子及果实一部分，如山竹岩黄芪、塔落岩黄芪等；包括种子全部，如紫花苜蓿、沙达旺、百脉根等。

利用种子结构特点分类，可以依据胚的位置、形状、大小、胚根与子叶的关系等进行判断与鉴定。如豆科牧草或草坪草种皮横切面的细胞结构——种皮栅状细胞层的形态；有胚乳、无胚乳或具少量胚乳。

根据胚乳的有无，将植物分成以下类型：①有胚乳种子，具有较发达的胚乳。又依据其子叶数目和胚乳的来源分为单子叶有胚乳种子（禾本科、百合科、姜科等）和双子叶有胚乳种子（大戟科、蓼科、茄科、伞形科、藜科等）；内胚乳种子、外胚乳种子（菠菜、甜菜、石竹）和内外胚乳同时存在种子（姜、胡椒）。②无胚乳种子，无胚乳或具极少量胚乳的种子，种子在发育的中后期，胚乳被胚吸收，因而胚部子叶发达。如豆科、十字花科、锦葵科、葫芦科、菊科和蔷薇科等植物种子。

2. 牧草与草坪草种子形态检索表

牧草与草坪草种子形态分类检索表是鉴别种子的重要工具。检索表的编制是将各科牧草与草坪草种子的关键性特征进行比较，抓住稳定、明显的区别点。把相同的特征特点归在一项下，不同的特征归在另一项下。在相同项下，又以不同点分开，这样逐级分下去，最后得出不同种，乃至不同品种的区别。

植物种子形态检索表是根据一定范围内的种类而编制的。通常的程序是先编制分科检索表，然后在各科下分别编制分属检索表，最后在各属下分别编制分种，乃至分品种检索表。另一种编制法，唯独在种子分类学上应用。因还未将大量种子特征搞清楚，有些尚未总结归纳出种子的科、属特征特性来，因此，采用了“不先分科、分属再分种的程序，而是一竿子插到底，径直检索到种或变种”。其特点是打破植物学上的科属界限，混编于一揽子检索表内。Brouwer 等（1955）把两千多种和变种分成六大类：①小于 1 mm 的种子（如苋属、藜属、列当属等）；②扁的（如毛茛属、锦葵属等）；③平凸的（如车前属、莎草属等）；④长的，长为宽的 4 倍以上（如菊科、禾本科等）；⑤圆形且带沟（如十字花科等）；⑥具颖、芒（如禾本科）。每大类包含若干种，可直接检索到种。Delorit（1970）把种子分为三大类，也是直接检索到种：①种子顶端锐尖，具尖头、芒、钩刺或横切面呈三角形；②种子顶端平截；③不为上述情况。中国科学院北京植物园（1980 年）《杂草种子图说》是以种子顶端为基本特征，结合其他特征分为六大类，也是直接检索到种：①种子顶端具多个尖头，或其任何部位具针刺、钩刺或刚毛（不包括三棱三面或具芒颖者）；②果实为颖果（包括囊果）具颖、稃和芒（禾本科）；③具冠毛或顶端平截、斜截或不平截，但具衣领状环（大多数菊科、夹竹桃科）；④种子含两片肥厚子叶，表面具种瘤，种脐常具一条脐沟（豆科）；⑤种子为三棱三面（横切面为三角形或扇形）；⑥不为上述 5 种情况。

3. 形态相近种子的识别方法

（1）内部结构特征比较法　主要有两种方法：一是以胚的位置、形状、大小等差异来鉴别；二是以种皮横切面的细胞结构不同来区别。如豆科牧草与草坪草主要以种皮横切面栅状细胞层的特征为依据。而十字花科牧草与草坪草种子的种皮横切面分四层，最外是表皮层（是否具黏性），然后是大细胞压缩层和栅状细胞层，其内为色素层。其中主要区别在于表皮层和色素层的差异。

（2）物理方法　紫外光线照射法利用种子和幼苗在紫外光线下的反应不同鉴别形态相近种子。当种子内含物暴露在紫外光线下，有的会发出荧光反应。如苜蓿和草木樨种子的鉴别，将萌动状态的种子置于紫外分析仪下观察，苜蓿种子发出黄白荧光圈，而草木樨种子则不发光。

扫描电子显微镜观察法对果种皮表面、颖、颖果、内外稃、芒表面的超微形态特征进行观察。如对菊科蒿属植物种子、十字花科芸薹属植物种子表面的超微形态观察。

色谱法是利用薄膜光谱和色谱纸鉴别品种的有效方法。采用薄膜光谱法可以鉴别三叶草属亲缘关系密切的两个品种。

基于高光谱图像信息与卷积神经网络(CNN)相结合的方法，可对不同玉米品种的种子进行识别(Zhou et al.，2020)。

(3)化学方法　以苯酚、重铬酸钾、氨酮等试剂处理种子，通过着色反应及着色深浅来判断品种间的差异。

重铬酸钾法可区别匍匐冰草(*A. repens*)、蓝茎冰草(*A. smithii*)和糙茎冰草(*A. trachycaulum*)种子。将种子置于1.0%重铬酸钾溶液里煮沸5min，冷却后用水清洗，将种子置滤纸上观察，结果是蓝茎冰草染成黑色，匍匐冰草染成暗褐色，糙茎冰草染成琥珀色。

氨酮法鉴别白花草木樨和黄花草木樨种子：将吸胀的种子放入氨酮溶液1～2min后，白花草木樨种子变为浅绿色，而黄花草木樨种子变为褐色或黑色。氨酮试剂的配制方法有3种：①将酮屑溶解在浓氢氧化铵里，获得氢氧化四氮酮溶液。②硫酸铜加入氢氧化钠溶液中产生沉淀，然后再溶解在浓氢氧化铵里。③硫酸铜可溶解在浓氢氧化铵里，得到硫酸四氨酮溶液。溶液在用时均需稀释2～3倍。此法对陈种子无效。

(4)生物学方法　通过电泳分析种子内的蛋白质和同工酶，根据特征谱带的数目及宽度等鉴别。

(5)苜蓿种子与草木樨种子鉴别实例　苜蓿种子与草木樨种子在大小、形状、颜色上较接近，一般不易区别。在种子生产经营过程中，由于苜蓿的利用价值高于草木樨，一些不法商贩常将草木樨种子掺入苜蓿种子中以牟取利益。因此，有必要掌握有效便捷的识别方法。除上述荧光反应法外，还可利用形态结构特征来鉴别(图3-17)。

图3-17　草木樨种子(左2)和苜蓿种子(右2)

形状：紫花苜蓿荚果含多粒种子，种子在螺旋荚果内发育，大部分成熟种子为肾形，但由于荚果内不同部位的种子受挤压的程度不同，部分种子呈现不规则形状，如近方形或有棱有角或凸凹不平等；草木樨荚果通常含一粒种子，种子形状较为一致，近椭圆形。

种脐位置及其与胚根的相对长度：苜蓿种脐位于种子中部，突出的胚根长为子叶的1/2或略短；草木樨种子的种脐位于种子基端一侧，胚根长为子叶长的2/3或3/4。

颜色和气味：苜蓿种子呈鲜黄色，种子味淡，类似菜豆味；而草木樨种子多为黄绿色，有的发黑褐色且表面具斑点，种子有一种浓烈的香豆素气味，苦甜的味道。

(6)多年生黑麦草与多花黑麦草种子(果实)鉴别实例

荧光反应差异：将培养在白色滤纸发芽床上的两者的幼苗放在紫外光下照射时，多花黑麦草幼苗发出蓝色荧光；而多年生黑麦草则不发荧光。

形态差异：多花黑麦草外稃具短芒或具5 mm以下的细芒，易断；而多年生黑麦草外稃无芒或具短芒尖。

(7)羊草与冰草种子(果实)鉴别实例　羊草与冰草种子在大小、颜色和形态上相近，但在外稃形态上有较大差异。冰草颖果外稃背部中脉脊状突出、具短刺毛或短柔毛、顶端渐尖成2 mm以上短芒，腹面具沟，横切面近“V”形；羊草颖果外稃背部较光滑无毛、顶端渐尖，腹面较平，横切面为半圆形。

参考文献

陈宝书，解亚林，辛国荣．1999．草坪植物种子．北京：中国林业出版社．

陈泠，朱展望，刘易科，等．2021．小麦种子颜色测定的色差计法和目测法及对穗发芽抗性的鉴定效果．麦类作物学报，41(4)：424-429.

杜宝红，石凤翎，高翠萍．2007．扁蓿豆种子发育形态解剖结构观察与分析．种子，26(6)：7-11.

何玉惠，赵哈林，刘新平，等．2008．小叶锦鸡儿种子大小变异对萌发和幼苗生长的影响．种子，(8)：10-13.

贺俊英，徐萌萌，张子义，等．2019．入侵植物牛膝菊(*Galinsoga parviflora* Cav.)对植物多样性的影响．干旱区资源与环境，33(7)：147-151.

李宁，张帅，陈巧尔，等．2021．鸟类形态和行为特征对森林植物种子传播的影响．生态学杂志，40(10)：3375-3380.

吕鹏辉，张震东，王晔，等．2021．不同颜色红三叶种子活力的初步研究．中国农业科技导报，23(3)：58-65.

毛培胜．2021．牧草种子学．北京：中国农业大学出版社．

邱红梅，陈亮，侯云龙，等．2021．大豆种子颜色遗传调控机制研究进展．作物学报，47(12)：2299-2313.

孙丹丹，李晓凯，王凤茹．2021．植物种子大小调控信号通路研究进展．分子植物育种，19(3)：1031-1037.

武高林，杜国祯．2008．植物种子大小与幼苗生长策略研究进展．应用生态学报，(1)：191-197.

印丽萍，颜玉树．1996．杂草种子图鉴．北京：中国农业科技出版社．

张琦，吕广超，田迅．2022．4 种生境下长刺蒺藜草不同器官生物量分配特征．植物检疫，36(4)：33-41.

张世挺，杜国祯，陈家宽．2003．种子大小变异的进化生态学研究现状与展望．生态学报，(2)：353-364.

张小丽，陈泽柠，武正军．2022．气候变化情景下少花蒺藜草在中国的分布区变化．广西植物(3)：1-15.

张震东，卢子健，吕鹏辉，等．2020．草木樨种子颜色与种子活力的关系研究．北京农学院学报，35(4)：26-30.

Annick S D，Christian M，Daniel K. 2013. Seed size，the only factor positively affecting direct seeding success in an abandoned field in Quebec，Canada. Forests，4(2)：500-516.

Chaugule A A，Mali S N. 2016. Identification of paddy varieties based on novel seed angle features. Computers & Electronics in Agriculture，123：415-422.

Debeaujon I，Léon-Kloosterziel K M，Koornneef M. 2000. Influence of the testa on seed dormancy，germination，and longevity in Arabidopsis. Plant Physiology，122(2)：403-414.

Duan P G，Rao Y C，Zeng D L，et al. 2014. small grain 1，which encodes a mitogen-activated protein kinase kinase 4,influences grain size in rice. Plant Journal,77(4):547-557.

Eloy N B,Gonzalez N,Van Leene J,et al. 2012. SAMBA,a plant-specific anaphase-promoting complex/cyclosome regulator is involved in early development and A-type cyclin stabilization. Proceedings of the National Academy of Sciences of the United States of America, 109(34):13853-13858.

Eriksson J O. 2000. A comparative study of seed number,seed size,seedling size and recruitment in grassland plants. Oikos,88(3):494-502.

Fabiyi S D, Vu H, Tachtatzis C, et al. 2020. Varietal classification of rice seeds using RGB and hyperspectral images. IEEE Access,8:22493-22505.

Fang N, Xu R, Huang L J, et al. 2016. Small grain 11 controls grain size, grain number and grain yield in rice. Rice,9:64.

Feng L,Zhu S S,Liu F,et al. 2019. Hyperspectral imaging for seed quality and safety inspection:a review. Plant Methods,15(1):91.

Guo T,Chen K,Dong N Q,et al. 2018. Grain and number 1 negatively regulates the OsMKKK10-OsMKK4-OsMPK6 cascade to coordinate the trade-off between grain number per panicle and grain size in rice. Plant Cell,30(4):871-888.

Hu S, Yang H T, Gao H, et al. 2021. Control of seed size by jasmonate. Science China Life Sciences,64(8):1-12.

Jiang W B, Huang H Y, Hu Y W, et al. 2013. Brassinosteroid regulates seed size and shape in Arabidopsis. Plant Physiology,162(4):1965-1977.

Jin B C, Zhang C, Jia L Q, et al. 2022. Identification of rice seed varieties based on near-infrared hyperspectral imaging technology combined with deep learning. ACS Omega,7(6):4735-4749.

Jun J H, Liu C G, Xiao X R, et al. 2015. The transcriptional repressor MYB2 regulates both spatial and temporal patterns ofproanthocyandin and anthocyanin pigmentation in *Medicago truncatula*. Plant Cell,27(10):2860-2879.

Kurepa J, Wang S, Li Y, et al. 2009. Loss of 26S proteasome function leads to increased cell size and decreased cell number in Arabidopsis shoot organs. Plant Physiology, 150(1):178-189.

Lease K A,Wen J,Li J,et al. 2001. A mutant Arabidopsis heterotrimeric G. Plant Cell, 13(12):2631-2641.

Li C X, Zhang B, Chen B, et al. 2018. Site-specific phosphorylation of transparent testa glabra1 mediates carbon partitioning in Arabidopsis seeds. Nature Communications,9(1):571.

Li N,Xu R,Li Y H. 2019. Molecular networks of seed size control in plants. Annual Review of Plant Biology,70(1):435-463.

Li S C,Gao F Y,Xie K L,et al. 2016. The OsmiR396c-OsGRF4-OsGIF1 regulatory module determines grain size and yield in rice. Plant Biotechnology Journal,14(11):2134-2146.

Li S J,Liu Y J,Zheng L Y,et al. 2012. The plant-specific G protein γ subunit AGG3 influences organ size and shape in *Arabidopsis thaliana*. New Phytologist, 194(10): 690-703.

Li Y H, Zheng L Y, Corke F, et al. 2011. Control of final seed and organ size by the DA1 gene family in *Arabidopsis thaliana*. Development, 22(20): 4545-4554.

Liang G, He H, Li Y, et al. 2014. Molecular mechanism of microRNA396 mediating pistil development in Arabidopsis. Plant Physiology, 164(1): 249-258.

Liu C, Jun J H, Dixon R A. 2014. MYB5 and MYB14 play pivotal roles in seed coat polymer biosynthesis in *Medicago truncatula*. Plant Physiology, 165(4): 1424-1439.

Liu J, Deng M, Guo H, et al. 2015b. Maize orthologs of rice GS5 and their transregulator are associated with kernel development. Journal of Integrative Plant Biology, 57(11): 943-953.

Liu J, Hua W, Hu Z Y, et al. 2015c. Natural variation in ARF18 gene simultaneously affects seed weight and silique length in polyploid rapeseed. Proceedings of the National Academy of Sciences of the United States of America, 112(37): E5123-5132.

Liu L C, Tong H N, Xiao Y H, et al. 2015d. Activation of Big Grain1 significantly improves grain size by regulating auxin transport in rice. Proceedings of the National Academy of Sciences of the United States of America, 112(35): 11102-11107.

Liu S Y, Hua L, Dong S J, et al. 2015a. OsMAPK6, a mitogen-activated protein kinase, influences rice grain size and biomass production. The Plant Journal: for Cell and Molecular Biology, 84(4): 672-681.

Mao H L, Sun S Y, Yao J L, et al. 2010. Linking differential domain functions of the GS3 protein to natural variation of grain size in rice. Proc Natl Acad Sci USA, 107(45): 19579-19584.

Hong M Y, Hu K N, Tian T T, et al. 2017. Transcriptomic analysis of seed coats in yellow-seeded *Brassica napus* reveals novel genes that influence proanthocyanidin biosynthesis. Frontiers in Plant Science, 8: 1674.

Meng L S, Wang Z B, Yao S Q, et al. 2015. The ARF2-ANT-COR15A gene cascade regulates ABA-signaling-mediated resistance of large seeds to drought in Arabidopsis. Journal of Cell Science, 128(21): 3922-3932.

Moles A T, Ackerly D D, Webb C O, et al. 2005. A brief history of seed size. Science, 307(5709): 576-580.

Nie P C, Zhang J N, Feng X P, et al. 2019. Classification of hybrid seeds using near-infrared hyperspectral imaging technology combined with deep learning. Sensors and Actuators, 296: 126630.

Rebecca B B, Catherine A T. 2007. Effect of seed size on seedling performance in a long-lived desert perennial shrub (*Ericameria nauseosa*: Asteraceae). International Journal of Plant Sciences, 168(7): 1027-1033.

Rodriguez R E, Mecchia M A, Debernardi J M, et al. 2010. Control of cell proliferation in *Arabidopsis thaliana* by microRNA miR396. Development, 137(1): 103-112.

Schruff M C. 2006. The AUXIN RESPONSE FACTOR 2 gene of Arabidopsis links auxin signalling, cell division, and the size of seeds and other organs. Development, 133(2):251-261.

Si L Z, Chen J Y, Huang X H, et al. 2016. OsSPL13 controls grain size in cultivated rice. Nature Genetics, 48(4):447-456.

Song X J, Huang W, Shi M, et al. 2007. A QTL for rice grain width and weight encodes a previously unknown RING-type E3ubiquitin ligase. Nature Genetics, 39(5):623-630.

Sperry J H, O'Hearn D, Drake D R, et al. 2021. Fruit and seed traits of native and invasive plant species in Hawai'i: implications for seed dispersal by non-native birds. Biological Invasions, (23):1819-1835.

Su L Y, Wan S Q, Zhou J M, et al. 2021. Transcriptional regulation of plant seed development. Physiologia Plantarum, 173(4):2013-2025.

Su Z Q, Hao C Y, Wang L F, et al. 2011. Identification and development of a functional marker of TaGW2 associated with grain weight in bread wheat(*Triticum aestivum* L.). Theoretical & Applied Genetics, 122(1):211-223.

Sun H, Zhang L, Li H, et al. 2021. Nondestructive identification of barley seeds varieties using hyperspectral data from two sides of barley seeds. Journal of Food Process Engineering. 44(8):13769.

Sun S Y, Wang L, Mao H L, et al. 2018. A G-protein pathway determines grain size in rice. Nature Communications, 9(1):851.

Vanhaeren H, Inzé D, Gonzalez N. 2016. Plant growth beyond limits. Trends Plant Sci, 21(2):102-109.

Vermeulen P, Suman M, Pierna J A F, et al. 2018. Discrimination between durum and common wheat kernels using near infrared hyperspectral imaging. J Cereal Sci, 84:74-82.

Wang J L, Tang M Q, Chen S, et al. 2017. Down-regulation of BnDA1, whose gene locus is associated with the seeds weight, improves the seeds weight and organ size in *Brassica napus*. Plant Biotechnology Journal, 15(8):1024-1033.

Wang S L, Hou F J. 2021. Seed bank of livestock dung in the Qilian Mountain Grassland: a potential resource for vegetation recovery. Rangeland Ecology & Management, 78(7):90-99.

Wang S K, Wu K, Yuan Q B, et al. 2012. Control of grain size, shape and quality by OsSPL16 in rice. Nature Genetics, 44(8):950-954.

Weng S Z, Tang P P, Yuan H C, et al. 2020. Hyperspectral imaging for accurate determination of rice variety using a deep learning network with multi-feature fusion. Spectrochimica Acta Part A: Molecular and Biomolecular Spectroscopy, 234:118237.

Willson M F, Rice B L, Westoby M. 1990. Seed dispersal spectra: a comparison of temperate plant communities. J Veg Sci, 1:547-562.

Wu N, Zhang Y, Na R, et al. 2019. Variety identification of oat seeds using hyperspectral imaging: investigating the representation ability of deep convolutional neural network. RSC Advances, 9:12635-12644.

Xia T, Li N, Dumenil J, et al. 2013. The ubiquitin receptor DA1 interacts with the E3 ubiquitin ligase DA2 to regulate seed and organ size in Arabidopsis. Plant Cell, 25(9): 3347-3359.

Xie G N, Li Z X, Ran Q J, et al. 2017. Over-expression of mutated ZmDA1 or ZmDAR1 gene improves maize kernel yield by enhancing starch synthesis. Plant Biotechnology Journal, 16(1):234-244.

Xu C J, Liu Y, Li Y B, et al. 2015. Differential expression of GS5 regulates grain size in rice. Journal of Experimental Botany, 66(9):2611-2623.

Xu J, Zhang S. 2015. Mitogen-activated protein kinase cascades in signaling plant growth and development. Trends in Plant Science, 20(1):56-64.

Xu R, Duan P G, Yu H Y, et al. 2018. Control of grain size and weight by the Os-MKKK10-OsMKK4-OsMAPK6 signaling pathway in rice. Molecular Plant, 11(6):860-873.

Utsunomiya Y, Samejima C, Takayanagi Y, et al. 2011. Suppression of the rice heterotrimeric G protein β-subunit gene, RGB1, causes dwarfism and browning of internodes and lamina joint regions. Plant Journal, 67(5):907-916.

Zhang C, Zhao YY, Yan T Y, et al. 2020. Application of near-infrared hyperspectral imaging for variety identification of coated maize kernels with deep learning. Infrared Physics & Technology, 111(20):103550.

Zhang X J, Wang J F, Huang J, et al. 2012. Rare allele of OsPPKL1 associated with grain length causes extra-large grain and a significant yield increase in rice. PNAS, 109(52):21534-21539.

Zhang Y Y, Du L, Xu R, et al. 2015. Transcription factors SOD7/NGAL2 and DPA4/NGAL3 act redundantly to regulate seed size by directly repressing KLU expression in *Arabidopsis thaliana*. The Plant Cell, 27(3):620-632.

Zhou Q, Huang W Q, Fan S X, et al. 2020. Non-destructive discrimination of the variety of sweet maize seeds based on hyperspectral image coupled with wavelength selection algorithm. Infrared Physics & Technology, 109:103418.

Zhu J, Buchmann C, Schurr F. 2022. Effects of seed morphology and orientation on secondary seed dispersal by wind. Journal of Plant Ecology, (6):1257-1272.

Zhu S l, Chao M N, Zhang J Y, et al. 2019. Identification of soybean seed varieties based on hyperspectral imaging technology. Sensors, 19(23):5225.

第 4 章　牧草与草坪草种子的休眠

种子休眠(seed dormancy)是植物在长期的系统进化过程中获得的一种适应环境变化的生物学特性，也是植物种子在自然条件下调节萌发的最佳时间及空间分布的有效机制。许多成熟的植物种子在不利环境条件下也会进入次生休眠。种子的休眠可抑制其在逆境条件的萌发，确保植物能在逆境中生存，对植物适应生态环境、物种延续与保存、农业生产实践等均具有重要意义。然而，种子休眠也给田间生产带来了很多问题，如播种出苗率低、穗发芽现象造成减产，不利于苗期建植、杂草防除、清选加工及质量检验等实践活动。因此，随着草原、草坪绿化建设的重视和推广，强化牧草与草坪草种子休眠及其破除机制的研究将对我国草种业的高质量发展、生态环境建设具有重要推动作用。

4.1　概述

4.1.1　种子休眠的概念

牧草与草坪草种子的发育往往伴随其种胚生长的停止而结束，此时种子达到成熟。种子在温度、水分、光照及氧气等适宜的条件下，就会吸水膨胀并完成胚轴的伸长，从而完成高等植物生命周期中最为关键的萌发阶段。不同牧草与草坪草种子成熟后对适宜萌发条件会表现出不同的反应，从对 10 种莎草科牧草与草坪草种子萌发的研究中发现，其吸水率和最适温度存在明显差异(表 4-1)。有些牧草或草坪草种子成熟后，只要遇到适宜的环境条件即可马上萌发，如果得不到萌发所必需的条件则进入停止发育状态。这种因外部条件没有满足而引起生长停顿的现象叫“静止”(quiescence)。然而，并不是所有植物种子在适宜条件下都能萌发，有些具有生活力的成熟牧草与草坪草种子，由于其本身的结构或生理原因造成了生长停顿现象，

表 4-1　10 种莎草科牧草与草坪草种子萌发的吸水率和最适温度条件(黄迎，2019)

种名	拉丁名	吸水率/%	最适温度/℃
蕨状薹草	*Carex filicina*	82.34	25
十字薹草	*Carex cruciata*	21.62	20/30
浆果薹草	*Carex baccans*	23.00	—
羽状穗砖子苗	*Mariscus javanicus*	25.27	20
球穗扁莎	*Pycreus flavidus*	43.07	20/35
碎米莎草	*Cyperus iria*	37.48	20/35、25/35
高秆莎草	*Cyperus exaltatus*	12.85	20/35
风车草	*Cyperus alternifolius*	23.24	25/35
毛轴莎草	*Cyperus pilosus*	14.98	20/35
两歧飘拂草	*Fimbristy dichotoma*	75.83	15/30

即使遇到适宜的水分、温度及氧气等环境条件也不能萌发，必须在经过特定时间的贮藏或特殊的环境刺激后，才能在适宜的环境条件下萌发。这种具有生活力的成熟植物种子在一定时间的适宜萌发条件下仍不能萌发的现象就叫种子休眠。种子休眠可使多数牧草与草坪草种子保持静止状态，使其长期保持较高的活力水平，从而避免恶劣环境对其个体生存、种群延续及物种进化的不利影响。

种子休眠与“静止”存在明显差异，“静止”种子易受非专一性因子触发，如充足的水分和适宜的温度可使种子代谢活跃而萌发。然而，休眠种子则对环境条件具有高度的专一性，并在后期的幼苗生长过程中仍需重现。前者被称为静止种子(quiescent seed)，后者被称为休眠种子(dormant seed)。休眠种子对特殊环境刺激的需求虽不是恒定的，但具有起动萌发代谢的作用，否则即使在适宜的环境条件下仍不能萌发。不同牧草与草坪草种子的休眠期长短及原因也各不相同，如紫羊茅种子干藏 1～2 个月就可解除休眠，而具钩紫云英(*A. hamosus*)种子在发芽杯中浸泡 14 年后才能吸胀萌发(毛培胜，2021)。一般而言，禾草的种子休眠往往与其自身的生理状态密切相关，而豆科牧草与草坪草的种子休眠则多数与其致密而透水性弱的种皮有关。根据种子休眠发生的原因，给予一定的低温或高温层积，施用赤霉素(GA)、细胞分裂素(CK)、吲哚乙酸(IAA)，硫酸处理等外界刺激可破除休眠。

4.1.2 牧草与草坪草种子休眠的类型

种子休眠的原因往往是复杂的，既可能由一种因素造成，也可能是多重因素协同诱导，各因素间存在密切联系，仅个别诱因被消除可能仍无法让种子在适宜条件下萌发，只有协同因素同时被消除时才可能让种子在适宜环境条件下萌发。因此，深入研究牧草与草坪草种子休眠的原因，有利于精准阐明牧草与草坪草种子休眠的内在调控机制，助力于优良乡土草种质资源的创新利用。自 1916 年 Crocker 最早对种子休眠原因进行分类研究以来，国际种子生物学家已对种子休眠的原因提出了多种分类体系，但由于研究背景和出发点各不相同，每种分类体系也就各有特点。根据休眠产生的时间可分为初生休眠(primary dormancy)和次生休眠(secondary dormancy)，前者发生在种子形成或成熟过程中，如豆科牧草与草坪草种子所具有的硬实现象，后者则是指本不具有休眠或已破除休眠的种子从母体脱落后因外界环境因素诱导而引起的休眠状态(Amen，1968)。根据休眠发生部位划分为外源性休眠(exogenous dormancy)、内源性休眠(endogenous dormancy)和综合性休眠(combined dormancy)三大类型，然后又根据引起休眠的原因将外源性休眠分为物理休眠、机械休眠和化学休眠，将内源性休眠分为生理休眠、形态休眠和形态生理休眠(Nikolaeva，1977)。这是当前国际种子科学领域普遍认可的种子休眠原因分类体系。

1. 外源性休眠

外源性休眠是指由胚以外的包被组织所引起的种子休眠，这些包被组织主要包括胚乳、种皮、果皮及果皮(或种皮)表面的附属物等。按具体的原因可分为物理休眠、机械休眠和化学休眠 3 种。

(1)物理休眠　具有物理休眠的种子通常其种皮或果皮不透水、不透气，从而抑制了种子的萌发。自然界中种子因其种皮或果皮不透水(或气)而不能吸胀萌发，并保持原来大小状态的现象叫硬实(hard seed)。硬实是植物界中最为常见的种子休眠方式，广泛存在于豆科、藜科、茄科、锦葵科、苋科、椴树科、漆树科、木棉科、美人蕉科、桑科、旋花科、葫芦科、芭蕉科、莲科、鼠李科、无患子科、梧桐科 17 个科的植物中，其中以豆科植物种子的硬实最为普遍，小粒豆科牧草或草坪草种子的硬实率往往很高，如紫花苜蓿、紫云英、毛苕子、草木樨(*Melilotus suaveolens*)、多变小冠花及田菁(*Sesbania cannabina*)等。物理休眠种子的种皮或果皮阻碍水分透过的物质因种而异。多数休眠种子的种皮或果皮内某一层的细胞壁内含有较多的疏水性物质，对种皮或果皮的透水性具有强大的阻力。例如，白花草木樨、多变小冠花等豆科牧草种子的种皮内由半纤维素或果胶质组成的角质层，金合欢(*Acacia farnesiana*)和银合欢(*Leucaena leucocephala*)等种子不仅种皮内存在由半纤维素或果胶质组成的角质层，种皮外层或栅栏组织的细胞壁上也存在着类似角化膜的角质层或角质(颜启传，2001)。这种类型种子的种皮在含水量超过 12%～14%时是透水的，在种子含水量低于 3%～4%时是不透水的，而含水量在这两者之间时则透水性很弱(Nasreen et al.，2002)，在加工贮藏过程中含水量的控制必须要谨慎。此外，种子的物理休眠也与其特定部位或特殊的水分控制机制有密切关系，如白三叶、红三叶、羽扇豆(*Lupinus micranthus*)、紫云英等种子的脐部有一个称为“脐疤”或“脐缝”的瘤状突起(图 4-1)，该部位周围的组织主要是外栅栏层及薄壁组织，干燥条件下会使“脐缝”收缩张开，水分通道打开，种子内水分就会逸出，从而使种子含水量减少，但该部分细胞会在潮湿条件下吸湿而膨大，关闭水分通道，阻止外界水分的进入，所以当环境水分骤然增加时并不相应地增加种子的含水量。

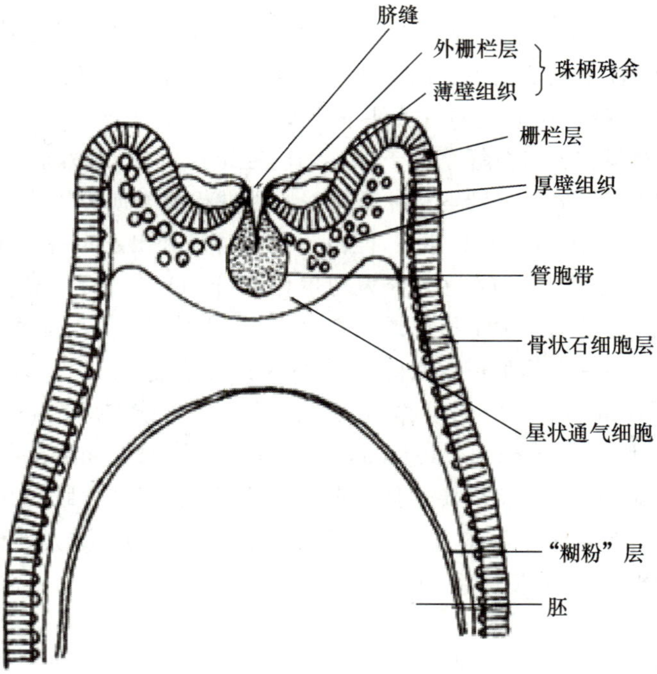

图 4-1　白三叶种脐附近的种皮结构(Thomas，1987)

种子硬实在一定程度上取决于牧草与草坪草种子的遗传性，因而通过种间杂交育种、分子育种等手段，改变牧草或草坪草的遗传性状是破除种子物理休眠的重要途径。种子硬实也与种子的成熟度有关，未充分成熟的牧草或草坪草种子的硬实率往往较低，而成熟度越高的种子则硬实率越高，如延迟到成熟后期收获的田菁种子，其硬实率显著增加。因此，此类牧草与草坪草种子收获时要考虑成熟度对其硬实率的影响。对于花期较长的牧草或草坪草而言，不同部位所着生种子的硬实率也会存在明显差异。如紫云英植株上部的种子硬实率较低，中部的种子硬实率次之，基部的种子硬实率最高。此外，种子硬实的产生与程度也受种子生产及加工的环境条件影响。紫云英在氮肥特别充足的完全肥料区种植时，其种子的硬实率会非常高；白花草木樨的成熟期如天气炎热而干燥，其硬实率高达 98%以上，成熟期如遇雨则硬实率接近于零；延迟到成熟后期收获的田菁种子，在收获后经太阳晒干则会显著提高其种子的硬实率（表 4-2）。因此，对于具有物理休眠的不同牧草或草坪草种子而言，明确种子生产过程中具体的收获时期、环境条件、加工技术等因素有利于减少其休眠时间。

表 4-2 不同收获期对田菁种子硬实率的影响（颜启传，2001）

时期	阴干 7 d			阴干后再晒 6 h		
	千粒重/g	硬实率/%	发芽率/%	千粒重/g	硬实率/%	发芽率/%
绿熟期	26.5	0	3	12.3	0	30
黄熟前期	29.0	0	6	14.5	0	62
黄熟后期	20.0	0	68	14.3	25	62
枯熟期	15.5	33	62	13.5	81	3

一般认为，具有物理休眠的种子只要破除其种皮或果皮对水分的阻碍作用即可萌发。因此，烟熏、热激、层积、浓硫酸处理、机械刺破等物理或化学方法被经常用于破除硬实种子的休眠。研究机械破损种皮、热水处理和硫酸处理方法对线叶野豌豆（*Vicia tenuifolia*）、苦豆子（*Sophora alopecuroides*）、红豆草、罗马苜蓿（*M. falcata*）、准格尔岩黄芪（*H. songoricum*）、山地岩黄芪（*H. montanum*）和小花红豆草（*O. micrantha*）种子的休眠影响发现，机械破损种皮、80 ℃热水或 98%硫酸处理 5 min 均能有效打破 7 种豆科牧草种子的休眠，并显著提高其发芽率，且对其幼苗生长没有显著影响（陈乙实等，2017）。然而，不同牧草或草坪草硬实种子的种皮结构存在较大差异，其物理休眠的破除也就会受种皮特殊结构的调控，因而每一种破除硬实种子的处理方法都可能具有其局限性，如 98%硫酸处理对不同豆科牧草或草坪草种子休眠特性的解除存在明显差异（表 4-3）。此外，在物理休眠种子的解除过程中，其初始吸水位点也

表 4-3 98%的硫酸处理不同时间对 7 种休眠豆科牧草种子发芽率的影响（陈乙实等，2017） %

种名	处理时间/min						
	0(对照)	1	3	5	10	15	20
线叶野豌豆	15.83	27.50	42.50	48.33	73.33	95.00	75.83
苦豆子	29.17	44.17	60.83	85.00	91.67	59.17	—
红豆草	40.83	56.67	87.50	88.33	67.50	—	—
罗马苜蓿	10.00	70.00	54.17	67.50	70.00	—	—
准格尔岩黄芪	70.00	87.50	80.83	72.50	—	—	—
山地岩黄芪	20.00	67.50	80.00	96.67	70.00	—	—
小花红豆草	17.50	30.83	30.00	41.67	47.50	61.67	43.33

因物种和处理方式的不同而存在较大差异，如苦豆子的种子经硫酸处理后，水分首先通过种脐进入其内部，而印度田菁的种子在热水或硫酸处理时，水分则均通过种脊进入其内部。

(2)机械休眠　有些牧草或草坪草种子的种皮透水性、透气性都非常好，但其具有坚硬的木质果皮(颖苞)或强韧的膜质种皮，胚根或胚芽的生长力不足，无法突破果皮或种皮的机械束缚力量，阻碍了种胚向外生长，从而导致种子不能萌发而处于休眠状态。如反枝苋(*Amaranthus retroflexus*)种子的胚是不休眠的，且其种皮的透性也较好，但强韧的机械束缚力迫使其种胚不能进行伸长生长，种子吸水后会一直保持吸胀状态而维持长久休眠，甚至长达30年后仍不能萌发。一旦再次干燥，其种皮细胞壁胶体成分会迅速发生变化，种皮的机械束缚力也就被解除，这时种子吸水膨胀便会迅速萌发。除去种皮的反枝苋则在适宜的环境条件下任何时候都能萌发(毛培胜，2021)。此外，对入侵植物节节麦(*Aegilops tauschii*)休眠原因的研究也表明，其颖壳的机械障碍是引起休眠的原因之一，但与其颖壳的透水性无关(王宁等，2020)。也有一些具有机械休眠的牧草或草坪草种子虽未萌发，其种胚在适宜条件下已经萌动，但不能突破种皮或果皮。野牛草种子具有质地坚实、木质化、蜡质化程度极高的颖苞，通过解剖镜下对其未发芽种子的观察发现，胚根和胚芽形态完整，但与正常种子的生长方向相反，全部背向种皮而朝向胚乳内生长(孙杰等，2009)。机械休眠种子种胚生长的机械阻力除了来自果皮和种皮外，胚乳也常常是不可忽略的重要因素(Sánchez-Montesino et al.，2019)。研究去种皮裕民贝母(*Fritillaria yuminensis*)种子吸水时形态结构的变化发现，水分可以有效减轻种胚与胚乳的粘连程度，胚乳质地不再坚硬，变得柔软光滑，其淀粉粒由胚腔向四周逐渐水解，为种胚的生命活动提供降解物质，但胚乳中的半纤维素组织依旧很发达，细胞壁仍保持着较高的机械束缚力，弯曲的种胚无法借助反向作用力顶破珠孔端而突破种皮，从而使种子具有休眠特性(朱敏嘉等，2019)。因此，机械破损是促进具有机械休眠牧草与草坪草种子萌发的重要方法，如刺破种皮(何学青等，2010)和去稃处理(王倩南，2019)均能提高羊草种子的发芽率，去除颖苞处理则显著提高了野牛草种子的发芽率(表4-4)。

表4-4　不同条件下野牛草种子的发芽率(孙杰等，2009)　　%

收获年份	带颖苞种球			去颖苞种球		
	0.5% KNO_3	去离子水	对照	0.5% KNO_3	去离子水	对照
2006	4.67	0.00	3.33	87.33	86.00	88.00
2007	4.67	8.00	7.33	42.67	43.33	36.00
2008	0.00	0.00	0.67	33.33	26.00	5.00

(3)化学休眠　许多牧草与草坪草的种子或果实内存在着某些抑制种子萌发的物质，如酚类、醛类、醇类、氨、氰化氢、激素、酯类、苯类、生物碱类以及各种有机酸类等有机物质。如沙葱(*Allium mongolicum*)种子内通过GC-MS检测技术鉴定出了有机酸类、酚类、酯类、苯类、醛类和酮类等多种萌发抑制物质(王晓娟，2011)；沙芦草(*Agropyron mongolicum*)种子的稃壳中也通过GC-MS检测技术鉴定出了烷类、酯类、醇类、酮类、酰胺、苯类、酸类、缩醛和酚类等九大类32种有机化合物(于金田等，2022)。牧草与草坪草种子或果实内存在的这些萌发抑制物质中，有的是水溶性物质，有的是脂溶性物质或挥发性物质，甚至有的既是水溶性物质又是脂溶性物质。种子或果实萌发抑制物质的存在部位因植物种类而异，如结缕草种子存在于颖苞及整个种子内，鸢尾(*Iris tectorum*)种子存在于胚乳中，沙芦草、狼尾草(*Pennisetum alope-*

curoides)和野燕麦种子存在于稃壳中。种子或果实内所含萌发抑制物质的种类也因牧草或草坪草种类而异。结缕草颖苞及种子内的萌发抑制物质是脱落酸(ABA)(表 4-5),锦鸡儿属(*Caragana*)和岩黄芪属种子内的萌发抑制物质是色氨酸,草木樨种子内的萌发抑制物质是香豆素,沙芦草种子的萌发抑制物质则主要是其稃壳上存在的烷类、醇类和酮类等可溶性物质(于金田等,2022)。

表 4-5　结缕草休眠与打破休眠种子发芽过程中脱落酸(ABA)含量的变化(浦心春等,1994a)

μg/g

类型		发芽时间/h			第 14 天发芽率/%
		0	48	96	
休眠种子	颖苞	7.169	2.761	2.845	0.0
	颖果	6.535	4.859	2.821	
打破休眠种子	颖苞	6.598	2.419	2.721	75.5
	颖果	2.740	0.568	0.467	

牧草与草坪草的种子或果实内存在的萌发抑制物质有些是专一性的,有些则是广谱性的。如蒺藜苜蓿荚果、果壳、种皮及裸粒种子的粗提物均能使白三叶种子的萌发及幼苗生长出现显著降低(刘文瑜等,2015);红花绿绒蒿(*Meconopsis punicea*)种子浸提液对油菜种子萌发及胚根生长具有抑制作用(陈红刚等,2021);沙芦草种子稃壳的各相浸提液均对白菜(*B. pekinensis*)种子萌发及幼苗生长具有显著抑制作用,其中乙酸乙酯相浸提液的抑制作用最大,发芽率较对照降低了 59.33%,石油醚相的抑制作用最小,发芽率仅较对照降低了 8.66%(表 4-6)。综上所述,不含萌发抑制物质的种子与含萌发抑制物质的牧草与草坪草种子混合贮藏或萌发,则两种种子的萌发可能会受到同样的抑制。牧草与草坪草种子内的萌发抑制物可根据其种类及存在部位,通过水冲洗或除去种皮、果皮、胚乳等方法予以破除。因此,掌握不同牧草与草坪草种子内萌发抑制物质的种类及存在部位,可以推动种子休眠特性及破除方法的研究,对于加快我国草种质资源的创新利用具有重要意义。

表 4-6　各相沙芦草种子稃壳浸提液对白菜种子萌发及幼苗生长的影响(于金田等,2022)

有机溶剂种类	发芽率/%	根长/mm	苗高/mm
对照	93.33	18.49	5.82
石油醚	84.67	12.44	4.64
丙酮	65.33	8.01	5.23
乙酸乙酯	34.00	3.99	4.08
甲醇	62.00	5.32	5.07
H_2O	44.67	1.58	3.18
乙醚	75.33	12.69	4.63

2. 内源性休眠

内源性休眠是指由种胚本身所引起的休眠,即使将其种胚分离出来进行离体培养,也仍旧不能萌发。牧草或草坪草种子内源性休眠的引发原因有很多,按形成原因可进一步分为形态休眠、生理休眠和形态生理休眠 3 种类型。

(1)形态休眠　形态休眠是指牧草或草坪草种子的各部分组织已发育成熟,并已从母体脱落，但其种胚尚未发育完全，甚至尚未开始分化，短时间内不能萌发而处于休眠状态。正常牧草或草坪草种子的一个完整种胚是由子叶（胚乳）、胚芽、胚轴和胚根等部分组成的。然而，具有形态休眠的牧草或草坪草种子（果实）虽已表现成熟，并脱离了母体植株，但其种胚尚未发育完全，种胚相对较小，甚至仅为一团未完全分化的细胞，一般表现为线形、匙形、球形或心形（Bewley，2002；Willis et al.，2014）。马蔺（*Iris lactea*）种子由种皮、胚及胚乳构成，其胚较小，呈白色圆棒状，无明显分化的胚芽和胚根，胚率仅为 0.6%，为发育不完全种胚（王晓晶，2010）。裕民贝母种子内点状胚不透明，仍停留在原胚阶段，无明显分化的子叶、胚芽、胚轴和胚根，胚率仅为 22.33%（朱敏嘉等，2019）。红花绿绒蒿种子在未砂藏时胚的发育时期多处于球形或心形胚时期，胚率仅为 23.30%（陈红刚等，2021）。具有形态休眠特性的植物种子，其“尚未成熟胚”仍需要从胚乳中吸收营养物质来完成分化或继续生长，直到最后发育完全并完成生理后熟阶段，才有萌发能力，可能需要经历数周乃至数月才能完成。老山芹（*Heracleum moellendorffii*）种子经 20 ℃（10 d）—4 ℃（90 d）—20 ℃（5 d）的变温层积处理后，其种胚逐渐生长发育，由心形胚后期经鱼雷形胚进入子叶期胚时期（图 4-2），完成了胚的形态后熟，胚率也由原来的 12.6%增加到了 27.5%，这个过程持续了将近 100 d，且变温层积过程中 4 ℃低温阶段的持续时间越长对其种胚的发育越有利（张雪霞，2018）。对于具有形态休眠的牧草与草坪草种子而言，采用激素和化学试剂浸种、低温或变温处理、层积处理等方法均可破除其休眠，促进其种胚发育完全，提高其种子发芽率及出苗一致性，缩短其育苗周期。

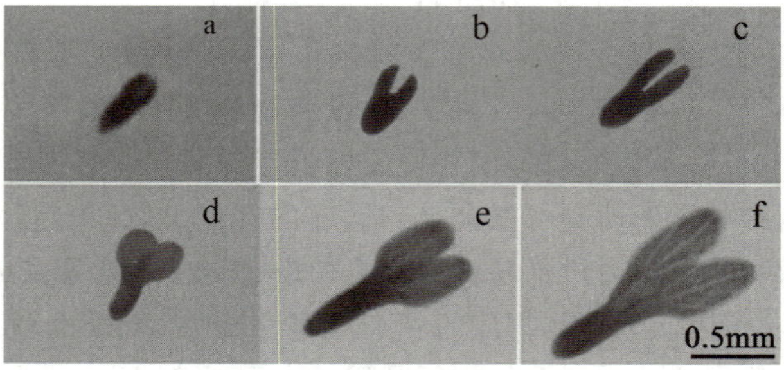

图 4-2　变温层积过程中老山芹种胚的发育过程（张雪霞，2018）

a. 心形胚后期　b. 鱼雷形胚　c. 鱼雷形胚后期　d～f. 子叶期胚

（2）生理休眠　生理休眠是指种胚已发育完全，并从母体脱落，但因种胚本身存在的生长物质不足以维持种子发芽所引起的休眠性（Hilhorst，1995）。生理休眠与形态休眠都是种子成熟并从母体脱落后不能萌发的休眠特性，但两者存在根本差别，具有形态休眠种子的种胚内部在种子脱离母体后到萌发前有明显生长分化的形态变化，而具有生理休眠种子的种胚内部在萌发前没有明显的形态变化。具有生理休眠的牧草与草坪草种子的种胚虽已完全发育，种胚各器官已在形态上达到完备，但由于其子叶、胚轴或整个种胚内存在萌发抑制物质，使胚的生理状态不适于发芽而保持休眠状态，即使把胚裸露在适宜的发芽条件下也不能萌发，只有除去抑制物质，或者经过一定时期的后熟，才具备发芽能力。种胚的生理休眠既有整个胚的休眠，也有局部的休眠，不同部位都有可能表现出休眠特性，但多数胚的生理休眠都是在子叶部位。此外，不同种类的牧草或草坪草种子在生理休眠上存在较大差异，根据其生理休眠的程度不同，可进一步分为浅度休眠、中度休眠和深度休眠 3 类。如涝峪苔草（*Carex giraldiana*）种子为浅度休眠，矮苔草（*C. humilis*）和披针叶苔草（*C. lanceolata*）种子为深度休眠，低温层积处理可有效破除其休眠(罗弦,2009);嵩草(*Kobresia myosuroides*)种子为浅度休眠,黑穗苔草(*C. atrata*)种子为中度休眠,藨草(*Scirpus triqueter*)和苔草(*C. duriuscula*)种子为深度休眠,浓硫酸浸种、GA_3、氟啶酮、KNO_3 和低温层积 2 个月均可破除嵩草种子的休眠,浓硫酸浸种、低温层积 4 个月均可破除黑穗苔草种子的休眠,低温层积 4 个月可破除藨草种子的休眠,低温层积 6 个月可破除苔草种子的休眠(周芝琴等,2013);球果扁莎(*Pycreus globosus*)种子为浅度休眠,GA_3、褪黑素和低温层积 2 个月均可破除其休眠(李欣勇等,2020);碎米莎草(*Cyperus iria*)种子也为浅度休眠,氟啶酮和褪黑素可破除其休眠(李欣勇等,2021a)。生理休眠是较为常见的休眠类型,尤其在禾本科和莎草科的牧草与草坪草种子中较为普遍。

生理后熟是许多生理休眠种子转向萌发的必要过程。许多刚成熟的牧草与草坪草种子存在着明显的休眠现象,其发芽率较低,甚至完全不发芽,但经过一段时期的特定贮藏后,其休眠即可被破除,发芽率得到显著提高。层积处理就是具有生理休眠种子后熟最常用的技术措施。如纳罗克非洲狗尾草种子埋藏 6～8 个月后可破除其休眠(李博伦等,2017);桃儿七(*Sinopodophyllum hexandrum*)种子低温层积 60～75 d 可破除其休眠(久西加等,2021)。因此,原位埋藏也可以改变种子的休眠程度并减小种子的死亡率。然而,不同牧草与草坪草对层积处理的响应不同。研究发现,原位埋藏整体上降低了青藏高原高寒草甸 17 种植物种子的死亡率,但对其萌发率的影响存在较大差异,埋藏处理增加了麻花艽(*Gentiana straminea*)和异针茅(*Stipa aliena*)的种子发芽率,却降低了冷地早熟禾(*Poa crymophila*)、短腺小米草(*Euphrasis regelii*)、甘肃马先蒿(*Pedicularis kansuensis*)、圆萼刺参(*Morina chinensis*)和钉柱委陵菜(*Potentilla saundersiana*)的种子发芽率(李聪等,2021)。牧草与草坪草种子的生理后熟时间因物种不同而存在很大差异。有的只需几天,有的需要几个月,个别的甚至需要 1 年以上。同样是低温层积处理,球果扁莎和嵩草种子仅需要 2 个月,黑穗苔草和藨草种子则需要 4 个月,而苔草种子需要 6 个月(周芝琴等,2013)。一般认为,生理休眠是由种胚内部存在代谢阻碍所引起的未完全后熟,可能与种子内部激素的种类、含量及相互平衡关系有关。新鲜橄榄种子的生理休眠是由 ABA 含量较高而 GA_3 含量较低(未检测到)引起的,随着层积时间的延长,其 ABA 含量快速下降,而 GA_3 含量增加,IAA/ABA 升高,从而打破了其种子休眠(叶清华等,2021)。外源激素处理则可有效破除牧草及草坪草种子的生理休眠,提高其种子发芽率,并促进其幼苗生长。如 1 500 mg/L 的 GA_3 或 450 mg/L 的 IAA 浸种可有效破除野牛草种子的休眠,促进其种子萌发,而 250 mg/L 的 ABA 浸种则抑制野牛草种子的萌发(邹竣竹,2017)。6-苄基腺嘌呤(6-BA)浸种处理也能破除野大麦(*H. brevisubulatum*)(马紫怡,2019)和赖草(*Aneurolepidium dasystachys*)(杜利霞等,2020)等植物种子的休眠,提高其种子发芽率和幼苗生长能力。此外,KNO_3、NaOH、硝普钠(SNP)、多效唑、氟啶酮等化学试剂浸种处理也是破除牧草与草坪草种子生理休眠的常用方法。

(3)形态生理休眠　有些牧草及草坪草种子不仅存在着形态休眠,还存在着生理休眠,其成熟种子从母体脱落后,种胚兼具形态休眠和生理休眠的特性,该类型牧草与草坪草种子的胚尚未发育完全,且种子内存在着萌发抑制物质,因而属于形态生理休眠。形态生理休眠存在于伞形科、冬青科、天南星科、五加科、马兜铃科、蓝堇科、小檗科、八角科、百合科、木兰科、罂粟科、毛茛科、五味子科及檀香科 14 个科的植物中,其成熟种子内未发育完全的胚也大多呈线形、匙形、球形或心形。如红花绿绒蒿种子成熟时,其种胚的发育时期多处于球形或心形胚时期(图 4-3),未发育完全,种皮对其种子萌发不造成透性障碍,且种子内含有萌发抑制物质,因而其种子休眠类型为形态生理休眠，低温层积是破除其种子休眠的有效方法（陈红刚等，2021）。

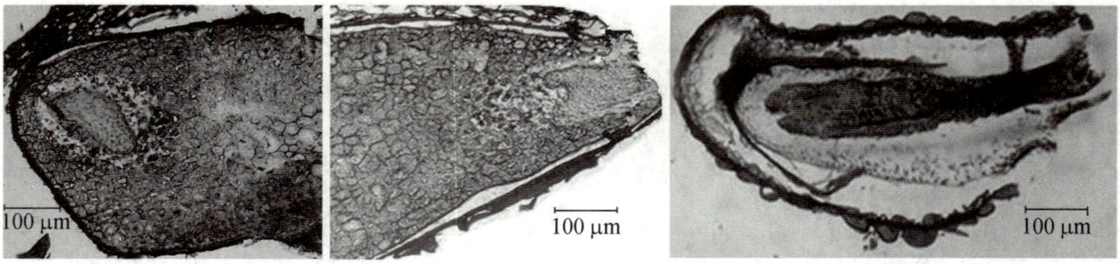

图 4-3 砂藏前后红花绿绒蒿种子胚的形态（陈红刚等，2021）

休眠类型为形态生理休眠的牧草与草坪草种子，必须经过2个步骤处理才能正常萌发：①胚继续分化生长，完成形态后熟，破除形态休眠；②胚完成生理成熟阶段，破除生理休眠。环境条件是该类型牧草与草坪草种子萌发的主导因素。有些牧草与草坪草种子的形态后熟和生理后熟是在同一环境条件下进行的。如裕民贝母种子在30 mg/L GA_3 处理下，种皮颜色不断加深，胚乳逐渐水解，胚不断生长发育，胚率增加至恒定，胚和胚乳中水溶性抑制物活性降低，从而破除其形态生理休眠，提高其发芽率（朱敏嘉等，2019）。然而，另外一些牧草与草坪草种子的形态后熟和生理后熟则需要不同的环境条件，如百蕊草（*Thesium chinense*）种子在变温层积120 d的过程中逐渐完成其种胚形态后熟，然后种子内相关酶活性逐渐升高，营养物质、GA_3、ABA也逐渐向生理成熟状态转化，从而破除其形态生理休眠，这是一个包括细胞形态构建、次生代谢产物的合成、糖代谢及植物信号转导等的复杂生物学过程（张成才，2020）。因此，该类型牧草与草坪草种子的休眠破除中，形态休眠的破除方法可采用单纯形态休眠类型种子的休眠破除方法，而其生理休眠的破除方法则基本与单纯生理休眠类型种子的破除方法相同。

3. 综合性休眠

多数牧草与草坪草种子的休眠并不是由单一因素造成的，而是由内源因素和外源因素共同引起的，这种休眠类型被称为综合性休眠。如沙葱种子的综合性休眠是由种皮的机械阻碍和种子内萌发抑制物质共同引起的，可用低温层积处理12 d破除（王晓娟，2011）；虉草（*Phalaris arundinacea*）种子的综合性休眠是由种子的吸水障碍及萌发抑制物质、胚生理休眠共同引起的，用100 mg/L的GA_3、100 mg/L的6-BA、150 mg/L的KT或4 g/L的KNO_3浸种24 h破除休眠（张浩等，2012）；纳罗克非洲狗尾草种子的综合性休眠是由种壳（含种皮）的机械障碍和种胚（带胚乳）内萌发抑制性物质共同导致的，贮藏210 d即可解除休眠（罗富成等，2014）；蒺藜苜蓿种子的综合性休眠是由种皮机械障碍及荚果、果皮、种皮及裸种子内的萌发抑制物质所引起的，可用GA_3浸种后低温层积或SNP浸种来破除（刘文瑜等，2015）；巴哈雀麦（*Paspalum notatum*）种子的综合性休眠是由其种皮的机械障碍和种子内萌发抑制物质共同造成的，可用浓硫酸处理5 min来破除（王文娟等，2017）；节节麦种子的综合性休眠主要是由颖壳的机械阻碍、颖壳内水溶性萌发抑制物质及种子内有机溶剂的萌发抑制物质共同作用所造成的，可用500 mg/L的GA_3浸种24 h或45 ℃温水浸种5 min来破除（王宁等，2020）。综上所述，不同牧草与草坪草种子产生综合性休眠的原因存在很大差异，其打破休眠的方法也不相同，所以在生产实践中应根据具体的草种来选择破除休眠的方法。

4.2 牧草与草坪草种子的休眠机制

种子休眠的类型较多,休眠的内在机制也就异常复杂,至今很难用一种学说来概括各种牧草与草坪草种子的休眠机理,但内源激素学说、呼吸途径学说和光敏素调控学说是较为普遍接受的种子休眠学说。

4.2.1 内源激素学说

激素能通过信号转导对种子内的各种生理生化变化做出特定的反应,种子的休眠释放与破除也不例外。激素通过调控萌发相关基因的表达和细胞信号转导来实现种子由休眠向萌发转变的生物学功能,激素 GA、CK 和 ABA 发挥着重要作用(刘晏等,2020)。ABA 是种子休眠的主要诱导物质和保护物质,是诱导和维持种子休眠的正调控因子,是种子萌发的负调控因子,其在未成熟种子内可维持种胚处于发育状态而非萌发过程,其含量过低会导致种子的提早萌发,相反,其含量过高则会使种子进入休眠状态,抑制种子的萌发(宋松泉等,2020a)。GA 是种子萌发的正调控因子,是种子休眠的负调控因子,除了促进种子萌发和拮抗由 ABA 诱导的种子休眠外(刘慧娜等,2020),还可以加速种子发育初期胚的扩张和物质储存进程,并通过促进水解酶的表达来软化胚乳及种皮等组织对萌发种胚的机械阻力(刘晏等,2020)。CK 可以通过强化 GA 的作用、促进乙烯的生物合成等途径来破除种子休眠(宋松泉等,2021)。种子的发育、休眠与萌发受 ABA、GA、CK 生物合成与分解代谢以及信号转导途径的调控。Khan(1977)提出了种子休眠的三因子调节假说,即促进萌发的激素 GA、CK 和抑制萌发的激素 ABA 之间的相互作用决定着种子的休眠与萌发,不同激素状况对应着不同的生理生化状态。种子内缺少具有生理活性的 GA 会处于休眠状态,但在生理活性 ABA 存在的情况下,缺少生理活性的 CK 时,即使具有生理活性的 GA,种子也不能萌发,而在没有生理活性 GA 的情况下,生理活性 CK 的存在也是无效的(图 4-4)。此外,乙烯、油菜素内酯(BR)、生长素、水杨酸(SA)、茉莉酸(JA)、独脚金内酯(SLs)等激素也对种子休眠的破除具有重要意义。乙烯可通过弱化珠孔的胚乳组织来促进种子萌发(Petruzzelli et al.,2003);生长素能够通过调控 ABI3 的转录水平影响种子的休眠与萌发(杨立文等,2019),并对剂量具有重要依赖性(宋松泉等,2020b);BR 通过拮抗 ABA 信号转导通路来促进种子萌发(Xi et al.,2010);SA 通过抑制 GA 诱导的 α 淀粉酶编码基因的表达来抑制种子萌发(Xie et al.,2007)。综上所述,种子休眠与萌发的激素调控可能是种子植物内一种高度保守的作用机制(Nonogaki,2014),但这些激素在种子休眠与萌发中的拮抗作用机制仍不够清楚(宋松泉等,2020a)。

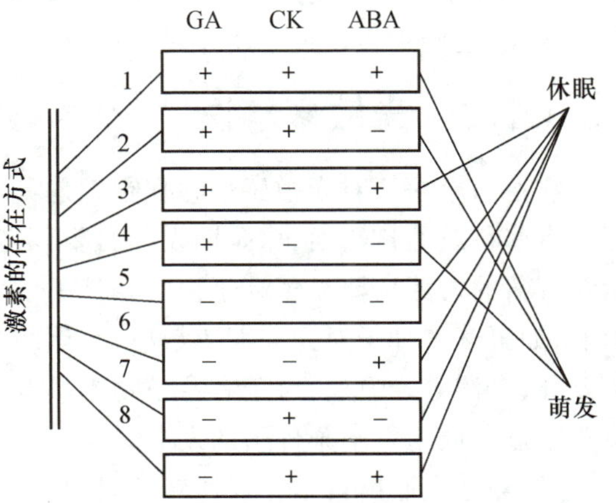

图 4-4　激素 3 因子对休眠和萌发的调控作用(卡恩,1989)

+表示激素存在生理活性浓度,

−表示激素不存在生理活性浓度。

4.2.2 呼吸途径(磷酸戊糖途径)学说

有活力的种子即使在非常干燥的休眠状态也在进行着呼吸作用。种子的呼吸作用有很多途径,但休眠种子的呼吸作用则是通过糖酵解途径(EMP)-三羧酸循环(TCA)-氧化磷酸化途径(OPP)进行的(毛培胜,2021),而种子打破休眠后的萌发过程中呼吸主要以 EMP-TCA-磷酸戊糖途径(PPP)进行(赵永华等,2001)。因此,PPP 途径是种子休眠破除后萌发所必须经历的呼吸代谢过程,也就是说,种子呼吸途径的转变是种子休眠破除的关键(Bewley and Black,1984)。种子休眠与萌发往往决定于这 2 种呼吸代谢途径的末端氧化酶对氧的争夺效果,EMP-TCA-OPP 途径的末端氧化酶为细胞色素氧化酶,其比 EMP-TCA-PPP 途径的末端氧化酶对氧的亲和力要高得多,因种皮(或果皮)结构限制着氧进入种子内部,无法满足细胞色素氧化酶对氧的需求,使 OPP 途径代谢受到抑制,从而种子进入休眠状态。

Roberts 于 1969 年提出了调控种子休眠与萌发的 PPP 途径假说,并于 1973 年进一步加以完善(图 4-5)。种子休眠与萌发主要取决于 OPP 途径和 PPP 途径的活化状况,PPP 途径的活化诱导种子休眠的破除,因而非休眠种子的萌发过程中 PPP 占主导地位。结缕草种子休眠破处后其 PPP 途径的呼吸强度比休眠种子 PPP 途径的呼吸强度平均要高 8 倍(浦心春等,1994b);西洋参(*Panax quiquefolium*)种子后熟过程中,其 PPP 途径的关键限速酶——葡萄糖-6-磷酸脱氢酶(G-6-PDH)活性逐渐升高(赵永华等,2001);桃儿七种子经低温层积解除休眠后,其种子内 EMP 途径的关键限速酶——丙酮酸激酶和 TCA 途径的关键限速酶——琥珀酸脱氢酶活性均显著降低,而其 PPP 途径的关键限速酶——G-6-PDH 活性显著升高(久西加等,2021)。综上所述,PPP 途径的活化在种子休眠破除中发挥着关键作用,这可能是由于 PPP 途径产生的五碳糖是核苷酸合成的原料,而核苷酸是产生 DNA、RNA 及一些辅酶的前体物质,这些物质是种子萌发过程中物质分解与生物合成所必需的。

4.2.3 光敏素学说

牧草与草坪草对光敏感性存在很大差异,种子的萌发也对光敏感性存在较大的差异。光照对有些科属的植物而言,是萌发的必要环境因子,增加光照能够促进其种子萌发,如光照下紫花苜蓿的发芽率要显著高于黑暗条件下(李阳等,2021);对某些植物种子的萌发则没有显著影响,如野燕麦种子对光周期不敏感,全黑暗或全光照条件下均能正常萌发,发芽率不存在显著差异(李涛等,2018);对于有些植物则具有一定的抑制作用,如柠条锦鸡儿在光照条件下的发芽率显著低于黑暗条件下的发芽率(张金峰等,2018)。忌光种子经红光照射后可破除其休眠,但再经红光照射后则会被逆转,这种种子休眠状态取决于最后一次光处理的现象叫作光可逆性,如纤毛虎尾草(*Chloris virgata*)、鬼针草(*Bidens pilosa*)、宝盖草(*Lamium amplexicaule*)等草种均具有光可逆性(毛培胜,2021)。光照对种子萌发的影响由多个因素共同决定,但光照主要影响了种子内光信号受体的光敏色素(PHY)。PHY 主要以红光吸收型(Pr)和远红光吸收型(Pfr)2 种形式存在,并在 2 种形态间相互转变(杨立文等,2019)。早在 20 世纪 50 年代,研究红光和远红光对莴苣(*Lactuca sativa*)种子萌发的影响时发现,红光能够促进种子的萌发,而远红光则能逆转红光的促进作用(Borthwick et al.,1952)。Pfr 比例的提高可促进种子发芽,而光照条件可以诱导种子内 Pr 和 Pfr 相互转化。PHY 作为光受体在感受到光信号的变化后,诱导其发色团构象发生改变,从而调控着种子的休眠与萌发,其中光敏色素 A

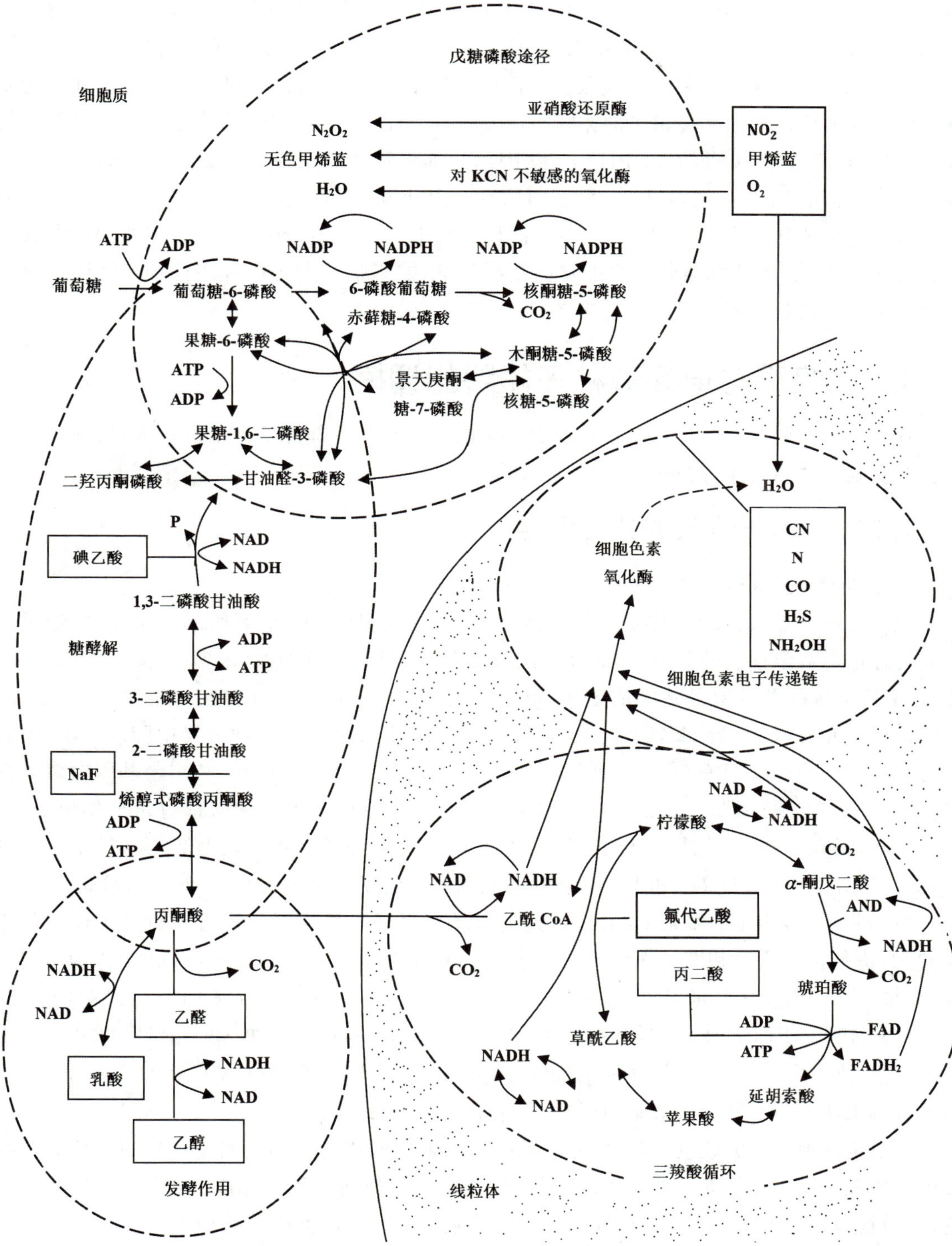

图 4-5　呼吸代谢途径（Roberts，1973）

在□内的物质可刺激休眠种子的萌发，图解表示这些物质如何直接或间接地促进磷酸戊糖途径的进行。

(PHYA)和光敏色素 B(PHYB)发挥着关键作用(李振华等,2019)。PHYA 蛋白在干种子中表达量比较低,但会随着黑暗吸胀时间的延长而逐渐增加,吸胀后期则通过介导红光或远红光下的极低辐照度反应、远红光下的高辐照度反应来调控种子的休眠与萌发(杨立文等,2019);PHYB 蛋白则在干种子和吸胀种子内均表达量很高,在吸胀初期即可介导红光和远红光下的低辐照度反应来调控种子的休眠与萌发(Li et al.,2011)。PHY 除了具有光受体功能外,还具有温度受体功能,因而 PHYA 和 PHYB 的生物功能也与种子吸胀温度有密切关系(图 4-6)。黑暗条件下,温度既能调控 PHYB 与其下游靶基因启动子区的直接结合(Jung et al.,2016),又能调控 PHYB 蛋白在 Pr 和 Pfr 之间的转化(Legris et al.,2016)。然而,光照通过 PHY 调控种子休眠与萌发的机制仍然不清楚,如何整合光温信号调控种子休眠与萌发将会成为种子科学领域关注的一个热点(李振华等,2019)。

4.3 牧草与草坪草种子休眠的调控

种子从休眠到萌发的过程主要受种子自身遗传因素和外部环境因素的影响,因而种子休眠主要受到其遗传物质、内在激素及外界环境的调控。

4.3.1 种子休眠的遗传调控

1. 种子休眠的 QTL 定位

数量性状位点(QTL)定位是一种检测复杂、连续的表型基因组区间的分子技术,通过检验遗传标记对数量性状的效应,推断该标记周围存在 QTL 的可能性(宋博文等,2022)。利用 QTL 定位了解种子内休眠基因的定位,已在大麦(Hisano et al.,2021)、水稻(Yuan et al.,2020)、拟南芥(Footitt et al.,2020)、小麦(Francki et al.,2021)等多种植物中陆续开展,但牧草与草坪草种子休眠相关 QTL 的研究仍然较少(Loddo et al.,2019)。利用全基因组数量性状基因组扫描发现,羊草 *LG6a* 上的多效性 QTL 对其种子破碎和休眠都有重要影响(Larson and Kellogg,2009)。通过已构建的双亲 SSR 连锁图谱对结缕草表型数据进行单标记分析发现,*B5M12-1* 和 *D2G9-1* 两个标记位点与其种子的发芽势相关(尹诗韵,2017)。

在 QTL 初步定位的基础上,通过构建近等基因系等次级作图群体可以对种子休眠的主效 QTL 进行精细定位和图位克隆。如以水稻 Ludao 为供体亲本,用 Ninggeng 4 作为轮回亲本,在水稻 7 号染色体鉴定出了 *qSdr7-1*、*qSdr7-2*、*qSdr7-3* 和 *qSdr7-4* 四个 QTL,并把 *qSdr7-2* 精细定位于标记 RM21103 和 RM5672 之间(Nguyen et al.,2019)。通过对 QPhs.cnl-2B.1 已知种子休眠 QTL 的精细定位,也确认了四个编码拟南芥蛋白 ABAR/GUN5、CIPK2、CIPK3 和 CIPK11 的同源候选基因(Somyong et al.,2011)。

休眠是一种复杂的数量性状,由环境和遗传因素共同决定。不同遗传结构的群体会影响其休眠相关 QTL 的定位。研究发现,不同母体环境对拟南芥种子休眠的 QTL 数量存在影响,相同基因型的拟南芥在大田中收获种子的休眠性要高于温室中收获种子,说明 QTL 定位受植物生长环境的影响(Postma and Agren,2015)。亲本类型同样会影响 QTL 定位的结果,对 113 份栽培稻休眠 QTL 定位进行统计发现,其中 72 个来源于籼稻,41 个来源于粳稻,籼稻来源的 QTL 明显多于粳稻来源,其主要原因是籼稻亲本往往比粳稻亲本表现出更强的休眠(周玉亮等,2016)。

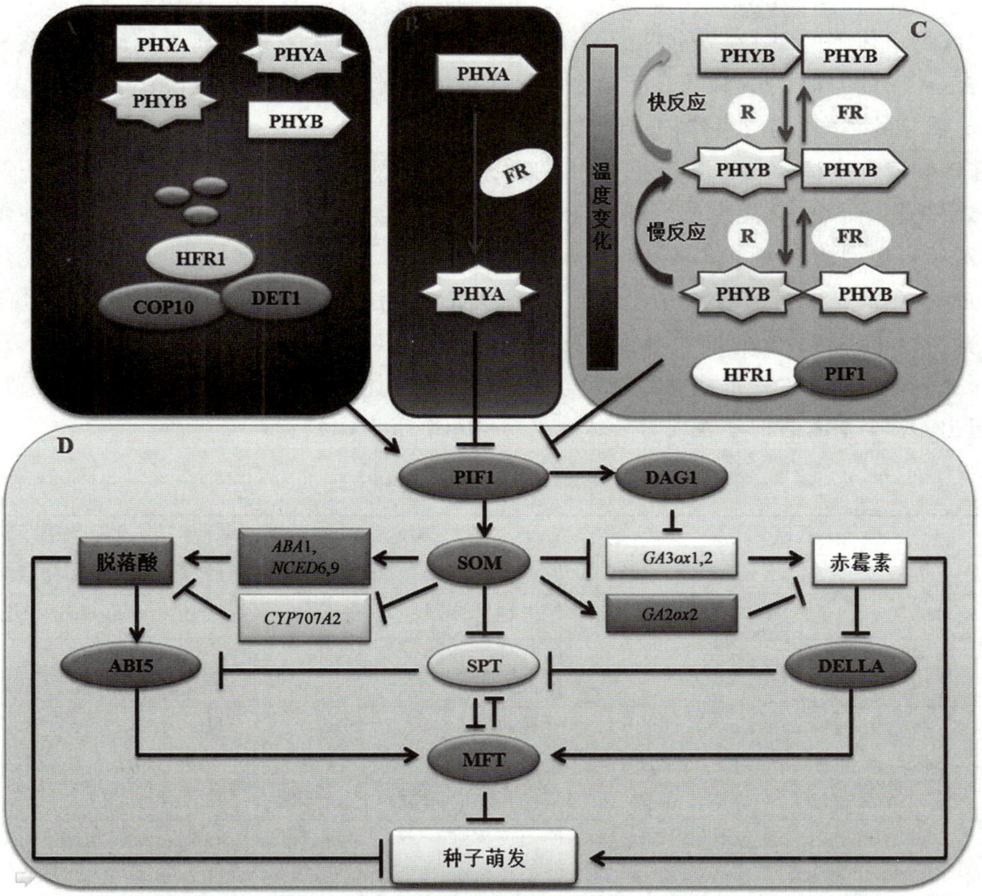

图 4-6　光敏色素(PHY)感知光温信号调控种子休眠与萌发的信号网络(李振华等,2019)

A～D 模块共同组成该信号网络图,A、B 和 C 模块分别表示黑暗、远红光和白光下 PHY 的(非)活性状态及其相互转变。[图形]和[图形]分别表示活性和非活性的 PHY,R 和 FR 分别表示红光和远红光,→和⊣分别表示正和负调控,图形的浅色和深色分别表示该分子促进和抑制种子萌发。*ABA*1:*ABSCISIC ACID* 1;*ABI*5:ABSCISIC ACID-INSENSITIVE 5;COP10:CONSTITUTIVE PHOTOMORPHOGENIC 10;DAG1:DOF AFFECTING GERMINATION 1;DET1:DE-ETIOLATED 1;*GA*2*ox*2:*GIBBERELLIN 2-OXIDASE* 2;*GA*3*ox*1,2:*GIBBERELLIN* 3-*OXIDASE* 1,2;HFR1:LONG HYPOCOTYL IN FAR-RED 1;MFT:MOTHER-OF-FT-AND-TFL 1;*NCED*6,9:9-*CIS-EPOXYCAROTENOID DIOXYGENASE* 6,9;PIFs:phytochrome-interacting factors,光敏色素互作因子;SOM:SOMNUS;SP:SPATULA。

2. 休眠相关基因调控

种子休眠是一个复杂的生理生化过程,关于内部遗传因子调控,已明确多个基因在种子休眠中的作用(表 4-7)。通过全基因组数量性状基因组扫描,羊草中 *LG*6*a* 为休眠主效基因,其贡献率达 24.1%;*LG*6*a* 还是控制种子落粒的主效基因,此基因与 *LG*3*b*、*LG*4*Xm* 的 QTL 标记贡献率合计达到 62.5%(Larson and Kellogg,2009)。水稻中 *Sdr*4 能使其种子在成熟期进入休眠,有助于减少穗发芽,该基因的表达受到种子成熟的全局调节因子 OsVP1 正调节(Sugimoto et al.,2010);*qSD*1-2 则通过调节脱水机制来控制初级休眠(Ye et al.,2015);位于数量性状位点 *qSd*-1-1 上的 *OsDOG*1*L*-3 基因可通过参与 ABA 通路调节种子休眠(Wang et al.,2020)。大麦中分别位于染色体5H着丝粒和端粒附近的*SD*1/*Qsd*1、*SD*2/*Qsd*2基因是控制其种子休眠的两个主要QTL(Han et al.,1996)。野大麦中分离了编码丙氨酸氨基转移酶(AlaAT)的*Qsd*1基因,其在胚胎中特异性表达可控制种子长休眠(Sato et al.,2016);使用Cas9诱导的靶向诱变在相同遗传背景下的*QTL for seed dormancy*(*Qsd*1)和*Qsd*2中产生单突变体和双突变体,结果发现突变体中的发芽受到强烈抑制,*Qsd*1突变体部分抑制了*Qsd*2的长休眠表型,而*Qsd*2突变体不能在光照下发芽,但能在黑暗中发芽。此外,与发芽延迟一致,相对于野生型所有突变体都积累了ABA,但其ABA水平不能维持长期休眠,只能延迟发芽(Hisano et al.,2021)。小麦中基于比较基因组学方法克隆出了*Sdr*4的同源基因*TaSdr*基因,其位于同源第2组染色体上,被分别命名为*TaSdr-A*1、*TaSdr-B*1和*TaSdr-D*1;*TaSdr-A*1、*TaSdr-B*1是抗穗发芽基因,具有调控种子休眠的功能(Zhang et al.,2017)。携带克隆出*Qsd*1基因的种子表现为长休眠(Onishi et al.,2017)。

表4-7 种子休眠相关基因

物种	基因	功能	文献来源
羊草	*LG6a*	控制种子休眠与落粒	Larson and Kellogg,2009
水稻	*Sdr*4	促进种子休眠	Sugimoto et al.,2010
	*qSD*1-2	控制种子休眠	Ye et al.,2015
	*OsDOG*1*L*-3	延迟萌发	Wang et al.,2020
拟南芥	*Delay of germination* 1(*DOG*1)	延迟萌发	Huo et al.,2016
	*Mother of FT and TFL*1(*MFT*)	延迟萌发	Vaistij et al.,2018
	FLOWERING LOCUS T(*FT*)	调控开花时间,参与种子休眠	Chen et al.,2021
大麦	*Qsd*1	种子长休眠	Sato et al.,2016
	*Qsd*2	种子长休眠	Hisano et al.,2022
小麦	*TaSdr-A*1	调控种子休眠	Zhang et al.,2017
	*TaSdr-B*1	调控种子休眠	Zhang et al.,2014
	*Qsd*1 *homologous gene*	种子长休眠	Onishi et al.,2017

Delay of germination 1(*DOG*1)是调控种子休眠的特异基因,参与调节拟南芥种子休眠响应温度变化,并且调节不同拟南芥种质的不同位置的多效开花表型。*DOG*1可以通过影响*miR*156和*miR*172的表达水平调节拟南芥的种子休眠和开花时间(Huo et al.,2016)。而*flowering locus T*(*FT*)基因通过影响*DOG*1和激素通路,增强种子休眠(Chen et al.,2021)。*Mother of FT and TFL*1(*MFT*)也是调控种子休眠的基因,受光的严格调控。在远红光下,*MFT*通过调控激素信号传导通路抑制种子发芽(Vaistij et al.,2018)。

4.3.2 种子休眠的激素调控

植物激素是调控种子休眠与萌发过程中重要的信号传导物质,参与种子休眠与萌发过程的调控,主要通过ABA和GA的合成和降解进行调控(Finkelstein et al.,2008)。此外,其他内源激素包括ETH、BR和CK等直接或间接通过参与ABA或GA信号传导途径参与种子的休眠与萌发。

1. ABA调控种子的休眠

一般在深休眠种子中ABA的含量较高,ABA在种子胚胎成熟期间诱导休眠,主要表现在抑制种皮破裂、胚根突出和促进胚乳断裂等方面。缺乏 ABA 的种子休眠减弱，而 ABA 生物合成酶的过表达导致休眠增强(Lin et al.，2007)。同时，ABA 也可以使打破休眠的种子重新进入休眠期(Gianinetti and Vernieri，2007)。在东北红豆杉(*Taxus cuspidata*)发育中期积累大量 ABA，一定程度上约束种皮，在发育后期，种子进入休眠状态，ABA 不再积累(秦祎婷，2014)，因此 ABA 的合成和分解间接决定了种子是否休眠。

植物中 ABA 可以通过类胡萝卜素途径产生，C40 环氧类胡萝卜素是 ABA 生物合成的前体，它通过形成玉米黄质，再经 9-顺式-环氧类胡萝卜素双加氧酶(NCEDs)氧化形成黄质醛等物质，最后形成 ABA，NCED 是 ABA 合成的关键限速酶。其中 *NCED* 家族中的 *NCED*6 和 *NCED*9 对于休眠诱导期间胚胎和胚乳中的 ABA 合成至关重要(Lefebvre et al.，2006)，是萌发调控重要的限速酶。研究表明，*NCED* 基因在羊草开花 14 d 后在休眠种子中高表达(Li et al.，2019)。

ABA 的分解代谢途径主要通过羟基化以及与葡萄糖结合两个方面进行，其中脱落酸 8'-羟基化作用是种子成熟后期 ABA 失活的主要类型，主要通过脱落酸-8'-羟基化酶，由 *CYP*707*A*2 编码完成，是 P40 家族的一员，*cyp*707*a*2 拟南芥突变体种子干燥和吸水中过度积累 ABA，表现出更高的休眠性(Matilla et al.，2015)，而拟南芥中 *AtCYP*707*A*1 的过表达导致种子中 ABA 水平降低以及休眠率显著降低，因此 *CYP*707*A* 是种子休眠解除的主要调控基因之一(Nambara and Marion-Poll，2005)。

植物 ABA 不敏感蛋白 3(ABI3)和 ABA 不敏感蛋白 4(ABI4)是种子休眠的重要的正转录调控因子，由于 ABI4 能够结合 *CYP*707*A*1 启动子，因而 ABI4 能通过抑制 ABA 分解代谢来正向诱导休眠(Shu et al.，2013)。*AtABI*3 转录本水平在休眠种子中很高，萌发后迅速下降(Lopez-Molina et al.，2002)。多种转录因子可以共同调控 ABA 的生成和降解，如 bHLH57 和 MYB69 可调控 *NCED*6 和 *NCED*9 或 *CYP*707*A*1/2，从而调控种子体内 ABA 的活性(Liu et al.，2020；Sano and Marion-Poll，2021)，共同参与 ABA 的合成和代谢，影响种子的休眠(图 4-7)。转录因子 ABI4、MYB96 和 bHLH57 直接结合 *NCED* 或 *CYP*707*A* 启动子，调节 ABA 水平进而参与休眠深度。*ODR*1(逆转 *rdo*5 基因)与 bHLH57 的相互作用阻止与 *NCED*6 和 *NCED*9 启动子的结合以及 ABA 生物合成的激活。*ODR*1 还可以通过降低 *ABI*4 的转录来调节 ABA 水平(图 4-7A)。在种子成熟过程中，ABI3 与 *ODR*1 启动子结合抑制 *bHLH*57 表达，促进 ABA 生物合成和种子休眠(图 4-7B)。ABI4 可以结合 *CYP*707*A*1/2 启动子从而抑制 ABA 分解代谢而导致更高的 ABA 水平和种子休眠。MYB96 可以直接激活 *NCED*2 和 *NCED*6，或者促进 *ABI*4 表达间接抑制 *CYP*707*A*，在调节 ABA 代谢中具有双重功能。

另外，在发育和成熟的种子中激素受体可以感知植物激素含量变化并快速响应。PYR、PYL 和 RCAR 等是 ABA 受体，PYR/PYL/RCAR 蛋白与 2C 型蛋白磷酸酶(PP2C)相互作用，而激活蔗糖非酵解蛋白激酶 2(SnRK2)，开启 ABA 信号通路，SnRK2(SnRK2. 2，SnRK2. 3 和 SnRK2. 6)蛋白已被证明参与 ABA 信号传导，从而调节种子的休眠和萌发(Matilla，2020)。

2. GA 调控种子的休眠

GA 主要通过诱导水解酶来刺激种子萌发，这些水解酶会削弱胚乳或种皮等保护组织，诱导种子贮藏物质的动员，是打破休眠的关键激素。在牧草与草坪草种子内具有生物活性的

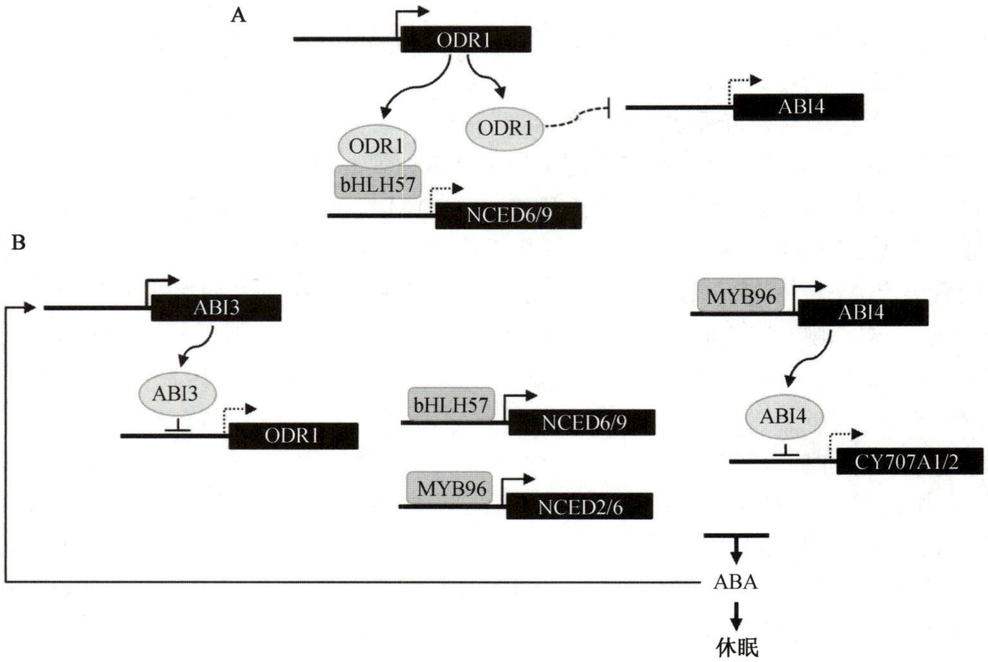

图 4-7 ABA 代谢诱导的转录调控(Sano and Marion-Poll,2021)

注:虚线表示信号因子的间接影响或下游基因的表达降低。

GA 主要包括 GA1 和 GA4,GA 可以通过拮抗 ABA 诱导的种子休眠来打破休眠并刺激发芽(Finkelstein et al.,2008)。在打破种子休眠中,GA 不仅动员胚的生长,促进胚根和下胚轴生长与伸长,而且减弱包围胚根组织(种皮、珠孔端胚乳)的机械束缚(宋松泉等,2020c)。GA 解除种子休眠的可能原因是促进种子内 α 淀粉酶和 β 淀粉酶的合成、抗氧化酶等活性物质的产生、可溶性蛋白的降解等(黄承玲等,2017)。通过适当浓度 GA 处理可以提高休眠种子的萌发率,在柳枝稷(*Panicum virgatum*)(Duclos et al.,2014)、藏北嵩草(*Kobresia littledalei*)(邓晨玥等,2019)、羊草(蔺吉祥,2012)、紫花苜蓿、箭筈豌豆、柠条锦鸡儿、无芒雀麦、披碱草、羊茅(*Festuca ovina*)(惠文森,2003)和狗尾草(*Setaria viridis*)(郭瑞峰等,2017)中均有作用。GA 合成是解除休眠所需的一个步骤,在初始胚根伸出之前观察到种子中 GA4 活性水平显著增加。

在 GA 的合成和代谢过程中,一些关键基因决定了种子的休眠和萌发,DELLA 蛋白是 GA 反应的抑制因子,也是一类生长抑制因子,种子萌发抑制蛋白(RGL2)是主要 DELLA 蛋白,当 RGL2 功能丧失时可以刺激种子萌发(Lee et al.,2002)。另外,GA3-氧化酶(GA3ox)和 GA20-氧化酶(GA20ox)是 GA 的生物合成过程中的关键合成酶,并且 GA3ox 是使 GA 具有活性的作用酶,而 GA 失活主要由 GA2-氧化酶(GA2ox)所引起,当过量 GA 的活性产生或不需要的时候,可以降低 GA 的活性从而抑制萌发。

3. 激素互作调控种子的休眠

激素调节种子休眠的过程不是单一的,而是通过互作调控的复杂过程。外源 GA 可以提高过表达 *OE-ABI3* 和 *OE-ABI4* 种子萌发的速度,并且突变体 *abi3-3* 和 *abi4-1* 可以在没有外源性 GA 的情况下拯救 *ga1* 突变体的非萌发表型,表明 ABI3 和 ABI4 是 GA 生物合成的负调节因子(Shu et al.,2013;Shu et al.,2015)。JA 通过调节 ABA/GA 平衡诱导小麦种子休眠,通过释放茉莉酸盐来增强 GA 的敏感性,抑制 ABA 活性和敏感性,诱导小麦种子休眠解除和发芽(Nguyen et al.,2022)。另外,乙烯和 BR 也能削弱 ABA 对萌发的抑制作用,乙烯影响种子的萌发主要是通过增强种子的呼吸作用,同时促进胚根细胞的扩大和胚轴的伸长与根毛发育(于敏等,2016)。外源乙烯可以改善种子休眠的情况,可能通过信号传导途径调控 ABA 合成的下游步骤;CK 通过增强乙烯的生物合成,促进种子休眠的解除和种子萌发的完成(Jia et al.,2020)。各个激素存在的相互调控机制,有些发挥作用为已知,但具体的途径机制并不清楚(图 4-8)。

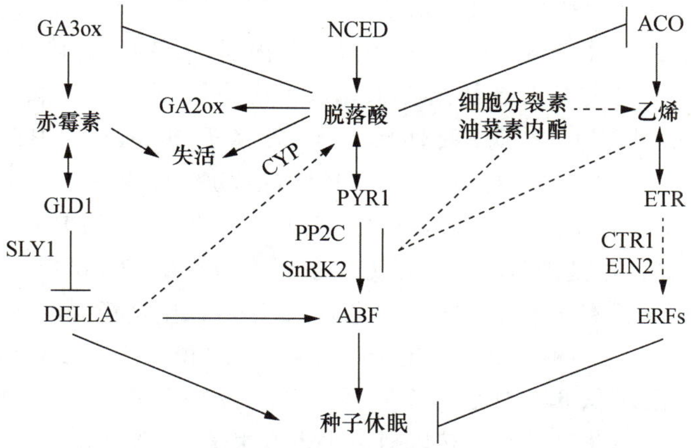

图 4-8　种子中激素的信号传导相互作用和影响(Bewley et al.,2013)

→ 表示促进作用,⊥ 表示抑制作用,虚线表示已知有作用,但具体机制不清楚。

4.3.3　种子休眠的环境因素调控

除了遗传因素和激素因素外,环境因素(包括水分、温度、光和气体等)也对种子休眠产生重大影响。由于牧草及草坪草的遗传背景复杂,给相关研究带来很大困难,因此进展较为缓慢。针对种子休眠的环境因素调控的研究主要集中在以拟南芥为主的模式植物上。

1. 水分调控种子的休眠

水分对于牧草及草坪草种子的休眠调控研究主要以打破种子休眠为主。如兰引Ⅲ号结缕草种子具有萌发节水、萌发适应温度广以及休眠度低等特点,其生态适应性较强,但在最适温度和水分条件下的休眠率尚达 26%左右(王彦荣等,1996)。水浸 12 h 或 24 h 可使兰引Ⅲ号结缕草种子的休眠率降低 10%～12%。天然的发芽抑制物大多数是一些简单的低分子量有机化合物,可以经水浸和水淋后自种子中渗出,水浸可破除兰引Ⅲ号结缕草种子休眠,可能是由于种子中的发芽抑制物从种子中渗出(王彦荣和曾彦军,1997)。

通常在农业生产中,清水浸种被认为是促进种子萌发最为便捷有效的方法,但浸种时间过长反而会对种子产生毒害作用,使新采收种子更容易受到不利影响。新收获的野大麦种子发芽率低,仅为 6.3%,存在着一定程度的休眠。清水浸种不利于解除野大麦种子休眠,可能是由于新采收的野大麦种子尚未完成后熟,生理代谢较活跃,呼吸强度较大,在水中浸泡引起氧气缺乏,从而导致种子进行无氧呼吸,产生二氧化碳和酒精,使种子中毒(马紫怡,2019)。

2. 温度调控种子的休眠

温度是控制初级休眠的主要环境因素之一，通过几个已经确定的休眠调控因子控制ABA、GA含量以及*DOG*1基因的表达(Kendall et al.,2011)。DOG1是诱导种子休眠的关键调控因子(Nakabayashi et al.,2015)，在种子成熟过程中的低温会增强*DOG*1转录水平，进而增加种子休眠程度(Graeber et al.,2012)。在种子休眠中，FT通过激活开花抑制基因*Flowering locus C*(*FLC*)的反义转录调控来抑制*FLC*基因表达和调节染色质状态以达到抑制种子休眠的目的。拟南芥植株受精前温度变化会影响*FT*的表达，进而对后代种子休眠产生影响(Chen and Penfield,2018)。

低温层积是解除种子休眠的主要方法之一。首先是动员了种子内部的物质代谢，尤其是打开了闭锁状态的GA生物合成途径，从而促进种子内部贮藏物质的转化；其次是加速了抑制物质的降解，种子中主要发芽抑制物质在低温层积下较干燥状态下降得要快(刘亚光等,2020)。在拟南芥的研究中发现，碱性螺旋转录因子Spatula(SPT)和Phytochrome-interacting factor3-like5(PIL5)均抑制*GA3ox1*和*GA3ox2*的表达，从而阻碍种子的萌发。SPT是种子萌发的负调控因子，在低温层积处理后其活性会丧失，而PIL5对低温虽然不产生任何应答，但可以抑制低温处理后的种子在无光条件下的萌发(Penfield et al.,2005)。然而，非深度生理休眠的种子具有产生休眠循环的能力，低温层积则会诱导种子产生休眠循环。风车草(*Cyperus alternifolius*)种子属于浅度生理休眠，仅层积2个月便可解除休眠，萌发率提高达78%，但是在低温层积6个月后风车草种子的萌发率下降，进入二次休眠(李欣勇等,2021b)。相似的情况在碎米莎草种子休眠研究中也有报道(李欣勇等,2021a)。

3. 光调控种子的休眠

光照主要影响种子内的光信号受体蛋白——PHY，PHY在光调控种子休眠过程中起着至关重要的作用(表4-8)。在外源光信号的刺激下，PHY由细胞质转移至细胞核，并依赖一系列光信号因子调控种子休眠(de Wit et al.,2016)。在拟南芥中，PHYs作为上游分子，感知光信号后通过光敏色素互作因子(PIFs)调控ABA和GA代谢与信号基因的表达，进而控制ABA、GA含量以及种子对ABA和GA的敏感性，调控种子休眠与萌发(李振华等,2019)。研究发现，PHYB在介导光信号调控种子休眠和萌发上发挥主导功能，转录因子PIF1在PHYB介导的种子萌发过程中发挥关键作用，建立了以PHYB-PIF1为主的调控种子萌发的光信号途径。两个MYB类转录因子——RVE1(REVEILLE1)和RVE2，不仅参与了由PHYB介导的种子萌发，同时促进了种子休眠，外源光信号通过PHYB-RVE1/2-GA3ox2与PHYB-RVE1-RGL2通路分别控制GA合成和信号转导，进而调节种子的休眠与萌发(Yang et al.,2020a)(图4-9)。

光量、光周期、光谱性质等因素也均对种子休眠的形成具有重要影响。红光可以打破二穗短柄草(*Brachypodium distachyon*)种子的休眠，促进其萌发，蓝光则可增强其休眠程度，使其萌发受到抑制(Barrero et al.,2012)。此外，隐花色素基因(*CRY*1)可介导蓝光对*NCED*1表达的刺激作用，增加ABA含量，抑制休眠大麦种子的萌发(Barrero et al.,2014)。当生长环境发生改变(开花后由长日照变成全日照)时，新收获的拟南芥*lux*和*elf3*(生物钟重要复合体成员)突变体种子中*DOG*1表达下降，休眠水平也降低至与野生型类似(Zha et al.,2020)。

表 4-8　参与光调节拟南芥种子休眠的因子

蛋白	命名	生物功能预测	基因功能丧失的表现	文献来源
PHYB	AT2G18790	调控 GA 和 ABA 生物合成和信号转导	种子休眠增强	Jiang et al.,2016
CCA1	AT2G46830	调控 GA 和 ABA 相关基因表达		Penfield and Hall,2009
PIF6	AT3G62090	未知		Penfield et al.,2010
ELF3	AT2G25930	抑制 *DOG*1 表达		Zha et al.,2020
LUX	AT3G46640	抑制 *DOG*1 表达		
PKL	AT2G25170	通过调控组蛋白 H3K27me3,抑制 *DOG*1 表达		
RVE1	AT5G17300	抑制 *GA3ox2* 表达,阻止 RGL2 蛋白降解	种子休眠下降,红光增加种子萌发	Jiang et al.,2016 Yang et al.,2020b
RVE2	AT5G37260	抑制 *GA3ox2* 表达		Jiang et al.,2016
DAG1	AT3G61850	抑制 *GA3ox1* 表达		Gabriele et al.,2009
SPT	AT4G36930	Col 背景诱导 *RGL*3 和 *ABI*5 表达;Ler 背景抑制 *RGA* 和 *ABI*4 表达	Col 背景种子休眠下降;Ler 背景种子休眠增强	Vaistij et al.,2013

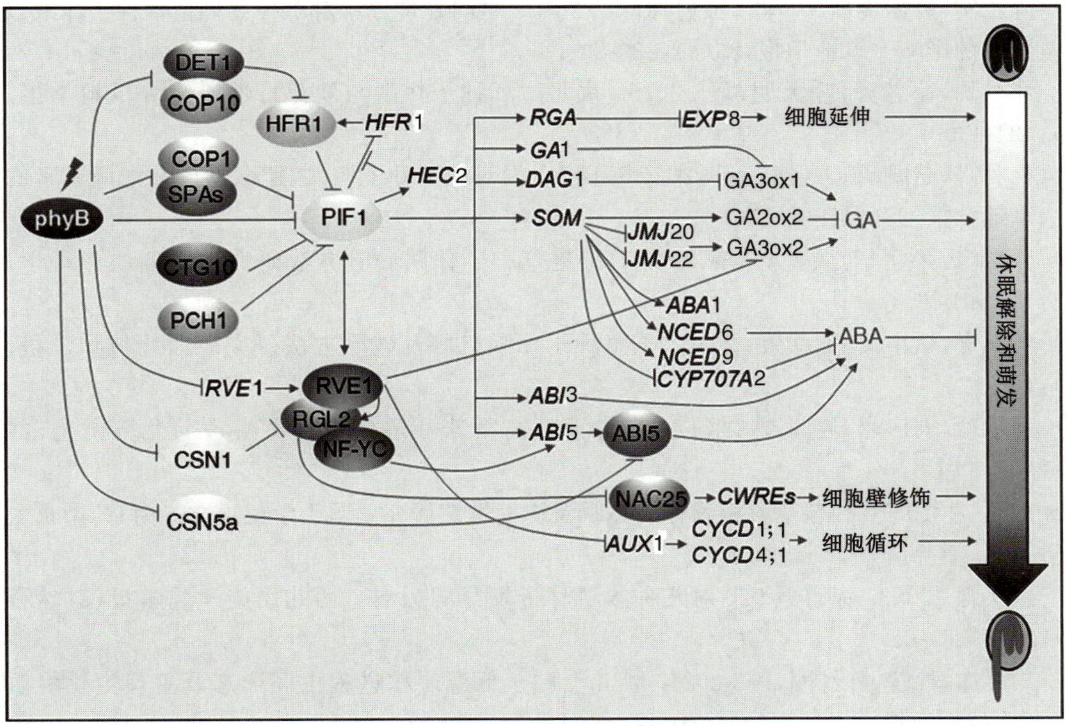

图 4-9　光信号调控种子休眠释放和萌发的作用机制(Yang et al.,2020a)

注:环境光信号通过调节不同信号成分的活性和(或)表达,在上游调节种子休眠的解除和随后的萌发。CWRE 为细胞壁重塑酶。*CYCD*1;1 和 *CYCD*4;1 是参与细胞周期和种子萌发的两个关键基因。椭圆形表示蛋白质,斜体表示基因。箭头表示正调节,横条表示负调节。

4. 气体调控种子的休眠

关于调控种子休眠的气体研究较少，主要集中在一氧化氮(NO)和氧气(O_2)中。NO 的反应活性很强，是植物中普遍存在且有效的气体信号分子、参与调节许多植物的休眠和萌发进程。研究发现，NO 通过激活 *CYP707A2* 基因促进 ABA 的降解，同时通过刺激 *GA3ox* 基因的活性来促进 GA 的合成，最终使拟南芥种子解除休眠(图 4-10)。O_2 则是种子萌发的条件之一，适宜的氧浓度有利于种子休眠解除，但缺氧条件则会引起种子的次生休眠，降低其萌发率，在稗草(*Echinochloa crusgalli*)种子的休眠研究中有这种表现(Honěk and Martinková,1992)。

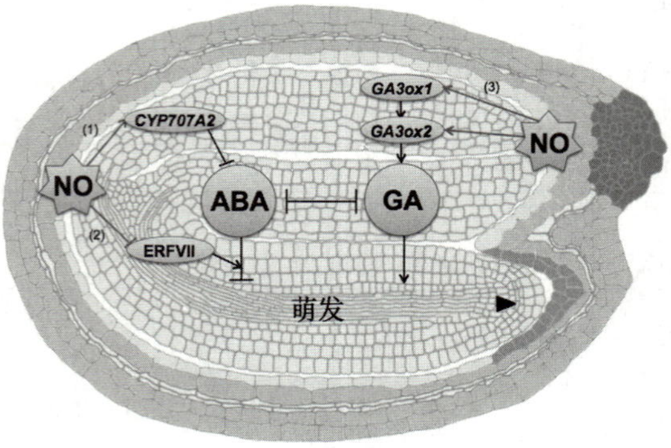

图 4-10 拟南芥种子解除休眠和萌发过程中 NO、ABA 和 GAs 的互作(Sanz et al. ,2015)

参考文献

陈红刚，赵文龙，晋玲，等．2021. 红花绿绒蒿种子休眠及破除方法研究．草地学报，29(2):402-406.

陈乙实，娜丽克斯·外里，王树林，等．2017. 不同处理方法对 7 种豆科植物种子休眠以及成苗特性的影响．草地学报，25(4):823-831.

邓晨玥，徐慧齐，呼天明，等．2019. 藏北蒿草种子休眠与发芽特性研究．草地学报，27(2):421-430.

杜利霞，赵凯玥，王凯鑫，等．2020. 6-BA 引发对赖草种子萌发、贮藏物质和内源激素的影响．草地学报，28(3):667-674.

郭瑞峰，张建华，关望辉，等．2017. 狗尾草种子休眠破除方法研究．山西农业科学，45(7):1084-1086.

何学青，胡小文，王彦荣．2010. 羊草种子休眠机制及破除方法研究．西北植物学报，30(1):120-125.

黄承玲，刘广超，赵孝梨．2017. 赤霉素提高露珠杜鹃种子活力机理．北方园艺，(6):77-80.

黄迎．2019. 10 种莎草科植物种子休眠及萌发特性研究．硕士学位论文．南京:南京农业大学．

惠文森．2003. 赤霉素 920 对几种牧草种子发芽的影响．西北民族学院学报(自然科学版)，24(1):61-62.

久西加，杜弢，陈红刚，等．2021. 桃儿七种子低温层积过程中胚形态及生理生化物质变化. 西北植物学报，41(12):2096-2103.

卡恩．1989. 种子休眠和萌发的生理生化．王沙生等译．北京:农业出版社．

李博伦，秦源源，罗富成，等．2017. 土壤埋藏深度、时间对纳罗克非洲狗尾草种子萌发及其活力的影响．草学，(4):7-10.

李聪，马真，武林，等．2021. 种子大小和原位埋藏对 17 种高寒草甸植物种子萌发率和死亡率的影响．草地学报,29(10):2169-2175.

李涛,袁国徽,钱振官,等．2018. 野燕麦种子萌发特性及化学防除药剂筛选．植物保护,44(3):111-116.

李欣勇,黄迎,金雪,等．2021a. 碎米莎草种子休眠与萌发特性研究．热带作物学报,42(7):2001-2007.

李欣勇,黄迎,罗小燕,等．2020. 球穗扁莎种子的休眠与萌发特性．生态学杂志,39(12):4015-4021.

李欣勇,黄迎,张静文．2021b. 风车草种子休眠及萌发特性研究．种子,40(5):57-62.

李阳,亓雯雯,李绍阳,等．2021. 苜蓿种子萌发和幼苗生长对温度、光照和埋深的响应．生态学杂志,40(2):332-339.

李振华,徐如宏,任明见,等．2019. 光敏色素感知光温信号调控种子休眠与萌发研究进展. 植物生理学报,55(5):539-546.

蔺吉祥．2012. 松嫩草地羊草种子发育进程、休眠特性及与盐碱耐性关系的研究．博士学位论文．长春:东北师范大学．

刘慧娜,张克亮,赵大球,等．2020. 种子休眠与萌发综述．分子植物育种,18(2):621-627.

刘文瑜,魏小红,许可成,等．2015. 蒺藜苜蓿种子休眠机制及其破除方法研究．草地学报,23(2):358-365.

刘亚光,张苏新,唐兴佳,等．2022. 解除萤蔺种子休眠方法研究．江西农业大学学报,42(6):1099-1106.

刘晏,李俊德,李家儒．2020. 脱落酸和赤霉素调控种子休眠与萌发研究进展．生物资源,42(2):157-163.

罗富成,彭健,段新慧,等．2014. 滇产纳罗克非洲狗尾草种子种壳透性及种胚休眠性研究. 草原与草坪,34(4):19-24.

罗弦．2009. 4 种苔草种子休眠及萌发生理研究．硕士学位论文．成都:四川农业大学．

马紫怡．2019. 野大麦种子休眠与萌发特性的研究．硕士学位论文．呼和浩特:内蒙古农业大学．

毛培胜．2021. 牧草种子学．3 版．北京:中国农业大学出版社．

浦心春,韩建国,李敏．1994b. 结缕草种子打破休眠过程中的代谢调控．中国草地,78(3):20-24.

浦心春,韩建国,李敏．1994a. 结缕草种子脱落酸含量及打破休眠的研究．草地学报,2(1):30-35.

秦祎婷．2014. 东北红豆杉种子发育与休眠机制研究．博士学位论文．北京:中国农业大学．

宋博文,王朝欢,赵哲,等．2022. 基于高密度遗传图谱对水稻粒形 QTL 定位及分析.作物学报,48:1-17.

宋松泉,刘军,黄荟,等．2022c. 赤霉素代谢与信号转导及其调控种子萌发与休眠的分子机制．中国科学:生命科学,50(6):599-615.

宋松泉,刘军,唐翠芳,等.2020b.生长素代谢与信号转导及其调控种子休眠与萌发的分子机制.科学通报,65(34):3924-3943.

宋松泉,刘军,徐恒恒,等.2020a.脱落酸代谢与信号传递及其调控种子休眠与萌发的分子机制.中国农业科学,53(5):857-873.

宋松泉,刘军,杨华,等.2021.细胞分裂素调控种子发育、休眠与萌发的研究进展.植物学报,56(2):218-231.

孙杰,熊军波,刘永志,等.2009.野牛草种子休眠原因分析.草地学报,17(5):665-669.

王宁,袁美丽,李聪,等.2020.入侵植物节节麦种子休眠原因及解除方法研究.草地学报,28(2):583-588.

王倩南.2019.赤霉素处理提高羊草种子萌发率的分子调控网络初步分析.硕士学位论文.哈尔滨:东北农业大学.

王文娟,赵丽丽,王普昶,等.2017.2种雀稗属牧草种子休眠机理及其破除方法研究.种子,36(9):6-11,16.

王晓晶.2010.马蔺种子休眠机理及休眠解除技术的研究.硕士学位论文.呼和浩特:内蒙古农业大学.

王晓娟.2011.沙葱胚胎学及种子休眠机理的研究.博士学位论文.呼和浩特:内蒙古农业大学.

王彦荣,曾彦军.1997.浸种对提高兰引Ⅲ号结缕草种子发芽的影响.草业学报,6(2):42-47.

王彦荣,张巨明,聂斌.1996.兰引Ⅲ号草坪型结缕草发芽生态适应性的研究.草业学报,5(2):49-55.

颜启传.2001.种子学.北京:中国农业出版社.

杨立文,刘双荣,林荣呈.2019.光信号与激素调控种子休眠和萌发研究进展.植物学报,54(5):569-581.

叶清华,王威,谢倩,等.2021.橄榄种子休眠生理与层积效应.热带作物学报,42(6):1646-1653.

尹诗韵.2017.结缕草SSR连锁图谱的构建及种子休眠性的QTL分析.硕士学位论文.北京:中国农业大学.

于金田,王晶,伏兵哲,等.2022.沙芦草种子发芽抑制物的初步探究.草业学报,31(5):92-102.

于敏,徐恒,张华,等.2016.植物激素在种子休眠与萌发中的调控机制.植物生理学报,52(5):599-606.

张成才.2020.百蕊草种子休眠解除机理及人工栽培研究.硕士学位论文.南京:南京农业大学.

张浩,张永亮,高凯.2012.虉草种子休眠机理与休眠破除方法初探.中国草地学报,34(6):7-12.

张金峰,闫兴富,孙毅,等.2018.柠条种子萌发对不同光照强度和沙埋深度的响应.生态学杂志,37(11):3262-3269.

张雪霞.2018.变温层积过程中老山芹种子后熟特性研究.硕士学位论文.哈尔滨:东北

农业大学.

赵永华,杨世林,刘惠卿,等.2001. 西洋参种子休眠解除与磷酸戊糖途径关系的研究.中草药,32(3):69-71.

周玉亮,刘春保,潘招远,等.2016. 水稻种子休眠的 QTL 定位研究进展. 中国科技论文,11(24):2837-2844.

周芝琴,李廷山,胡小文.2013. 莎草科 4 种植物种子休眠与萌发特性的研究. 西北植物学报,33(9):1885-1890.

朱敏嘉,黄俊华,杨文英,等.2019. 裕民贝母种子形态休眠解除过程中的形态学研究.中国野生植物资源,38(5):1-10.

邹竣竹.2017. 激素浸种对野牛草种子发芽与幼苗生长生理的影响. 硕士学位论文.北京:中国林业科学研究院.

Amen R D. 1968. A model of seed dormany. Botanical Review,34:1-31.

Barrero J M,Downie A B,Xu Q,et al. 2014. A role for barley CRYPTOCHROME1 in light regulation of grain dormancy and germination. The Plant Cell,26(3):1094-1104.

Barrero J M,Jacobsen J V,Talbot M J,et al. 2012. Grain dormancy and light quality effects on germination in the model grass*Brachypodium distachyon*. The New Phytologist,193(2):376-386.

Bewley J D,Black M. 1984. Physiology and biochemistry of seeds in relation to germination. Vegetation,57(2/3):115-119.

Bewley J D, Bradford K J, Hilhorst H W M, et al. 2013. Seeds: physiology of development,germination and dormancy(3rd edition). New York:Springer.

Bewley J D. 2002. Seed germination and dormancy. Current Opinion in Plant Bioogy,5:33-36.

Borthwick H A,Hendricks S B,Parker M W,et al. 1952. A reversible photoreaction controlling seed germination. Proceedings of the National Academy of Sciences of the United States of America,38(8):662-666.

Chen F,Li Y,Li X,et al. 2021. Ectopic expression of the *Arabidopsis* florigen gene *FLOWERING LOCUST* in seeds enhances seed dormancy via the GA and *DOG*1 pathways. The Plant Journal,107(3):909-924.

Chen M,Penfield S. 2018. Feedback regulation of COOLAIR expression controls seed dormancy and flowering time. Science,360(6392):1014-1017.

de Wit M,Galvão V C,Fankhauser C. 2016. Light-mediated hormonal regulation of plant growth and development. Annual Review of Plant Biology,67(1):513-537.

Duclos D V,Altobello C O,Taylor A G. 2014. Investigating seed dormancy in switchgrass(*Panicum virgatum* L.): Elucidating the effect of temperature regimes and plant hormones on embryo dormancy. Industrial Crops and Products,58:148-159.

Finkelstein R,Reeves W,Ariizumi T,et al. 2008. Molecular aspects of seed dormancy. Annual Review of Plant Biology,59(1):387-415.

Footitt S, Walley P G, Lynn J R, et al. 2020. Trait analysis reveals DOG1 determines initial depth of seed dormancy, but not changes during dormancy cycling that result in seedling emergence timing. The New Phytologist, 225(5): 2035-2047.

Francki M G, Stainer G S, Walker E, et al. 2021. Phenotypic evaluation and genetic analysis of seedling emergence in a global collection of wheat genotypes(*Triticum aestivum* L.) under limited water availability. Frontiers in Plant Science, 12: 796176.

Gabriele S, Rizza A, Martone J, et al. 2009. The Dof protein *DAG*1 mediates PIL5 activity on seed germination by negatively regulating GA biosynthetic gene *AtGA3ox*1: *DAG*1 represses seed germination via PIL5 signalling. The Plant Journal, 61(2): 312-323.

Gianinetti A, Vernieri P. 2007. On the role of abscisic acid in seed dormancy of red rice. Journal of Experimental Botany, 58(12): 3449-3462.

Graeber K, Nakabayashi K, Miatton E, et al. 2012. Molecular mechanisms of seed dormancy. Plant, Cell and Environment, 35(10): 1769-1786.

Han F, Ullrich S E, Clancy J A, et al. 1996. Verification of barley seed dormancy loci via linked molecular markers. Theoretical and Applied Genetics, 92(1): 87-91.

Hilhorst H W M. 1995. A critical update on seed dormancy. Ⅰ. Primary dormancy. Seed Science Research, 5(2): 61-73.

Hisano H, Hoffie R E, Abe F, et al. 2021. Regulation of germination by targeted mutagenesis of grain dormancy genes in barley. Plant Biotechnology Journal, 20(1): 37-46.

Honěk A, Martinková Z. 1992. The induction of secondary seed dormancy by oxygen deficiency in a barnyard grass *Echinochloa* crus-galli. Experientia, 48: 904-906.

Huo H, Wei S, Bradford K J. 2016. *DELAY OF GERMINATION* 1 (*DOG*1) regulates both seed dormancy and flowering time through microRNA pathways. Proceedings of the National Academy of Sciences of the United States of America, 113(15): e2199.

Jia Z, Zhao B, Liu S, et al. 2020. Embryo transcriptome and miRNA analyses reveal the regulatory network of seed dormancy in *Ginkgo biloba*. Tree Physiology, 41(4): 571-588.

Jiang Z, Xu G, Jing Y, et al. 2016. Phytochrome B and REVEILLE1/2-mediated signalling controls seed dormancy and germination in *Arabidopsis*. Nature Communications, 7 (1): 12377.

Jung J H, Domijan M, Klose C, et al. 2016. Phytochromes function as thermosensors in *Arabidopsis*. Science, 354(6314): 886-889.

Kendall S L, Hellwege A, Marriot P, et al. 2011. Induction of dormancy in *Arabidopsis* summer annuals requires parallel regulation of *DOG*1 and hormone metabolism by low temperature and CBF transcription factors. The Plant Cell, 23(7): 2568-2580.

Larson S R, Kellogg E A. 2009. Genetic dissection of seed production traits and identification of a major-effect seed retention QTL in Hybrid *Leymus*(Triticeae) Wildryes. Crop Science, 49(1): 29-40.

Lee S, Cheng H, King K E, et al. 2002. Gibberellin regulates Arabidopsis seed germination via RGL2, a GAI/RGA-like gene whose expression is up-regulated following imbibition. Genes and Development, 16(5): 646-658.

Lefebvre V, North H, Frey A, et al. 2006. Functional analysis of *Arabidopsis NCED6* and *NCED9* genes indicates that ABA synthesized in the endosperm is involved in the induction of seed dormancy. The Plant Journal, 45(3): 309-319.

Legris M, Klose C, Burgie E S, et al. 2016. Phytochrome B integrates light and temperature signals in *Arabidopsis*. Science, 354(6314): 897-900.

Li J G, Li G, Wang H Y, et al. 2011. Phytochrome signaling mechanisms. The Arabidopsis Book, 9: e0148.

Li X, Liu S, Yuan G, et al. 2019. Comparative transcriptome analysis provides insights into the distinct germination in sheepgrass(*Leymus chinensis*)during seed development. Plant Physiology and Biochemistry, 139: 446-458.

Lin P C, Hwang S G, Endo A, et al. 2007. Ectopic expression of ABSCISIC ACID 2/GLUCOSE INSENSITIVE 1 in *Arabidopsis* promotes seed dormancy and stress tolerance. Plant Physiology, 143(2): 745-758.

Liu F, Zhang H, Ding L, et al. 2020. SUPPRESSOR OF RDO5 1, a Homolog of rice seed dormancy 4, interacts with bHLH57 and controls ABA biosynthesis and seed dormancy in *Arabidopsis*. The Plant Cell, 32(6): 1933-1948.

Loddo D, Carlesi S, Pais da Cunha D T. 2019. Germination of *Chloris barbata*, *Cynodon dactylon*, and *Cyperus rotundus* from Angola at constant and alternate temperatures. Agronomy, 9(10): 615.

Lopez-Molina L, Mongrand S, Mclachlin D T, et al. 2002. ABI5 acts downstream of ABI3 to execute an ABA-dependent growth arrest during germination. The Plant Journal, 32(3): 317-328.

Matilla A J, Carrillo-Barral N, Rodríguez-Gacio M D C. 2015. An update on the role of NCED and CYP707A ABA metabolism genes in seed dormancy induction and the response to after-ripening and nitrate. Journal of Plant Growth Regulation, 34(2): 274-293.

Matilla A J. 2020. Auxin: Hormonal signal required for seed development and dormancy. Plants, 9(6): 705.

Nakabayashi K, Bartsch M, Ding J, et al. 2015. Seed dormancy in Arabidopsis requires self-binding ability of DOG1 protein and the presence of multiple isoforms generated by alternative splicing. PLoS Genetics, 11(12): e1005737.

Nambara E, Marion-Poll A. 2005. Abscisic acid biosynthesis and catabolism. Annual Review of Plant Biology, 56: 165-185.

Nasreen S, Yousaf M, Mohmand A S, et al. 2002. Study of seed dormancy mechanisms: causes and control. Asian Journal of Plant Sciences, 1(2): 210-212.

Nguyen T, Tuan P A, Ayele B T. 2022. Jasmonate regulates seed dormancy in wheat via modulating the balance between gibberellin and abscisic acid. Journal of Experimental

Botany,73(8):2434-2453.

Nguyen T,Zhou C,Zhang T,et al. 2019. Identification of QTL for seed dormancy from weedy rice and its application to elite rice cultivar 'Ninggeng 4'. Molecular Breeding, 39(9):123.

Nikolaeva M G. 1977. Factors controlling the seed dormancy pattern. In: The physiology and biotechmistry of seed dormancy and germination. Khan A A. Amsterdam: North-Holland Biomedical Press. 51-74.

Nonogaki H. 2014. Seed dormancy and germination-emerging mechanism and new hypotheses. Frontiers in Plant Science, e5:233.

Onishi K, Yamane M, Yamaji N, et al. 2017. Sequence differences in the seed dormancy gene Qsd1 among various wheat genomes. BMC Genomics,18(1):497.

Penfield S,Hall A. 2009. A role for multiple circadian clock genes in the response to signals that break seed dormancy in Arabidopsis. The Plant Cell,21(6):1722-1732.

Penfield S, Josse E-M, Halliday K J. 2010. A role for an alternative splice variant of PIF6 in the control of Arabidopsis primary seed dormancy. Plant Molecular Biology,73(1-2):89-95.

Penfield S,Josse E-M,Kannangara R,et al. 2005. Cold and light control seed germination through the bHLH transcription factor SPATULA. Current Biology,15(22):1998-2006.

Petruzzelli L, Müller K, Hermann K, et al. 2003. Distinct expression patterns of β-1,3-glucanases and chitinases during the germination of Solanaceous seeds. Seed Science Research,13(2):139-153.

Postma F M,Agren J. 2015. Maternal environment affects the genetic basis of seed dormancy in *Arabidopsis thaliana*. Molecular Ecology,24(4):785-797.

Roberts E H. 1973. Oxidative processes and the control of seed germination. In: Heydecker W. ed. Seed Ecology. London: Butterworths. 189-218.

Sánchez-Montesino R, Bouza-Morcillo L, Marquez J, et al. 2019. A regulatory module controlling GA-mediated endosperm cell expansion is critical for seed germination in *Arabidopsis*. Molecular Plant,12(1):71-85.

Sano N, Marion-Poll A. 2021. ABA Metabolism and homeostasis in seed dormancy and germination. International Journal of Molecular Sciences,22(10):5069.

Sanz L, Albertos P, Mateos I, et al. 2015. Nitric oxide (NO) and phytohormones crosstalk during early plant development. Journal of Experimental Botany, 66(10): 2857-2868.

Sato K, Yamane M, Yamaji N, et al. 2016. Alanine aminotransferase controls seed dormancyin barley. Nature Communications,7(1):11625.

Shu K, Meng Y J, Shuai H W, et al. 2015. Dormancy and germination: how does the crop seed decide? Plant Biology(Stuttgart,Germany),17(6):1104-1112.

Shu K,Zhang H,Wang S,et al. 2013. ABI4 regulates primary seed dormancy by regulating the biogenesis of abscisic acid and gibberellins in arabidopsis. PLoS Genetics, 9(6):e1003577.

Somyong S, Munkvold J D, Tanaka J, et al. 2011. Comparative genetic analysis of a wheat seed dormancy QTL with rice and Brachypodium identifies candidate genes for ABA perception and calcium signaling. Functional and Integrative Genomics, 11(3):479-490.

Sugimoto K, Takeuchi Y, Ebana K, et al. 2010. Molecular cloning of Sdr4, a regulator involved in seed dormancy and domestication of rice. Proceedings of the National Academy of Sciences of the United States of America, 107(13):5792-5797.

Thomas R G. 1987. Reproductive development. In: White clover. Baker M J, Williams W M. CAB International. 62-123.

Vaistij F E, Barros-Galvão T, Cole A F, et al. 2018. *MOTHER-OF-FT-AND-TFL1* represses seed germination under far-red light by modulating phytohormone responses in*Arabidopsis thaliana*. Proceedings of the National Academy of Sciences of the United States of America, 115(33):8442-8447.

Vaistij F E, Gan Y, Penfield S, et al. 2013. Differential control of seed primary dormancy in *Arabidopsis* ecotypes by the transcription factor SPATULA. Proceedings of the National Academy of Sciences of the United States of America, 110(26):10866-10871.

Wang Q, Lin Q B, Wu T, et al. 2020. OsDOG1L-3 regulates seed dormancy through the abscisic acid pathway in rice. Plant Science, 298:110570.

Willis C G, Baskin C C, Baskin J M, et al. 2014. The evolution of seed dormancy: environmental cues, evolutionary hubs, and diversification of the seed plants. The New Phytologist, 203(1):300-309.

Xi W Y, Liu C, Hou X L, et al. 2010. *MOTHER OF FT AND TFL1* regulates seed germination through a negative feedback loop modulating ABA signaling in *Arabidopsis*. The Plant Cell, 22(6):1733-1748.

Xie Z, Zhang Z L, Hanzlik S, et al. 2007. Salicylic acid inhibits gibberellin-induced alpha-amylase expression and seed germination via a pathway involving an abscisic-acid-inducible *WRKY* gene. Plant Molecular Biology, 64(3):293-303.

Yang L, Jiang Z, Liu S, et al. 2020a. Interplay between REVEILLE1 and RGA-LIKE2 regulates seed dormancy and germination in *Arabidopsis*. The New Phytologist, 225(4):1593-1605.

Yang L, Liu S, Lin R. 2020b. The role of light in regulating seed dormancy and germination. Journal of Integrative Plant Biology, 62(9):1310-1326.

Ye H, Feng J H, Zhang L H, et al. 2015. Map-Based cloning of seed dormancy1-2 identified a gibberellin synthesis gene regulating the development of endosperm-imposed dormancy in rice. Plant physiology, 169(3):2152-2165.

Yuan S W, Wang Y T, Zhang C P, et al. 2020. Genetic dissection of seed dormancy using chromosome segment substitution lines in rice (*Oryza sativa* L.). International Journal of Molecular Sciences, 21(4):1344.

Zha P, Liu S R, Li Y, et al. 2020. The evening complex and the chromatin-remodeling factor PICKLE coordinately control seed dormancy by ddirectly repressing DOG1 in *Arabidopsis*. Plant Communications, 1(2): 100011.

Zhang Y J, Miao X L, Xia X C, et al. 2014. Cloning of seed dormancy genes(*TaSdr*) associated with tolerance to pre-harvest sprouting in common wheat and development of a functional marker. Theoretical and Applied Genetics, 127(4): 855-866.

Zhang Y J, Xia X C, He Z H. 2017. The seed dormancy allele *TaSdr-A1a* associated with pre-harvest sprouting tolerance is mainly present in Chinese wheat landraces. Theoretical and Applied Genetics, 130(1): 81-89.

第5章　牧草与草坪草种子的萌发

5.1　概述

5.1.1　种子萌发的定义

种子萌发(Seed germination)是指具有生活力的种子在适宜的环境条件下(水分、温度、氧气和光照),胚恢复生长,长成幼苗的过程。在此过程中,种胚从生命活动相对静止状态,恢复到生理代谢旺盛的生长发育阶段。表明种子的萌发蕴含着复杂的形态、生理变化过程,而非可以简单概括的某种事件。狭义的种子萌发是干燥种子吸水到种胚突破种皮的过程,通常是胚根突破包裹在其周围的组织标志种子萌发的完成,此时通常称为"露白",既是种子萌发的结束,也是幼苗生长的开始。因此,人们可以从不同的角度给予种子萌发不同的解释和定义,相应地,在科学研究、生产应用领域内也常常错误使用种子萌发一词,在一定程度上引起歧义、混淆,难以科学理解、正确认识种子萌发所包含的形态建成、生理生化发生规律。

对于种子萌发的理解和认识,在不同领域和角度也表现出明显的不同。在种子生理的角度上,种子萌发表示萌发的完成情况,可以采用是否露白判断种子的萌发情况,常用萌发率表示。例如,50%种子萌发率表示50%的种子出现露白完成了萌发。但对于种子的萌发情况判定并未确定唯一的标准,也有将胚根伸长2 mm作为判定萌发的依据,还有将胚根伸出长度与种子等长作为判定依据。这些情况的存在导致在种子科学研究中对于种子萌发的认识出现混淆,判定依据的差异也造成大家众说纷纭,难以深入研究和揭示种子萌发的内在机制。从种子技术研究与应用的角度,种子萌发是指胚恢复生长,并长成具有正常构造幼苗的过程(颜启传,2001)。在此情况下,种子萌发也称为种子发芽,相应地将种子萌发率等同于发芽率。在种子质量评价方面,有学者将胚根伸出长度为种子全长、胚芽伸出长度为种子全长的一半作为种子的发芽标志(高荣岐和张春庆,2002)。在国际种子检验规程(2022)、《草种子检验规程　发芽试验》(GB/T 2930.4—2017)中"发芽"规定为,种子在实验室内萌发且发育到一定阶段,该阶段幼苗的主要构造能够表明其在田间适宜条件下能否进一步生长成为正常植株;发芽率为规定条件和时间内产生的正常幼苗数占供检种子数的百分率。可见,依据种子露白后幼苗生长状况的不同,发芽种子的判定依据也明显不同。这种现象造成的结果就是将种子萌发与发芽的内涵完全混淆,导致种子发芽技术在种子质量检测、种子生产加工和流通等领域应用不严谨规范,易引起商业和法律纠纷,不利于种子技术的推广应用。在田间种植生产方面,科技人员或种植者将幼苗从土壤中伸出定义为种子萌发,确切而言是萌发结束后幼苗在田间的生长过程,属于萌发后事件,应定义为种子的出苗(seedling emergence)。

虽然对于种子萌发存在各种不同的定义,但其本质都体现了种子从吸水、胚轴体伸出,到完成萌发过程进入幼苗生长阶段,这样一系列的形态和生理变化过程。基于大量研究与应用的积累,需要科学定义种子萌发相关的概念。种子萌发不同于种子发芽,是指干燥且有生活力的种子在吸水后胚轴体伸出其周围组织的过程。种子的萌发率（seed germination percentage）可以用特定时间内胚根伸长 2 mm 以上种子所占比例来表示，反映干种子吸水恢复代谢活性的能力。种子萌发率与种子萌发速率常常被混淆使用，二者有着明显的不同，种子萌发率反映萌发种子的百分比例，而萌发速率反映群体中部分种子萌发所需的时间。种子的萌发速率（seed germination rate）是指种子萌发完成所需要时间的倒数，即吸胀开始至胚根伸出所需要时间的倒数，常用种子达到 50% 萌发率所需时间（t_{50}）的倒数（$1/t_{50}$）进行计算（Bewley et al.，2017）。

种子发芽更多侧重于表示种子萌发后事件，评价幼苗生长特性。从胚根、胚芽生长到正常幼苗的形态建成，各时期均可以表示种子发芽的状况，但正常幼苗时期不仅代表种子萌发形成了正常的植株，而且有利于准确识别和客观判断幼苗的形态。因此，采用在国际种子检验规程（2022）、《草种子检验规程　发芽试验》（GB/T 2930.4—2017）中对于种子发芽和发芽率计算的规定，将有益于种子检测技术的规范与推广。

种子萌发是植物生命活动的关键阶段，也是植物种进化与繁衍的基础。长期以来，人们就关注种子萌发的现象和问题。从 19 世纪 50 年代至 20 世纪初叶，种子生理学发展的奠基阶段。以 Sachs 和 Petter 为代表的种子生理学家，从酶学、物质转化和物质代谢的角度探讨了在种子萌发过程中生理生化的变化规律；开展了种子寿命试验、光暗与种子萌发关系等研究；德国学者 Nobbe 著的《种子学手册》和美国学者 Detmer 著的《种子萌发的比较生理学》成为种子研究的开创性著作。20 世纪初至 50 年代，种子生理学发展的初创阶段。美国学者 Crocker 和 Barton 著的《种子生理学》，系统论述和汇总了种子生理研究的成就与进展。种子生理学科的提出也由此发端。60 年代至 90 年代，种子生理学蓬勃发展阶段。1978 年美国学者 Khan 著的《种子休眠和萌发的生理生化》，综述了种子萌发的相关研究，随后加拿大学者 Bewley 和美国学者 Black 著书《种子萌发的生理生化》两卷，系统介绍了 60 年代以来现代种子生理学的研究进展与突破（郑光华，2004）。为了概要说明这两卷专著的内容，于 1985 年出版了《种子：发育和萌发生理》，1994 年再版，2013 年出版第 3 版《种子：发育、萌发与休眠生理》。21 世纪起，种子生理研究进入分子阶段。以分子生物学、组学技术为主研究种子萌发过程中的基因调控和作用途径。

我国古代很早就有采种，种子贮藏、处理及播种技术和经验的记载，但是系统的研究起步较晚。始于 20 世纪 30 年代汤佩松教授研究羽扇豆等种子呼吸、萌发生理，首次提出了呼吸抑制现象与呼吸酶有关。在 40 年代，国内许多学者开始探讨微量元素、激素在种子发芽中的作用以及种子在贮藏过程中的物质转化。到 50 年代，围绕种子的休眠、贮藏特性，逆境发芽生理，活力测定，萌发生理等方面进行了系统研究，形成较为完整的种子生理研究体系。80 年代，国内学者分别从种子的萌发机制、休眠控制和解除、种子劣变等方面进行了大量研究（郑光华，2004；王友凤和马祥庆，2007），相继出版了由傅家瑞主编的《种子生理》、徐是雄等主编的《种子生理的研究进展》和郑光华等主编的《实用种子生理学》等著作。在此期间，也开始报道牧草方面的种子萌发研究，开展了沙打旺、柠条等豆科牧草和冰草、沙生冰草、西伯利亚冰草、脆冰草、米氏冰草和蒙古冰草等禾草种子萌发所需的温度、光照等条件的研究（李代琼等，1981；云锦凤和米福贵，1989）。进入 21 世纪，随着科学技术的迅速发展和分子生物学研究水平的不断提高，在种子萌发的环境因素、能量调节、物质代谢、激素调节、光敏色素调节、遗传的转录和翻译等领域开展了系统深入的研究。

5.1.2　种子萌发的阶段

种子萌发受其内部和周围环境条件的影响，涉及生理生化和形态的一系列变化。在生理生化方面，种子萌发是恢复种子在贮藏、休眠期间暂停的代谢活动，细胞重新活化，分解与合成途径相继启动，推进胚细胞进入程序性的分裂与分化。在种子生物学方面，种子萌发的进程可以分成不同的阶段。受种子萌发定义的影响，萌发的阶段也有不同的划分。按照狭义的种子萌发定义，在种子露白时萌发已经完成，而新生幼苗的生长属于萌发后事件(图 5-1)，将萌发过程分为萌发阶段和后萌发阶段(Nonogaki et al.，2010；Bewley et al.，2013)。按照广义的种子萌发定义，可以将植物种子萌发的过程分为吸胀、萌动、发芽 3 个阶段(毛培胜，2021)。也有学者将种子萌发过程划分为 4 个阶段，分为对水分的吸胀阶段、细胞的活化阶段、细胞的延长和分裂阶段、发芽出土建成完整的小植物体阶段(郑光华等，1990)，此后又调整为吸胀、萌动、露白和发芽 4 个阶段(郑光华，2004)。根据种子萌发特征分为吸胀、萌动、发芽和形态建成 4 个阶段(高荣岐和张春庆，2002)，也有学者提出分为吸胀、萌动、发芽和成苗 4 个阶段(张红生和王州飞，2021)。还有学者认为种子萌发先后经历吸胀、细胞内酶活化、细胞分裂和增大、胚根突破种皮或胚乳、幼苗成长 5 个阶段(Mayer and Poljakoff-Mayber，1982)。综合前期研究的结果，对于种子萌发的认识更趋向于狭义的理解，种子萌发过程从吸胀开始到萌动完成，发芽和成苗属于种子萌发后的变化。明确严谨规范种子萌发的定义与过程，对于科学理解种子萌发、发芽概念和掌握从吸胀到幼苗生长过程中的生理生化变化规律是非常重要的。

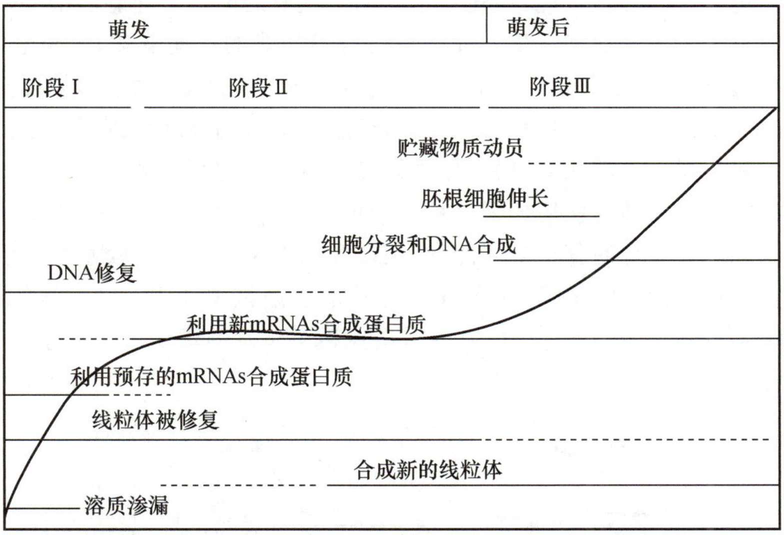

图 5-1　萌发期和萌发后幼苗生长期的时间进程和主要事件(Bewley，1997)

5.1.3　种子萌发的生理生化研究

种子从吸水膨胀到萌动形成幼苗，这是一个连续渐进的过程，虽然植物种子的萌发均会表现出相似的变化，但不同的植物种类间种子萌发过程并非完全相同，不仅与其自身形态结构、组织细胞的生理代谢有关，也受外界环境条件的影响。种子萌发时，吸水膨胀，呼吸加强，胚乳贮藏的有机物发生转变，淀粉、脂肪和蛋白质在酶的作用下，被水解为简单的有机物，并运送到幼胚中，为新器官、新组织的合成提供必需的营养物质和能量。种子萌发是在呼吸、营养物质等代谢的基础上，表现出胚的生长及幼苗的形成过程。

1. 细胞修复与种子萌发

在适宜的条件下，种子萌发是以吸水开始的，吸胀程度取决于种子成分、种皮或果皮对水分的透性以及环境中水分的有效性。与一年生作物、花卉等种子不同，牧草种子通常存在着透性障碍，例如豆科牧草种子的种皮，禾草种子的稃片、颖苞以及蜡质成分等均能够阻止水分、O_2、CO_2、萌发抑制物等的吸收或释放。野燕麦种子成熟收获后 100 d 内，发芽率不到 10%。剥除颖壳处理后的发芽率均比保留颖壳的高，并且用针刺种胚后，发芽率也得到显著提高。野燕麦胚部种皮的透性制约是影响种子萌发的关键(康素珍和朱文江，1981)。在豆科植物硬实种子中，由于种皮的透水性、透气性障碍导致种子保持静止状态。造成这种现象的原因仍然需要进一步深入研究。有研究表明，种皮透性障碍与其含有较高水平的酚类化合物、儿茶酚氧化酶有关(卡恩，1989)。种皮不仅是透性障碍物，同时也是机械障碍物，可以阻止胚根伸长，影响种子萌发。种皮对于胚根伸长的机械阻力，一方面源于细胞壁结构和相关酶活性变化，另一方面也与胚根伸长所产生的推动力不足有关，但限制胚根伸长的具体机制仍不清楚。

细胞内膜透性的改变也是影响种子透性的主要因素。在细胞吸水时，由于细胞膜的渗漏导致电解质、可溶性糖类和蛋白质等物质增加，在膜的完整性恢复后，渗漏物质减少。因此，膜系统的修复和发育是萌发种子的重要特征之一。在细胞吸水的过程中，内质网、线粒体膜、高尔基体等表现出来明显的变化。膜的修复程度受种子细胞水合速度和种子老化程度影响，还有膜成分迅速转化、合成和发生可能的转变也影响膜性质的改变。与脂肪酸、核苷酸、嘌呤、嘧啶等合成有关的酶系统出现活性变化。针对膜结构和功能的代谢变化，卡恩总结提出可能的调节机理(图 5-2)。种子吸水一定时间后，膜系统修补过程完成，其功能就恢复正常，在高水分时磷脂和膜蛋白分子在细胞膜上排列趋向完整，细胞内溶质的渗漏受到了阻止。此外，种子萌发时细胞的生长和分裂也是需能的过程，作为能量产生核心的线粒体，其结构和功能的表现对于种子萌发的完成具有关键的作用。干燥种子内的线粒体外膜破裂不完整，导致存在于膜上的呼吸酶分散、失活，不能行使其正常功能(高荣岐和张春庆，2002)。吸水之后线粒体内膜、嵴逐渐修复，膜的界限变得更加清晰，氧化磷酸化效率逐渐恢复正常。在线粒体修复过程中，ATP 形成与膜特性改变的作用规律，以及能荷调控种子萌发的作用对于科学认识线粒体的功能具有积极意义。

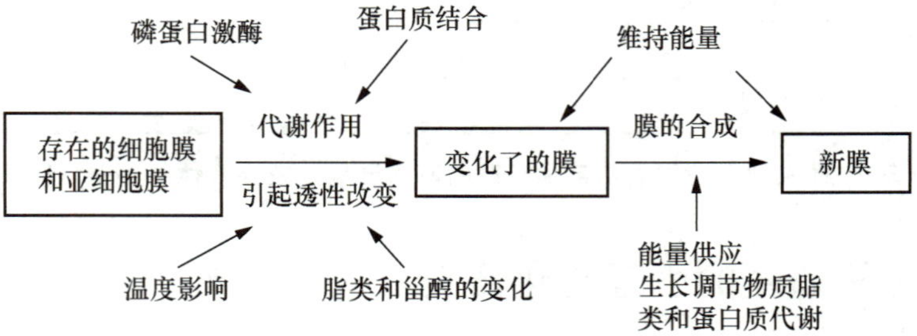

图 5-2 膜透性可能被修饰的机理(卡恩，1989)

在种子吸水萌发期间，重要的生命物质 DNA 损伤修复情况也关系到种子是否能够萌发和幼苗是否能够正常生长。DNA 分子损伤的修复由 DNA 内切酶、DNA 多聚酶和 DNA 连接酶作用完成。通过内切酶将受损的 DNA 片段切除，由多聚酶重新合成相应片段，再由连接酶将其链接到相应的 DNA 分子上，成为完整的 DNA 结构。还有 DNA 连接酶 VI、LIG6 蛋白、烟酰胺酶、甲酰嘧啶-DNA-糖基化酶、8-氧鸟嘌呤 DNA 糖基化酶等均参与 DNA 的修复过程（张红生和王州飞，2021）。DNA 损伤的修复还与种子的活力水平密切相关。高活力的种子修复能力强，低活力种子损伤严重修复困难（高荣岐和张春庆，2002）。种子活力水平受种子发育、成熟脱水、贮藏环境等因素影响，其老化劣变机制尚不明确，是导致种子萌发困难的原因还是结果都是值得深入探索的问题。

2. 种子萌发的物质代谢与调控

干燥种子处于代谢静止和生长停滞的状态，代谢的恢复需要由酶与功能蛋白催化进行一系列的生理生化反应。种子中贮藏着大量淀粉、脂肪和蛋白质，不同植物种子所贮藏的三种营养物质含量有很大的差异。

（1）种子萌发的物质代谢　种子内的贮藏物质在种子萌发和幼苗生长过程中被分解利用，通过呼吸代谢转化为能量，用于器官生长和物质合成；还通过代谢转化成为新细胞的组分。在种子萌发不同阶段贮藏物质的分解和转化也出现在种子的不同组织部位。在种子吸胀萌动阶段，细胞活化动用胚或胚轴内的可溶性糖、氨基酸以及少量贮藏蛋白；在种子发芽生长阶段分解胚乳或子叶中的贮藏物质，淀粉、蛋白质和脂肪被水解成可溶性的小分子物质，然后输送到胚内的生长部位被继续分解和利用。有关种子萌发过程中淀粉、蛋白质和脂肪等物质代谢、同化途径的大量研究，已经明确了贮藏物质的分解和转化途径（傅家瑞，1985；郑光华等，1990；毛培胜，2021）。同时围绕种子萌发过程中蛋白、基因表达和激素调控成为关注的重点。

（2）种子萌发的蛋白与基因表达　种子萌发是一个由多基因控制的复杂数量性状，涉及一系列信号转导和基因表达调控，是一个复杂的生理生化过程。进入 21 世纪，随着分子标记和基因组作图技术的发展，利用数量性状（QTL）定位方法、蛋白组学、转录组学鉴定了大量种子萌发相关基因或蛋白。

Cui 等（2002）利用水稻重组自交群体（RILs）进行 QTL 分析，研究种子萌发和幼苗生长特性、酶活等生理特性在染色体上的定位关系。Wang 等（2010，2011）在正常条件、盐胁迫条件下，利用水稻 RILs 研究发现了至少 50 个控制水稻种子萌发的 QTLs。其中，控制发芽速度的 QTLs 与控制种子质量、大小及种子休眠的 QTLs 位置相近，表明种子发芽速率可能与种子质量、大小及种子休眠特性相关，水稻种子萌发也受上位性 QTLs 互作的影响。Dias 等（2011）在低温条件下检测到 3 个控制蒺藜苜蓿下胚轴伸长的 QTLs，定位了 1 个控制胚轴宽度的上位性 QTL，且其参与低温条件下胚轴伸长。随着关联分析方法的发展，全基因组关联方法定位作物种子萌发 QTLs，已在水稻、苜蓿、大豆、油菜等作物上得到应用。Yu 等（2016a）利用全基因关联分析定位到 36 个紫花苜蓿种子萌发期耐盐性位点，确定了 14 个候选基因。

蛋白组学技术已被证明是筛选生物标记最有效的方法之一，生物标记的鉴定与开发已成为蛋白组学研究的重要目标之一（Bove et al.，2001；王玲，2017）。Gallardo 等（2001）利用模式植物拟南芥研究种子萌发过程中蛋白表达，有 74 个蛋白的丰度在种子吸胀早期和胚根伸长时发生显著变化，其中上调表达蛋白有 53 个，下调表达蛋白有 21 个。发现利用蛋白组学技术不仅可以验证前人在基因表达水平获得的结果，而且可以发现一些与种子萌发有关的新蛋白。蛋白组学技术的完善和推广，由模式植物拟南芥转向大麦、番茄（*Lycopersicon esculentum*）、水稻、玉米等植物。研究种子萌发过程中代谢和调节途径，对大量差异蛋白分析表明，这些蛋白主要涉及代谢作用(包括氨基酸、脂类、氮和硫、糖、辅因子和次生代谢),能量产生(糖酵解、戊糖磷酸途径、三羧酸循环和呼吸作用),转录,蛋白质合成与目标(包括蛋白质合成、折叠和水解),细胞生长与结构(细胞骨架、生长调节),细胞防御与救援(防御相关蛋白、去毒和胁迫反应)以及贮藏蛋白。在种子萌发过程中,与蛋白合成、信号转导、蛋白运输、细胞生长、能量供应等相关的蛋白均呈现出上调表达和积累(黄荟等,2008;刘迪等,2012;徐恒恒等,2014)。朱艳乔(2020)研究燕麦种子吸胀过程线粒体蛋白组和功能分析显示,燕麦种子吸胀过程伴随参与线粒体能量代谢、蛋白质翻译、蛋白转运加工、抗氧化系统的蛋白水平增加。燕麦种子老化后,线粒体生物发生受抑制,参与三羧酸循环(TCA)的蛋白表达水平显著下调,参与线粒体电子传递和 ATP 合成的蛋白水平和酶活性减弱,参与线粒体蛋白转运、加工(金属内肽酶)、蛋白内稳态维持(Hsp70 和 Prohibitin)的蛋白表达水平下调。老化增加燕麦线粒体内 H_2O_2 含量的同时降低其抗氧化能力,SOD、GR 和抗坏血酸过氧化物酶(APX)蛋白表达水平下降,参与 AsA 从头合成关键酶 *L*-半乳糖-1,4-内酯脱氢酶蛋白表达受抑制,表明线粒体氧化还原平衡被打破。利用种子蛋白组学技术,在水稻中鉴定了一系列与种子吸胀相关的蛋白,包括代谢相关蛋白、贮藏蛋白、合成蛋白、活性氧(ROS)清除和信号调节蛋白,以及逆境响应相关蛋白等。这些鉴定的种子吸胀相关蛋白,可以开发为种子引发相关生物标记(王玲,2017)。

在豆科植物中,徐晓燕等(2006)研究了大豆种子萌发过程中不同时期蛋白质的差异表达情况,发现绝大部分贮藏蛋白在大豆种子萌发期尚未降解。在萌发吸水的第一阶段(0~8 h),24 个差异表达蛋白中有 10 个蛋白质的丰度发生变化;第二阶段(8~60 h),差异表达蛋白的种类和量增加,其中 15 个蛋白质是动态变化的,14 个蛋白质在胚根突破种皮时表达量达到峰值,表明吸胀后种子内的生命活动越来越强。初步鉴定出 6 个蛋白质,分别是核苷二磷酸激酶、$A_{1a}B_{1b}$球蛋白亚基、热激蛋白、硫氧还蛋白、35 ku 种子成熟蛋白及种子成熟蛋白 PM36。Yacoubi 等(2011)利用渗调处理研究紫花苜蓿种子萌发过程中出现的蛋白变化,发现有 65 个蛋白在萌发过程中差异表达,渗调处理不能仅仅被认为是促进种子萌发相关过程,也通过调控防御机制来提高种子的萌发。Wang 等(2012)研究了豌豆种子萌发与脱水耐性之间的关系,发现在种子萌发期间有 139 个差异蛋白点,鉴别出与脱水耐性下降有关的 7 个蛋白,分别是微管蛋白 α-1 链、含生物素的种子蛋白 SBP65、P54 蛋白、豌豆球蛋白、豌豆球蛋白-类抗菌肽 2-3、convicilin、TCP-1/cpn60 伴侣家族蛋白。

在基因测序技术迅速发展的基础上,转录组学的研究与应用也逐渐受到学者的关注。Fait 等(2006)利用模式植物拟南芥研究种子萌发过程中转录和代谢数据的相关性。但在单子叶植物中转录组和代谢组研究相对较少,2005 年起相继开展了小麦、大麦和水稻种子萌发过程中的转录组学研究工作(Howell et al.,2009)。朱艳乔(2020)研究大麦种子吸胀过程线粒体转录组、蛋白质组和功能分析显示,参与线粒体生物发生的基因在种子吸胀初期上调表达,随后表达量下降,这些基因编码线粒体转录、蛋白质翻译和转运功能等蛋白,并且早于编码线粒体代谢功能基因的表达。线粒体细胞色素呼吸途径和交替呼吸途径耗氧速率的增加,以及参与线粒体电子传递和 ATP 合成的蛋白丰度增加,表明线粒体呼吸活性随着吸胀时间的延长而增加。大麦种子编码线粒体蛋白的 163 个基因在种子吸胀早期大量表达,其中 9 个被鉴定为拟南芥胚胎发育缺陷基因的同源基因,这些基因为后期研究调控线粒体生物发生和改变种子萌发性能提供候选基因。

植物种子萌发生理与分子遗传研究主要集中在水稻、拟南芥、蒺藜苜蓿等模式植物上,对牧草种子萌发的研究较少。通过对拟南芥突变体采用图位克隆的方法，克隆了多个与ABA合成和信号传导相关的基因，如*ABIl*、*ABl2*、*ABl3*、*ABl4*、*ABIS*、*LECl*、*LEC2*、*FUS*、*vI-ARDl*、*CIPK3*；还有多个与种子萌发相关的主效QTL被克隆。除了采用连锁作图法分析和定位种子萌发QTL以外，可以更多地采用关联分析法发掘和定位更多与种子萌发相关的基因（郑安俭等，2017）。种子萌发是复杂的数量性状，真正探明种子萌发机理还需要从生理、生化、生理生态、分子遗传、系统演化以及模型构建等多个角度，进行多学科交叉研究。

（3）种子萌发的激素调节　种子萌发由遗传和环境因素共同决定，其中休眠释放与萌发的激素调控可能是种子植物中的一种高度保守的机制。研究表明，脱落酸（ABA）、赤霉素（GA）、细胞分裂素（CK）、生长素（IAA）、乙烯（ET）在种子萌发中起重要作用。ABA、GA以及乙烯等激素互作在种子萌发过程中的作用也是今后研究的热点。

ABA是广泛存在于植物体内并对植物生长起普遍抑制作用的激素，是种子休眠的主要促进因子和诱导因子。ABA可以在种子发育过程中促成种子休眠并在种子成熟及贮藏过程中维持种子的休眠，抑制种子萌发，抑制幼苗和根的生长。虽然在萌发早期阶段的ABA含量也起一些作用，但萌发完成前（第二阶段后期）种子中的ABA含量是种子萌发的决定因素。干种子中存留的ABA会在种子吸胀后下降，这在休眠型（Cvi）和非休眠型（Col）拟南芥种子中都有发生，主要取决于CYP707A2的活性。CYP707A2在种子吸胀开始后的2～3 h被诱导，导致ABA的迅速下降，表明与CYP707A2蛋白的从头合成有关。虽然Cvi、Col种子在吸胀早期表现出ABA含量下降，但此后会有所增加。此外，在一些物种中胚的周围组织（胚乳或者外胚乳和种皮）是胚根伸出的物理障碍。在大麦种子中的这些组织也会引起缺氧，从而抑制ABA的分解代谢和增加对ABA的敏感性（宋松泉等，2020a）。组学技术已经应用于种子休眠与萌发的研究，结合种子ABA生物合成和信号组分突变体，利用专一性抑制剂构建新的种子休眠与萌发组学研究体系，包括转录组、翻译组、蛋白质组、代谢组和环境组，有助于更全面理解种子休眠与萌发的机制。

在种子萌发过程中，GA具有促进种子萌发、释放休眠和拮抗ABA的作用。GA的作用主要取决于组织中生物活性GA的浓度（GA代谢）和组织对GA的敏感性（GA信号转导）。未休眠的种子在吸胀初期开始合成GA，GA水平的增加促进种皮和胚乳破裂，有助于促进胚根突破种皮。DELLA作为负调控因子在缺乏GA的条件下隔离转录因子，随着GA水平的升高，DELLA发生多泛素化，并在蛋白酶体的作用下发生降解，释放转录因子，从而解除其抑制作用。GA Insensitive（GAI）、RGA-LIKE1（RGL1）、RGL2和RGL3作为DELLA家族蛋白，是GA信号的转录阻遏物，在种子萌发过程中起抑制作用。种子萌发的一个关键因素是控制胚生长的机械力和周围胚乳组织限制的作用力这两方面的相互作用。种胚和胚乳周围的机械束缚因素是限制种子萌发的另一重要因素，胚乳细胞的分离在控制种子向萌发转变过程中起重要作用。生物活性GA在干燥和后熟种子中存在，在萌发后期进一步增加。拟南芥种子萌发过程中GA生物合成的时空表达模式显示，生物活性GA仅在胚根伸出前积累、在胚内的两个不同部位合成。胚乳细胞的分离早于种子萌发，受GA的诱导并与GA调控的细胞壁重塑酶（CWREs）协同表达相关，同时也受细胞扩张基因*EXPANSIN2*（*EXPA2*）的调控。种子吸胀初期，来自胚或GA的生物合成信号使RGL2蛋白失去稳定性而释放NACs（NAC25，NA1LC）转录因子，NACs激活*EXPA2*和*CWREs*基因的表达，促进胚乳细胞的伸长从而供应胚的生长并促进胚根穿破种皮，完成狭义上的种子萌发。在种子萌发过程中，GA除了能促进种子萌发外，还能拮抗 ABA 对种子萌发的抑制作用，在非休眠的拟南芥种子萌发早期和后期，GA/ABA 的比例由于 ABA 的降解分别增加了约 3 倍和 10 倍（宋松泉等，2020b）。在植物中，DELLA 蛋白已成为主要的转录调控因子，负责抑制 GA 依赖的生长和发育的多个方面。DELLA 除了起转录控制作用外，还直接参与拟南芥下胚轴微管的重新定向，但是否还有一些新的下游靶点被 DELLA 蛋白调控以及多个不同功能的下游 DELLA 靶点之间的关系仍然需要进一步探索。

CK 在调控植物生长发育的许多过程中起关键作用，包括细胞的分裂与分化、茎和根的生长、顶端优势维持、衰老、果实和种子发育、营养信号传递以及对生物和非生物胁迫的响应。研究表明，CK 对种子萌发的作用具有剂量效应和物种依赖性（宋松泉等，2021）。0.5 和 0.75 mmol/L 激动素可显著提高蒺藜苜蓿种子的萌发率和萌发速率，但有激动素存在时，蒺藜苜蓿 4 d 龄幼苗根系生长受到抑制（Araujo et al.，2019）。CK 的生物合成和分解代谢与种子的萌发密切相关。豌豆种子在吸胀后 4 h 能检测到游离态 CK 和 CK 核苷；吸胀后 48 h，CK 水平显著增高。子叶和根中的 CK 水平在吸胀后 11 d 达到峰值，然后下降；但幼芽中的 CK 水平在吸胀后 5 d 最高，然后下降。在豌豆种子萌发过程中，3 个 *PsIPT* 基因在吸胀后 4 h 的子叶中表达，其表达丰度在种子萌发过程中升高，在萌发后降低；*PsIPT* 在新生的根和芽中的表达丰度最高（Jameson et al.，2016）。在种子萌发过程中，GA 具有促进种子萌发、释放休眠和拮抗 ABA 的作用，CK 也通过促进 GA 诱导的 α-淀粉酶活性促进小麦种子萌发。CK 上调 B 型 ARR 靶点，包括与 GA 生物合成有关的 3 个基因（*GA30X 1*、*GA2* 和 *GIM2*）的表达，下调 *GID1b* 受体的表达。CK 通过转录和转录后机制激活 ACC 合酶（ACS），促进乙烯的生物合成。乙烯的产生促进被 CK 抑制的暗生长幼苗的下胚轴伸长以及抑制根系的生长。此外，B 型 ARR 与许多影响乙烯信号转导的基因结合（宋松泉等，2021）。

5.1.4 种子萌发的环境条件

解除休眠或无休眠种子在适宜的条件下开始萌发，并能迅速生长形成正常的幼苗，与种子萌发关系密切的外界环境条件有水分、温度、氧气等。这些影响种子萌发的环境因子也是科技工作者长期关注和研究的重点。

1. 水分与种子萌发

种子的萌发首先是从种子吸水开始，水分是影响种子萌发的首要因素。干种子吸水后细胞活化，呈现出剧烈的代谢变化。1978 年 Bewley 和 Black 在所著《种子萌发的生理和生化》中提出种子吸水的三阶段模式，认为大多数种子均表现出相似的吸水规律。田斌（1985）研究发现，沙打旺和苜蓿种子的吸水规律相似，但沙打旺种子吸水速度更快；沙打旺种子萌发需水量比苜蓿种子萌发需水量相对较少，当土壤含水量为 30%，苜蓿种子发芽率为 45.5%，沙打旺发芽率为 66.5%。甘敏等（1988）研究指出甘草种子萌发的最低含水量为 30%，最适含水量为 50%～60%。宋万林（1991）认为鹰嘴豆（*Cicer arietinum*）种子萌发的最低土壤含水量为 10%，且种皮结构会影响种子萌发时的水分需求。在研究种子萌发与水分关系的同时，发现采用聚乙二醇（PEG）等物质进行渗透调节处理，可以促进种子萌发的整齐度和幼苗生长（王冬梅和黄之志，1996）。尤其是在牧草或草坪草种子间，由于成熟发育同步性差以及环境条件的差异，在种子群体中并不能够保持萌发过程的同步进行。从 20 世纪 90 年代起，采用 PEG 等进行渗调处理促进牧草和草坪草种子吸水萌发的一致性，提高种子的萌发能力。研究了小冠花、紫花苜蓿、沙打旺、白三叶、无芒雀麦、苏丹草、高羊茅、草地早熟禾、多年生黑麦草等种子的 PEG 渗调方法(李敏,1995;孙建华等,1999;贾俊仙等,2000)。从 2001 年起,利用 PEG、砂等引发处理研究羊草、结缕草、紫花苜蓿等牧草种子和草坪草种子发芽生理特性(刘杰等,2002;解秀娟,2003;解秀娟和胡晋,2003;姜丽,2005)。

2. 温度与种子萌发

吸水后的种子要萌发还必须满足一定的环境温度要求,达到种子萌发的最低温度,低于最高温度,处于最适温度,即温度三基点的要求。牧草种类繁多,种子萌发对于温度的要求也不相同,确定适宜的萌发温度也是研究的重点。

李代琼等(1981)研究指出沙打旺种子发芽的温度幅度较大,发芽最适温度为 20～28 ℃,最低温度为 5 ℃,最高温度为 35～38 ℃;柠条种子发芽最适温度为 20～22 ℃,最高 30 ℃,最低 5 ℃;酸刺发芽最适温度为 20～30 ℃,最高 32～35 ℃,最低 3～5 ℃。鹰嘴豆种子萌发的最低温度为 5 ℃,最适宜温度范围为 20～30 ℃,最高为 35 ℃(宋万林,1991)。李昌林和陈默君(1994)认为绢毛胡枝子在 10～14 ℃时种子不能萌发;当温度为 24 ℃/20 ℃(昼夜温)时,发芽率最高,发芽速率最大;当温度为 15 ℃/10 ℃时,发芽率几乎为零。云锦凤和米福贵(1989)研究发现冰草、沙生冰草、西伯利亚冰草、脆冰草、米氏冰草和蒙古冰草种子萌发的温度范围在 5～30 ℃,变温处理 20 ℃ 18 h、30 ℃ 6 h 后,发芽率明显提高。张众等(1990)研究认为老芒麦、披碱草、麦宾草、短芒披碱草、垂穗披碱草、肥披碱草、毛披碱草、圆柱披碱草、紫芒披碱草和加拿大披碱草种子萌发温度为 5～30 ℃,最适温度为 15～30 ℃。围绕苏丹草、假俭草(*Eremochloa ophiuroides*)、青海鹅观草(*Roegneria kokonorica*)、无芒鹅观草(*R. mutica*)、虎尾草(*C. virgata*)等牧草和多年生黑麦草、紫羊茅、草地早熟禾、高羊茅等草坪草种子萌发温度的研究表明,在变温条件下的发芽率普遍高于恒温条件(余玲等,1991;余玲等,1994;孙建华等,1994;赵秀华等,1995;颜红波,1998;余玲,1999)。

从 2000 年起,围绕牧草和草坪草种子萌发温度的研究持续开展,筛选最佳的种子萌发温度范围,并且更多研究侧重于发芽标准化条件的确定(王俊杰等,2005;柏明娥等,2008;张鹤山等,2008;田宏等,2009a)。

3. 逆境条件与种子萌发

牧草或草坪草播种种植时受土壤干旱、盐碱、重金属等逆境胁迫影响,这种影响常常抑制种子萌发和影响田间建植效果。从 20 世纪 90 年代起,针对水分、盐碱胁迫对种子萌发的研究增加。如在 PEG 模拟干旱条件下,柠条种子相对发芽率显著高于红豆草,柠条种子萌发适应干旱的能力强于红豆草(于卓等,1990);评价沙打旺、鹰嘴紫云英(*A. cicer*)、杂种苜蓿、百脉根种子萌发抗旱性及其临界值(杨德光等,1995);同时,围绕高羊茅、草地早熟禾、多年生黑麦草等草坪草以及沙生植物种子萌发耐旱性研究也相继开展(刘志民等,2003;刘志民等,2004;朱选伟等,2005;马卉等,2006)。彭永庆(1990)研究了 Na_2SO_4 混合盐、NaCl 混合盐、Na_2CO_3 混合盐溶液对多年生黑麦草种子萌发的影响。邹莹(1990)使用次生盐渍化土壤的盐结皮饱和浸提液研究了多年生黑麦草、高羊茅、草地早熟禾种子萌发期耐盐能力。同时,围绕碱茅(*P. chinampoensis*)、驼绒藜、红豆草、紫花苜蓿、山野豌豆等牧草开展种子萌发耐盐性的研究(沈禹颖等,1991;金洪和费宝玲,1991;李卫军等,1993)。此外,随着城市绿化需求增加、生态环境建设力度增强,干旱、盐碱等非生物胁迫对于种子萌发的影响受到广泛关注,也是种子科学长期研究的热点。

5.2 牧草与草坪草种子的吸胀作用

种子萌发过程中发生的细胞变化是复杂有序的，具有生活力的干燥种子吸收水分时，一系列的事件被启动。当吸胀时，代谢活性迅速增加，表现出种胚细胞结构的修复与细胞代谢的活化，呼吸功能的增强，为种子萌发和早期幼苗生长做好准备。但在此过程中，种子萌发和幼苗生长仅仅是可视的结果，导致结果出现的细胞内生理生化变化规律和作用机制仍然不清楚。

5.2.1 种子的吸水过程及其影响因素

1. 种子吸水的一般过程

种子的萌发过程是从吸水开始的，水分变化也呈现出一定的规律性。根据吸水程度通常分为快速吸水期（Ⅰ）、吸水滞缓期（也称平台期，Ⅱ）和再次大量吸水期（Ⅲ）3 个阶段（图 5-3）。第Ⅰ阶段：快速吸水期。干燥种子从快速吸水开始，也是种子萌发的起始阶段。种子吸胀为物理过程，是干燥种子中胶体物质通过渗透作用吸水，不是活细胞的一种生理现象，无论是死种子还是有生活力的干种子均能够吸水。第Ⅱ阶段：吸水滞缓期，也叫吸水平台期。该阶段种子几乎不进行吸水，但却是种子萌发过程中新陈代谢活动最活跃的一个阶段，这一阶段种子内部的各类代谢活动活跃，一些生理生化活动的酶类和细胞器开始活化并修复，各类细胞恢复生长，胚乳中的淀粉和糖等碳水化合物被分解并转移到胚中，为后续种子的萌发提供物质和能量，进而完成发芽进程。第Ⅲ阶段：再次大量吸水期。种子经历了细胞器活化和生理生化反应

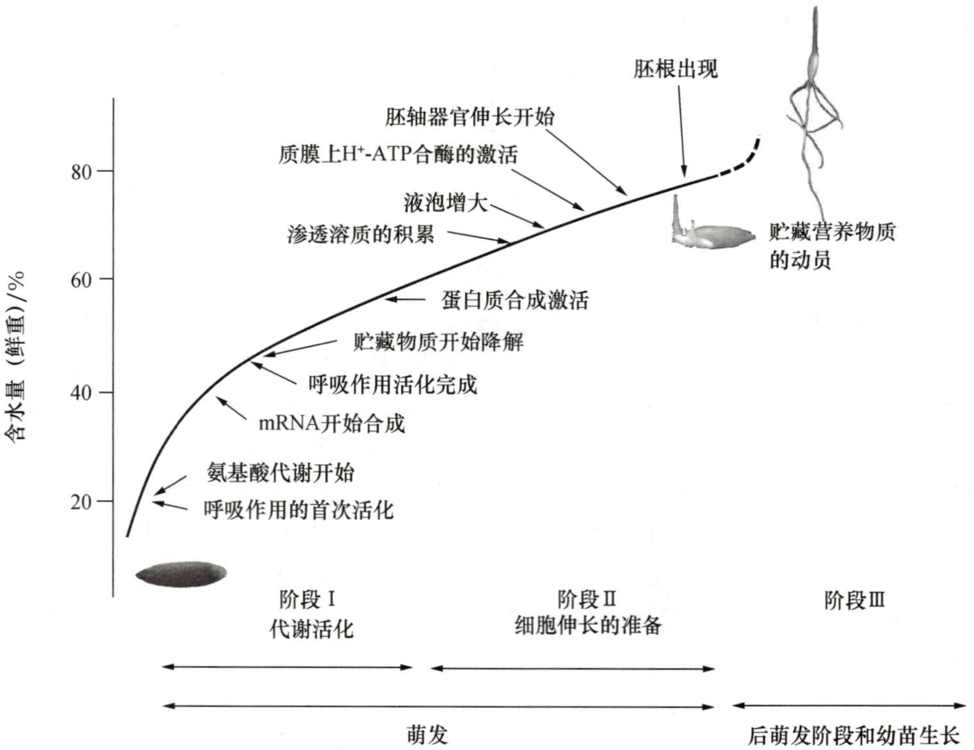

图 5-3 种子萌发过程中吸水阶段及其细胞核代谢水平变化（参照 Bove et al.，2001）

阶段Ⅰ：快速吸水期；阶段Ⅱ：吸水滞缓期；阶段Ⅲ：再次大量吸水期

以及相关酶类激活的过程后，重新大量吸水，吸水的同时胚根胚芽出现，继续生长为幼苗。除少数种子外，一般胚芽胚根伸长从包裹的周围组织中生长出来，作为萌发完成和幼苗开始生长的标志。当第二阶段结束时，种子的可见萌发随即开始。这说明滞缓阶段为萌发提供的物质和能量已趋于完备，滞缓阶段是种子发芽的先兆，二者关系密切（徐本美和顾增辉，1984）。

2. 影响种子吸水的因素

干燥种子在吸水时被衬质势所驱动，具有非常低的水势能使水分迅速地进入。水分吸收随着时间的延长而增加是种子内水合细胞数量的增加，而不是所有细胞水合作用一致增加的结果。水分吸收的动力学受种子细胞和组织结构的影响，水分不可能均等地进入种子的所有部位。通过珠孔、合点端的子叶发生不同的水分吸收模式（徐恒恒等，2014）。

种子吸水的速度与数量与种子所含的化学成分、种皮性质、种子大小有关。在相同温度下，种子吸胀能力（吸水量）的强弱，主要取决于种子内淀粉、脂肪及蛋白质含量的高低。蛋白质含量高的种子吸胀能力强，脂肪或淀粉含量高的种子吸胀能力弱（孙艳和崔鸿文，1995）。玉米种子开始萌动时最低含水量为种子重量（按鲜重计）的 30.5%，完成发芽时需要 46.4%的含水量（谢皓，1998）。水稻种子内的水分含量达到干重的 30%即可满足萌发的条件。牧草种子含水量达 40%～60%就能萌发，但萌发的需水量往往因牧草种类的不同而异。种子的萌发最低需水量为 4.05～6.95 倍于种子重，其中华北驼绒藜（*C. arborescens*）（2 年株龄）种子萌发需水量最低，为 4.05 倍于种子重，心叶驼绒藜（*C. ewersmanniana*）萌发需水量最高，近 7 倍于种子重（易津等，2003）。扁穗雀麦（*B. cartharticus*）种子萌发的最低需水量为种子原重量的 83.66%（田宏等，2009b）。256 种热带植物种子萌发影响因素研究表明，含水量在 25%以上的植物种子的平均萌发率最高，含水量在 20%～25%的种子次之；植物种子千粒重小，萌发率高；千粒重大，萌发率反而低，千粒重在 200～400 g 的植物种子萌发率最高（杨期和等，2001）。同样，在黄瓜（*Cucumis sativus*）、红砂（*Reaumuria soongorica*）、荒漠锦鸡儿（*C. roborovskyi*）、霸王（*Zygophyllum xanthoxylon*）、多裂骆驼蓬（*Peganum harmala*）、苦豆子（*Sophora alopecuroides*）种子中，千粒重大的种子吸胀能力低于千粒重小的种子（孙艳和崔鸿文，1995；贺慧等，2008）。沙打旺种子萌发需水量比苜蓿大，吸水速度也比苜蓿种子快（田斌，1985）。蒙古冰草、扁穗冰草种子的吸水能力最强，缘毛雀麦（*B. ciliatus*）、鹅观草（*R. kamogi*）种子的吸水能力最弱，而披碱草和老芒麦种子相当，居于中间（胡卉芳和李青丰，2001；王丽娟，2008）。

不同种类的植物种子在快速吸水期持续时间不同。小麦种子吸水较快，吸水 3 h 进入滞缓期（刘向标和段江燕，2013）。箭筈豌豆种子吸水 5 h 进入滞缓期（沈永，1988），唐古特白刺（*Nitraria tangutorum*）、燕麦、莴苣种子吸水 6 h 后进入滞缓期（罗光宏等，2014；刘备等，2021；叶漪等，2021）。驼绒藜属牧草种子的吸水速率较快，吸胀期一般只有几个小时，大约 8 h 就达到吸胀饱和（易津等，2003）。但扁穗雀麦、花生（*Arachis hypogaea*）种子需要 12 h（田宏等，2009b；陈昊等，2020）、玉米种子 16 h（薛梅真等，2018）、沙生针茅（*S. glareosa*）和毛叶苕子种子 18 h（肖斌等，2015；宋占丽等，2021）、胡萝卜（*Daucus carota*）种子 24 h 后才进入滞缓期（董晓红，2005）。

3. 吸胀冷害

喜温植物种子吸胀期遭受的零上低温（0～12 ℃）伤害常称为吸胀冷害，不同于吸胀伤害（陶宗娅和邹琦，2000）。在 20 世纪初，发现在种子浸种时会产生有害作用。直到 60 年代末和 70 年代初，才开始种子吸胀损伤的实质性探索。Simon 提出种子吸水过程中生物膜构型转换模式，开辟了种子吸胀冷害问题研究的新局面。在80—90年代，种子吸胀冷害问题研究广泛开展，并在吸胀冷害机理和PEG引发机制的方面获得重要进展。揭示了吸胀冷害的原因是膜的透性功能破坏，原初作用位点就在膜上。提出种子吸胀冷害的“双修补”理论，即种子在低温吸胀过程中，同时存在生物膜的物理修补和生理生化修补过程，两者并存与互补(郑光华等，2001)。

郑光华等(1981)试验阐明不同种属的豆类种子对低温(5～7 ℃)敏感度很不一样，而且在同一种不同品种间的差异也很大。原产热带、亚热带地区的草本或木本豆类种子基本上属于敏感类型，如猪屎豆(*Crotalaria pallida*)等；而原产高纬度及高寒地区多为受害轻度的中间型及抗逆性强的抗型，如紫云英、鸡眼草(*K. striata*)、扁荚山黧豆(*L. cicera*)、黄花苜蓿、地中海三叶草(*T. incarnatum*)、箭筈豌豆等为中间型，直立黄芪(*A. laxmannii*)、紫花苜蓿、红豆草等为抗型。黄瓜种子吸胀所需的时间有随温度的降低而延长的趋势，在35 ℃时约需10 h，25～30 ℃时约需12 h，15～20 ℃时约需18 h，10 ℃时约需24 h(孙艳和崔鸿文，1995)。低温(2 ℃)能够极显著降低花生种子在吸胀阶段初期(浸种后的0～3 h)的吸水量与吸水速度。冷胁迫条件下萌发的种子在吸胀阶段持续的时间相较常温对照组并没有产生显著的改变，但其进入萌动期后吸水长期停滞，不能进行第2次快速吸水(陈昊等，2020)。

经6 ℃和10 ℃吸胀处理的玉米种子发芽率、发芽指数和活力指数以及电解质渗出速率和核苷酸渗漏量均下降(胡晋和蔡素琴，2001)。不同温度下玉米种子吸胀及萌动过程种子含水量不同，吸水速度也不同，随着温度的升高种子吸水速度加快，吸水量也随之增大，但达到最大萌发率时种子含水量基本相同，平均为38.41%(吴海燕等，2009)。低温吸胀使扁蓿豆种子的发芽率、发芽势、发芽指数及活力指数均降低，且相对电导率变化明显(李小安，2011)。外源NO处理对于4 ℃吸胀冷害下紫花苜蓿种子萌发具有促进作用，提高种子发芽率，并且降低了可溶性蛋白含量，提高α-淀粉酶的活力，可有效缓解紫花苜蓿种子吸胀期间的冷害(赵萌和魏小红，2015)。

吸胀初期的低温对膜结构与功能重建的迟滞效应不但使线粒体形成的内嵴数量减少，而且已经形成的内膜或内嵴其功能运转也很不正常。由此可能产生的能量转化效率降低及ATP输出减少，将进一步限制种胚生长需要的能量和原料的供应(陶宗娅等，1991)。在4 ℃低温吸胀24 h时的H^+-ATP酶较25 ℃吸胀24 h低约2.8倍，明显抑制了功能的恢复(王飞澜和刘存德，1990)。吸胀冷害严重阻碍了种子萌发过程中细胞膜结构与功能的恢复与重建，尤其是线粒体结构与功能的完整化进程(陶宗娅，1994)。4 ℃低温降低了菜豆(*Phaseolus vulgaris*)种子发芽率和种子活力，同时吸胀冷害改变了种子抗氧化酶活性，致使种子细胞膜系统受到损伤，丙二醛(MDA)、H_2O_2和$O_2^{\cdot -}$含量增加。通过静电场、腐胺、NO、$CaCl_2$等处理可缓解吸胀冷害对大豆、菜豆、玉米种子萌发的抑制作用(赵剑等，1998；刘畅等，2019；李佳萌等，2020)。随着种子吸胀冷害机理研究的深入，由细胞膜结构和功能的研究逐渐向细胞抗氧化酶活性、线粒体呼吸代谢等领域深入，相应地也推动了围绕膜完整性开展的渗透调控作用机制研究，尤其是减缓盐碱、干旱等逆境条件下的作用机理成为新的研究热点。

5.2.2 种子吸胀过程的物质代谢及其调控

1. DNA 修复和代谢活化

DNA损伤是影响种子萌发的主要障碍之一，在吸胀过程中能被DNA连接酶进行修复。

拟南芥、玉米种子吸胀时，DNA 连接酶的表达被迅速活化（徐恒恒等，2014）；在蒺藜苜蓿种子萌发的早期阶段，与氧化损伤的 DNA 修复有关的酶，如甲酰嘧啶-DNA 糖基化酶和 8-氧鸟嘌呤 DNA 糖基化酶/裂解酶被上调，说明 DNA 的修复是种子萌发所需要的（Macovei et al.，2011）。大麦种胚和玉米种胚萌发早期的 DNA 合成为 4～12 h，与花生种子胚轴早期 DNA 合成出现在吸胀后 6～12 h 期间近似（周晓强和傅家瑞，1992）。水稻种胚吸胀过程中存在明显的 DNA 合成过程。吸胀刚开始时 DNA 合成尚未启动，胚吸胀 11～12 h，胚中 DNA 的合成已较活跃；吸胀 15 h 与 0 h、11 h 相比均有明显增加，与吸胀 12 h 相比，则差别不明显（赵玉芳等，1995）。

在吸胀期间，种子呼吸等正常代谢、种子吸胀过快、环境胁迫等都会导致大量的活性氧产生，引发膜脂不饱和脂肪酸的过氧化反应。伍贤进等（2004）研究发现，抗氧化酶活性与玉米种子的吸胀萌发进程有关。在未吸胀的玉米种胚中除 SOD 酶具有一定的活性外，POD、CAT 活性均很小或为 0，但膜脂过氧化产物 MDA 的含量则较高。种子从开始吸水起其抗氧化酶活性就逐步升高，这对于修复细胞结构，清除种子在贮藏过程和萌发时产生的活性氧，形成正常的幼苗是必需的。但是 3 种抗氧化酶活性在种子萌发过程中的升降变化与种子萌发进程的关系存在一定的差异，只有 SOD 活性在种子未大量萌发前（吸胀 24 h 前）增加较快，POD、CAT 活性在胚根未突破种皮前增加十分缓慢。说明在玉米种子中 SOD 在进入休眠前就已经产生并积累，而另 2 种酶则主要是在吸胀萌动一定时间后才开始进行转录或翻译的。不同植物种类的种子在吸胀萌发过程抗氧化酶表现出不同的变化规律。相关研究表明，在种子吸胀期蛋白质合成所依赖的 mRNA 有多个来源，有些是在种子成熟过程中形成并保留在胚的 mRNA，有些则是在萌发过程中被不断转录产生的（张立勇等，2005）。贮藏 mRNA 在种子脱水过程中发生转录贮藏于种子中，在种子萌发过程中翻译成蛋白质。抑制 mRNA 的转录过程并不会使种子萌发终止，但其翻译过程被抑制则能使种子萌发终止。超过 25% 的贮藏 mRNA 与代谢相关，这些代谢相关基因在种子吸胀过程中，其丰度发生很大变化（杨寒霖等，2016）。

通过吸胀滞缓期的水稻种子蛋白组学分析，发现有 673 个差异蛋白，分成 14 个功能类群，分别为与代谢相关蛋白组（203 个蛋白），与发育相关蛋白组，蛋白合成、修饰、降解、折叠和目标组（120 个蛋白）等。在与代谢相关蛋白组内，有 105 个蛋白包括在碳水化合物代谢途径，涉及糖酵解、TCA 循环、发酵作用、PPP 途径等。其中 α-淀粉酶上调表达，与淀粉的降解相关。鉴定出 47 个氨基酸代谢相关蛋白，与天冬氨酸族氨基酸、支链氨基酸合成有关（He et al.，2011）。Yang 等（2007）指出贮藏蛋白降解主要在吸胀 48 h，而与种子成熟和脱水有关的蛋白出现在吸胀 24 h。棉籽糖家族的寡聚糖是大多数植物种子糖的贮藏形式，它们的降解需要 α-半乳糖苷酶和转化酶。棉籽糖和海藻糖，除了作为种子碳源的贮藏物外还可在种子中形成玻璃态，避免种子完全干燥从而保护细胞膜（Wattanakulpakin et al.，2012）。在种子萌发早期碱性半乳糖苷酶开始表达，催化棉籽糖系列寡糖水解，为种子萌发提供能量（张明帅，2016）。在蒺藜苜蓿吸胀种子的蛋白组学分析中，发现硫氧还蛋白在吸胀过程中增加，硫氧还蛋白在种子吸胀萌发过程中发挥重要的功能（Alkhalfioui et al.，2007）。

种子大小和形状的所有变化都是由在萌发过程中细胞膨胀引起的。膨胀的植物细胞通过改变纤维素微纤丝和果胶/半纤维素调整细胞壁的延展性。细胞壁的松弛允许水分渗入，驱动细胞膨胀和产生细胞膨压。胚的伸长可能主要是依赖于细胞壁延展性的增加。在番茄吸胀种子中，β-微管蛋白的含量在可见萌发之前最高，与 40%～50% 的细胞同时进入 G2 期相一致

(郑晓鹰,1996)。

2. 种子吸胀的能量代谢及其调控

种子萌发是一个需能过程,三磷酸腺苷(ATP)在酶的作用下分解,把储存的能量释放出来,用于细胞的分裂、幼胚的生长等生命活动。探索种子萌发过程中 ATP 的变化,始于 20 世纪 60 年代,而我国学者的研究始于 80 年代。刘存德等(1982)探索测定种子萌发过程中的能荷变化。在吸胀过程中,ATP 含量在极短时间内急剧增加,用以满足物质运输和有机物合成时的能量需要(陈满盈,1991)。徐本美和顾增辉(1984)研究萝卜(*Raphanus sativus*)、白菜、小麦、红花(*Carthamus tinctorius*)、棉花(*Gossypium hirsutum*)、油菜(*B. chinensis*)、水稻种子萌发过程中能量变化发现,风干种子的 ATP 量是极小的,种子吸水后能量增加显著;随后出现了一个滞缓阶段,该阶段出现的早晚及延续时间的长短随种子而异;滞缓阶段结束时,种子的可见萌发随即开始,ATP 量再次剧增,其增加速度远远超过之前,种子进入发芽阶段。干种子从吸胀直至滞缓阶段出现之前,ATP 量的增长属于原存于干种子中的线粒体修复与活化。种子萌发时 ATP 量的再次剧增,可能与新线粒体的生物发生有关。

种子发育过程中线粒体的发育直接关系到转能系统恢复和完成萌发的问题。研究表明,线粒体随着种子吸胀其结构与功能不断修复完善。风干绿豆(*Vigna radiata*)种子的子叶线粒体仅仅是一些小囊泡。随着子叶吸胀程度的增加,线粒体内膜逐渐形成而达到完整化的程度。吸胀 4 h 的子叶线粒体,开始有内嵴出现;吸胀 12 h,线粒体体积增大,内嵴增多充满整个线粒体衬质空间。线粒体的发育不仅包含内膜结构的完善,还包括线粒体体积的变化(刘存德等,1985;刘存德等,1989)。吸胀的花生子叶中分离出轻型、重型两种线粒体,随吸胀时间的增加,表现出轻型线粒体比重型线粒体的活性更为明显,而这种轻型线粒体被认为是新合成的线粒体(王治衡,1991)。在贮藏淀粉为主的种子,例如豌豆、绿豆和豇豆(*V. unguiculata*)中,以预存的线粒体被修复和重新活化为主;而在贮藏油为主的种子,例如花生、蓖麻和南瓜(*Cucurbita moschata*)中,新线粒体的生物发生是主要的(Nonogaki et al.,2010)。

与结构完整化的同时,线粒体氧化磷酸化功能相伴随出现。绿豆子叶线粒体中氧化磷酸化、呼吸控制分别在吸胀 12 h、24 h 出现最高水平,表明吸胀程度与线粒体结构功能的完整性有密切关系(刘存德等,1985)。相应地,线粒体能量代谢水平也逐渐恢复,腺苷酸能荷值随吸胀程度也增加。水稻干种子吸胀 24 h 时呼吸强度最高,在吸胀 36 h 时 ATP 含量达到高峰(徐孟亮等,1993)。在绿豆子叶吸胀过程中,ATP 含量上升较快,吸胀 24 h 为 2 h 的 2.6 倍(刘存德等,1989)。在线粒体内膜完整化的过程中,电子传递系统相关酶的活性也影响功能的正常实现。在绿豆种子吸胀过程中,位于子叶线粒体内膜的细胞色素氧化酶,吸胀 3 h 活性达到最高,继续吸胀则酶活性处于稳定状态;位于线粒体内膜内侧的 ATP 酶,其活性随吸胀度而增加,表明二者的组装可能是不同步的(刘存德等,1985)。豌豆子叶在 25 ℃吸胀过程中,吸胀 24 h 时 H^+-ATP 酶活性为 6 h 的 2.8 倍(王飞澜和刘存德,1990)。干燥和吸胀早期的花生胚轴内线粒体细胞色素 C 很少,脱氢酶的活性较低,到吸胀 16 h 胚根开始生长时,线粒体细胞色素 C 和苹果脱氢酶才表现出活性,是由线粒体的重新合成引起的(王治衡,1991)。

种子萌发过程中能量的释放是通过不同代谢途径实现的,种子萌发初期的代谢途径主要是通过磷酸戊糖(PPP)途径进行的,PPP 途径的活化是种子顺利萌发的保证。氧化途径学说认为,种子萌发必须在 PPP 途径逐渐增强并达到一定程度时才能启动,种子呼吸途径由糖酵解(EMP)途径转向 PPP 途径是种子逐渐萌发的象征。浦心春等(1994)认为呼吸代谢中 PPP

的不充分活化是引起结缕草种子难以顺利萌发的主要原因。

同样，在种子吸胀和发芽阶段对能量的需求也不同，也会引起代谢途径的调整。朱德煦(1965)提出豌豆种子在吸胀 24 h 内以 EMP 代谢途径为主，NADP-谷胱甘肽-抗坏血酸体系主要起无氧呼吸作用，胚乳中的 EMP、三羧酸循环（TCA）、电子传递链和脂代谢在吸胀后 20 h 开始占据主导地位，而在胚根中要在吸胀后 38 h 种皮破裂后。拟南芥和水稻种子萌发过程中 PPP 的 6-磷酸葡萄糖脱氢酶和 6-磷酸葡萄糖酸脱氢酶活性增加，在胚根突出前达到最高峰。种子吸胀 1 h 后，苹果酸脱氢酶和磷酸烯醇式丙酮酸羧激酶会短暂上升然后下降，表明这些酶在种子萌发早期起重要作用。它们可将草酰乙酸最终转换为磷酸烯醇式丙酮酸，进而在丙酮酸激酶作用下转变为丙酮酸进行无氧酵解(杨寒霖等，2016)。

根据种子萌发过程中下胚轴-胚根细胞的伸长、代谢活性的迅速增加以及由差异蛋白质组分析所构建的响应途径，提出了种子萌发的能量刺激假说(徐恒恒等，2014)。种子萌发的能量刺激假说认为在干燥种子吸胀初期，预存线粒体呼吸作用（能量产生）的迅速增加在种子萌发中起原初作用，但不足以使种子完成萌发，需要一系列事件的协同作用，才能引起细胞壁松弛、细胞伸长和完成萌发。胚轴细胞质膜具有 H^+-ATP 酶，能水解呼吸作用产生的 ATP，同时将 H^+ 泵入细胞壁，从而活化伸展蛋白，使细胞壁松弛，细胞吸水和伸长。

5.2.3　种子引发

1. 种子引发及其应用

种子引发（seed priming）也称种子渗透调节（seed osmoconditioning），是指将种子浸在渗透溶液中，引发细胞内的生理生化过程，保持在吸胀滞缓阶段并不萌动的状态，促进迅速萌发的播前处理措施。引发处理的种子由于细胞水势降低，吸水第Ⅱ阶段的时间将被延长（图 5-4）。在田间种植中，播种至出苗是种子最易受土壤环境影响的时期，尤其是吸胀的种子表现出更大的敏感性，因此，缩短种子吸胀至出苗的时间，将有利于幼苗整齐健康生长。引发可以分为液体引发、水引发、固体基质引发、生物引发等类型。其中常用 KNO_3、K_3PO_4 和 PEG 作为

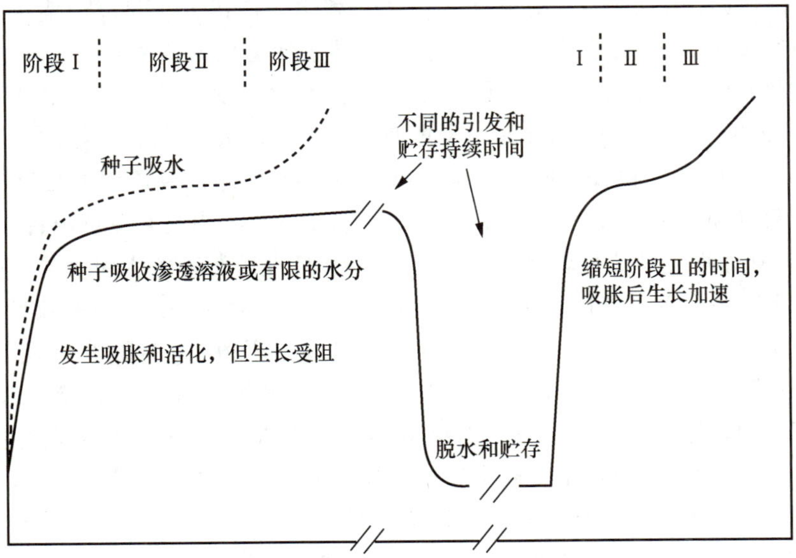

图 5-4　种子引发与萌发过程(Bewley et al.，2017)

引发剂(王彦荣,2004)。

在20世纪70年代,英国学者Heydecker总结了种子预处理的相关研究,包括种子湿干交替处理、低温湿润、渗透处理以及液体条播等方法,成功应用PEG渗透处理蔬菜和花卉种子,获得早苗和齐苗的效果,并促成更多涉及渗透调控的防护效果研究。同时,提出了引发的预处理措施(傅家瑞,1985;卡恩,1989)。进入80年代,针对防护种子吸胀损伤和吸胀冷害,国内外兴起种子渗透调控预处理研究。种子吸湿—回干处理、PEG引发成为广泛关注的种子处理新技术,在洋葱(*Allium cepa*)、胡萝卜、香芹菜和花卉种子上有试验报道。国内最早由傅家瑞等(1983)研究了豆角、苋菜、菜心和大豆、花生种子的PEG引发处理条件。此后采用PEG进行葡萄(*Vitis vinifera*)、大豆、冬瓜、豌豆、菜豆、黄瓜种子引发处理,促进了种子萌发,提高了出苗率(郑光华等,1985;郑晓鹰等,1986)。左卫能等(1987)利用聚丙烯酸钠(SPP)对豌豆、番茄、胡萝卜、辣椒(*Capsicum annuum*)、芹菜等种子进行引发处理,也获得与PEG类似的效果,促进种子的萌发。KNO_3和KH_2PO_3混合溶液引发处理能够显著提高玉米的耐冷性,同时提高了玉米的田间出苗率和成苗率(黄中文和刘明久,2006);硒引发处理玉米种子,不仅能提高低温胁迫期间种子内过氧化物酶(POD)活性,增加可溶性糖、脯氨酸和种子浸出液的核苷酸含量,同时也可缩短平均发芽时间(许兴泽等,2017)。宋占丽等(2021)采用浸种48 h可有效解决毛叶苕子种子萌发率低、出苗不整齐的问题。

牧草和草坪草种子引发研究从20世纪80年代开始,集中于引发时间和渗透势控制。国外学者在冰草、鸭茅、披碱草、多年生黑麦草、紫羊茅、羊茅、早熟禾、多花黑麦草、猫尾草等种子中多采用低渗透势、长时间的引发处理(Adegbuyi et al.,1981;孙建华等,1999)。进入90年代种子渗透调节研究更加集中,我国学者采用较高渗透势、短期PEG引发处理效果较好。沙打旺种子在−1.0 MPa PEG引发48 h可有效提高萌发率和缩短在土壤中的萌动时间(韩蕊莲等,1993)。多年生黑麦草、草地早熟禾、高羊茅、白三叶的引发采用渗透势为−0.2～−0.4 MPa、时间为48 h(李敏,1995)。用−0.1 MPa PEG引发24 h或48 h处理,高冰草(*A. elongatum*)种子发芽速度明显提高(马春晖等,2001)。刘杰等(2002)筛选出羊草种子的最佳处理条件为30%PEG引发24 h。孙建华等(1999)利用无芒雀麦、苏丹草、紫花苜蓿、小冠花、沙打旺种子研究发现,PEG引发促进胚根生长,对种子活力的改善更明显。不同种类牧草种子对引发渗透势和时间的要求各不相同,其中无芒雀麦对引发事件的选择最严格。经较高渗透势(−0.1、−0.3、−0.5和−0.7 MPa)及短期处理(1、3、5 d)取得了良好的引发效果。采用水、20% PEG、2% KNO_3和2% KNO_3-KH_2PO_4、油菜素内酯以及砂引发处理均能显著提高紫花苜蓿种子萌发和幼苗生长(解秀娟,2003)。水引发能显著提高紫花苜蓿种子的萌发速率,促进幼苗生长,但对萌发率没有影响(闵丹丹,2016)。紫花苜蓿种子水引发4 d在低温和干旱胁迫逆境条件下萌发时间比PEG引发4 d的种子早,萌发速率、萌发的一致性均好于PEG。说明水引发较PEG引发更能适合于较大的温度和水分阈值,而不影响引发效果(刘慧霞,2007)。王彦荣等(2004)利用−0.6 MPa PEG引发24 h处理可显著提高紫花苜蓿、沙打旺种子的早期发芽率和发芽指数。引发效果因植物种、种批质量和萌发条件不同而异,其中沙打旺引发效果要优于紫花苜蓿,质量中等或中等偏下种批大于质量高或质量低的种批,在低温和干旱逆境条件下萌发大于适宜条件萌发。围绕草坪草种子引发处理的研究集中于2000年后,通过砂、PEG引发处理高羊茅、多年生黑麦草、草地早熟禾、狗牙根种子,均可以提高发芽速度(张文明等,2004;马卉等,2006)。

在结缕草种子引发条件筛选中，浸种与 PEG 引发都能提高结缕草种子的发芽能力，提高结缕草种子萌发时对次适温的适应性，且－0.7 MPa PEG 引发 48 h 对低质量的种子效果更显著。结缕草种子渗透调节效果好于纯水浸种（姜丽，2005）。蛭石最适引发条件集中在高水势（－0.4～－0.33 MPa）、长时间（72～96 h），而 PEG 引发集中在低水势（－0.7～－0.4MPa）、短时间（48～72 h）；并且蛭石与 PEG 引发在提高发芽率上没有差异，但在提高发芽速度和发芽一致性上，蛭石的引发效果比 PEG 的引发效果更好（陈双燕，2006）。江绪文（2008）采用水、PEG、砂、砂＋SNP 复合引发处理草地早熟禾、高羊茅种子，表明引发处理均能不同程度地提高草坪草种子活力，其中砂引发提高种子活力的效果较好，而水引发更为简便和经济。此外，吸湿—回干处理对于膜损伤修复的作用，也在一定程度上改善种子的萌发能力和抗逆性（刘岩等，1990；吴敏等，2005）。新疆沙冬青（*Ammopiptanthus nanus*）种子在吸湿—回干处理后，种子萌发率、活力指数上均高于对照，即使在低温吸胀 24 h 的冷害条件下也呈现同样的规律（司杰等，2016）。

2. 种子引发的生理生化

(1)引发的作用机理　渗透调控作用即在控制水势的条件下，使种子赢得足够的时间来修补膜系统；另一方面种子在引发过程中，由于水分的限制，虽然其内在的一系列生理生化过程已为萌发做好充足的准备，但在形态建成上仍停滞在萌发过程中的第Ⅱ阶段，只待水势条件合适，大部分种胚即可迅速突破种皮而萌发生长，因而，可达到齐苗的效果（郑光华等，1985）。种子引发的关键是控制了吸胀过程，种子只发生吸胀作用，在酶、能量等分子水平上为萌发做好准备。种子引发有效保护膜系统的相对完整性，对种子细胞膜系统的重组和损伤修复发挥积极作用，减少细胞内含物的渗漏。种子引发可以降低吸胀初期的吸水速率，防止吸胀冷害的损伤（朱世东，1988）。

(2)引发诱导细胞膜的修复　郑光华等（2001）在大量研究的基础上提出了“双修补”的理论，种子在低温吸胀过程中，同时存在生物膜的物理修补过程和生理生化修补过程，两者并存与互补。随着膜的修补，生理生化过程活化，种子萌发启动，种子减免吸胀冷害的程度取决于“双修补”的完善度。此外，采取吸湿—回干、PEG 引发等渗透调控的效果主要是由于膜系统得到完善修补的结果，缓解种子吸胀伤害或吸胀冷害的影响，表现为发芽高峰期的提前、发芽速率和发芽势的明显提高。

细胞膜完整性丧失的一个重要原因是自由基、过氧化物和膜脂过氧化物的产生。大量研究表明，种子经渗透调节后，种子中自由基和过氧化物清除系统的功能增强，即过氧化物歧化酶（SOD）、过氧化物酶（POD）、过氧化氢酶（CAT）活性增强，丙二醛（MDA）含量减少，降低了自由基和过氧化物对细胞膜的伤害，从而修复了细胞膜的完整性，为提高种子抗逆能力奠定了基础（方丽和尚增强，2007；赵玥等，2012）。在 PEG 和 PVA 引发 48 h 后大豆胚根细胞在低温下吸胀，线粒体发育良好，具有明显的双层膜和管状嵴的结构。发育出现发达的内膜系统，分化出如高尔基体、内质网等具有活跃代谢的细胞结构特征（杨云珠等，1992）。水引发 4 d 处理显著降低紫花苜蓿种子的电导率和丙二醛、可溶性糖含量，增加脯氨酸含量，缓解细胞膜的脂质过氧化损伤，促进膜的修复（刘慧霞，2007）。

(3)预先活化种子的代谢系统　种子引发的作用不仅促进膜的修复，同时也能预先活化种子的代谢系统，使内部的一系列生理生化过程得以启动和整合。如促进碳水化合物、脂质及蛋白质等贮藏物质的动员和转化，增强蛋白质、核酸的合成能力，诱导激素的生成。贮藏结缕草种子经－0.7 MPa PEG 引发 24 h 之后，发芽速度明显提高，吸胀进程中的代谢过程有所改变，酸性磷酸酶与过氧化物酶的活性、ATP 的含量均比对照有明显的提高(韩建国等，2000)。经 PEG 处理的羊草种子萌发期间，呼吸速率初始低于对照，之后迅速增加；超氧阴离子浓度明显降低，SOD 和 POD 的活性均显著增加，脂质过氧化产物 MDA 的积累量明显低于对照(刘杰等，2002)。PEG 引发 12 h 处理后大豆种子发芽指数、活力指数均提高，子叶线粒体中 SOD、抗坏血酸过氧化物酶(APX)、谷胱甘肽还原酶(GR)、单脱氢抗坏血酸还原酶(MDHAR)和脱氢抗坏血酸还原酶(DHAR)的活性均提高，还原型抗坏血酸(ASC)/脱氢抗坏血酸(DHA)和还原型谷胱甘肽(GSH)/氧化型谷胱甘肽(GSSG)值增加，说明 PEG 引发处理增强了种子活力，提高了大豆种子抗吸胀冷害的能力(孙海平和汪晓峰，2009)。

3. 种子引发对逆境胁迫的作用

在逆境条件下，引发能加速种子萌发，提高萌发速度和出苗率(许天委和林春光，2018)。研究证明，大豆种子吸胀阶段低温引起线粒体氧化磷酸化功能的不可逆障碍，导致线粒体不能磷酸化合成 ATP，而 PEG 引发 72 h 种子在低温吸胀后线粒体具有较高的氧化磷酸化活性，保证了种子萌发及幼苗生长过程中的能量需求(燕义唐等，1988)。渗透调节和蛭石衬质调节有利于提高高羊茅、鸭茅、扁穗雀麦、草地早熟禾种子在低温下发芽(Mauromicale and Cavallaro，1996；Pill and Necker，2001)。PEG 引发可以提高吸胀种子的抗冷、抗旱及抗盐渍能力(吴晓东和杨兴洪，1996；崔秀敏等，2000；陶宗娅和邹琦，2000；姚东伟等，2020)。

水、20% PEG、2% KNO_3 和 2% KNO_3-KH_2PO_4 引发处理均能显著提高紫花苜蓿种子发芽指数，促进 0.8% NaCl 逆境下种子萌发和幼苗生长。2% KNO_3-KH_2PO_4 引发处理效果最好，显著提高了维多利亚和金皇后种子 CAT、α-淀粉酶活性。油菜素内酯引发处理均能促进盐逆境下种子萌发和幼苗生长，保护酶类 POD、CAT 和 SOD 等保持较高活性，提高紫花苜蓿种子的抗盐胁迫能力(解秀娟，2003)。0.1 mmol/L 水杨酸(SA)引发处理可以提高玉米种子萌发早期的抗旱性和耐冷性。SA 引发种子的可溶性蛋白、可溶性糖的含量吸胀前期显著低于未引发种子，而在吸胀后期显著高于未引发种子。说明 SA 引发种子比未引发的种子在吸胀后期更能适应干旱胁迫(黄婷婷等，2017)。SA 引发处理可提高 15 ℃吸胀玉米种子胚乳和种皮的可溶性糖、可溶性蛋白含量，增强胚乳和种皮的 CAT 和 POD 活性，降低种子浸出液中核苷酸含量，增强玉米种子对低温胁迫的抵抗能力(高巧红等，2017)。干旱及盐胁迫会降低羊草种子的萌发率，且不同吸湿—回干处理会降低其萌发抗逆性，导致种子产生次生休眠(黄晓辉等，2013)。引发处理也可以修复老化种子的细胞损伤，经过－0.9 和－1.2 MPa PEG 引发处理，显著提高了燕麦老化种子的发芽率(夏方山等，2015)。

随着生物技术的发展，在引发机理、条件和效果等方面种子引发技术都取得了重要的成果，从生理生化、细胞和分子水平对种子引发机理进一步探讨，多途径寻找相关的标记，作为进一步控制种子吸湿活动和提高种子质量的工具。

5.3 牧草与草坪草种子的萌发

提高种子快速和整齐的出苗率是保证种子质量的关键。种子萌发是植物生命周期的开始，涉及众多复杂的生理生化反应，如胚乳中贮藏物质的动员、胚中营养物质的运输和再利用等。调控种子萌发过程的生理生化和分子机制一直是研究的热点，在模式植物和少数农作物中，组学、QTL 和 GWAS 等研究结果发现了与种子萌发有关的候选基因(如 *Sdr4*、*GA2ox3*、

*DOG*1)，同时也提出了由ROS、植物激素、转录、转录后和翻译后介导的调控机制。但这些理论研究需要在牧草、草坪草中进行验证，才能为草种业技术进步提供有效的指导。

5.3.1　ROS在种子萌发过程中的重要作用

随着种子吸胀的发生，呼吸作用逐渐恢复和增强，其本质就是线粒体电子传递链的激活，导致内源性ROS的产生和增加。除线粒体外，乙醛酸循环体、过氧化物酶体、叶绿体和细胞质膜中也会产生次级的内源ROS(Bewley et al.,2013)。ROS具有作为信号分子和氧化破坏性分子的双重作用，存在于包括种子水平在内的整个植物生命周期(Bailly et al.,2008;Kranner et al.,2010;Kumar et al.,2015)。研究表明，种子老化、劣变和逆境胁迫响应过程中会累积ROS，进一步造成细胞的氧化损伤(Yin et al.,2015)。ROS、激素(ABA、GA等)和DNA修复之间的互作关系存在于种子发育的所有阶段，包括从胚发生到种子灌浆(Parreira et al.,2016;Verdier et al.,2008)以及休眠和萌发(El-Maarouf-Bouteau et al.,2013)。此外，它还受种子水合状态的影响(Bewley et al.,2013)。此期间ROS参与多种生理生化和分子过程，如蛋白质结构或折叠的改变、转录因子激活、基因表达的调控、细胞伸长、胚乳膜的弱化或抵抗病原体等。

1. ROS是种子萌发代谢途径中的枢纽信号分子

研究表明，ROS可能是种子萌发涉及不同信号通路的枢纽性信号分子。有丝分裂活化蛋白激酶(MAPK)级联信号通路和磷酸戊糖途径(PPP)通路被认为在种子吸胀和萌发过程中发挥主要作用(Barba-Espin et al.,2011; Diaz-Vivancos et al.,2013)。过氧化氢(H_2O_2)是最常见的ROS之一，被认为是一个重要的信号枢纽(Wojtyla et al.,2016)。通过细胞抗氧化机制来调节H_2O_2水平，对于维持促进成功萌发所需的适当胞内活性氧平衡至关重要。为了维持ROS的平衡，植物进化出酶促及非酶促的特定抗氧化系统。例如，在种子萌发过程中，过氧化氢酶(CAT)和SOD受到抑制，这两种酶是参与清除ROS的主要酶(Oracz et al.,2009)。尽管在水稻种子吸胀期间CAT、APX和GR的活性增强，但SOD活性仍然发生降低(Ye et al.,2012)。在种子吸胀的早期阶段(8～12 h)，蒺藜苜蓿的APX和SOD表达水平增强(Balestrazzi et al.,2011)。生育酚(Mene-Saffrane et al.,2010)、脯氨酸(Kubala et al.,2015)和抗坏血酸(Ye et al.,2012)等也在种子萌发期间维持ROS平衡中发挥了重要作用。

2. 种子萌发过程中ROS和植物激素间的交互作用

休眠的打破和萌发的开始在很大程度上依赖于ROS作为信号分子与植物激素代谢之间的相互作用(Miransari and Smith,2014)。种子萌发过程受到赤霉酸(GA)-脱落酸(ABA)平衡的严格控制，ROS可能通过调节其新陈代谢来主动参与这一过程。ABA抑制种子萌发、促进休眠，而GA抑制休眠、促进种子萌发，它们之间的平衡对于调节休眠—萌发至关重要(Shu et al.,2016)。H_2O_2会促进GA的生物合成和ABA的分解代谢，从而建立萌发所需的低ABA/高GA含量比率(Galhaut et al.,2014;Bailly,2019)。·OH自由基通过裂解壁多糖来松弛细胞壁进而促进细胞的伸展(Galhaut et al.,2014)。同时，种子萌发过程中ABA会降低种子(特别是胚)中ROS的产生并抑制萌发，这可能是通过激活抗氧化酶，如CAT、APX等来实现。在种子成熟期间和逆境条件下，ABA浓度会升高以维持种子休眠、抑制幼苗生长和关闭气孔。研究发现了大量的ABA和GA应答成分，如转录因子、蛋白激酶、磷酸酶和RNA代谢蛋白，它们在上述过程中起着调节作用。休眠/萌发背后的ABA-GA平衡是涉及转录因子和 Della 结构域蛋白正反馈循环的结果(Piskurewicz et al.,2008)。ROS 还通过介导贮存多糖、DNA、RNA、蛋白质和脂肪酸的氧化分解参与储备动员(Schweikert et al.,2002;Buetler et al.,2004;Job et al.,2005),为发育中的胚提供营养。ROS 还以一种严格支持 GA(抑制 ABA)的方式,对糊粉层细胞进行程序性细胞死亡(PCD),刺激淀粉酶和蛋白酶的释放,促进贮存物质的动员利用(Galhaut et al.,2014)。

外源 ABA 的施用会导致发芽种子中 ROS 积累减少,而外源 GA 的施用则被证明可以增加 ROS 的产生(Lariguet et al.,2013),如大麦(Ishibashi et al.,2012)、水稻(Ye et al.,2012)、莴苣(Zhang et al.,2014a)和向日葵(*Helianthus annuus*)(El-Maarouf-Bouteau et al.,2015)。植物特异性丝氨酸/苏氨酸激酶(SnRK2)基因家族可以调节大麦种子萌发过程中的糊粉层细胞中 ROS、GA-ABA 信号之间的相互作用(Ishibashi et al.,2012)。同时,水稻中激活的 C 激酶 1(OsRACK1)基因受体通过调节 ABA 和 ROS 水平及其相互作用来调控种子萌发(Zhang et al.,2014b)。其他植物激素,如乙烯(ET)、生长素、细胞分裂素、油菜素内酯、茉莉酸或水杨酸也参与了 ROS 介导的种子萌发调节(Miransari and Smith,2014;El-Maarouf-Bouteau et al.,2015)。Diaz-Vivancos 等(2013)推测,种子吸胀期间代谢活动的开始可能是通过 1-氨基环丙烷羧酸(ACC)来增加 GA 和降低 ABA 和 ET 水平的结果。在大豆中,ROS 通过胚轴产生内源性 ET 来调控种子萌发(Ishibashi et al.,2013)。尽管在种子萌发早期植物激素相互作用的分子机制还不太清楚,但植物激素在打破种子休眠和促进幼苗生长中的作用已被广泛报道(Hayashi,2012; Shu et al.,2016)。糖作为主要信号分子,可以参与 ABA 代谢进而影响种子萌发和早期幼苗发育(Dekkers et al.,2004;Zhu et al.,2009)。在厌氧条件下(如涝渍)通过调节海藻糖代谢可以促进水稻种子发芽(Kretzschmar et al.,2015),其中海藻糖-6-磷酸磷酸酶 7(OsTPP7)可能会调节异养组织增殖过程中的库强度,进而驱动胚萌发所需的淀粉利用和胚芽鞘伸长。TPP 的应激代谢物海藻糖-6-磷酸(T6P),被认为可作为糖的可利用性和可能的蔗糖利用状态的信号分子(Yadav et al.,2014)。T6P 抑制发育组织中的蔗糖非发酵相关蛋白激酶(SnRK1)活性(Nunes et al.,2013),进而潜在影响植物生长和其他细胞过程。

3. 种子萌发过程中 ROS 和 DNA 修复间的相互作用

ROS 氧化是种子萌发过程中 DNA 损伤的主要来源之一。为保护基因组的完整性,DNA 修复必须在细胞分裂开始前进行,这是有效萌发过程中的关键因素(Waterworth et al.,2015)。种子贮藏过程中 ROS 相关的 DNA 损伤可导致端粒序列丢失、链断裂和氧化损伤(Balestrazzi et al.,2011,2015)。例如,玉米种子的吸胀过程伴随着 DNA 单链断裂的积累(Weitbrecht et al.,2011)。在蒺藜苜蓿种子吸胀过程中也伴随氧化损伤的增加,如 8-oxo-2′-dG、8-oxo-dG 等氧化核苷酸产生(Balestrazzi et al.,2011)。同时,还发现了一种与 8-氧代鸟嘌呤 DNA 糖基化酶(MtOGG1)和甲酰胺嘧啶 DNA 糖基化酶(MtFPG)基因上调相关的有效 DNA 修复,这些基因是碱基切除修复(BER)途径的关键组分(Macovei et al.,2011a)。在拟南芥中,*AtOGG1* 的过表达导致转基因种子中 8-oxo-DG 含量的减少,从而表现出更高的萌发能力和抗逆性(Chen et al.,2012)。在种子吸胀的早期阶段,还观察到在核苷酸切除修复(NER)途径中具有潜在功能的 DNA 修复基因(如 *MtTFIIS*、*MtTDP1*)的上调表达(Balestrazzi et al.,2011;Macovei et al.,2011b)。另一个确保种子萌发的重要 DNA 修复机制是 DNA 连接酶(LIG)介导的单链和双链断裂的重新连接(Waterworth et al.,2010)。连接酶基因(*LIG*)的表达在种子吸胀后被迅速激活,同时还检测到高水平的从头合成 DNA,而当

*AtLIG*4 和 *AtLIG*6 基因被沉默时，在转基因拟南芥种子中观察到种子萌发延迟(Waterworth et al.，2010)。端粒维持和染色质重构是确保基因组完整性和促进修复机制开启的重要前提。在种子吸胀后 30 h 内，观察到在端粒维持相关功能基因表达的增强，如受端粒酶催化的逆转录酶亚基(AtTERT)和端粒保护蛋白(AtPOT1)；作为 DNA 损伤信号发现和染色质重塑的主要参与者，转化/转录域关联蛋白(AtTRRAP)的表达水平在拟南芥子叶和胚根中也得到了增强(Balestrazzi et al.，2015)。

ROS 在从植物种子萌发到种子发育的整个生命周期中起着至关重要的作用。各种组学技术已经开始大量被用于研究种子萌发的分子机制。参与抗氧化反应、DNA 修复和染色质重塑的相关基因从种子吸胀的早期就受到调控，研究者应该在种子发育的更早阶段开发新的分子技术来检验种子质量和生活力。

5.3.2　组学和分子生物学技术在种子萌发研究中的应用

1. 种子萌发相关候选基因的鉴定

利用转录组技术可以初步确定种子萌发、幼苗活力或对引发剂响应活跃的候选基因和代谢途径。种子发育阶段和环境因素会影响拟南芥种子萌发过程中的基因表达(Ogawa et al.，2003；Finch-Savage et al.，2007)。在吸胀前 3 h 内，观察到蛋白质降解和细胞壁可塑性基因的转录增加，表明代谢过程的早期激活导致胚根的出现(Nakabayashi et al.，2005)。然而，在吸胀后期和早期萌发事件中，参与生长素运输的基因，如生长素转运蛋白(AUX1)、生长素输出载体蛋白(PIN1 和 PIN7)被上调(Holdsworth et al.，2008b)，显示生长素在驱动细胞分裂和伸长过程中的相关性。

种子的不同结构(外皮或种皮、胚乳和胚)在种子萌发过程中都有明确的作用，某些代谢过程仅限于特定组织，特别是胚和胚乳具有器官特异性反应及系统性双向互作(Yan et al.，2014)。经 4 ℃低温层积处理后再转移至 22 ℃中萌发的拟南芥种子，进行转录组分析发现，胚乳中的甘油酸循环、三氯乙酸循环、糖酵解/糖异生、糖转运和脂肪酸 β-氧化等基因相对于胚具有高度的差异表达。对于参与蛋白质降解和氨基酸转运的基因也观察到类似的模式。而属于转录、氨基酸活化和蛋白质合成的基因在胚组织中表达较多。经 ABA 和 H_2O_2 处理的小麦萌发种子，采用 DNA 芯片进行胚和胚乳的综合转录组响应分析，发现胚中差异表达的 64 个基因属于 DNA 合成与碳水化合物、激素和蛋白质降解代谢，胚乳中的 121 个差异表达基因属于贮藏、运输、生物和非生物胁迫、激素和细胞壁代谢、信号传导和发育等功能范畴(Yu et al.，2016b)。

转录后调控机制在调节种子萌发中起着重要作用。microRNA(miRNA)介导的基因表达调控在植物发育过程中起着关键作用，包括种子萌发过程(Jones-Rhoades et al.，2006)。miRNA 是一类小的非编码(20～24 个核苷酸)RNA，在转录后水平发挥作用，通过基于序列互补的 mRNA 切割和翻译抑制导致基因沉默。从干燥种子到吸胀种子的 miRNA 图谱急剧变化表明，在萌发前代谢过程中，miRNA 介导的调节代谢被迅速激活(He et al.，2015)。Chung 等(2016)证明，可靶向作用于甲基转移酶基因(*PXMT*1)的 miR163 表达，对于促进种子萌发和调节拟南芥幼苗早期发育期间的根系结构至关重要，还发现虽然 miRNAs 表达谱在吸胀后 12 h 和 24 h 之间是相似的，但它们与在干燥的种子胚中存在显著差异。miRNAs 靶基因的预测揭示了一些与种子萌发相关的基因调控网络(激素/转录因子复合物)。其中，miR156/miR529 靶向 *Squamosa* 启动子结合类蛋白 SPLs 蛋白编码基因、miR160 靶向生长素响应因子 ARFs、miR319 靶向 TCPs 和 miR159 靶向 MYBs。这些结果与萌发起始相关的发育过程一致，其中许多细胞结构需要从头修复或合成。但是通过反向遗传学方法验证 miRNA 功能，可能会为提高种子发芽率开辟新的策略。

种子休眠在不同的物种中表现不同。在作物种子中，低休眠水平会导致收获前发芽，导致作物产量下降。另一方面，即使在有利的条件下，种子的高度休眠也会阻碍正常的萌发，导致农业生产中的出苗率很低(Shu et al.，2016)。Pawłowski 和 Staszak(2016)研究了在低温层积过程中枫树(*Acer palmatum*)种子发生的胚蛋白质组的变化。这一特定物种的种子具有深度的生理胚休眠，只有通过长期的层积处理才能克服这种休眠。研究中发现的多数差异蛋白质参与新陈代谢和遗传信息处理。其中，与蛋氨酸代谢相关的蛋白质(腺苷激酶、蛋氨酸合成酶)和富含甘氨酸的 RNA 结合蛋白在打破休眠中显得尤为重要。对另一种具有种子深度休眠特性的小花木兰(*Magnolia sieboldii*)种子层积处理(0、65、110 和 150 d)后蛋白质组分析发现，大部分差异蛋白参与胚发育、淀粉合成和能量代谢，参与淀粉代谢的 ADP 葡萄糖焦磷酸化酶的小亚基在发芽/层积处理期间减少了积累，表明淀粉和贮藏蛋白的降解是小花木兰种子萌发期间激活的主要机制(Lu et al.，2016)。

2. 种子萌发的复杂基因调控网络鉴定

种子萌发及生长发育过程受环境条件和亲本的影响(Rajjou et al.，2012)。利用表型、代谢组和转录组分析研究温度、硝酸盐和光照强度等处理对拟南芥种子成熟的影响，发现 MOTHER-OF-FT-AND-TFL1(MFT)蛋白与种子休眠高度相关(He et al.，2016)。并且，MFT 编码磷脂酰乙醇胺结合蛋白，其表达直接受到 ABA-InENSITIVE3(ABI3)和 ABI5 转录因子的调控，通过 ABA 和 GA 信号通路来调控拟南芥种子萌发过程(Xi et al.，2010)。

转录组和蛋白质组的高通量分析在研究种子休眠的分子调控方面取得了重大进展，但对于转录后的作用机制仍然不清楚。拟南芥的休眠和非休眠种子于 25 ℃黑暗条件下进行吸胀萌发，利用转录组和翻译组的相互比较，表明转录组(总 mRNA 丰度)和翻译组(多聚核糖体的 mRNA)之间没有相关性，整合转录共表达网络发现了一组与休眠相关的基因和一些与萌发相关的基因。在休眠和非休眠种子中，mRNA 具有选择性地富集到多聚核糖体中(Basbouss-Serhal et al.，2015)。

通过转录组学和蛋白质组学综合分析，掌握渗透引发(浸泡和脱水)影响油菜种子 mRNA 合成和翻译的动力学问题。参与 mRNA 合成、核糖体生物合成和翻译起始的基因上调，但观察到 mRNA 水平和蛋白质丰度之间存在对应关系有限。真核起始因子 EIF4A 与热休克蛋白 22(HSP22)和 HSP17.9 一起参与了翻译后的加工环节，它们在浸泡处理中积累，说明从有效的 mRNA 模板上合成蛋白质。在油菜种子的萌发过程中，阶段特异性代谢途径被激活。不同的调控基因、蛋白在浸种、干燥和最终萌发过程中受到调控(Kubala et al.，2015)。与水分吸收、细胞周期、细胞分裂和对氧化应激反应相关的基因和蛋白质的上调引发了相应的代谢过程，将促进油菜种子的萌发。编码液泡水孔蛋白 TIP2 基因的上调可能有助于促进水分进入引发种子，同时伴随着种皮的形态改变(Galhaut et al.，2014)。当油菜种子受到渗透引发处理时，细胞骨架组织中的微管蛋白和驱动蛋白的相关基因上调，以调控细胞分裂中的关键进程，如有丝分裂纺锤体和细胞壁沉积。

在种子萌发的早期阶段，胚组织开始进行转录和转录后的相关进程。通过转录组和代谢组分析水稻种子萌发过程中的分子调控模式发现,在吸胀 1 h 后代谢产物谱发生快速变化,如磷酸己糖(6-磷酸果糖和 3-磷酸甘油酸酯)、三羧酸循环中间体和 c-氨基丁酸的含量增加,这些变化与转录水平的变化无关。在吸胀 1 h 和 3 h 观察到转录因子和转导信号的转录本表达水平达到峰值,随后下降。新合成的转录本在吸胀 3 h 处达到峰值,此时与 RNA 不稳定相关的 3′端非翻译区表现出明显的序列元件富集。在吸胀 12 h 时,代谢组的变化仅限于碳水化合物、氨基酸和细胞壁相关物质的代谢,此时转录水平有所提高。对差异表达基因进行层次聚类分析,观察不同转录因子家族的聚类情况。其中一个簇中 AUX/IAA 和 bHLH 家族占有较高比例,而另一个簇主要富集 SU(VAR)3-9、ENHANCER-OF-ZESTE、TRITHORAX(SET)家族转录因子(Howell et al.,2009)。此外,AUX/IAA 家族的成员与大麦种子萌发过程中的 GA 和生长素信号通路相关(Shu et al.,2013)。

植物发育过程和响应环境条件的表观遗传调控通过 DNA 甲基化、组蛋白修饰、小干扰 RNA(siRNA)和长链非编码 RNA(lncRNA)来实现,并致使染色质结构发生变化(Kapazoglou et al.,2013)。表观遗传修饰高度影响染色质结构和基因表达调控,在萌发过程中会造成相关的种子发育基因逐步停止表达,以保证种子萌发和幼苗生长。研究发现,miRNA(如 miR156、miR172)介导的转录后调控机制和由组蛋白去甲基化(如 KYP/SUVH4)、组蛋白去乙酰化(HD2)介导的染色质重塑参与调控了种子萌发过程。转录因子 SET 家族被证实为作用于种子萌发过程中的表观遗传修饰途径,即通过组蛋白赖氨酸甲基转移酶(HMTase)活性的改变调控真核基因表达水平和染色质结构(Thorstensen et al.,2006;Colville et al.,2011;Nonogaki,2014;Molitor et al.,2014)。SU(VAR)3-9 蛋白的同源物 KYP/SUVH4 是促进组蛋白 H3 的赖氨酸 9 去甲基化的主要 H3K9 甲基转移酶,在种子休眠中起负调控作用(Zheng et al.,2012)。此外,KYP/SUVH4 作用于 ABA 和 GA 信号通路,可直接引起 *DOG*1、*ABI*3 等基因的表达变化。小干扰 RNA 和非编码长链 RNA 可能在种子休眠中或萌发位点上(如 *DOG*1)引起表观遗传变化(Nonogaki,2014)。总之,种子休眠和萌发的调控涉及激素信号通路、碳代谢、miRNA 和染色质重塑的复杂分子网络。新一代分子育种技术,如 TALENs 或 CRISPR/Cas9 等基因组编辑工具,将进一步支持设计和开发具有增强种子性状的新途径。

3. 全基因组关联分析在鉴定种子萌发相关 QTL 中的应用

数量性状基因座(QTL)分析已成为识别控制重要种子性状位点和基因的有效方法。在栽培和野生谷物中报道了一些与种子休眠相关的 QTLs(Gu et al.,2008;Imtiaz et al.,2008)。全基因组关联分析(GWAS)克服了基于 QTL 分析的一系列局限性,允许在大量个体中对每个基因型标记和有利的表型评分之间的关联进行量化。

Yu 等(2016a)利用结合基因分型测序(GBS)的 GWAS 方法,在紫花苜蓿种质资源中鉴定出盐胁迫下提高萌发率的相关基因座。通过在不同盐胁迫水平下对发芽的紫花苜蓿种子进行表型分析,并使用 GBS 产生的 SNP 标记进行标记—性状关联。结果表明,在紫花苜蓿种子发芽的过程中,与耐盐性相关的标记有 36 个,其中 23 个与非生物胁迫响应的基因有关。例如,标记 S2_46544981 与类钙调磷酸酶 B 互作蛋白激酶(CIPK)有关,它在响应各种非生物胁迫的代谢通路中发挥着重要作用。此外,有研究检测到了在盐胁迫下响应的一些基因位点,其中干旱性状位点被定位在相同的种质上(Zhang et al.,2015)。这表明两种胁迫之间的基因网络存在着一种交叉效应。对这些位点及其连锁基因的进一步研究将为掌握盐和干旱胁迫影响紫花苜蓿生长的分子机制提供理论依据。

采用GWAS分析350份水稻材料，评估不同水稻亚种、亚群体间种子萌发的休眠变化。在新收获的种子和成熟后的种子中鉴定了与种子休眠相关的重要基因位点，包括生长素失活基因 *GH3-2* 和种子休眠基因 *Sdr4*，后者被种子休眠特异性转录因子 Viviparous-1(OsVP)所控制。还发现不同等位基因对控制不同栽培水稻类群休眠的影响。例如，*GA2ox3* 基因仅在Aus亚群的关联峰附近被检测到，与任何其他亚群相比，其发芽率最低、休眠率更高，因此，*GA2ox3* 基因可以通过标记辅助选择的方法提高非休眠群体或中休眠种群的收获前抗发芽性能(Magwa et al.,2016)。Hatzig等(2015)利用结合基因分型阵列(genotyping array)技术的GWAS方法，确定影响甘蓝型油菜(*Brassica napus*)种子萌发和幼苗早期生长的基因组位点，在与萌发速度、绝对发芽率、胚根生长和千粒重有关的基因组区域中发现了候选基因，其中包括与拟南芥同源的 *SCO1*、*ARR4* 和 *ATE1* 基因，在拟南芥种子萌发和幼苗生长中发挥着重要作用(Holman et al.,2009; Wang et al.,2011)。

5.3.3 种子萌发响应环境胁迫的生理生化和分子机制

1. 干旱和盐胁迫对种子萌发的影响

通常干燥种子对环境压力的适应性很强，但萌发的种子和幼苗则需要采取防御策略来应对严酷的非生物胁迫和生物胁迫，以确保植物的存活。干旱是种子萌发中最常遭遇的环境压力，而干旱和盐害通常是相互关联的，对植物生长产生负面影响。种子萌发在胁迫条件下被抑制，而在有利条件下恢复的过程由植物激素介导(Llanes et al.,2015)。干旱和盐害对种子萌发的影响存在多种机制，其中包括降低萌发刺激物(如GAs)、增加ABA含量和改变膜透性(Lee and Luan,2012)。研究表明，编码GA合成酶的基因表达水平在萌发过程中发生了改变，如柯巴基焦磷酸合酶(CPS)、GA 20-氧化酶(GA20ox)、GA 3-氧化酶(GA3ox)和GA 2-氧化酶(GA2ox)。在种子成熟期间以及在干旱或盐碱等不利条件下，ABA会形成高水平积累，进而调节多种ABA响应成分，如转录因子、蛋白激酶、磷酸酶和RNA代谢蛋白。在MYB转录调节因子中，R2R3-MYB蛋白被证明在生物和非生物应激反应中起着关键作用，其中At-Myb7是ABI5(bZIP转录因子)的负调控因子，有利于在盐胁迫条件下维持最佳的种子萌发水平(Kim et al.,2015)。玉米中属于短链脱氢酶/还原酶家族(SDR)的 *ZmABA2* 基因可与丝裂原活化蛋白激酶ZmMPK5相互作用，以调节玉米中的ABA含量，即过表达 *ZmABA2* 基因烟草的ABA含量增加，增强了种子萌发时对干旱和盐胁迫的耐受性(Ma et al. 2016)。植物的胁迫反应程度取决于胁迫的类型、强度以及物种和基因型。Thiam等(2013)发现盐胁迫对豇豆种子发芽的影响存在很高的品种间变异。在耐胁迫的扁豆(*Lens culinaris*)种子萌发中，TCA循环的中间体代谢物水平降低，确定了几种特异性代谢物，如鸟氨酸、天冬酰胺、丙氨酸和高丝氨酸，分别作为干旱和盐胁迫的标志代谢物(Muscolo et al.,2015)。暴露于不同剂量γ射线下，较低的辐射剂量和盐浓度可以导致APX、CAT和GR等抗氧化基因表达增强，促进水稻种子发芽率提高、促进胚根及下胚轴长度增加，进而促进幼苗生长(Macovei et al. 2014)。

2. 温度对种子萌发的影响

种子发芽依赖于所在的环境温度，极端温度会导致种子发芽延迟和丧失种子活力，进而对生产造成负面影响(Kaushal et al.,2016)。高温会造成种子发芽率、活力指数、胚胎发育和胚芽鞘生长的降低。不同耐热性的玉米品种在种子萌发过程中，包括α-淀粉酶(AMY)、胚胎发育后期富集蛋白(LEA)、锌指蛋白 AN13 和醛氧化酶(AOX-1)在内的多个基因的转录水平存在较大差异(Dutra et al.,2015)。此外,通常用于打破种子休眠的高水平 ROS 也可用于正调控水稻生长过程中极端温度(热和冷)造成的氧化应激(Bhattacharjee,2013)。耐热性是种子对极端温度的适应,其特征在于一系列相关细胞和代谢反应,包括脯氨酸、甘氨酸、甜菜碱和海藻糖等渗透调节物质的积累,信号传导分子如 NO 和植物激素的平衡(Kumar et al.,2012)。作为保护细胞免受高温影响的分子伴侣,热激蛋白 HSP 基因也与种子耐热性有关(Hasanuzzaman et al.,2013)。

3. 金属离子对种子萌发的影响

各种重金属和金属离子对土壤的污染作为一个全球性环境问题,被视为种子萌发过程中的主要限制因素之一(Kranner and Colville,2011)。金属对种子萌发和幼苗生长的影响是不同的,种子会受到种皮的保护,幼苗相对于种子对金属更为敏感。土壤中高浓度铅(Pb)会抑制燕麦种子萌发,即使在最低铅浓度(25 mg/kg)下,种子萌发也会受到负面影响,而更高的铅浓度(400 mg/kg)会降低种子发芽率(Bhushan et al.,2015)。50 Gy 剂量的 γ 射线辐射后,拟南芥种子受到镉(Cd)/Pb 毒性降低,伴随保护性化合物如抗坏血酸、脯氨酸、酚类和生物碱的积累。同时,发现了属于 MAPK 家族的多个基因的转录水平提高,参与调节种子对重金属应激反应和 ROS 介导的信号通路(Qi et al.,2015)。当经 5 Gy 剂量 γ 射线辐射的车前草(*Plantago ovata*)种子在含有 Cd 的基质中生长时,多种金属硫蛋白(MTs)基因(*PoMT*1、*PoMT*2 和 *PoMT*3)和蛋白质表达水平得到提高(Ghoshal et al.,2015)。此外,MTs 也是拟南芥种子中铜元素积累和分布的重要参与者(Benatti et al.,2014)。二氧化钛(TiO_2)等纳米粒子开始应用于植物抗胁迫的研究和实践中。虽然 TiO_2 纳米颗粒处理对一些植物幼苗生长、植物蒸腾和水分利用效率显示出积极影响(Li et al.,2015),但它也具有负面影响,如经过 TiO_2 纳米颗粒处理后野豌豆会产生萌发延迟和遗传毒性应激(Ruffini et al.,2014)。

4. 病害等生物胁迫对种子萌发的影响

跨代表观遗传即诱导抗性可经种子传递给后代是种子生物学的研究热点之一。用花椰菜花叶病毒(CaMV)诱导引发会改变芜菁(*B. rapa*)种子的结构并促进防御反应,而且这种对生物胁迫的防御反应可能会持续较长时间并转移到下一代。通过外源生物添加剂已成功引发种子来提高抗性。例如,在易感病珍珠粟(*Pennisetum glaucum*)品种中使用 γ-氨基丁酸(GABA)和荧光假单胞菌(*Pseudomonas fluorescens*)进行种子引发可降低田间发病率(Choudhary et al.,2015)。此外,利用 GABA 和荧光假单胞菌引发珍珠粟的霜霉病(*Sclerospora graminicola*)抗性的比较蛋白质组学分析发现,与葡萄糖代谢相关的蛋白质积累赋予了对霜霉病的保护作用,蛋白质丰度变化主要取决于病原体引起的感染而非引发剂的作用。此外,还推测茉莉酸(JA)和 SA 通路之间可能存在与抗病性相关的交互作用。针对相关物种和基因型,利用组学技术研究掌握种子引发影响萌发的详细分子响应图谱,以解释和区分引发依赖性基因型的变异和特异性处理变异,推动开发更有效的引发剂在提高种子和幼苗抗性上的应用。

参考文献

柏明娥,朱汤军,洪利兴. 2008. 美丽胡枝子种子发芽特性研究. 种子,(11):69-71.
陈昊,徐日荣,陈湘瑜,等. 2020. 花生种子萌发吸胀阶段冷害抗性的鉴定及耐冷种质的筛选.植物遗传资源学报,21(1):192-200.

陈满盈,陆帼一,李洪元.1991.种子萌动过程ATP含量的变化及其与种子活力的关系.种子,56(6):39-40.

陈双燕.2006.蛭石引发对不同贮藏年限的结缕草种子活力的影响.硕士学位论文.北京:中国农业大学.

崔秀敏,王秀峰,杜宏斌.2000.PEG引发种子的研究进展.塔里木农垦大学学报,12(4):47-52.

董晓红,万清林,徐娜.2005.胡萝卜种子萌发过程中生理生化变化的研究.生物技术,15(6):55-57.

方丽,尚增强.2007.渗透调节技术及其在种子处理中的应用.河南科技学院学报(自然科学版),35(4):4-7.

傅家瑞,蔡东燕,张北壮.1983.渗透调节法对几种作物种子萌发的促进效应.中山大学学报(自然科学版),(2):139-140.

傅家瑞.1985.种子生理.北京:科学出版社.

甘敏,郭鸿祥,王文斌.1988.甘草种子萌发生理的实验研究.甘肃中医学院学报,(4):40-41.

高巧红,丁希政,牛志浩,等.2017.水杨酸引发处理对低温吸胀期间玉米种子生理指标的影响.河南农业科学,46(3):41-46.

高荣岐,张春庆.2002.种子生物学.北京:中国科学技术出版社.

韩建国,钱俊芝,刘自学.2000.PEG渗调处理改善结缕草种子活力的研究.中国草地,(3):22-28.

韩蕊莲,侯庆春,邹厚远,等.1993.用PEG“引发”沙打旺种子活力及抗逆性的研究.草业科学,10(6):60-63.

贺慧,燕玲,郑彬.2008.5种荒漠植物种子萌发特性及其吸水特性的研究.干旱区资源与环境,22(1):184-188.

胡卉芳,李青丰.2001.5种禾本科牧草种子的萌发特性及耐旱性的研究.中国草地,23(3):49-54.

胡晋,蔡素琴.2001.超甜玉米种子低温吸胀的生理生化变化.作物学报,(3):371-376.

黄荟,姜孝成,程红众.2008.种子蛋白质组的研究进展.植物学通报,25(5):597-607.

黄婷婷,牛志浩,丁振山,等.2017.水杨酸对玉米种子萌发早期耐旱性的影响.种子,36(2):33-37.

黄晓辉,张广月,武艳培,等.2013.不同吸湿-回干处理对羊草种子萌发抗逆性的影响.草地学报,(4):752-758.

黄中文,刘明久.2006.提高超甜玉米耐冷性的研究.玉米科学,14(3):93-95.

贾俊仙,陈红兵,曹克林.2000.聚乙二醇预处理对苇状羊茅种子萌发的生物效应研究.山西农业大学学报(自然科学版),(4):397-399.

姜丽.2005.渗透调节对结缕草种子发芽与活力的影响及其机理初探.硕士学位论文.北京:中国农业大学.

解秀娟,胡晋. 2003. 沙引发对紫花苜蓿种子盐逆境下发芽及幼苗生理生化变化的影响. 种子,(4):3-4.

解秀娟. 2003. 引发对紫花苜蓿种子盐逆境下发芽及幼苗生理生化变化的影响. 硕士学位论文. 杭州:浙江大学.

金洪,费宝玲. 1991. 五种豆科牧草种子萌发期耐盐性测定. 内蒙古草业,(1):40-43.

卡恩 A A. 1989. 种子休眠和萌发的生理生化. 王沙生,洪铁宝,高荣孚,等译. 北京:农业出版社.

康素珍,朱文江. 1981. 野燕麦种子的休眠和萌发习性的初步研究. 青海农林科技,(4):20-24.

李昌林,陈默君. 1994. 胡枝子种子萌发及幼苗生长. 黑龙江畜牧兽医,(7):18-21.

李代琼,梁一民,从心海,等. 1981. 沙打旺、柠条、酸刺飞播种苗生物生态学特性的研究. 陕西林业科技,(3):8-14.

李佳荫,冯国军,刘大军,等. 2020. 低温胁迫对菜豆种子吸胀期间生理特性和发芽能力的影响. 中国农学通报,36(1):24-29.

李敏. 1995. 利用 PEG 渗调法提高牧草种子活力的研究. 国外畜牧学:草原与牧草,(3):29-31.

李卫军,郭星海,高辉远. 1993. 牧草种子萌发耐盐筛选初报. 八一农学院学报,(2):68-71.

李小安. 2011. 低温吸胀对不同扁蓿豆种子发芽特性的影响. 青海大学学报(自然科学版),29(4):62-64.

刘畅,李佳荫,刘大军,等. 2019. 腐胺对吸胀冷害下菜豆种子萌发及抗性的影响. 北方园艺,(13):10-16.

刘存德,沈全光,阎田. 1989. 绿豆子叶线粒体发育过程中腺苷酸的变化及其对细胞能量代谢的影响. 植物学报,31(2):116-122.

刘存德,沈全光,张家远,等. 1982. 植物组织中 ATP、ADP、AMP 量的测定及能荷指标. 植物生理学通讯,(5):26-31.

刘迪,沈海龙,张鹏. 2012. 种子蛋白质组的研究现状与展望. 种子,31(6):54-57.

刘慧霞. 2007. 紫花苜蓿种子水引发研究. 博士学位论文. 兰州:兰州大学.

刘杰,刘公社,齐冬梅,等. 2002. 聚乙二醇处理对羊草种子萌发及活性氧代谢的影响. 草业学报,11(1):59-64.

刘向标,段江燕. 2013. 小麦种子萌发时期胚差异蛋白表达分析. 生物技术通报,(3):60-64.

刘岩,陈杭,郑光华. 1990. 种子吸湿-回干处理的应用及其原理. 种子,(5):34-35.

刘志民,李雪华,李荣平,等. 2003. 科尔沁沙地 15 种禾本科植物种子萌发特性比较. 应用生态学报,14(9):1416-1420.

刘志民,李雪华,李荣平,等. 2004. 科尔沁沙地 31 种 1 年生植物萌发特性比较研究. 生态学报,24(3):648-653.

罗光宏,王进,颜霞,等. 2014. 干旱胁迫对唐古特白刺(*Nitraria tangutorum*)种子吸胀萌发和幼苗生长的影响．中国沙漠,34(6):1537-1543.

马春晖,张玲,段黄金,等．2001. PEG渗调处理改善高冰草种子活力的研究．中国草地,23(5):38-40.

马卉,徐秀红,江绪文,等．2006. PEG引发对草坪草种子萌发及活力的影响．种子,25(11):20-26.

毛培胜．2021. 牧草种子学．3版．北京:中国农业大学出版社．

闵丹丹．2016. 引发对紫花苜蓿种子萌发、幼苗生长及田间建植的影响．硕士学位论文．兰州:兰州大学．

Bewley J D,Bradford K J,Hilhorst H W M,et al. 莫蓓莘(译). 2017. 种子:发育、萌发和休眠的生理．北京:科学出版社．

彭永庆．1990. 盐碱对黑麦草发芽和幼苗生长的影响(简报). 植物生理学通讯,(2):36-38.

浦心春,韩建国,李敏．1994. 结缕草种子打破休眠过程中的代谢调控．中国草地,(3):20-24.

沈永．1988. 不同活力等级的箭筈豌豆种子吸胀期间的某些生理生化差异．种子,38(6):28-31,34.

沈禹颖,闫顺国,余玲．1991. 盐分浓度对碱茅草种子萌发的影响．草业科学,(3):68-71.

司杰,周禧琳,焦培培．2016. 吸湿-回干处理对新疆沙冬青种子活力的影响．天津农业科学,22(4):25-27.

宋松泉,刘军,黄荟,等．2020b. 赤霉素代谢与信号转导及其调控种子萌发与休眠的分子机制．中国科学:生命科学,50(6):599-615.

宋松泉,刘军,徐恒恒,等．2020a. 脱落酸代谢与信号传递及其调控种子休眠与萌发的分子机制．中国农业科学,53(5):857-873.

宋松泉,刘军,杨华,等．2021. 细胞分裂素调控种子发育、休眠与萌发的研究进展．植物学报,56(2):218-231.

宋万林．1991. 鹰嘴豆种子生物学特性的研究．中国草地,(1):35-40,30.

宋占丽,秦德明,刁永强,等．2021. 不同浸种时间对毛叶苕子种子吸胀作用及萌发的影响. 种子科技,(13):29-30.

孙海平,汪晓峰．2009. PEG处理对种子线粒体中抗坏血酸-谷胱甘肽循环的影响. 现代农业科技,(6):135-136,138.

孙建华,王彦荣,卫东,等．1994. 青海鹅观草和无芒鹅观草种子萌发条件及特性的研究．茶叶科学,(1):28-31.

孙建华,王彦荣,余玲,等．1999. 聚乙二醇引发对几种牧草种子发芽率和活力的影响．草业学报,8(2):34-42.

孙艳,崔鸿文．1995. 黄瓜种子吸胀时间及萌发需水量试验．陕西农业科学,(1):31,35.

陶宗娅．1994. 种子吸胀冷害与膜脂过氧化作用．绵阳农专学报,11(1):7-11.

陶宗娅,邹琦,程炳嵩．1991. 低温吸胀对种子下胚轴细胞超微结构的影响．植物学报,33(7):511-515.

陶宗娅，邹琦．2000. 种子的吸胀冷害和吸胀伤害．植物生理学通讯，36(4)：368-376.

田斌．1985. 沙打旺种子萌发的生物学特性观察．种子，(3)：48-50.

田宏，刘洋，张鹤山，等．2009b. 扁穗雀麦种子萌发吸水特性与萌发温度的研究．中国草地学报，31(2)：53-58.

田宏，刘洋，张鹤山，等．2009a. 硬雀麦(*Bromus rigidus* Roth)种子萌发条件的研究．种子，28(7)：18-21.

王冬梅，黄之志．1996. 种子渗透调节的机制及最佳渗调条件的选择．种子，(5)：7-9.

王飞澜，刘存德．1990. 豌豆子叶线粒体发育过程中 H^+-ATP 酶的变化．植物学报，32(4)：274-278.

王俊杰，孙伯丽，金雄，等．2005. 呼伦贝尔野生黄花苜蓿种子生物学特性研究．内蒙古农业大学学报(自然科学版)，26(2)：5-7.

王丽娟．2008. 牧草种子萌发对温度和水分胁迫的反应．博士学位论文．呼和浩特：内蒙古农业大学．

王玲．2017. 水稻种子休眠 QTLs 动态分析和种子吸胀相关基因鉴定．博士学位论文．南京：南京农业大学．

王彦荣，张建全，刘慧霞，等．2004. PEG 引发紫花苜蓿和沙打旺种子的生理生态效应．生态学报，24(3)：402-408.

王彦荣．2004. 种子引发的研究现状．草业学报，13(4)：7-12.

王友凤，马祥庆．2007. 林木种子萌发的生理生态学机理研究进展．世界林业研究，(4)：19-23.

王治衡．种子萌发过程中线粒体的发育、ATP 合成与种子活力的分析．1991. 吉林林学院学报，7(1)：83-85.

吴海燕，崔彦宏，王强．2009. 温度条件对不同类型玉米种子吸胀和萌动特性的影响. 华北农学报，24(增刊)：144-148.

吴敏，薛立，李燕．2005. 种子吸湿回干研究综述．种子，24(4)：46-49.

吴晓东，杨兴洪．1996. 植物种子的引发研究．植物学通报，13(1)：32-36.

伍贤进，宋松泉，田向荣，等．2004. 玉米种子吸胀萌发过程中抗氧化酶活性的变化. 吉林农业大学学报，26(1)：6-9.

夏方山，闫慧芳，毛培胜，等．2015. PEG 引发对燕麦老化种子活力的影响．草业科学，32(5)：731-737.

肖斌，王立，张杰，等．2015. 沙生针茅种子吸水特性及其萌发特征研究．中国农学通报，31(34)：37-41.

谢皓．1998. 温度对玉米种子萌动和发芽的影响．北京农业科学，16(2)：5-7.

徐本美，顾增辉．1984. 萌动过程中种子 ATP 量的变化．植物生理学通讯，(3)：39-42.

徐恒恒，程红众，黎妮，等．2014. 种子萌发及其调控的研究进展．作物学报，40(7)：1141-1156.

徐孟亮，陈良碧，周广洽．1993. 亚种间杂交稻种子吸胀过程中 ATP 含量与呼吸强度的变化研究．杂交水稻，(3)：34-37.

徐晓燕,郑蕊,李春梅,等.2006. 大豆种子萌发过程中的差异蛋白质组研究.生物化学与生物物理进展,33(11):1106-1112.

许天委,林春光.2018. 种子引发技术的研究进展.黑龙江农业科学,(10):172-176.

许兴泽,赵桂琴,杜锦.2017. 硒对玉米种子吸胀期间生理特性和种子发芽能力的影响.甘肃农业大学学报,52(1):63-67.

薛梅真,李瑞芳,辛霞,等.2018. 玉米种子萌发初期可溶性糖代谢途径的调控研究. 玉米科学,26(4):91-98.

颜红波.1998. 不同温度对多年生禾草种子发芽的影响.草业科学,(4):23-24,26-27.

颜启传.种子学.2001. 北京:中国农业出版社.

燕义唐,梁峥,郑光华,等.1988. PEG 引发提高大豆种子抗吸胀冷害的作用机理:引发对敏感大豆种子氧化磷酸化的效应.科学通报,(6):465-468.

杨德光,郭景文,马明祥.1995. 四种牧草种子萌发期抗旱性的研究.国外畜牧学(草原与牧草),(3):26-28.

杨寒霖,周峰,华春.2016. 种子萌发阶段的代谢及其调控.种子,35(9):54-57.

杨期和,杨威,李秀荣.2001. 热带植物种子萌发影响因素初探.种子,(5):45-48.

杨云珠,陈文涛,郭金铨.1992. PVA 和 PEG 预处理对大豆种子在低温吸胀过程中胚根线粒体发育和超微结构的影响.植物学报,31(6):432-436.

姚东伟,吴凌云,沈海斌,等.2020. 种子引发技术研究与应用进展.上海农业学报,36(5):153-160.

叶漪,贺芬,王晖,等.2021. 莴苣种子萌发过程中细胞壁降解酶活性的动态变化.耕作与栽培,41(3):29-33.

易津,王学敏,谷安琳,等.2003. 驼绒藜属牧草种子水分生理及幼苗耐旱性研究.草地学报,11(2):103-109.

于卓,孙祥,李秀梅,等.1990. 柠条、红豆草种子及幼苗抗旱性的研究.内蒙古草业,(1):38-41.

余玲.1999. 虎尾草种子萌发特性的研究.草业科学,(3):52-55.

余玲,王彦荣,孙建华.1994. 温度、光照和发芽床对假俭草种子萌发的影响.草业科学,(6):52-55.

余玲,王彦荣,孙建华.1991. 温度及预处理对苏丹草种子萌发的影响.草业科学,(5):65-68.

云锦凤,米福贵.1989. 冰草的种子萌发、生长发育及其开花生物学.中国草地,(4):18-23.

张鹤山,刘洋,田宏,等.2008. 温度对鄂牧 1 号白三叶种子萌发特性的影响.湖北畜牧兽医,(8):31-32.

张红生,王州飞.2021. 种子学.3 版.北京:科学出版社.

张立勇,阮燕晔,张春宇,等.2005. 种子吸胀萌发期抗氧化酶活性的研究进展.安徽农业科学,33(7):1274-1275.

张明帅.2016. 玉米种子吸胀蛋白基因 ZmAGA4 的功能研究.硕士学位论文.杨凌:西

北农林科技大学.

张文明,徐秀红,姚大年,等.2004.砂引发对草坪草种子萌发及活力的影响.种子,23(2):14-16,20.

张众,彭启乾,吴渠来.1990.披碱草属牧草种子萌发生物学特性的研究.中国草地,(2):51-54,65.

赵剑,杨文杰,马福荣,等.1998.静电场和聚乙二醇等处理对大豆种子抗吸胀冷害的促进作用.应用与环境生物学报,4(2):136-140.

赵萌,魏小红.2015.吸胀冷害下外源 NO 对紫花苜蓿种子萌发及抗氧化性的影响.草业学报,24(4):87-94.

赵秀华,陈景瑞,纪玉.1995.紫羊茅种子萌发适宜条件的研究.中国草地,(2):62-64.

赵玉芳,徐均焕,凌备备.1995.水稻种胚吸胀中 DNA 合成特性的电镜放射自显影研究.浙江农业大学学报,21(2):116-120.

赵玥,辛霞,王宗礼,等.2012.种子引发机理研究进展及牧草种子引发研究展望.34(3):102-108.

郑安俭,王州飞,张红生.2017.作物种子萌发生理与遗传研究进展.江苏农业学报,33(1):218-223.

郑光华,梁峥,林坚.2001.种子吸胀冷害和渗透调控的研究.中国科学院院刊,(3):182-187.

郑光华,徐本美,顾增辉.1981.豆科种子萌动初期对低温反应的三种类型.科学通报,(9):564-567.

郑光华,徐本美,顾增辉.1985.PEG"引发"种子的效果.植物学报,27(3):329-333.

郑光华.2004.种子生理研究.北京:科学出版社.

郑晓鹰,孔祥辉,郑光华.1986.几种蔬菜种子渗透调控的研究.中国农业科学,(2):37-41.

郑晓鹰.1996.吸胀番茄种子中 β-微管蛋白的合成与 DNA 的复制.植物生理学报,22(4):392-398.

周晓强,傅家瑞.1992.花生种子萌发早期胚轴 DNA 合成与种子活力的关系.植物生理学报,18(4):393-398.

朱德煦.1965.辅脱氢酶Ⅱ-谷胱甘肽-抗坏血酸体系和豌豆种子发芽早期的呼吸机制.南京大学学报(自然科学),9(1):88-96.

朱世东.1988.种子渗透调节及其作用机理概述.安徽农学院学报,(2):50-56.

朱选伟,黄振英,张淑敏,等.2005.浑善达克沙地冰草种子萌发、出苗和幼苗生长对土壤水分的反应.生态学报,25(2):364-370.

朱艳乔.2020.燕麦和大麦种子吸胀过程线粒体生物发生的生理和代谢规律研究.博士学位论文.北京:中国农业大学.

邹莹.1990.几种草坪草种子萌发期耐盐能力的比较.种子,(6):44-46.

左卫能,陈杭,郑光华.1987.交联型聚丙烯酸钠(SPP)引发蔬菜种子提高活力的试验.种子,28(2):8-14.

Adegbuyi E, Cooper S R, Don R. 1981. Osmotic priming of some herbage grass seed using polyethylene glycol(PEG). Seed Science and Technology, 9:867-878.

Alkhalfioui F, Renard M, Vensel W H, et al. 2007. Thioredoxin-linked proteins are reduced during germination of *Medicago truncatula* seeds. Plant Physiology, 144:1559-1579.

Araujo S, Pagano A, Dondi D, et al. 2019. Metabolic signatures of germination triggered by kinetin in *Medicago truncatula*. Sci Rep, 9:10466.

Bailly C, El-Maarouf-Bouteau H, Corbineau F. 2008. From intracellular signaling networks to cell death: the dual role of reactive oxygen species in seed physiology. CR Biol, 331:806-814.

Bailly C. 2019. The signalling role of ROS in the regulation of seed germination and dormancy. Biochemical Journal, 476(20):3019-3032.

Balestrazzi A, Confalonieri M, Macovei A, et al. 2011. Seed imbibition in *Medicago truncatula* Gaertn.: expression profiles of DNA repair genes in relation to PEG-mediated stress. J Plant Physiol, 168:706-713.

Balestrazzi A, Donà M, Macovei A, et al. 2015. DNA repair and telomere maintenance during seed imbibition: correlation of transcriptional patterns. Telomere Telomerase, 2:e496.

Barba-Espin G, Diaz-Vivancos P, Job D, et al. 2011. Understanding the role of H_2O_2 during pea seed germination: a combined proteomic and hormone profiling approach. Plant Cell Environ, 34:1907-1919.

Basbouss-Serhal I, Soubigou-Taconnat L, Bailly C, et al. 2015. Germination potential of dormant and nondormant arabidopsis seeds is driven by distinct recruitment of messenger RNAs to polysomes. Plant Physiol, 168:1049-1065.

Benatti M R, Yookongkaew N, Meetam M, et al. 2014. Metallothionein deficiency impacts copper accumulation and redistribution in leaves and seeds of Arabidopsis. New Phytol, 202:940-951.

Bewley J D, Bradford K J, Hilhorst H W M, et al. 2013. Seeds: physiology of development, germination and dormancy. New York: Springer.

Bewley J D. 1997. Seed germination and dormancy. Plant Cell, 9:1055-1066.

Bhattacharjee S. 2013. Heat and chilling induced disruption of redox homeostasis and its regulation by hydrogen peroxide in germinating rice seeds(*Oryza sativa* L., Cultivar Ratna). Physiol Mol Biol Plant, 19:199-207.

Bhushan B, Pal A, Kumar S, et al. 2015. Evaluation of post-germinative lipid peroxidation and enzymatic antioxidant potential in lead absorbing oat(*Avena sativa*) seedlings. J Environ Biol, 36:279-288.

Bove J, Jukkuen M, Grappin P. 2001. Functional genomics in the study of seed germination. Genome Biology, 3(1):1-33.

Buetler T M, Krauskopf A, Ruegg U T. 2004. Role of superoxide as a signalling molecule. News Physiol Sci, 19:120-123.

Chen H H, Chu P, Zhou Y L, et al. 2012. Overexpression of AtOGG1, a DNA glycosylase/AP lyase, enhances seed longevity and abiotic stress tolerance in Arabidopsis. J Exp Bot, 63:4107-4121.

Choudhary M, Jayanand, Padaria J C. 2015. Transcriptional profiling in pearl millet(*Pennisetum glaucum* L. R. Br.) for identification of differentially expressed drought responsive genes. Physiol Mol Biol Plant, 21:187-196.

Chung P J, Park B S, Wang H, et al. 2016. Light-inducible MiR163 targets PXMT1 transcripts to promote seed germination and primary root elongation in Arabidopsis. Plant Physiol, 170: 1772-1782.

Colville A, Alhattab R, Hu M, et al. 2011. Role of HD2 genes in seed germination and early seedling growth in Arabidopsis. Plant Cell Rep, 30:1969-1979.

Cui H, Peng B, Xing Z, et al. 2002. Molecular dissection of seedling-vigor and associated physiological traits in rice. Theoretical and Applied Genetics, 105(5):745-753.

Dekkers B J W, Schuurmans J A M J, Smeekens S C M. 2004. Glucose delays seed germination in *Arabidopsis thaliana*. Planta, 218:579-588.

Dias P M B, Brunel-Muguet S, et al. 2011. QTL analysis of seed germination and pre-emergence growth at extreme temperatures in *Medicago truncatula*. Theoretcial and Applied Genetics, 122(2):429-444.

Diaz-Vivancos P, Barba-Espin G, Hernandez J A. 2013. Elucidating hormonal/ROS networks during seed germination: insights and perspectives. Plant Cell Rep, 32:1491-1502.

Dutra S M, von Pinho E V, Santos H O, et al. 2015. Genes related to high temperature tolerance during maize seed germination. Genet Mol Res, 14:18047-18058.

El-Maarouf-Bouteau H, Meimoun P, Job C, et al. 2013. Role of protein and mRNA oxidation in seed dormancy and germination. Front Plant Sci, 4:77.

El-Maarouf-Bouteau H, Sajjad Y, Bazin J, et al. 2015. Reactive oxygen species, abscisic acid and ethylene interact to regulate sunflower seed germination. Plant Cell Environ, 38:364-374.

Fait A, Angelovici R, Less H, et al. 2006. Arabidopsis seed development and germination is associated with temporally distinct metabolic switches. Plant Physiology, 142:839-854.

Finch-Savage W E, Cadman C S C, Toorop P E, et al. 2007. Seed dormancy release in Arabidopsis Cvi by dry after-ripening, low temperature, nitrate and light shows common quantitative patterns of gene expression directed by environmentally specific sensing. Plant J, 51: 60-78.

Galhaut L, de Lespinay A, Walker D J, et al. 2014. Seed priming of *Trifolium repens* L improved germination and early seedling growth on heavy metal-contaminated soil. Water Air Soil Pollut, 225:1905.

Gallardo K, Job C, Groots S P C, et al. 2001. Proteomic analysis of Arabidopsis seed germination and priming. Plant Physiology, 126:835-848.

Ghoshal N, Talapatra S, Talukder P, et al. 2015. Cross-adaptation to cadmium *stress in Plantago ovata* by pre-exposure to low dose of gamma rays: effects on metallothionein and metal content. Int J Radiat Biol, 91: 611-623.

Gu X Y, Turnipseed E B, Foley M E. 2008. The qSD12 locus controls offspring tissue-imposed seed dormancy in rice. Genetics, 179: 2263-2273.

Hasanuzzaman M, Nahar K, Alam M M, et al. 2013. Physiological, biochemical, and molecular mechanisms of heat stress tolerance in plants. Int J Mol Sci, 14: 9643-9684.

Hatzig S V, Frisch M, Breuer F, et al. 2015. Genome-wide association mapping unravels the genetic control of seed germination and vigor in *Brassica napus*. Front Plant Sci, 6: 221.

Hayashi K. 2012. The interaction and integration of auxin signaling components. Plant Cell Physiol, 53: 965-975.

He D, Han C, Yao J. 2011. Constructing the metabolic and regulatory pathways in germinating rice seeds through proteomic approach. Proteomics, 11: 2693-2713.

He D, Wang Q, Wang K, et al. 2015. Genome-wide dissection of the MicroRNA expression profile in rice embryo during early stages of seed germination. PLoS One, 10: e0145424.

He H, Willems L A J, Batushansky A, et al. 2016. Effects of parental temperature and nitrate on seed performance are reflected by partly overlapping genetic and metabolic pathways. Plant Cell Physiol, 57: 473-487.

Holdsworth M J, Finch-Savage W E, Grappin P, et al. 2008b. Postgenomics dissection of seed dormancy and germination. Trends Plant Sci, 13: 7-13.

Holman T J, Jones P D, Russell L, et al. 2009. The N-end rule pathway promotes seed germination and establishment through removal of ABA sensitivity in Arabidopsis. Proc Natl Acad Sci USA, 106: 4549-4554.

Howell K A, Narsai R, Carroll A, et al. 2009. Mapping metabolic and transcript temporal switches during germination in rice highlights specific transcription factors and the role of RNA instability in the germination process. Plant Physiology, 149(2): 961-980.

Imtiaz M, Ogbonnaya F C, Oman J, et al. 2008. Characterization of quantitative trait loci controlling genetic variation for preharvest sprouting in synthetic backcross-derived wheat lines. Genetics, 178: 1725-1736.

Ishibashi Y, Koda Y, Zheng S H, et al. 2013. Regulation of soybean seed germination through ethylene production in response to reactive oxygen species. Ann Bot, 111: 95-102.

Ishibashi Y, Tawaratsumida T, Kondo K, et al. 2012. Reactive oxygen species are involved in gibberellin/abscisic acid signaling in barley aleurone cells. Plant Physiol, 158: 1705-1714.

Jameson P E, Dhandapani P, Novak O, et al. 2016. Cytokinins and expression of*SWEET*, *SUT*, *CWINV* and *AAP* genes increase as pea seeds germinate. Int J Mol Sci, 17: 2013.

Job C, Rajjou L, Lovigny Y, et al. 2005. Patterns of protein oxidation in Arabidopsisseeds and during germination. Plant Physiol, 138: 79-802.

Jones-Rhoades M W, Bartel D P, Bartel B. 2006. MicroRNAS and their regulatory roles in plants. Annu Rev Plant Biol,57:19-53.

Kapazoglou A,Drosou V,Argiriou A,et al. 2013. The study of a barley epigenetic regulator,HvDME,in seed development and under drought. BMC Plant Biol,13:172.

Kim J H,Hyun W Y,Nguyen H N,et al. 2015. AtMyb7,a subgroup 4 R2R3 Myb,negatively regulates ABA-induced inhibition of seed germination by blocking the expression of the bZIP transcription factor ABI5. Plant Cell Environ,38:559-571.

Kranner I,Colville L. 2011. Metals and seeds:biochemical and molecular implications and their significance for seed germination. Environ Exp Bot,72:93-105.

Kranner I, Minibayeva F V, Beckett R P, et al. 2010. What is stress? Concepts, definitions and applications in seed science. New Phytol,188:655-673.

Kretzschmar T, Pelayo M A F, Trijatmiko K R, et al. 2015. A trehalose-6-phosphate phosphatase enhances anaerobic germination tolerance in rice. Nat Plants,1:1524.

Kubala S,Garnczarska M,Wojtyla L,et al. 2015. Deciphering priming-induced improvement of rapeseed(*Brassica napus* L.)germination through an integrated transcriptomic and proteomic approach. Plant Sci,231:94-113.

Kumar J S P,Prasad R S,Banerjee R,et al. 2015. Seed birth to death:dual actions of reactive oxygen species in seed physiology. Ann Bot,116:663-668.

Kumar S,Gupta D,Nayyar H. 2012. Comparative response of maize and rice genotypes to heat stress:status of oxidative stress and antioxidants. Acta Physiol Plant,34:75-86.

Lariguet P, Ranocha P, De Meyer M, et al. 2013. Identification of a hydrogen peroxide signalling pathway in the control of light-dependent germination in Arabidopsis. Planta, 238:381-395.

Lee S C, Luan S. 2012. ABA signal transduction at the crossroad of biotic and abiotic stress responses. Plant Cell Environ,35:53-60.

Li J, Naeem M S, Wang X P, et al. 2015. Nano-TiO_2 is not phytotoxic as revealed by the oilseed rape growth and photosynthetic apparatus ultra-structural response. PLoS One, 10:e0143885.

Llanes A, Andrade A, Masciarelli O, et al. 2015. Drought and salinity alter endogenous hormonal profiles at the seed germination phase. Seed Sci Res,26(1):1-13.

Lu X J, Zhang X L, Mei M, et al. 2016. Proteomic analysis of *Magnolia sieboldii* K. Koch seed germination. J Proteomics,133:76-85.

Ma F, Ni L, Liu L, et al. 2016. ZmABA2, an interacting protein of ZmMPK5, is involved in abscisic acid biosynthesis and functions. Plant Biotechnol J,14:771-782.

Macovei A,Balestrazzi A,Confalonieri M,et al. 2011b. The TFIIS and TFIIS-like genes from *Medicago truncatula* are involved in the oxidative stress response. Gene,470:20-30.

Macovei A, Balestrazzi A, Confalonieri M, et al. 2011a. New insights on the barrel medic MtOGG1 and MtFPG functions in relation to oxidative stress response in planta and during seed imbibition. Plant Physiol Biochem,49:1040-1050.

Macovei A, Garg B, Raikwar S, et al. 2014. Synergistic exposure of rice seeds to different doses of γ-ray and salinity stress resulted in increased antioxidant enzyme activities and gene-specific modulation of TC-NER pathway. BioMed Research International, 2014: 676934.

Magwa R A, Zhao H, Xing Y. 2016. Genome-wide association mapping revealed a diverse genetic basis of seed dormancy across subpopulations in rice(*Oryza sativa* L.). National Librany of Medicine 17: 28.

Mauromicale G, Cavallaro V. 1996. Effects of seed osmopriming on germination of three herbage grasses ant low temperatures. Seed Science and Technology, 24: 331-338.

Mayer A M, Poljakoff-Mayber A. 1982. The germination of seeds. 3rd ed. Oxford: Pergamon Press.

Mene-Saffrane L, Jones A D, DellaPenna D. 2010. Plastochromanol-8 and tocopherols are essential lipid-soluble antioxidants during seed desiccation and quiescence in Arabidopsis. Proc Nat Acad Sci USA, 107: 17815-17820.

Miransari M, Smith D L. 2014. Plant hormones and seed germination. Environ Exp Bot, 99: 110-121.

Molitor A M, Bu Z Y, Yu Y, et al. 2014. Arabidopsis AL PHDPRC1 complexes promoteseed germination through H3K4 me3-to-H3K27 me3 chromatin state switch in repression of seed developmental genes. PLoS Genet, 10: e1004091.

Muscolo A, Junker A, Klukas C, et al. 2015. Phenotypic and metabolic responses to drought and salinity of four contrasting lentil accessions. J Exp Bot, 66: 5467-5480.

Nakabayashi K, Okamoto M, Koshiba T, et al. 2005. Genome-wide profiling of stored mRNA in *Arabidopsis thaliana* seed germination: epigenetic and genetic regulation of transcription in seed. Plant J, 41: 697-709.

Nonogaki H, Bassel G W, Bewley J D. 2010. Germination-still a mystery. Plant Science, 179: 574-581.

Nonogaki H. 2014. Seed dormancy and germination-emerging mechanisms and new hypotheses. Front Plant Sci, 5: 233.

Nunes C, Primavesi L F, Patel M K, et al. 2013. Inhibition of SnRK1 by metabolites: tissue-dependent effects and cooperative inhibition by glucose 1-phosphate in combination with trehalose 6-phosphate. Plant Physiol Biochem, 63: 89-98.

Ogawa M, Hanada A, Yamauchi Y, et al. 2003. Gibberellin biosynthesis and response during Arabidopsis seed germination. Plant Cell, 15: 1591-1604.

Oracz K, El-Maarouf-Bouteau H, Kranner I, et al. 2009. The mechanisms involved in seed dormancy alleviation by hydrogen cyanide unravel the role of reactive oxygen species as key factors of cellular signaling during germination. Plant Physiol, 150: 494-505.

Parreira J R, Bouraada J, Fitzpatrick M A, et al. 2016. Differential proteomics reveals the hallmarks of seed development in common bean(*Phaseolus vulgaris* L.). J Proteomics, 143: 188-198.

Pawłowski T A, Staszak A M. 2016. Analysis of the embryo proteome of sycamore(*Acer pseudoplatanus* L.)seeds reveals a distinct class of proteins regulating dormancy release. J Plant Physiol, 195: 9-22.

Pill W C, Necker A D. 2001. The effects of seed treatments on germination and establishment of Kentucky bluegrass(*Poa pratensis* L.). Seed Science and Technology, 29: 65-72.

Piskurewicz U, Jikumaru Y, Kinoshita N, et al. 2008. The gibberellic acid signaling repressor RGL2 inhibits Arabidopsis seed germination by stimulating abscisic acid synthesis and ABI5 activity. The Plant Cell, 20(10): 2729-2745.

Qi W, Zhang L, Wang L, et al. 2015. Pretreatment with low-dose gamma irradiation enhances tolerance to the stress of cadmium and lead in *Arabidopsis thaliana* seedlings. Ecotoxicol Environ Saf, 115: 243-249.

Rajjou L, Duval M, Gallardo K, et al. 2012. Seed germination and vigor. Annu Rev Plant Biol, 63: 507-533.

Ruffini Castiglione M, Giorgetti L, Cremonini R, et al. 2014. Impact of TiO_2 nanoparticles on *Vicia narbonensis* L.: potential toxicity effects. Protoplasma, 251: 1471-1479.

Schweikert C, Liszkay A, Schopfer P. 2002. Polysaccharide degradation by Fenton reaction-or peroxidase-generated hydroxyl radicals in isolated plant cell walls. Phytochemistry, 61: 31-35.

Shu K, Liu X D, Xie Q, et al. 2016. Two faces of one seed: hormonal regulation of dormancy and germination. Mol Plant, 9: 34-45.

Shu K, Zhang H W, Wang S F, et al. 2013. ABI4 regulates primary seed dormancy by regulating the biogenesis of abscisic acid and gibberellins in arabidopsis. PLoS Genet, 9: e1003577.

Thiam M, Champion A, Diouf D, et al. 2013. NaCl effects on in vitro germination and growth of some senegalese cowpea [*Vigna unguiculata* (L.) Walp.] cultivars. ISRN Biotechnol, 2013: 382-417.

Thorstensen T, Fischer A, Sandvik S V, et al. 2006. The Arabidopsis SUVR4 protein is a nucleolar histone methyltransferase with preference for monomethylated H3K9. Nucleic Acids Res, 34: 5461-5470.

Verdier J, Kakar K, Gallardo K, et al. 2008. Gene expression profiling of *M. truncatula* transcription factors identifies putative regulators of grain legume seed filling. Plant Mol Biol, 67: 567-580.

Wang W Q, Moller I M, Song S Q. 2012. Proteomic analysis of embryonic axis of *Pisum sativum* seeds during germination and identification of proteins associated with loss of desiccation tolerance. J Proteomics, 77: 68-86.

Wang Y P, Li L, Ye T T, et al. 2011. Cytokinin antagonizes ABA suppression to seed germination of Arabidopsis by downregulating ABI5 expression. Plant J, 68: 249-261.

Wang Z F, Wang J F, Bao Y M, et al. 2010. Quantitative trait loci analysis for rice seed vigor during the germination stage. Journal of Zhejiang University Science B, 11(12):

958-964.

Wang Z, Wang J, Bao Y, et al. 2011. Quantitative trait loci controlling rice seed germination under salt stress. Euphytica, 178(3): 297-307.

Waterworth W M, Bray C M, West C E. 2015. The importance of safeguarding genome integrity in germination and seed longevity. J Exp Bot, 66: 3549-3558.

Waterworth W M, Masnavi G, Bhardwaj R M, et al. 2010. A plant DNA ligase is an important determinant of seed longevity. Plant J, 63: 848-860.

Wattanakulpakin P, Photchanachai S, Miyagawa S, et al. 2012. Loss of maize seed vigor as affected by biochemical changes during hydropriming. Crop Science, 52: 2783-2793.

Weitbrecht K, Muller K, Leubner-Metzger G. 2011. First off the mark: early seed germination. J Exp Bot, 62: 3289-3309.

Wojtyla L, Lechowska K, Kubala S, et al. 2016. Different modes of hydrogen peroxide action during seed germination. Front Plant Sci, 7: 66.

Xi W, Liu C, Hou X, et al. 2010. MOTHER OF FT AND TFL1 regulates seed germination through a negative feedback loop modulating ABA signaling in Arabidopsis. Plant Cell, 22: 1733-1748.

Yacoubi R, Job C, Belghazi M, et al. 2011. Toward characterizing seed vigor in alfalfa through proteomic analysis of germination and priming. J Proteome Res, 10: 3891-3903.

Yadav U P, Ivakov A, Feil R, et al. 2014. The sucrose-trehalose 6-phosphate(Tre6P) nexus: specificity and mechanisms of sucrose signalling by Tre6P. J Exp Bot, 65: 1051-1068.

Yan D, Duermeyer L, Leoveanu C, et al. 2014. The functions of the endosperm during seed germination. Plant Cell Physiol, 55: 1521-1533.

Yang P, Li X, Wang X, et al. 2007. Proteomic analysis of rice(*Oryza sativa*) seeds during germination. Proteomics, 7: 3358-3368.

Ye N, Zhu G, Liu Y, et al. 2012. Ascorbic acid and reactive oxygen species are involved in the inhibition of seed germination by abscisic acid in rice seeds. J Exp Bot, 63: 1809-1822.

Yin X, He D, Gupta R, et al. 2015. Physiological and proteomic analyses on artificially aged *Brassica napus* seed. Front Plant Sci, 6: 112.

Yu L X, Liu X, Boge W, et al. 2016a. Genome-wide association study identifies loci for salt tolerance during germination in autotetraploid alfalfa(*Medicago sativa* L.) using genotyping-bysequencing. Front Plant Sci, 7: 956.

Yu Y, Zhen S, Wang S, et al. 2016b. Comparative transcriptome analysis of wheat embryo and endosperm responses to ABA and H_2O_2 stresses during seed germination. BMC Genomics, 17: 97.

Zhang D, Chen L, Li D, et al. 2014b. OsRACK1 is involved in abscisic acid-and H_2O_2 mediated signaling to regulate seed germination in rice(*Oryza sativa* L.). PLoS One, 9: e97120.

Zhang T J, Yu L X, Zheng P, et al. 2015. Identification of loci associated with drought resistance traits in heterozygous autotetraploid alfalfa (*Medicago sativa* L.) using genome-wide association studies with genotyping by sequencing. PLoS One, 10: e0138931.

Zhang Y, Chen B, Xu Z, et al. 2014a. Involvement of reactive oxygen species in endosperm cap weakening and embryo elongation growth during lettuce seed germination. J Exp Bot, 65: 3189-3200.

Zheng J, Chen F, Wang Z, et al. 2012. A novel role for histone methyltransferase KYP/SUVH4 in the control of Arabidopsis primary seed dormancy. New Phytol, 193: 605-616.

Zhu G, Ye N, Zhang J. 2009. Glutherose-induced delay of seed germination in rice is mediated by the suppression of ABA catabolism rather than an enhancement of ABA biosynthesis. Plant Cell Physiol, 50: 644-651.

第6章 牧草与草坪草种子质量检测技术

种子产业是农业生产的核心,是农业的芯片产业。种子质量的优劣不仅影响着良种特性的发挥,影响用种者的收入,而且影响种子经营者的效益和信誉。牧草与草坪草种子检验是运用科学的方法,对生产上使用草种子的质量进行检测、鉴定和分析,确定其利用价值。种子检验贯穿于种子生产、加工、贮藏、运输、销售和使用的全过程。牧草与草坪草种子质量是一个综合概念,包括种子净度、发芽率、含水量、生活力、健康、重量等内容,为保证种子的质量,必须借助于先进的检测手段,严格遵守种子质量检验标准,从而保证种子贮藏、运输的安全,防止杂草、病虫害的传播。

随着种子检验技术的不断发展,生物技术、信息技术、无损检测技术等一些新技术在种子检验中逐步得到引进和应用,加速了种子检验水平的提升、提高了检验工作效率。特别是新技术在种及品种测定和种子活力检测方面的应用体现得更为显著,极大地推动了两个检测项目的发展和标准化水平提升。

6.1 概述

6.1.1 国际种子质量检验的发展

种子质量检验技术源于19世纪的欧洲。由于种子贸易的快速发展,在交易过程中发生不法种子商为牟取暴利种子掺假、以次充好等行为,为了阻止不法奸商活动和促进种子公平贸易,许多国家颁布出台了种子管理法令。1816年瑞士伯恩市明文规定,禁止销售掺假的三叶草种子。1870年5月1日英国第一部种子法生效。与此同时,种子质量检验也应运而生。1869年诺培(Nobbe)博士在德国建立了世界上第一个种子检验机构,并于1876年编写出版了《种子手册》,作为标准参考文献达50年之久。种子实验室也在丹麦、美国出现。1892年通过了世界上第一个跨越国家的斯堪的纳维亚种子检验规程,1897年美国颁布了检验规程,1906年德国汉堡举行第一次国际种子大会,使种子检验向国际合作迈出了第一步。1921年在丹麦哥本哈根召开第三次国际种子大会,并创立了欧洲种子检验协会。1924年在英国剑桥召开第四次国际大会,决定更名为国际种子检验协会(International Seed Testing Association,ISTA),是专门从事种子检验标准制定的机构。另外,1908年北美官方种子检验协会(Association of Official Seed Analysts,AOSA)诞生,1917年公布其第一部种子检验规程,1927年修订后包括了53种作物和牧草种子、27种蔬菜种子、18种花卉种子的检验方法,推动了当时种子检验领域的研究与发展。相比之下,国际种子检验协会同期工作缓慢,1931年才制定了第一部国际种子检验规程,作为种子检验的国际标准,已被全世界许多国家的种子法所引用,作为评价种子质量的法定方法。ISTA通过每年召开年会和每隔三年召开世界种子大会,对种子科技各个领域进行联合攻关技术研究和技术交流。同时每年年会更新补充国际种子检验规程。国际种子检验协会截至2022年,已有257个会员实验室(其中150个通过认可),来自全球 83 个国家和地区。1989 年中国农业大学牧草种子实验室代表农业部被国际种子检验协会正式接纳为会员实验室，2013 年首次通过认可，并作为国内唯一一家 ISTA 认可草种子实验室可对外出具橙色证书和蓝色证书。

6.1.2　我国种子质量检验的发展

1. 检测标准方面

我国草种子检验工作起步晚，1951 年华北农林部种子管理局起草“种子检验实施办法”，1956 年农业部种子管理局种子检验室成立，1975—1977 年农业部着手制定“农作物种子检验办法”和“主要作物种子分级”。在 20 世纪 80 年代，我国颁布了草种子相关质量检验标准，如《牧草种子检验规程》(GB 2930—1982)、《禾本科主要栽培牧草种子质量分级》(GB 6142—1985)、《豆科主要栽培牧草种子质量分级》(GB 6141—1985)和《白沙蒿、木地肤种子质量分级》(GB 6143—1985)等。进入 21 世纪，种子贸易活动的加强和市场经营的规范管理，对于种子质量以及检测的需求也迅速增加，对于检测种类、检测方法等标准提出了更高的要求。2001 年修订颁布《牧草种子检验规程》(GB/T 2930—2001)；2006 年颁布《牧草与草坪草种苗评定规程》(NY/T 1238—2006)、《牧草与草坪草种子认证规程》(NY/T 1210—2006)、《柱花草种子》(NY/T 1194—2006)；2007 年颁布《草籽包装与标识》(NY/T 1577—2007)；2008 年颁布修订《草种子检验规程　检验报告》(GB/T 2930.11—2008)、《禾本科草种子质量分级》(GB 6142—2008)与《豆科草种子质量分级》(GB 6141—2008)，废止《白沙蒿种子质量分级》(GB 6143—1985)；2010 年颁布《主要沙生草种子质量分级及检验》(GB/T 24869—2010)、《牧草与草坪草种子贮藏规范》(GB/T 24866—2010)、《草种子水分测定　水分仪法》(GB/T 24867—2010)；2011 年颁布《麻黄属种子质量分级》(GB/T 26614—2011)、《籽粒苋种子质量分级》(GB/T 26615—2011)；2017 年颁布修订《草种子检验规程》(GB/T 2930.1～10—2017)。草种子检验规程和质量分级标准为我国牧草与草坪草种子检验的重要依据，规范了我国草种子检验工作(现行草种子检验主要执行标准详见表 6-1)。

表 6-1　现行草种子质量检验主要执行标准一览表(截至 2022 年 5 月)

序号	标准名称	颁布时间	标准等级
1	牧草与草坪草种苗评定规程(NY/T 1238—2006)	2006 年	行业标准
2	牧草与草坪草种子认证规程(NY/T 1210—2006)	2006 年	行业标准
3	柱花草种子(NY/T 1194—2006)	2006 年	行业标准
4	草籽包装与标识(NY/T 1577—2007)	2007 年	行业标准
5	草种子检验规程　检验报告(GB/T 2930.11—2008)	2008 年	国家标准
6	禾本科草种子质量分级(GB 6142—2008)	2008 年	国家标准
7	豆科草种子质量分级(GB 6141—2008)	2008 年	国家标准
8	主要沙生草种子质量分级及检验(GB/T 24869—2010)	2010 年	国家标准
9	草种子水分测定　水分仪法(GB/T 24867—2010)	2010 年	国家标准
10	麻黄属种子质量分级(GB/T 26614—2011)	2011 年	国家标准
11	籽粒苋种子质量分级(GB/T 26615—2011)	2011 年	国家标准
12	草种子检验规程(GB/T 2930.1～10—2017)	2018 年	国家标准
13	草种子检验规程活力的人工加速老化测定(NY/T 3187—2018)	2018 年	行业标准

2. 检测机构方面

1984 年以来，农业部(现农业农村部)先后在 20 个省(区、市)投资建设了一批牧草与草坪草种子质量监督检验中心(站)。到 2017 年，全国共有草种子质量监督检验机构 47 家，其中部级质检中心 5 家，均通过了国家资质认定和农业部审查认可；省级 18 家，地市级 13 家，县级 11 家。2018 年，国家机构改革后，成立了国家林业和草原局，随后在北京和兰州又分别筹建了国家林草局草种子质量检验检测中心(北京)和国家林草局草种子质量检验检测中心(兰州)2 家部级草种子质检机构。现有的部级质检机构分别位于北京、呼和浩特、兰州和乌鲁木齐，主要集中于我国的西北地区，而省级质检机构也主要分布于我国的辽宁、河北、宁夏、青海、西藏等北方地区(表 6-2)。由此可见，草种子检测机构主要集中在北方省区，覆盖了大部分草原地区。但随着饲草种植和城乡绿化规模的扩大，种子市场也表现出批量和零售多样化的形式。特别是 2011 年以来，针对草原生态保护和治理、草产品生产等开展的草地建设，国家提出的种植业结构调整、草牧业发展等政策，实施粮改饲、振兴奶业苜蓿发展行动等一系列建设工程，尤其是南方草业发展的种子质量监测，种子质量检测的需求逐渐增长，对于检测机构区域设置和人员技术水平提出了更高的要求，也对检测机构的功能和作用提出了挑战。

表 6-2 我国现有草种子质检机构情况(截至 2022 年 5 月)

质检机构等级	数量	备注
国际	1 家	中国农业大学牧草种子实验室(ISTA 认可实验室)
部级	7 家	农业农村部 5 家： 农业农村部牧草与草坪草种子质量监督检验测试中心(北京)、农业农村部草产品质量监督检验测试中心(北京)、农业农村部牧草与草坪草种子质量监督检验测试中心(兰州)、农业农村部牧草与草坪草种子质量监督检验测试中心(呼和浩特)、农业农村部牧草与草坪草种子质量监督检验测试中心(乌鲁木齐)。 国家林业和草原局 2 家： 国家林业和草原局草种子质量检验检测中心(北京)、国家林业和草原局草种子质量检验检测中心(兰州)
省级	18 家	分布于辽宁省、河北省、宁夏回族自治区、青海省、西藏自治区等北方地区
地市级	13 家	
县级	11 家	

3. 检测人员方面

国内从事牧草与草坪草种子质量检测相关的技术人员队伍规模较小，导致种子质量检测技术普及面小，在企业和市场经营过程中推广应用困难。另外，种子质量检测机构的检测人员受岗位调整、调动、离职等因素影响变动较大，根据《草种检验员考核办法》，检测人员必须经过考核才能持证上岗，人员的频繁变动，难以保障检测工作的持续性，严重影响检测机构的正常运行。而根据《检验检测机构资质认定能力评价　检验检测机构通用要求》(RB/T214—2017)、《农业部产品质量监督检验测试机构审查认可评审细则》的相关要求，种子质量检测机构在人员、组织机构、工作场所与环境、仪器设备、管理体系等方面均要满足各项要求，确保检测技术和体系质量管理有效运行。由于受人员编制的限制，职责划分不明确，岗位重叠交叉现象普遍，质量体系管理不到位，无法实施有效监督。日常监督、内审流于形式，导致种子质量检测各风险环节失控。记录、档案管理不及时，检测原始记录与报告、仪器设备检定、标准查新等存在审核不严、工作遗漏拖延等现象。

6.1.3　种子质量检测的目的意义

牧草与草坪草种子质量的优劣，直接关系到种子生产者、经营单位的商业信誉，关系到草种业的健康与持续发展。随着社会科技的进步与经济的发展，尤其是我国种植业结构调整、粮改饲政策的实施，退化草原改良和植被恢复生态治理、退牧还草等一系列工程的启动，对于各种牧草与草坪草种子的需求急剧增长。为了保护广大草种子生产者、经营者和种植者的利益，确保生产效益的发挥，需要对生产、流通领域的种子进行质量检测和品种真实性鉴别，建立健全我国牧草与草坪草种子质量检测体系。

牧草与草坪草种子检验的最终目的是测定其种用价值，为行政主管部门依法对种子生产和经营进行有效的监管，为有关部门对种子质量纠纷进行协调、解决提供有效的法定依据，同时也是种子生产、经营企业质量管理的重要组成部分和种子质量控制的重要手段之一。对促进农牧业生产发展、生态治理建设、农牧民增收致富、维护草种子市场稳定、构建和谐社会做出重要的贡献(毛培胜等，2018)。

6.2　种子质量检测指标与新技术

6.2.1　种子质量检测指标

ISTA《国际种子检验规程(2022)》中涵盖的种子质量检测指标主要有：净度分析、发芽试验、其他植物种子数测定、水分测定、生活力测定、活力测定、种及品种测定、种子健康测定、千粒重测定、包衣种子检测、转基因检测、混合种子分析等。其中生活力测定方法又分为四唑染色法和离胚检测法，并将利用 X 射线无损检测技术鉴别完整种子、空瘪种子、虫害种子以及机械损伤种子的标准检测程序纳入该规程。

由于草种子形态结构以及遗传背景的复杂性，导致其种子质量检测技术的发展及标准化水平相对滞后。依据现行的国家标准《草种子检验规程》(GB/T 2930.1～10—2017)，草种子质量检测指标主要包括净度分析、发芽试验、其他植物种子数、水分测定、生活力测定、种及品种测定、种子健康测定、重量测定、包衣种子测定等。其中以种子净度、发芽率、水分、其他植物种子数来衡量草种子质量的高低，并作为种子等级评价的依据。而草种子活力测定、草种子转基因检测以及混合草种子检测相关内容尚未列入国标。

目前，种子质量检测多为依靠种子检验员手工进行操作，耗时长，且受主观因素影响大，无法满足当前种业市场快速发展的需求。随着现代科学技术的发展，生物技术、信息技术等新技术在种子检测中逐步得到应用，而快速、无损、准确、客观则成为种子质量检测技术的发展方向和目标。

6.2.2　种子质量检测新技术

1. 分子检测技术

(1)分子检测技术在种及品种测定上的应用　DNA 分子生物学技术是通过直接分析遗传物质的多态性来诊断生物内在基因的排布规律及其外在性状的表现规律，比较品种基因组 DNA 的结构与组成，通过鉴定 DNA 水平上的差异来鉴别品种。DNA 指纹图谱技术的应用使种及品种测定由传统技术进入了分子水平，为种及品种测定提供了准确、可靠、快速、方便的方法。常用的鉴定方法可分成两大类：一是通过限制性酶切割结合分子杂交技术获得的标记，如 RFLP 标记；二是通过 PCR 扩增获得标记的技术，包括 RAPD 标记技术、AFLP 标记技术、SSR 标记技术和 SNP 标记技术等。在玉米、大豆、花生、棉花、小麦等作物，白菜、萝卜、番茄等蔬菜相关品种鉴定上均开展了丰富的研究工作（McDonald et al.，1994；栾雨时等，1999；宋顺华和郑晓鹰，2000；武耀廷等，2001；孔秋生等，2004）。牧草和草坪草品种指纹图谱构建和品种鉴定相关研究工作主要集中在紫花苜蓿、鸭茅（品种指纹图谱如图 6-1 所示）、多花黑麦草、结缕草（*Zoysia* spp.）、苏丹草等种类（罗永聪等，2013；蒋林峰等，2014；王杰等，2016；闵学阳等，2017；李曼莉等，2018）。

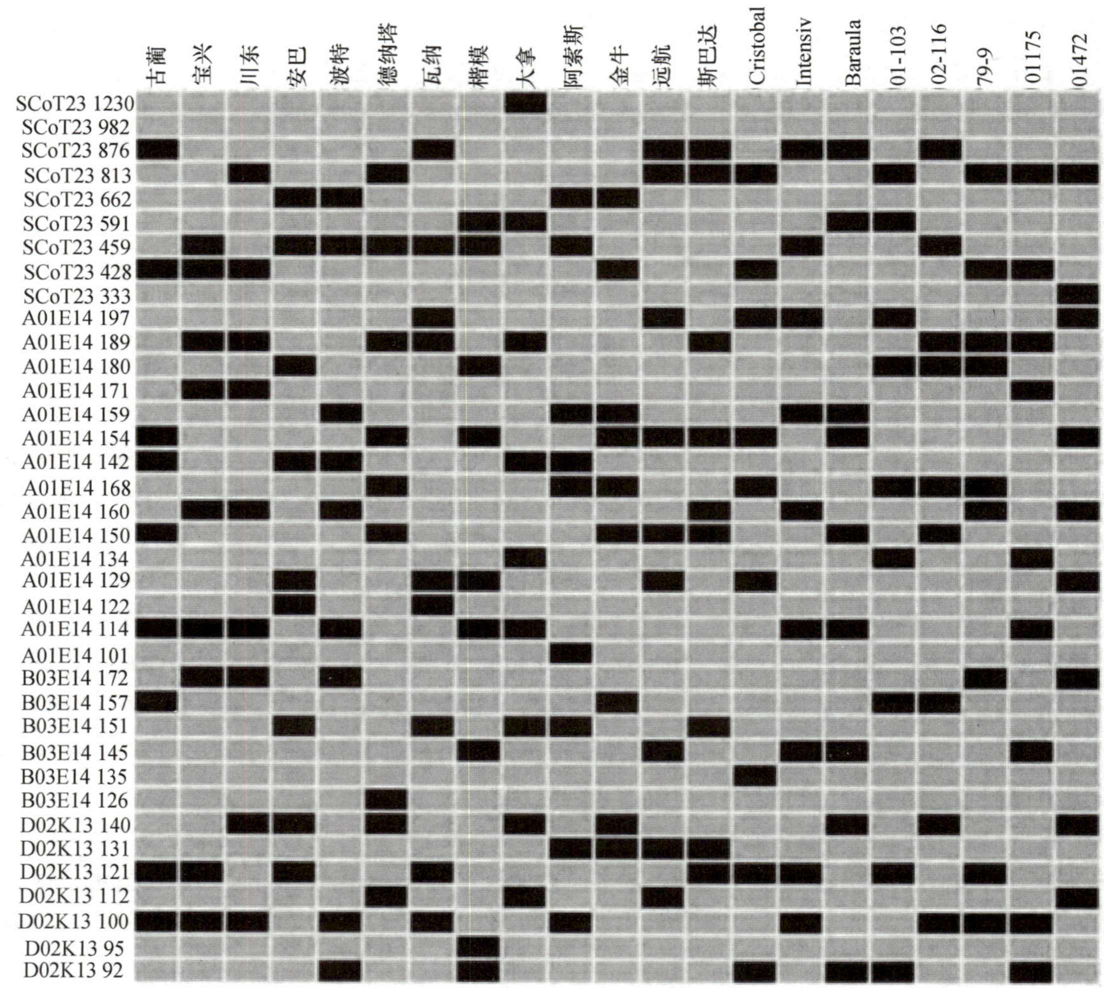

图 6-1　鸭茅品种指纹图谱（蒋林峰等，2014）

（2）分子检测技术在种子健康检测中的应用　关于种子健康中病原菌的分子检测应用前景广阔。利用在细菌分类鉴定学上具有重要意义的 16S rRNA 基因作为芯片检测的靶基因，在其恒定区设计 PCR 引物，用 1 对引物就可以将所有致病菌的相应基因片段全部扩增出来。在可变区可设计引物，扩增产物制备基因芯片，扩增的基因片段应被恒定区设计的引物扩增的区段所覆盖。

(3)分子检测技术在转基因鉴定上的应用　转基因植物是运用基因工程技术将外源基因连接到表达载体并整合于受体植物基因组中，通过改变受体植物基因组遗传信息而得到的植株及后代，也称为遗传修饰生物体(GMOs)。世界上第 1 例转基因作物于 1983 年问世以来，随着转基因产品不断涌现，人们开始对转基因持谨慎态度，对转基因成分检测方法的准确性和精确性提出了更高的要求。转基因作物常用的检测技术方法分为两种：一是以导入外源基因的特定 DNA 序列为检测对象的检测技术，检测是否含有外源基因，主要有 PCR 检测法和基因芯片法。二是针对导入外源基因表达的蛋白质鉴定方法，检测是否含有外源蛋白，即外源基因表达产物，主要采用酶联免疫吸附法和试纸条法。

①PCR 检测技术　GMO 检测采用的方法是以检测整合到生物体内的特异外源基因 DNA 序列为目的的检测方法，该方法是国际转基因检测的主要技术手段。通过对目标外源 DNA 及其重组序列的 PCR 扩增，实现对转基因生物的筛选检测、基因特异性检测、构建特异性检测和转化事件特异检测，以判断产品中是否含有转基因成分，以及含有何种转基因成分。应用 PCR 技术对检测样品的转基因成分进行定性检测和定量检测。定性检测是应用 PCR 技术对人工转入的外源基因序列，如启动子、终止子和遗传标记基因和目的基因进行扩增，进而判定是否含有转基因成分。定量 PCR 检测方法主要有竞争性 PCR、多重荧光 PCR、Real-time 荧光定量 PCR，定量 PCR 可以检测样品中转基因成分的相对含量和绝对含量。

②基因芯片检测技术　基因芯片又称芯片(DNA chips)，属于生物芯片的一种，是综合微电子学、物理学、化学及生物学等的高新技术，把大量基因探针或基因片段按特定的排列方式固定在硅片、玻璃、塑料或尼龙膜等载体上，形成致密有序的 DNA 分子点阵，按碱基配对的特性与样品 DNA 杂交，利用激光共聚焦扫描和电荷耦合器件(CCD)成像等方法对杂交结果进行检测，从而实现对生物样品快速、并行、高效地检测和诊断。基因芯片检测技术具有快速、灵敏、容易自动化等特点。欧盟已研究出转基因检测芯片，如 GMO chip kit。

③外源蛋白检测法　外源蛋白检测法较常用的主要有酶联免疫吸附法(Enzyme-Linked Immunosorbent Assay，ELISA)和免疫试纸条法。ELISA 是抗原抗体的免疫反应和酶的高效催化反应的有机结合。ELISA 方法可检测 pg 级的目标产物，具有可定量分析和易自动化等优点。免疫试纸条法是将特异抗性交联到做好标记的试纸条上，当纸上抗体和特异抗原结合后，再和带标记的特异抗体进行反应时，就形成了显色的三明治结构，并且固定在试纸条上，如没有抗原，则不显色。市场上已商业化的免疫检测试纸条可以快速检测出样本中的 Cryl Ab 蛋白、Cryl Ac 蛋白以及 CP4-EPSPS 蛋白等抗虫、抗除草剂蛋白。

2. 无损检测技术

针对种子质量现行的常规标准检测方法存在的一些弊端，如具有破坏性、耗时长、对检验人员专业技术及相关经验依赖性强等，快速无损的种子质量检测技术的研发逐渐成为种子质量检测研究领域的新趋势。无损检测技术的应用对于减少珍贵种质损耗、提高种子质量检测效率具有非常重要的意义。该技术在不破坏检测对象的情况下，对检测对象的表面和内部进行检测，它通常针对种子的某一类特征如形态、内部结构、叶绿素含量、化学成分等对种子质量进行评价。主要有基于化学特性(如电子鼻)、电学特性(如介电性质)、声学特性(如声信号)和光学特性(如单色或 RGB 图像技术、X 射线检测技术、多光谱成像技术、近红外光谱检测技术、高光谱技术)的不同种方法。

(1)化学特性　种子在贮藏过程中会释放出一些羰基化合物(如醛类、酮类、醇类等),还有少量醇类和其他化合物的气体,因而可基于种子挥发性化学成分对种子质量进行检测。应用较多的电子鼻,是一种能够发现、识别和辨别气味的电子系统,其工作原理是模拟人的嗅觉器官。一般由模式识别子系统、信号处理子系统和气敏传感器阵列三大部分组成(Gardner and Bartlett,1994)。种子释放的气体化合物,可以被电子鼻快速识别,通过模拟生物嗅觉系统将化学信号转化为电信号来测定种子活力(Olsson et al.,2002)。利用电子鼻进行蔬菜和作物种子生活力、活力和发芽率评价方面的研究较多。电子鼻结合不同模型开展了小麦、大豆、油菜不同生活力的种子(赵婧,2015),番茄不同萌发率的种子(程绍明等,2011),小麦不同活力的种子(张婷婷等,2018)等的区分和评价研究。电子鼻具有准确、客观、重复性好的特点,不足是当检测对象为混合气体时,或存在干扰气体时,由于气体敏感传感器选择的局限性,检测精度会受到影响(李振,2016)。同时,种子的气味也会因品种、产地、收获年份的差异而产生变化,因此,需要不断重复地建模来适应这种因素的变化,从而导致了工作量的增加。

(2)电学特性　相关应用主要基于种子介电性来进行种子含水量的预测,其原理在于随着种子自由水含量增加,种子电阻率减小,导电性上升。依据种子介电性预测燕麦含水率,误差范围在±1.2%(郭文川等,2012)。赖一雄(2019)利用种子水分含量不同时介电常数的差异,通过电磁检测方法对种子含水量进行检测,标准偏差为 0.022,稳定性良好。

(3)声学特性　利用种子的声学特性差异,即健康种子、虫蛀种子、霉变种子、结构缺失种子在声音回波信号上存在的差异,来对种子完整性和健康进行检测,在不同品种的测定和识别上也有相关报道。如利用碰撞声信号,对完整正常种子、霉变以及虫蛀玉米种子识别的准确率分别达到 97.6%、96.4%和 92.9%(梅亚敏和郭敏,2013)。基于空气耦合的超声波原理,对不同比例的玉米品种种子识别准确率达到 80%以上(晋艳云,2016)。

(4)光学特性

①图像技术　主要通过单色或彩色相机、平板扫描仪等获取种子图像,在对图像进行分析后生成可以表征对象的一些特征描述。这些特征主要是种子大小、性状、颜色、表面纹理等种子形态特征。采用的模式识别方法主要有主成分分析(PCA)、人工神经网络(ANN)、支持向量机(SVM)、线性判别(LDA)等,结合种子图像特征对种子样品进行识别或其他操作。因此,其中获取图像方式、提取的特征信息和采用的模式识别方法为关键步骤。

国内外学者在将图像技术用于种子质量检测方面做了大量的研究,特别是在种及品种鉴定与识别方面取得了较大进展。利用图像技术进行了玉米、小麦、水稻等基于粮食作物种子图像分类,油菜、橡胶(*Hevea brasiliensis*)、亚麻(*Linum usitatissimum*)等经济作物种子的品种分类。在此基础上,基于图像技术的种子表型组学逐渐成为作物考种领域的研究热点。2017 年国际种子形态协会(International Seed Morphology Association,ISMA)成立,主要致力于促进对种子形态和种子鉴定感兴趣的人之间的合作、知识共享、资源开发和研究,促进种子形态学知识的生成和信息交流,以及促进将种子形态和种子鉴定应用于工具、方法、指南、建议和其他产出,供检测实验室、标准制定机构、监管机构、农业生产者、消费者和其他相关利益者使用,网站(https://www.idseed.org/)持续更新上传植物种子图像库(图 6-2)。此外,图像技术在种子发芽、活力等指标检测方面应用前景较好。Colmer 等(2020)将机器视觉技术成功用于番茄和油菜种子大规模发芽试验检测。王超鹏(2017)通过机器视觉技术提取玉米种子颜色特征和性状特征参数对其中霉变种子进行检测,分别使用朴素贝叶斯和 BP 神经网络进行分类，准确率均高于 97%。李振（2016）基于机器视觉技术结合 BP 神经网络判断黄瓜、辣椒、番茄和茄子（*Solanum melongena*）种子发芽指数，误差为 3.74%。崔亮（2016）结合计算机视觉、图像处理和模式识别设计了针对农作物种子的自动计数系统。Larios 等（2020）通过机器视觉技术利用 PCA 降维后的数据，结合支持向量集和 K 近邻算法对大豆种子活力进行判别，准确率达 100%。

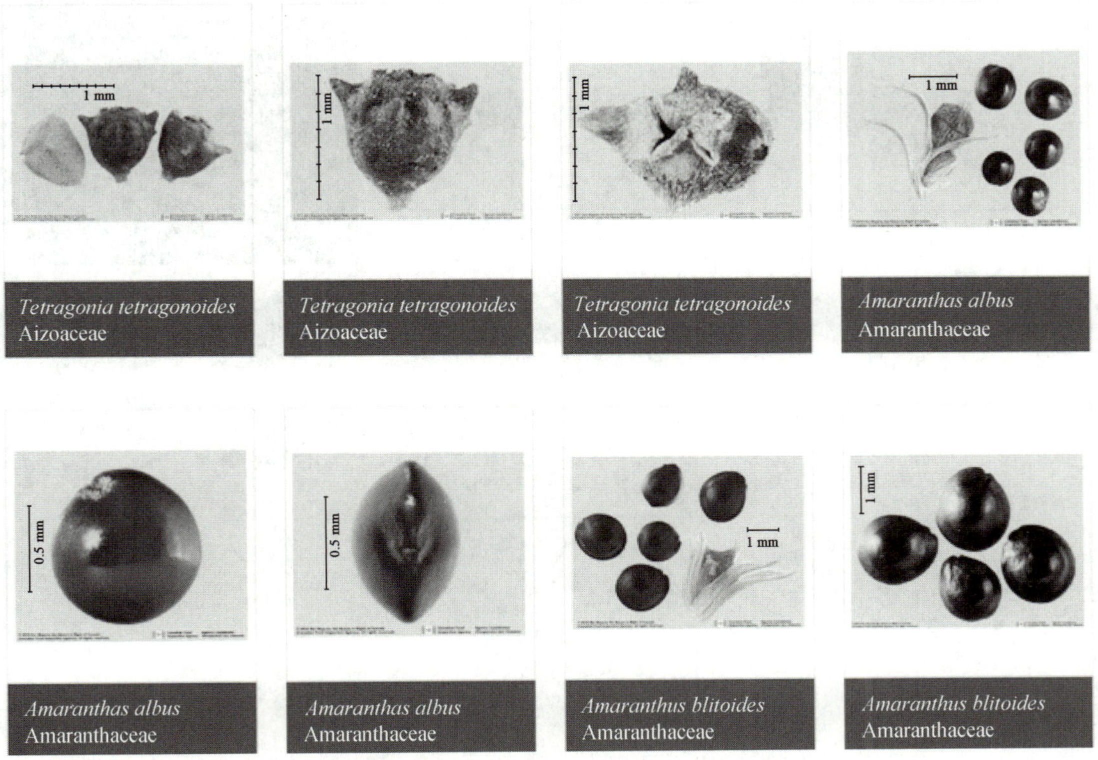

图 6-2　植物种子图像示例（https://www.idseed.org/）

②X 射线检测技术　是利用 X 线的超高穿透力将种子内部形态与生理潜能相关联进行研究，对劣质种子进行标记和分选（Bianchini et al.，2021）。该技术已作为种子健康的标准检测方法之一被 ISTA 列入《国际种子检验规程》。X 射线检测技术是基于从 0.01～10 nm 的短波长穿过被检测物体时，有缺陷部位与完整部位对射线吸收能力不同，导致在影像中的黑度产生差异，从而实现区分和检测（Dell'Aquila，2009）。除种子健康检测外，该技术也逐渐被应用于对南瓜、甜瓜（*Cucumis melo*）和西瓜（*Citrullus lanatus*）种子生活力（Carvalho et al.，2009；Gomes-Junior et al.，2012）以及番茄（Silva et al.，2013）、辣椒（Gagliardi and Marcos-Filho，2011）种子发芽能力测定的研究中。

③近红外光谱技术（near-infrared reflectance spectroscopy，NIRS）　波长范围为 750～2 500 nm 的近红外反射光谱技术在种子质量检测方面，主要集中于农作物种子水分、活力、生活力、种及品种测定、种子健康等指标方面的研究。在水稻、玉米、大豆、小麦等品种鉴定，玉米和大豆种子的水分检测，小麦种子霉变和赤霉病的检测，水稻种子活力，决明子（*Catsia tora*）和苦豆子种子生活力检测方面均开展了相关研究，并呈现出较好的应用效果（周子立等，2009；朱丽伟等，2011）。但该技术针对单粒种子分析研究时，由于采集单粒种子光谱的附属配件缺

乏通用性，在一定程度上影响 NIRS 技术在单粒种子质量检测中的应用。将近红外光谱技术与 X 射线技术结合起来，进行种子质量的测定研究，可起到事半功倍的效果。基于两种无损检测技术并结合 LDA 分析测定珊状臂形草(*Urochloa brizantha*)种子质量(图 6-3)，结果显示在种子发芽率和活力测定领域具有较好的应用前景(de Medeiros et al. ,2020)。

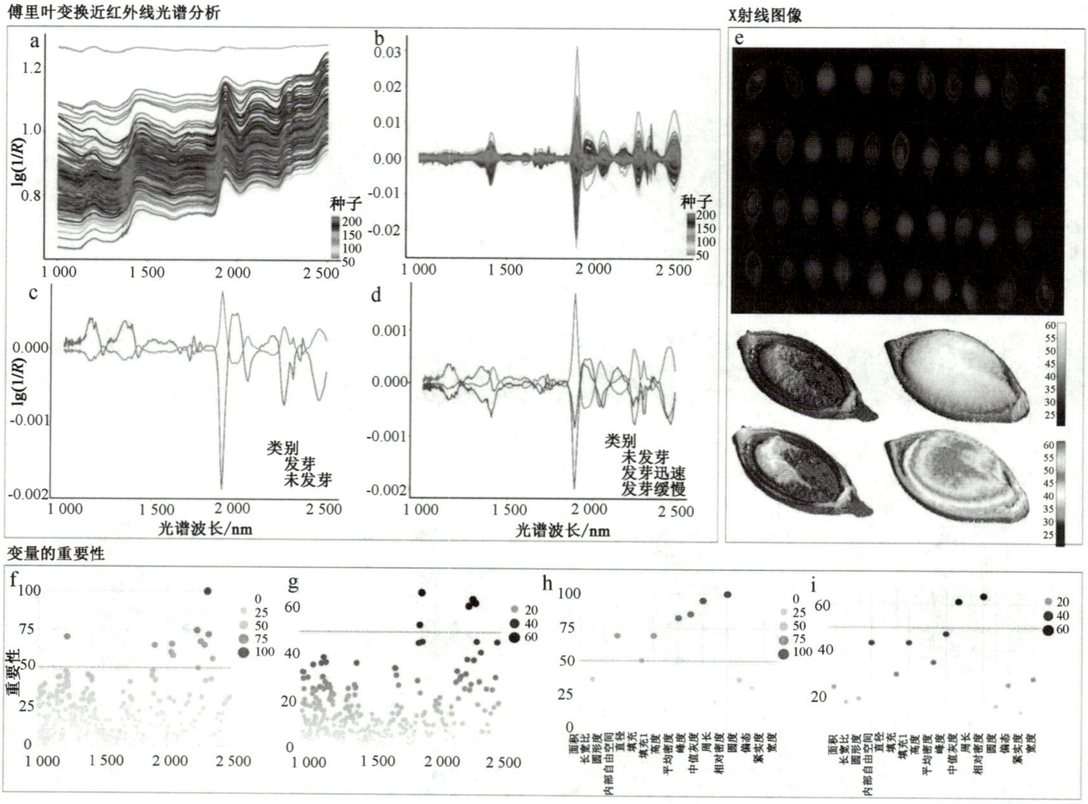

图 6-3 基于近红外光谱检测技术和 X 射线检测技术进行珊状臂形草种子质量测定(de Medeiros et al.,2020)

④高光谱成像技术(hyperspectral imaging technology) 与近红外光谱检测技术测定在近红外波长范围内种子的吸收值不同，高光谱成像技术借助成像光谱仪，可在紫外、可见光、近红外和中红外等区域测定，可获取数以百计波段、间隔非常小且光谱连续的光谱数据。高光谱成像技术通过线阵扫描获取种子样本的空间信息和光谱信息，具有超多波段、光谱高分辨率和图谱合一的特点。光谱中的每个像元均对应一条连续的光谱，能够反映某一个点所代表的信息。该方法不仅拥有近红外光谱检测技术的高分辨率，还能通过直观的图像更加全面地了解样本内部组成信息。高光谱图像技术用于种子质量检测，主要集中在玉米、小麦等禾谷类作物种子品种分类及纯度检测、种子活力及生活力区分、种子真菌感染检测和种子发芽等方面，在少量蔬菜、水果、林木种子品种识别方面也有应用。

⑤多光谱成像技术(multispectral imaging，technology) 波长范围是从紫外线波段到近红外光谱波段(375～970 nm)，不仅具有计算机视觉还可以结合光谱快速、准确地测定目标物体的表面颜色、纹理等表面特征以及检测出内在的化学成分，还利用光谱反射率显示其差异与变化，可以在很多领域中应用。将彩色成像与光谱成像相结合，在种子综合质量评价过程可

以实现计算机辅助图像分析系统的构建(图 6-4)。多光谱成像仪器可以获取不同波段下目标物体的原始 RGB 图像,将它们合成一张图像,之后该成像系统将提供种子的形态学特征(尺寸、颜色、形状、纹理等)的测量、发芽能力(胚根长度、发芽时间、发芽速度、活力等)和种子健康状况(患病部位、虫害、营养缺乏等)等以及提供其光谱数据。作为一种新兴的光谱学技术,越来越多的研究集中于种子质量检测领域,如种及品种测定、种子发芽率、种子健康、种子净度、种子活力、种子生活力等(Ma et al.,2015; Olesen et al.,2015; Hansen et al.,2016; Baek et al.,2019)。与农作物种子相比,草种子质量检测涉及较多种类,种子形态与化学成分组成更为复杂多样,有些种类间形态差异特别细微,且草种子普遍较小,对光谱成像在分辨率和图像处理上的要求相对更高。因而,基于多光谱成像的农作物种子质量检测技术在草种子上的迁移应用效果较差(杨凌杰,2021)。

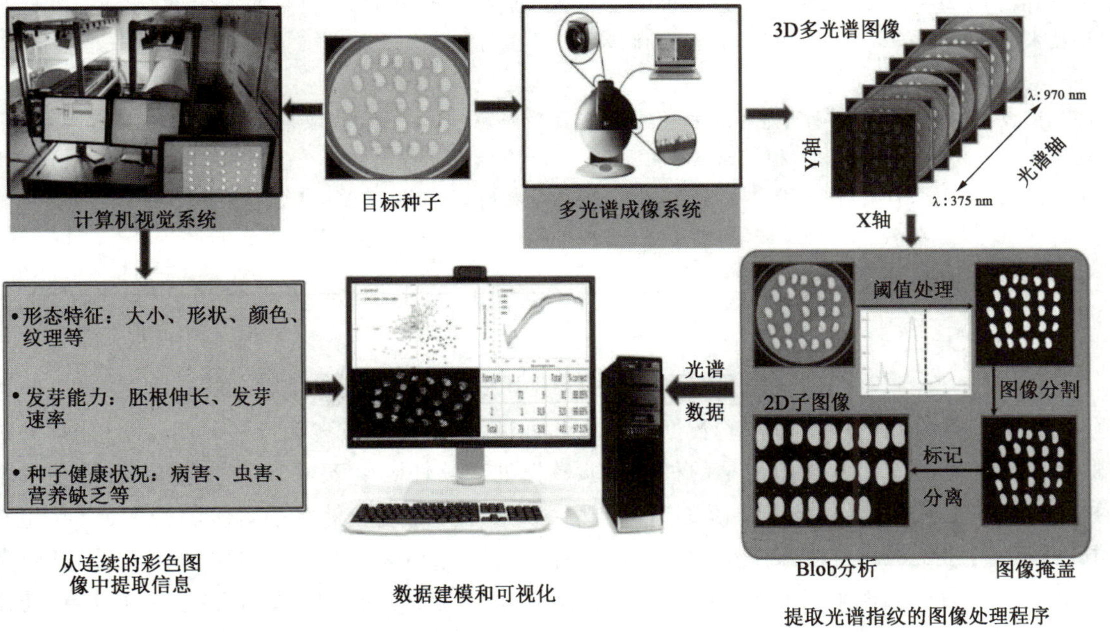

图 6-4　基于计算机视觉和多光谱成像技术的种子质量评价计算机图像分析系统的原理图(ElMasry et al.,2019a)

使用传统方法进行种子活力、发芽率、生活力等检测,不仅试验持续时间较长,且检测结果的准确与否在很大程度上依赖于检验人员的工作经验。例如,种子发芽率测定中的正常种苗与不正常种苗的区分鉴别、生活力测定中染色面积与部位的判断等,均存在一定的人为误差。而利用多光谱技术进行种子发芽率和生活力的测定,可以即刻得到结果,极大地缩短了测定周期,不仅做到了对种子质量的检测,而且可实现种子质量的预测。通过计算机图像结合光谱信息以及应用多元分析,极大地避免了因人为主观判断差异造成的误差干扰,判定结果更加客观准确。此外,整个试验过程无损操作,特别是对于种子资源库的质量监测工作和价格昂贵、数量稀少种子的质量检测具有非常重要的应用价值。虽然多光谱成像技术在种子质量检测领域具有非常好的应用前景和以上诸多优点,但也存在一定局限和弊端。如设备价格昂贵、应用时间短,很多物种和检测项目还没有完成成熟的建模工作,距离标准化测定和应用推广还有很长的路要走。尽管如此,相信随着计算机硬件和人工智能成本的降低,多光谱成像技术在种子质量检测方面应用价值将不可估量。

综上所述，几种基于光学特性的无损检测技术各有利弊，在应用范围上各有侧重（表 6-3）。在种子质量检测的应用中，将不同的检测技术进行有机结合，优势互补，能够取得更加理想的效果，这也将是种子质量无损检测技术的一个重要的发展方向。

表 6-3 几种基于光学特性的无损检测技术在种子质量检测领域应用比较

技术类型	波长范围/nm	应用范围（种子质量检测）	优点	缺点
X 射线技术	1～100	种子活力，种子健康（内部空洞、胚乳和种胚空隙、虫害）等	检测时间短、检测效率高、准确率高、无损伤	有辐射
近红外光谱技术	780～ 2 526	种子活力，种子纯度与真伪，种子分类与溯源等	成本较低，耗时短，检测重复性好	没有应用种子图像分析技术、未考虑空间信息且灵敏度低
高光谱成像技术	400～1 100	种子活力，种子纯度与真伪，种子分类与溯源等	光谱分辨率高、获取信息充分	信息多而杂
多光谱成像技术	375～970	种和品种测定，净度分析，种子健康，种子活力，种子生活力等	耗时短、获取信息丰富	波长范围小

3. 信息技术

（1）种子检测数据计算处理软件　种子检验中涉及大量的数据填报和计算，应用计算机软件或相关计算修约程序进行检验数据的分析和处理，不但能够节省大量的时间，而且能够有效避免人工计算的差错。国内最早的种子检验数据处理软件诞生于 1986 年，是由浙江农业大学种子科学中心用 BASIC 语言开发的“种子检验数据计算处理软件”（胡晋，2015）。ISTA 也在其官网上公布了进行种子发芽率、水分、混合种子检验等相关数据自动计算修约软件，并免费提供下载。用户无须单独安装，而是以 Excel 表格形式直接进行原始数据的输入和计算，使用非常便捷。

（2）种子检测数据存储与管理系统　随着计算机信息技术的发展，在生活和工作的很多方面和领域都出现了自动化的信息技术设备，并朝着自动化、无纸化方向发展。我国种子质量检测工作中涉及的所有信息记录几乎都采用传统的纸质档案形式，这种方式工作效率低，并且容易出错。在现代种子质检工作中，通过计算机信息技术的应用，开发种子质量检测数据存储与管理系统，从样品接收到样品检验、返回，从输入原始数据再到检验报告的自动生成，极大地提高了检测效率，减少人为误差的发生，而且可实现检测样品状态的实时追踪和检测数据的快速查询及存储。除此之外，可以通过信息技术来实现检测流程透明化，便于种子检测监督部门进行监督，监督部门的工作能够更好地与其他部门的工作联系起来，促进各部门质检的信息交流与共享，以此来对种子检测部门的日常工作进行规范，对种子自身的质量进行保障。同时，通过信息技术的应用还可以加强检测软件系统的创建、研发及应用，并对相关硬件进行合理配置，确保最大限度提高种子检测工作的水平与效率，以此来促进种植水平与效率的提高，继而推动我国农业行业整体的进步与发展。

总之，分子技术、无损检测技术、信息技术等在我国种子检测工作中的应用和发展，显著提高了工作效率和质量，促进了我国种子检测行业以及我国农业的发展。信息技术在种子检测工作中具有良好的发展前景，种子质量检测工作的无纸化、自动化是国际种子检测工作的发展趋势，对于种子检测信息管理工作来说，实行个性化检测服务、信息联网查询检测，不断扩展升级种子检测管理技术和系统至关重要。

6.3　种子活力测定指标与技术

6.3.1　种子活力的概念

种子活力是一项综合性的指标，它的概念经历了一段曲折发展的过程。1876 年，德国学者 Nobbe 指出在同一批种子内存在个体间发芽和幼苗生长速度的差异，并且不同种子批的平均值通常不同。1931—1936 年，Stahl 通过一系列试验和田间的比较试验，确认室内发芽率的试验结果不能说明在田间条件下种子成苗情况及其生产能力，因此提出萌发速度应是种子活力的标准。1950 年 ISTA 首次正式提出了种子活力这一概念，直到 1977 年，国际种子检验规程规定种子活力是决定种子在发芽和出苗期间的活力水平和行为的那些种子特性的综合表现；表现良好的为高活力种子，表现差的为低活力种子。1980 年，美国 AOSA 将种子活力定义为，在广泛的田间条件下决定种子迅速整齐出苗以及幼苗正常生长的潜力。2001 年，我国学者将种子活力描述为，充分成熟、充实饱满、健康无病虫、完整无损伤、耐贮性好的非休眠种子，在广泛环境条件下，表现出抗逆性强，发芽、出苗快速整齐，苗壮生长，正常发育，能长成健壮、整齐、正常幼苗和植株，达到高产和优质的潜在能力（颜启传，2001）。ISTA《国际种子检验规程（2022）》规定：种子活力是指种子批在广泛环境条件下，所测定活性和有关性能的总和。并做出了进一步的阐述，种子活力不是一个简单的测定概念，而是一种能表达如下有关种子批多种特性的综合概念：种子发芽和幼苗生长速率和整齐度；种子在不利环境条件下的出苗能力；种子贮藏后，特别是能保持发芽力的性能（ISTA，2022）。

6.3.2　种子活力测定的意义

种子活力测定是指在标准条件下，采用直接或间接的分析程序来评估种子批活力水平的过程。直接测定是在实验室内模拟外界环境胁迫或条件，记录出苗速度和（或）百分率；而间接测定则是通过评估那些经验证与种苗表现的某些方面相关的种子特性，来体现种子活力强弱。与发芽试验相比，种子活力测定结果能够体现高发芽率种子批间的差异性，是能够反映种子质量更为敏感的指标，为确定种子萌发的抗逆性和耐贮藏能力提供指导和依据。高活力种子对于农业生产起着关键的作用，有些开始老化、劣变的种子，活力水平已经降低，虽然其发芽能力未表现降低，但田间出苗率可能已经受到影响（康士义等，2014）。因此在农业生产活动中进行种子活力测定，选用高活力的种子进行播种是非常重要的。高活力的种子对逆境的抵抗能力较强，还能够节约播种费用。在种子收获后的加工、处理过程中，种子很可能受到机械损伤，从而使种子活力下降，测定种子活力可以及时改善种子加工和处理的条件。高活力种子更能够抵御高温、高湿等不良条件，更适合长时间的贮藏。在种子的贮藏过程中，对种子活力进行测定能筛选出高活力的种子进行长时间的贮藏或作为种质资源保存，还能及时关注种子活力的变化，对贮藏条件进行调整。因此，种子活力的测定对农业生产具有十分重要的意义。

6.3.3 种子活力测定方法与技术

由于种子活力是一个综合性的概念，具有较为复杂的特性，导致对其进行准确、全面的评价和量化非常困难。因此，种子活力的评价和测定一直是种子质量检测领域的难题。ISTA 确认通过的种子活力标准检测方法有电导率测定法(适用于鹰嘴豆、菜豆、大豆、豌豆、萝卜种子等)、人工加速老化测定法(适用于大豆种子等)、控制劣变测定法[适用于芸薹属(*Brassica*)植物种子]、胚根生长测定法(适用于玉米、欧洲油菜、萝卜种子等)、四唑活力测定法(适用于大豆种子)(ISTA，2022)。而对于绝大多数种子活力的评价，还处于试验研究阶段，并无确定的标准检测方法。随着 20 世纪末计算机技术的兴起，各种物理技术也逐渐被应用在种子活力检测方面。

1. 种子发芽和种苗评价法

种子发芽和种苗评价方法主要通过标准发芽试验后测定的种子发芽势、发芽率、幼苗的根长、苗长、干重、鲜重以及活力指数等指标评价种子活力(郝楠等，2015)。对于种子发芽和种苗评价方法已经有了较多的研究，在豇豆、玉米、水稻、鸭茅等种子活力测定上都有较好的应用(陈禅友，1992；杜清福等，2007；何龙生，2018；张旭等，2018)。研究表明，随着种子活力的降低，其发芽势、发芽率、发芽指数、活力指数以及幼苗生长等相关指标均呈现下降趋势(张文明等，2004；何学青等，2016；李剑等，2019)。活力指数作为判断种子活力的一个指标，既可以通过每天新发芽的种子个数反映种子的发芽总数和发芽速度，也可以反映幼苗的生长状况，所以被广泛使用。

2. 人工加速老化法

加速老化试验已经成为全球公认的评估农作物种子活力的测试方法之一。其过程是将种子样品置于高温高湿的密闭环境中进行老化处理，处理完成后，进行种子发芽试验，活力较高的种子批耐老化能力强，种子发芽率高。加速老化试验能反映种子在活力水平上的差异(智慧等，1999)。但对于不同植物种类的种子，其适宜的老化时间以及温度也是不同的。谢皓等(2006)在通过加速老化法测定大豆种子活力时，发现老化时间在 72～96 h 效果最好。刘娟丽(2018)发现红砂种子在 45 ℃老化条件下，种子的发芽率显著降低。利用加速老化测定小麦的种子活力时，温度 45 ℃、相对湿度 100%的条件下处理 72 h 效果最好(李兴美，2015)。毛培胜等(2018)提出紫花苜蓿和无芒雀麦种子在 42 ℃下老化 48 h 进行人工加速老化测定，是评价种子活力的适宜条件。

3. 电导率法

电导率法在应用之初只用于几种作物种子，之后发展到可以用于大豆、玉米、番茄等种子。韩建国等(1995)对高羊茅种子的活力测定试验中发现，加速老化种子的发芽率、田间出苗率以及电导率之间存在显著的相关性。ISTA 检验规程中将电导率法作为豌豆种子的活力检测方法，利用浸泡 24 h 种子的浸出液电导率作为评价种子活力的指标。陈光仪和傅家瑞(1983)对在不同温湿度条件下保存的花生种子进行电导率测定，发现在 10～30 ℃、相对湿度 20%～75%贮藏条件时，花生种子活力与电导率呈负相关，但是经过高温高湿老化后，种子电导率与活力的丧失程度不存在线性相关，因此认为人工老化的种子活力无法用电导率进行预测。

4. 四唑染色法

四唑染色法的原理主要是活力较低的种子吸水萌发时，其细胞膜修复速度较慢，因此会向外界释放溶质，包括糖、脂肪酸、蛋白质、氨基酸和无机离子等，播种后这些渗漏的溶质便会刺激病原微生物生长，影响出苗。四唑染色法是一种快速检测种子活力的方法，是根据种子组织在2,3,5-三苯基四氮唑溶液中的颜色变化，来评价种子活力。该方法已经在粮食作物、果树[如刺梨(*Rosa roxburghii*)、山核桃(*Carya cathayensis*)]、蔬菜(如番茄、辣椒)等种子活力测定中广泛应用(苏卫忠等，2001；吕芳德等，2006)。四唑染色法具有简易、快速和重演性好的特点，但是染色时会出现多种多样的染色图像，人为的主观判断直接影响试验结果。

5. 物理方法

随着科学技术的发展，软X射线、近红外光谱、高光谱成像、多光谱成像等新型物理技术逐渐在种子活力检测上被应用。而这些方法的研究重点是不断促进检测程序的标准化、准确性、客观性以及减少测试的时间。

邢广萍和龙庄如(1993)发现刺槐(*Robinia pseudoacacia*)种子的软X射线摄影的结果与活力指数测定结果呈一定的正相关关系，该方法也在柳杉(*Cryptomeria japonica*)、樟子松(*Pinus sylvestris*)等林木种子上得到证实(吴擢溪，1995；赵晶明和姜良开，2003)。此外，还有助于鉴定种子的形态和生化特征，提供种子萌发和种子活力的相关信息(Makkar et al.，2011)。王亚丽等(2020)利用近红外光谱模型对玉米种子是否有活力进行了预测，建立的预测模型准确率能够达到96%。高光谱技术将图像技术和光谱技术结合，不仅能够获取被测物体内部成分的光谱信息，而且能够获取其空间信息。李美凌等(2015)以不同老化程度的水稻种子作为不同活力水平的材料，采用高光谱成像技术结合PCA-SVM方法，建立了水稻种子活力识别模型，预测准确率可达100%。类似的研究也应用在玉米和番茄种子上(Ambrose et al.，2016；彭彦昆等，2018)。Rahman和Cho(2016)认为多光谱成像是一种在检测种子质量方面很有前途的工具，因为它将机器视觉和光谱结合在一个仪器中，且其波长范围相对于高光谱较短，因此结果也会更加精确。利用多光谱成像技术在种子活力测定方面进行了探索。通过利用多光谱成像技术得到的数据与LDA模型相结合，能够较准确地区分老化和未老化的豇豆种子，并且在预测高、中活力及死种子方面具有较高整体正确分类率(ElMasry et al.，2019b)。丛晓翔(2020)将种苗评价的方法与多光谱软件中的nCDA模型相结合，以较高的准确率预测出了高、中、低活力的多年生黑麦草种子。此外，多光谱技术结合多元分析能够实现较为准确地评价和预测紫花苜蓿和无芒雀麦的种子活力、生活力和发芽率(Zhang et al.，2022；张曙恒，2022)，且nCDA预测紫花苜蓿种子潜在发芽率和生活力准确率分别达到96.8%和95.6%(图6-5)。Galletti等(2020)采用双成分主成分分析(PCA)方法对多光谱成

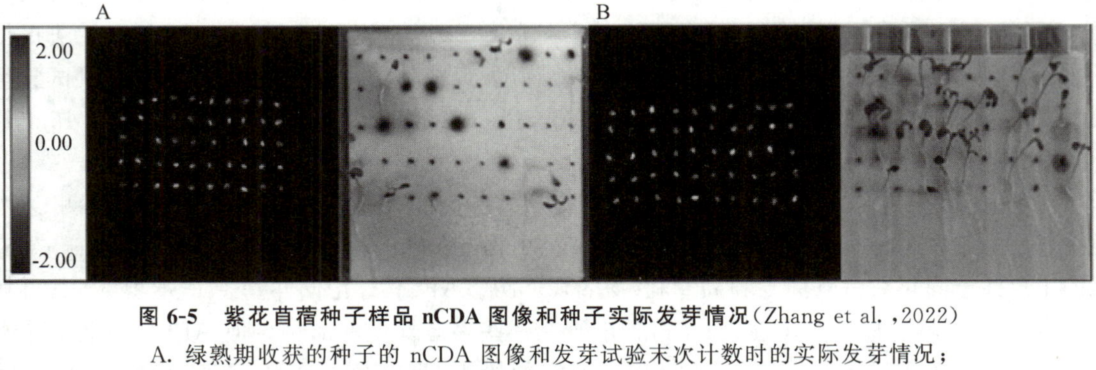

图6-5　紫花苜蓿种子样品nCDA图像和种子实际发芽情况(Zhang et al.，2022)

A. 绿熟期收获的种子的nCDA图像和发芽试验末次计数时的实际发芽情况；

B. 完熟期收获的种子的nCDA图像和发芽试验末次计数时的实际发芽情况。

像数据进行探索性分析，选择了 19 个波长中最具意义的 5 个波长，在 QDA-based 模型中对高、低活力种子批量进行了高精度分类，准确度在番茄种子中能达到 86%～95%，在胡萝卜种子中能达到 88%～97%。Liu 等(2019)采用 PCA、LS-SVM、BPNN、RF 等模型对西瓜种子的质量进行了评价，结果表明，高质量西瓜种子和其他西瓜种子(包括死种子和低活力种子)之间存在明显差异，并且 LS-SVM 和 RF 模型的分类准确率较高。相关研究表明，多光谱成像技术在种子活力检测方面具有很好的应用前景。

6.4 种及品种鉴定的分子生物学技术

6.4.1 应用于种及品种测定的 DNA 分子标记发展概况

1980 年美国人类遗传学家 Botstein 首先提出了 DNA 限制性片段长度多态性(restriction fragment length polymorphism，RFLP)，开创了直接应用 DNA 多态性发展遗传标记的新阶段(Botstein et al.，1980)。随后在 1985 年，诞生了 DNA 聚合酶链式反应(polymerase chain reaction，PCR)技术，使直接体外扩增 DNA 以检测其多态性成为可能。随着分子生物学技术的飞跃发展，开发了十几种各具特色的 DNA 标记技术，并为不同的研究目标提供了丰富的技术手段。作为新型的遗传标记，DNA 分子标记具有很多突出的优点，如数量多，多态性高，不受材料和环境的影响，不需要创造特殊的遗传材料，许多分子标记表现为共显性，表现为中性即不影响目标性状的表达等。常用于种及品种鉴定的分子标记主要有 RFLP、RAPD、AFLP、SSR、SNP。

最初用于遗传连锁图谱及品种指纹图谱构建的分子标记主要是 RFLP。RFLP 的基本原理主要依据生物的不同个体间 DNA 的变异，具体包括染色体的重组(插入和缺失)、DNA 碱基的点突变和不对称的交换(crossing over)或重复滑脱(replication slippage)。这些变异可能废除原酶切点或产生新酶切点，引起 DNA 分子某一特定限制性内切酶的识别位点发生变化，从而出现限制性酶切片段多态性(长度不同)现象(Menancio-Hautea et al.，1993)。RFLP 标记基于分子杂交技术，具有多态性好、可靠性高、稳定性好、呈共显性遗传的优点，但它只能代表单克隆和低拷贝序列，DNA 需要量大，且操作复杂、费用高、周期长。

在 Mullis 等(1986)DNA 聚合酶链式反应技术诞生之后，以 Williams 和以 Welsh 为首的两个研究小组于 1990 年几乎同时发现了一种新的分子标记——随机扩增多态性 DNA(random amplified polymorphic DNAs，RAPD)。RAPD 具有一些突出的优点，即无须使用同位素、速度快、操作简便、周期短。但由于该方法存在一些明显的缺点，包括显性标记，无法提供完整的遗传信息；退火温度低，试验条件极其敏感(如反应体系 Mg^{2+} 浓度的影响，导致试验重复性差)(He et al.，1994；Jones et al.，1997；MacPherson et al.，1993；Meunier and Grimont，1993)，导致在遗传图谱构建上应用较少。

1993 年荷兰科学家 Zabeau 和 Vos 创建发展了一种新的 DNA 分子标记技术及检测 DNA 多态性的新方法——扩增片段长度多态性(amplified fragment length polymorphism，AFLP)，并于同年获得欧洲专利局专利(揭琴，2008)。AFLP 标记同样基于 PCR 技术，其可靠性、稳定性好，具有极高多态性，因而适合于研究一些多态性低的品种。但 AFLP 前期工作需要对基因组 DNA 进行酶切消化，并且连上特定的接头，要求高质量的 DNA，操作复杂，技术要求高。

微卫星(microsatellite)又称为简单序列重复(simple sequence repeat,SSR),是利用侧翼保守性较强的单一序列设计特定引物,通过进行 PCR 扩增,聚丙烯酰胺凝胶电泳分离,最终以获得由核心序列串联重复次数不同而产生的片段多态性的方法。生物学家早在 20 世纪 70 年代就发现了真核生物基因组中存在短串联重复位点。1982 年 Hamada 等发现小到酵母、大到脊椎动物的基因组中都存在着多拷贝的简单序列重复。且微卫星不仅存在于内含子中,同时也存在于编码区以及染色体上的其他任意区域,即它在基因组中是随机分布的(Hamada et al.,1982)。将不同微卫星序列与不同有机体中的基因组 DNA 杂交,进一步证实这些序列的数目具有广泛性并且大量存在(Tautz and Renz,1984)。Mecouch 等(1997)发现真核生物平均每 22.3 kb 就有一个微卫星,每隔 10～50 kb 就存在一个微卫星。由于该标记比 RFLP 的多态性更丰富,且操作上更简单快速,因而被广泛认为是取代 RFLP 之后的第二代分子标记(徐云碧等,1995)。SSR 既有 RFLP 稳定性好、可靠性高等优点,又具有 RAPD 操作简单的优点。且 SSR 所能揭示的多态性要远高于 RFLP、RAPD,特别是在亲缘关系较近的品种间,SSR 更显示出明显的优势,在种及品种测定中具有较好的应用效果。

SNP(single nucleotide polymorphism)即单核苷酸多态性,是 Lander 在 1996 年提出的。它是继 RFLP 和 SSR 之后发展起来的第三代分子标记技术(揭琴,2008),在人类基因组的研究中已得到广泛应用(Wang et al.,1998)。SNP 标记具有数量多、分布广、密度高、稳定遗传和易于实现分析自动化等优点,在植物基因组中存在无数的单核苷酸变异,因此 SNP 可以最大限度地揭示基因组的信息。SNP 已经成为研究的热点,展示出良好应用前景。但 SNP 技术检测样本量大,必须结合芯片技术,早期费用昂贵,随着生物信息学及测序技术的不断发展,SNP 开发成本也随之降低,被认为是解决品种真实性和纯度快速检测的最有效方法之一。

6.4.2 DNA 分子标记在种及品种测定中的应用现状

1. RFLP 标记技术

同一物种不同品种间能找到很多 RFLP 标记,利用某品种特定的 RFLP 标记可以准确地标记该品种,而且多态性稳定,重复性好,准确性高,具有共显性,RFLP 标记技术是较早应用于品种鉴定的分子标记方法。但该方法 DNA 用量大,耗费成本高,操作烦琐,技术复杂,且检测中需要的放射性同位素对人体有害。因此,RFLP 标记在种子纯度及品种真实性快速鉴定中较少应用。

2. RAPD 标记技术

RAPD 是利用随机引物对不同品种的基因组 DNA 进行 PCR 扩增,产生不连续的 DNA 产物,再通过电泳分析检测 DNA 序列的多态性,实现不同品种的鉴别。RAPD 技术可以在对物种没有任何分子生物学研究基础的情况下,进行指纹图谱的构建及遗传多样性分析,快速简便,无放射性污染,成本较低,分辨率高,灵敏度强,所以在遗传学各个领域广为应用,尤其在种质资源鉴定、作物品种纯度和真实性鉴定方面受到广泛的重视,包括生产上应用的新品种、品系、优良单株、突变体、体细胞杂交种、组培繁殖材料及某些特殊抗性材料的鉴定,有重要应用价值的野生资源等等。在农作物、蔬菜、果树的品种鉴定方面均开展了较为广泛的研究。但是由于 RAPD 分子标记引物筛选工作量大、多态性仍显不足、对新品种鉴定难度较大,所以很少应用于大规模的鉴定当中。

3. AFLP 标记技术

AFLP 实质是 RFLP 和 PCR 两项技术的结合，具有 RFLP 的可靠性和 PCR 技术的高效性，AFLP 技术已被广泛应用于作物遗传育种的各个领域。它可以分析基因组较大的作物，其多态性很强，利用放射性标记在变性聚丙烯酰胺凝胶上可检测到 100～150 个扩增产物，非常适合绘制品种的指纹图谱，鉴定品种的真实性和纯度。但该技术对 DNA 纯度和内切酶的质量要求较高，操作程序长、步骤多，并要求很高的实验技能和精密的仪器设备，因而难以在种及品种测定中普及应用。

4. SSR 标记技术

微卫星中的重复单位数目是高度变异的，且每个微卫星 DNA 两端的序列一般是相对保守的单拷贝序列，根据其两端的序列设计一对特异引物，可以通过扩增产生重复序列长度多态性。SSR 标记完全符合植物品种鉴别的 4 个基本准则：环境的稳定性、品种间变异的可识别性、最小的品种内变异性和实验结果的可靠性。因此，可高效准确地检测生物体中的遗传变异，在品种指纹图谱构建和种及品种测定中具有良好的应用前景。利用 SSR 标记建立了玉米杂交种及其亲本的标准 DNA 指纹图谱，用于玉米品种鉴定。在水稻、棉花、猕猴桃（*Actinidia chinensis*）等品种鉴定方面均获得较好效果。此外，基于 SSR 标记也成功构建了紫花苜蓿、鸭茅、结缕草等牧草和草坪草的品种指纹图谱。且在《草种子检验规程》(GB/T 2930.1～10—2017）中，基于 SSR 标记的紫花苜蓿和黄花草木樨、白花草木樨的鉴定，苏丹草和高粱的鉴定分别作为种及品种测定的标准检测方法列入。SSR 具有所有 RFLP 的遗传学优点，且避免了 RFLP 方法中使用放射性同位素的缺点，又比 RAPD 重复率和可信度高，因而目前已成为遗传标记中的热点。在 DNA 分子标记技术鉴定品种真实性方面，以 SSR 为代表的分子标记技术已经完成了从实验室向应用的转化。

5. SNP 标记技术

SNP 标记是在基因组上单个核苷酸的变异形成的遗传标记。此法标记密度高，与功能基因的关联度高，更容易开发到与性状相关的 SNP 功能标记，遗传稳定性强，检测通量高，易实现自动化分析。SNP 标记一般只有两种等位基因型，数据统计简单，且不依赖检测平台，容易实现不同来源数据的整合和标准。基于 SNP 的分子标记已在人类和动物的疾病等方面进行大量研究，在植物中拟南芥、水稻也有相关研究报道。随着玉米基因组测序的全面开展，以序列为基础 SNP 标记展现了巨大的利用潜力，具有较为广阔的应用前景。在水稻、橄榄（*Canarium album*）、葡萄、大麦等品种鉴定上均取得了较为理想的效果（胡晋，2015）。AOSA 已经为黑麦草品种真实性鉴定出台了等位基因分型分析草案，极大地缩短了鉴定时间。随着高分辨率熔解曲线分析等 SNP 检测技术的发展，SNP 标记技术在品种鉴定中将得到更多应用。

参考文献

陈禅友 . 1992. 豇豆种子活力研究进展 . 种子，(5)：45-48.

陈光仪，傅家瑞 . 1983. 花生种子的活力与电导率的关系 . 种子，(3)：16-20.

程绍明，王俊，马杨珲，等 . 2011. 基于电子鼻的番茄种子发芽率检测 . 农业工程学报，27(12)：132-135.

丛晓翔 . 2020. 利用多光谱成像技术测定多年生黑麦草种子活力的研究 . 学位论文 . 北京：中国农业大学 .

崔亮．2016. 基于机器视觉的农作物种子计数检测系统．学位论文．太原：中北大学．

杜清福，贾希海，律保春，等．2007. 不同类型玉米种子活力检测适宜方法的研究．玉米科学，(6)：122-126.

郭文川，王婧，朱新华．2012. 基于介电特性的燕麦含水率预测．农业工程学报，28(24)：272-279.

韩建国，毛培胜，浦心春，等．1995. 草坪型高羊茅种子活力的研究．草地学报，(2)：50-51.

郝楠，王建华，李宏飞，等．2015. 种子活力的发展及评价方法．种子，34(5)：44-49.

何龙生．2018. 水稻种子活力测定方法的初步研究．学位论文．杭州：浙江农林大学．

何学青，陶奇波，沙亚·海拉提，等．2016. 柳枝稷种子活力及幼苗生长对人工老化处理的响应．草地学报，24(4)：834-840.

胡晋．2015. 种子检验学．北京：科学出版社．

蒋林峰，张新全，黄琳凯，等．2014. 中国鸭茅主栽品种 DNA 指纹图谱构建．植物资源遗传学报，15(3)：604-614.

揭琴．2008. 甘薯分子连锁图谱的构建及抗茎线虫病基因 AFLP 标记的开发．学位论文．北京：中国农业大学．

晋艳云．2016. 玉米种子净度超声波检测方法及装置研究．学位论文．北京：中国农业大学．

康士义，汤立新，关宏达．2014. 种子活力的概念含义、测定意义及作用．种子世界，32(6)：16-17.

孔秋生，李锡香，向长萍，等．萝卜种质资源亲缘关系的 RAPD 分析．植物遗传资源学报，2004，5(2)：156-160.

赖一雄．2019. 基于电磁感应的种子含水量检测方法研究．学位论文．株洲：湖南工业大学．

李剑，赵准，朱迎树，等．2019. 种子成熟度对大麦种子活力的影响．新疆农业科学，56(9)：1579-1587.

李曼莉，王晨，郑丽华，等．2018. 一种鉴别结缕草品种的引物及结缕草品种的鉴别方法．中国，ZL 201510441033. 4. 2018-02-13.

李美凌，邓飞，刘颖，等．2015. 基于高光谱图像的水稻种子活力检测技术研究．浙江农业学报，27(1)：1-6.

李兴美．2015. 人工加速老化条件对小麦种子活力的影响研究．现代农业科技，(17)：10-13.

李振．2016. 基于机器视觉技术的蔬菜种子质量检测方法研究及系统设计．学位论文．合肥：安徽大学．

刘娟丽．2018. 人工加速老化对红砂种子活力的影响．江西农业，(2)：78.

吕芳德，和红晓．2006. 山核桃属植物种子活力的测定．经济林研究，(3)：11-14.

栾雨时，安利佳，黄百渠，等．1999. 用 SSR 探针进行番茄品种的 DNA 指纹分析．园艺学报，55(1)：53-55.

罗永聪，马啸，张新全．2013. 利用 SSR 技术构建多花黑麦草品种指纹图谱．农业生物技术学报,21(7):799-810.

毛培胜,王明亚,欧成明.2018. 中国草种业的发展现状与趋势分析. 草学,6:1-6.

梅亚敏,郭敏.2013. 基于决策树和模糊逻辑的玉米颗粒分类研究. 华中师范大学学报(自然科学版),47(4):496-500.

闵学阳,刘文献,张正社,等.2017. 苜蓿 DUS 测试标准品种 SSR 分子标记指纹图谱的构建. 草业学报,11:47-56.

彭彦昆,赵芳,白京,等.2018. 基于图谱特征的番茄种子活力检测与分级. 农业机械学报,49(2):327-333.

宋顺华,郑晓鹰. 利用 RAPD 技术鉴定大白菜主栽品种及品种间遗传多样性分析. 华北农学报,2000,15(3):1-5.

苏卫忠,索志立,张治明,等.2001. 低温贮藏下 28 种木本植物种子生活力的变化. 中国植物学会植物园分会. 中国植物学会植物园分会第十六次学术讨论会论文集. 中国植物学会植物园分会:中国植物学会,5.

王超鹏.2017. 基于机器视觉与光谱成像技术的玉米种子品质检测与分选. 学位论文. 杨凌:西北农林科技大学.

王杰,高秋,杨国锋,等.2016. 国审苏丹草和高丹草品种 SSR 指纹图谱构建及遗传多样性分析. 草地学报,24(1):156-163.

王亚丽,彭彦昆,赵鑫龙,等.2020. 玉米种子活力逐粒无损检测与分级装置研究. 农业机械学报,51(2):350-356.

吴擢溪.1995. 柳杉等种子活力射线测定研究. 福建林学院学报,(3):246-251.

武耀廷,张天真,殷剑美.2001. 利用分子标记和形态学性状检测的陆地棉栽培品种遗传多样性. 遗传学报,28(11):1040-1050.

谢皓,陈学珍,祁佳玥,等.2006. 人工加速老化对大豆种子活力的影响. 北京农学院学报,(3):15-17.

邢广萍,龙庄如.1993. 刺槐种子活力测定方法的研究. 山东农业大学学报,(S1):80-87.

徐云碧,申宗坦,陈英,等.1995. 水稻籼粳杂种 F_2 群体中 RFLP 标记的异常分离及其染色体分布. 植物学报,13(2):91-96.

颜启传.2001. 种子学. 北京:中国农业出版社.

杨凌杰.2021. 基于多光谱成像的草种质量检测. 学位论文. 兰州:兰州大学.

张曙恒.2022. 基于多光谱成像技术的两种牧草种子活力的无损检测研究. 学位论文. 北京:中国农业大学.

张婷婷,赵宾,杨丽明,等.2018. 基于电子鼻技术的小麦种子活力鉴别. 中国农业大学学报,23(9):123-130.

张文明,郑文寅,姚大年,等.2004. 草坪草种子活力测定方法的比较研究. 草原与草坪,(3):48-51.

张旭,聂刚,黄琳凯,等.2018. 低温贮藏不同年限的鸭茅种子活力变化. 草业科学,35(10):2450-2456.

赵晶明,姜良开.2003. 应用软 X 射线对林木种子生活力检验的探讨. 高师理科学刊,(4):269-275.

赵婧.2015. 电子鼻在种子生活力检测和品种鉴别中的应用研究.学位论文.呼和浩特:内蒙古农业大学.

智慧,陈洪斌,凌莉.1999. 加速老化法测定谷子种子活力的研究.中国农业科学,(3):68-73.

周子立,张瑜,何勇,等.2009. 基于近红外光谱技术的大米品种快速鉴别方法.农业工程学报,25(8):131-135.

朱丽伟,黄艳艳,杨丽明,等.2011. 用近红外光谱法快速无损检测苦豆子和决明子单粒种子生活力的研究.红外,32(4):35-39.

Ambrose A,Kandpal L M,Kim M S,et al. 2016. High speed measurement of corn seed viability using hyperspectral imaging. Infrared Physics & Technology,75:173-179.

Baek I,Kusumaningrum D,Kandpal L,et al. 2019. Rapid measurement of soybean seed viability using kernel-based multispectral image analysis. Sensors,19(2):271.

Bianchini V,Mascarin G M,Silva L,et al. 2021. Multispectral and X-ray images for characterization of *Jatropha curcas* L. seed quality. Plant Methods,17:9.

Botstein D, White R, Skolnick M, et al. 1980. Construction of a genetic linkage map in man using restriction fragment length polymorphisms. Am J Hum Genet, 32: 314-331.

Carvalho M L M D, Silva C D D, Oliveira L M D, et al. 2009. X-ray test to evaluate pumpkin seed quality. Revista Brasileira de Sementes,31(2):221-227.

Colmer J,O'Neill C M,Wells R,et al. 2020. Seed Germ:a cost-effective phenotyping platform for automated seed imaging and machine-learning based phenotypic analysis of crop seed germination. New Phytologist,228(2):778-793.

Dell'Aquila A. 2009. Development of novel techniques in conditioning,testing and sorting seed physiological quality. Seed Science and Technology,37:608-624.

de Medeiros A D,da Silva L J,Ribeiro J P O,et al. 2020. Machine learning for seed quality classification: an advanced approach using merger data from FT-NIR spectroscopy and X-ray imaging. Sensors,20:4319.

ElMasry G, Mandour N, Al-Rejaie S, et al. 2019a. Recent applications of multispectral imaging in seed phenotyping and quality monitoring—an overview. Sensors,19(5):1090.

ElMasry G,Mandour N,Wagner M H,et al. 2019b. Utilization of computer vision and multispectral imaging techniques for classification of cowpea (*Vigna unguiculata*) seeds. Plant Methods,15:24.

Gardner J W,Bartlett P N. 1994. A brief history of electronic noses. Sensors and Actuators B:Chemical,18(1-3):210-211.

Gagliardi B, Marcos-Filho J. 2011. Relationship between germination and bell pepper seed structure assessed by the X-ray test. Scientia Agricola,68:411-416.

Galletti P A,Carvalho M E A,Hirai W Y,et al. 2020. Integrating optical imaging tools for rapid and non-invasive characterization of seed quality: tomato (*Solanum lycopersicum* L.) and carrot(*Daucus carota* L.) as study cases. Frontiers In Plant Scince,

11:577851.

Gomes-Junior F G, Yagushi J T, Belini U L, et al. 2012. X-ray densitometry to assess internal seed morphology and quality. Seed Science and Technology, 40(1):102-107.

Hamada H. 1982. A novel repeated element with Z-DNA-forming potential is widely found in evolutionarily driverse eukaryotic genomes. Proc Natl Acad Sci USA, 79:6465-6469.

Hansen M A E, Hay F R, Carstensen J M. 2016. A virtual seed file: the use of multispectral image analysis in the management of genebank seed accessions. Plant Genetic Resources, 14(3):238-241.

He Q, Viljanen M K, Mertsola J. 1994. Effects of thermocyclers and primers on the reproducibility of banding patterns in randomly amplified polymorphic DNA analysisi. Mol Cell Probes, 8:155-160.

ISTA. 2022. International rules for seed testing. Bassersdorf: International Seed Testing Association.

Jones C J, Edwards K J, Castaglione S, et al. 1997. Reproducibility testing of RAPD, AFLP and SSR markers in plants by a network of European laboratories. Mol Breed, 3: 381-390.

Larios G, Nicolodelli G, Ribeiro M, et al. 2020. Soybean seed vigor discrimination by using infrared spectroscopy and machine learning algorithms. Analytical Methods, 12: 4303-4309.

Liu W, Xu X, Liu C, et al. 2019. Rapid discrimination of high-quality watermelon seeds by multispectral imaging combined with chemometric methods. Journal of Applied Spectroscopy, 85:1044-1049.

MacPherson J M, Eckstein P E, Scoles G J, et al. 1993. Variability of the random amplified polymorphic DNA assay among thermal cyclers, and effects of primer and DNA concentration. Mol Cell Probes, 7:293-299.

Makkar H, Kumar V, Oyeleye O O, et al. 2011. *Jatropha platyphylla*, a new non-toxic jatropha species: physical properties and chemical constituents including toxic and antinutritional factors of seeds. Food Chemistry, 125(1):63-71.

Ma F, Wang J, Liu C, et al. 2015. Discrimination of kernel quality characteristics for sunflower seeds based on multispectral imaging approach. Food Analytical Methods, 8(7): 1629-1636.

McDonald M B, Elliot L J, Sweeney P M. 1994. DNA extraction from dry seeds for RAPD analyses in varietal identification studies. Seed Science and Technology, 22(1): 171-176.

Mecouch S R, Chen X L, Panaud O, et al. 1997. Microsatellite marker development, mapping and application in rice genetics and breeding. Plant Molecular Biology, 35:89-99.

Menancio-Hautea D, Fatokun C A, Kumar L, et al. 1993. Comparative genome analysis of mungbean[*Vigna radiata*(L.)Wilczek]and cowpea[*V. unguiculata*(L.)Walpers] using RFLP mapping data. Theor Appl Genet, 86:797-810.

Meunier J R, Grimont P A D. 1993. Factors affecting reproducibility of random amplified polymorphic DNA fingerprinting. Research in Microbiology, 144(5): 373-379.

Mullis K, Faloona F, Scharf S, et al. 1986. Specific enzymatic amplification of DNA in vito: the polymerase chain reaction. Cold Spring Harber Symp Quant Biol, 51: 263.

Olsson J, Börjesson T, Lundstedt T. 2002. Detection and quantification of ochratoxin A and deoxynivalenol in barley grains by GC-MS and electronic nose. International Journal of Food Microbiology, 72(3): 203-214.

Olesen M, Nikneshan P, Shrestha S, et al. 2015. Viability prediction of *Ricinus cummunis* l. Seeds using multispectral imaging. Sensors, 15(2): 4592-4604.

Rahman A, Cho B. 2016. Assessment of seed quality using non-destructive measurement techniques: a review. Seed Science Research, 26(4): 285-305.

Silva V N, Cicero S M, Bennett M. 2013. Associations between X-ray visualised internal tomato seed morphology and germination. Seed Science and Technology, 41(2): 225-234.

Tautz D, Renz M. 1984. Simple sequences are ubiquitous repetitive components of eukaryotic genomes. Nucleic Acids Research, 12(10): 4127-4138.

Wang D G, Fan G B, Siao C J, et al. 1998. Large-scale identification, mapping, and genotyping of single-nucleotide polymorphisms in the human genome. Science, 280: 1077-1082.

Zhang S, Zeng H, Ji W, et al. 2022. Non-destructive testing of alfalfa seed vigor based on multispectral imaging technology. Sensors, 22(7): 2760.

第7章　牧草与草坪草种子扩繁与收获技术

自20世纪50年代起，我国在各省区开始牧草种子扩繁基地建设；进入21世纪，国家投入专项资金推进牧草种子扩繁基地的重点建设。随着我国现代草业发展对种子的需求迅速增加，牧草与草坪草种子生产技术研究与实践也呈现系统深入的趋势。此外，国产乡土草种的种子产量、质量问题也已成为草种业关注的重点。因此，加强牧草与草坪草种子的专业化、规模化生产，针对种子科学与技术、种子质量控制与检测等的研究与实践也成为草种业发展的主要驱动力。

7.1　概述

7.1.1　种子产量

种子产量是育种家选育新品种的指标之一，也是种子生产者在扩繁收获过程中关注的重点。牧草或草坪草种子产量指单位面积上形成的种子重量，是单位面积种子数与种子重量的乘积，最高种子产量是在单位面积种子数的最高条件下获得的（Elgersma，1990；Hampton and Fairey，1997）。与农作物相比，牧草或草坪草的种子产量常较低，这与种或品种的种子繁殖能力、生物学特性有关，出现这种情况的主要原因有以下几方面：首先，在牧草和草坪草的新品种选育过程中，种子产量未成为主要的育种指标。牧草品种选育注重于营养枝丰富的地上生物量，草坪草品种注重于选择具有较强营养繁殖能力且能快速形成地表覆盖的种质材料，并不希望有种子形成，影响草坪的美观。其次，牧草和草坪草的种子繁殖能力不强。多年生牧草或草坪草通常具有较强的营养繁殖能力，在种植以后可以生长利用多年，与一年生农作物相比，种子繁殖能力减弱，表现为结实率、种子产量低。还有，多数牧草或草坪草栽培驯化程度差，其开花发育等生物学特性不利于种子生产。在种子生产田中，牧草或草坪草野生特性的保留，如开花期持续时间长、小花和种子发育不一致、成熟种子落粒性强等，这些遗传因素也限制了种子产量的提高。因此，通过选择具有种子高产潜力的新品种，科学运用生产管理技术，改善影响种子产量的关键要素，才能够提高种子的产量。

牧草与草坪草通过品种选育可以挖掘种子生产的潜力，使植株上形成更多的小花，但受环境条件、田间管理水平、收获加工技术等各种因素影响，并不是每朵小花都能正常发育成为一粒种子，每一粒种子都能够被收获。因此，牧草或草坪草虽具有较高的种子产量潜力，但实际收获的种子产量相对较低。根据小花发育、种子成熟以及收获情况，将种子产量划分为潜在种子产量、表现种子产量和实际种子产量。牧草和草坪草潜在种子产量的高低主要依赖于单位面积上的花序数、每花序的小花数及每花中胚珠数的多少；而表现种子产量（潜在种子产量实现的百分比）取决于开花、传粉、受精及种子发育过程中气候条件的好坏和管理水平、传粉率、受精率的高低，以及因营养或病虫情况出现的败育率高低，最终决定于每一朵小花中实际成熟的种子数及平均种子重量。实际种子产量的高低除了影响表现种子产量高低的因素外，还取决于牧草和草坪草开花、种子成熟的一致性、落粒性、收获的难易程度、收获的及时性和收获机械等因素。不同生长年限和品种的新麦草潜在种子产量、表现种子产量、实际收获种子产量变化显示(表 7-1),实际种子产量只有潜在种子产量的 1/3,表现种子产量的 1/2,并且不同品种具有相似的产量损失(王勇等,2014)。通过生长环境的选择、田间种植管理和收获技术措施的改进,提高实际收获种子产量,缩小与潜在种子产量的差距是专业化种子生产所面临的难点问题,也是种子科技工作重点解决的技术问题。

表 7-1　不同新麦草品种的种子产量(王勇等,2014)　　kg/hm²

品种	潜在种子产量	表现种子产量	实际种子产量
4 年生蒙农 4 号新麦草	1 359.45	1 046.55	439.35
3 年生蒙农 4 号新麦草	942.60	581.25	283.80
3 年生山丹新麦草	620.55	397.05	203.10

7.1.2　种子产量组分

种子产量是由单位面积生殖枝数、每生殖枝花序数、每花序小花数、每小花种子数和平均种子重量等产量组分所决定的。对于禾本科、豆科牧草和草坪草,决定种子数量的产量组分在表述上并不完全相同。禾本科牧草或草坪草的种子产量组分包括:单位面积生殖枝数、每生殖枝小穗数、每小穗小花数、每小穗种子数(结实率);豆科牧草或草坪草的种子产量组分包括:单位面积生殖枝数、每生殖枝花序数、每花序小花数和种子数(结实率)。种子产量组分不仅是育种家筛选种子生产潜力的重要指标,也是种子生产者采取技术措施的重要依据。

1. 禾本科牧草与草坪草种子产量组分

(1)单位面积的生殖枝数　生殖枝数是决定牧草或草坪草种子产量的首要因素,足够数量的生殖枝是获得种子高产的前提和保证。在河北坝上地区不同生长年限老芒麦种子生产中,由于单位面积生殖枝减少 44%,导致生长三年老芒麦种子实际产量仅为生长二年老芒麦收获种子产量的 50%左右(毛培胜等,2003)。但生殖枝数过高或田间枝条过密也不利于种子的形成。在一定的生殖枝数目范围内,禾草种子产量随生殖枝数目的增加而增加,两者之间呈极显著的相关关系,当生殖枝增加到一定数目之后,种子产量不再增加,并在一定生殖枝数目范围内生产相近的种子产量(表 7-2)。在甘肃省酒泉地区高羊茅、蓝茎冰草、无芒雀麦、新麦草、鸭茅种子生产研究实践表明,种子产量与单位面积生殖枝数均达到显著或极显著正相关(王佺珍,2005)。在内蒙古呼和浩特市,蒙农 4 号新麦草在生长第 4 年种子产量高达 450 kg/hm²,单位面积生殖枝(花序)数是首要的限制因子(王勇等,2014)。

在禾草种子生产中需要采取适宜的田间管理措施来保持一定的种植密度,确保具有足够数量的生殖枝,过多或过少均不利于提高种子的产量。另外,不同种类的禾草在种子生产时对生殖枝数目的要求也有一定的差异(表 7-3)。因此,种子生产者在播种时应掌握播种量、行距等技术环节的特殊要求。

(2)每生殖枝小穗数　生殖枝上着生小穗数量的多少是提高种子产量的基础条件,在禾草每生殖枝上的小穗数与种子产量之间存在极显著的正相关关系。一般随小穗数目的增加,种子的产量也增加。但对于选育品种而言,每生殖枝小穗数通常很稳定、变化很小,这种情况下每生殖枝小穗数通常对种子产量的影响较小。在河北坝上地区的老芒麦种子生产研究中(表

表 7-2 禾草生殖枝数目与种子产量的关系(Hampton and Fairey,1997)

名称	每平方米生殖枝数	种子产量/(kg/hm²)	文献来源
鸭茅	195	570	Rolston,1991
	360	960	
	445	1 310	
草地羊茅	436	448	Fallcowski et al,1987
	824	684	
	1 174	1 235	
多年生黑麦草	891	548	Hampton,1987
	922	737	
	1 303	1 127	
草地早熟禾	531	453	Fallcowski et al,1987
	600	563	
	650	753	

表 7-3 禾草种子生产所需要的生殖枝数目(Hampton and Fairey,1997)

名称	每平方米生殖枝数
鸭茅	600～850
高羊茅	600～900
紫羊茅	1 500～3 000
多年生黑麦草	
牧草型	1 800～3 000
草坪型	2 000～3 500
多花黑麦草	1 000～2 000
草地早熟禾	800～2 000

7-4),生长 3 年老芒麦的每生殖枝小穗数为 32.7,生长 2 年老芒麦的每生殖枝小穗数为 33.7,两者相差较小(毛培胜等,2003)。但受地点、季节、种类的影响,每生殖枝上的小穗数会出现变化。秋季和冬季形成的分蘖枝往往比春季形成的分蘖枝具有更多的小穗数目。对于不同生长年限的多年生黑麦草,每生殖枝小穗数出现显著增加(Abel et al.,2017)。

表 7-4 不同生长年限老芒麦种子产量组分及产量的变化(毛培胜等,2003)

老芒麦	每平方米生殖枝数	每生殖枝小穗数	每小穗小花数	每小穗种子数	千粒重/g	实际种子产量/(kg/hm²)
生长 3 年	209.3	32.7	4.5	3.0	3.65	350.3
生长 2 年	371.3	33.7	4.6	3.1	3.55	1 220.0

(3)每小穗小花数　禾草中每小穗上的小花数量常较稳定,与种子产量没有相关性。在河北坝上地区的老芒麦种子生产中,生长 3 年老芒麦的每小穗小花数为 4.5,生长 2 年老芒麦为 4.6,两者相差较小(表 7-4)。但受环境因素、生殖枝条发育时间的影响,小花数量可能会出现变化。对于不同生长年限的多年生黑麦草,每小穗小花数出现显著下降(Abel et al.,2017)。春季晚发育的多年生黑麦草生殖枝,每个小穗上的小花数较早发育的从 6.6 个下降为 4.6 个,

每小穗上的小花数也会随着单位面积上生殖枝数目的增加而下降。另外，每小穗上的小花数也随小穗在花序上的位置不同而异，一般花序中部区域小穗的小花数目较高，如基部小穗的小花多年生黑麦草为 6.3，高羊茅为 5.4，中部小穗的小花多年生黑麦草为 6.8，高羊茅为 6.5，顶部小穗的小花多年生黑麦草为 5.2，高羊茅为 6.3。

(4)每小花种子数　禾草每小花中最多含有一枚胚珠(不孕小花不含胚珠)，可以发育形成一粒种子。种子生产中并不是所有的胚珠都能发育为种子，往往由于禾草自身的结构障碍、遗传特性、环境因素的影响，有近一半的胚珠不能够正常发育为种子，从而影响种子产量的提高。此外，利用结实率指标也可以反映小花形成种子的情况。在丹麦多年生黑麦草田间试验中，种子结实率随着生长年限的延长呈现显著增加的变化(Abel et al.，2017)。

(5)平均种子重量　种子重量是由其遗传基础决定的，但气候条件适宜、田间管理科学，可在种子生产中获得粒大饱满的种子，使单粒种子重量增加，进而提高了禾草的种子总产量。种子重量可以用单粒重和千粒重来表示。由于幼穗分化的不一致性，在植株生殖生长过程中形成在同一生殖枝或小穗内小花的发育呈现顺序进行，导致在枝条不同部位小穗、小穗不同位置上的种子重量有差异。因此，种子的单粒重与其着生位置有主要关系，在清选之前单粒种子间重量变化范围较大。然而，经过清选过程，小种子和轻种子被清除之后，种子重量差异变小，最低种子重量与清选效率和强度有关。

千粒重是用于表示种子物理特性的一项指标，通常是将种子清选之后进行取样测定。千粒重相对稳定并且与种子数量或产量没有显著的相关性。但在实际应用过程中，常常将千粒重用于表示 1 000 粒种子的平均重量，与种子质量表示指标是不同的。多年生黑麦草随着生长年限的延长，千粒重由 1.70 g 增加到 1.95 g(Abel et al.，2017)。

2. 豆科牧草与草坪草种子产量组分

虽然豆科牧草或草坪草种类众多，但在种子生产实践中，仅有紫花苜蓿、白三叶、红三叶、黄花草木樨、紫云英、柱花草等少量种类被推广应用，更多种类用于种质资源、新品种选育工作中。此外，豆科牧草或草坪草在枝条、花序、果实的形成发育和类型等方面与禾草存在明显的差异，其种子产量组分在表述上也不完全相同。

(1)单位面积的生殖枝数　由于许多豆科牧草或草坪草受生长环境、时间等因素限制，在田间无法准确测量每植株的枝条数，通常利用单位面积的生殖枝数量来替代。研究表明，在与种子产量的关系中，单位面积生殖枝数比每株生殖枝数更具有相关性(Hampton and Fairey，1997)。由于苜蓿枝条的发生是无限的，并且每个茎节都可以持续形成叶片和小花，在苜蓿种子生产中，单位面积生殖枝数并不是影响种子产量的首要因素。在甘肃酒泉地区紫花苜蓿种子田试验表明，单位面积的生殖枝数与种子产量呈显著的正相关(王显国，2005)。有研究发现，当生殖枝数量由 567.1 个/m^2 降至 431.9 个/m^2 时，紫花苜蓿种子产量却由 563.8 kg/hm^2 增加至 763.3 kg/hm^2(王赟文等，2004a)。此外，单位面积生殖枝数受播种时的株行距影响，随着株行距的增加而减少，并且生长年份也会对单位面积生殖枝数产生一定的影响(张铁军，2009)。在宁夏永宁县的研究表明(吴素琴，2003)，紫花苜蓿枝条数在 94～180 个/m^2 时，实际种子产量仅在 122 个枝条/m^2 小区内获得最高种子产量。单位面积生殖枝数变化也影响其他产量组分。陈述明(2005)在新疆呼图壁县通过设置不同株、行距配比的 12 种种植密度，结果表明，在苜蓿的种子产量组分中苜蓿单株的生殖枝数和种子产量具有很高的相关性(r＝0.859)，随着密度的增加单位面积上的苜蓿生殖枝条数呈上升的趋势，但无效的二级分枝数也随密度的增加而增加。

(2)每生殖枝花序数　生殖枝上着生花序的数量多少为种子高产奠定了基础。但豆科与禾本科植物相比,每生殖枝花序数对种子产量的影响并不完全相同。多数紫花苜蓿品种中,每生殖枝花序数对种子产量具有显著的影响,且二者之间具有较强的正相关关系(Hampton and Fairey,1997)。Cliford 和 Baird(1993)发现,单位面积的花序数是决定白三叶种子产量的主要因子,形成最高的花序数量可以增加种子产量。Li 和 Hill(1989)在百脉根种子产量研究中,指出单位面积花序数是最重要的一个产量因子,与种子产量具有正相关关系(r=0.97)。李存福(2005)在紫花苜蓿种子生产研究中提出,苜蓿枝条长度的变化,也会引起花序数量的差异,每枝条的花序数平均为 47 个;而且枝条直径也与花序数量具有极显著的正相关性(r=0.446),枝条直径越粗,花序数量越多。

(3)每花序小花数　在豆科牧草或草坪草中,每花序小花数与温度、开花时间有密切关系(Hampton and Fairey,1997)。红三叶、白三叶种子生产中,温度增高可以使每花序小花数增加。豆科牧草或草坪草在开花过程中,随着时间的推移每花序小花数表现为下降的趋势。从花芽到成熟果荚发育期间,由于小花的败育导致潜在种子产量下降。紫花苜蓿花序上平均有 15 朵小花,变化范围在 3～52 朵;在植株顶部的小花数最多,底部最小(李存福,2005)。陈述明等(2005)在新疆呼图壁种牛场研究新牧 1 号杂花苜蓿种子产量,发现每花序小花数受株距的影响,在行距 60 cm、80 cm、100 cm 处理间每花序小花数没有显著差异,在同一行距中随着株距从 2 cm、10 cm、20 cm 到 30 cm 呈现增加的趋势。在甘肃酒泉地区的紫花苜蓿种子生产研究结果显示,行距、株距对每花序小花数没有显著影响(王显国,2005)。

(4)每花序荚果数　研究表明,在苜蓿品种中,每花序荚果数与种子产量具有正相关关系(Hampton and Fairey,1997)。在百脉根中 3 朵花中仅有 1 朵形成成熟的荚果,5 个荚果中有 3 个出现败育。陈述明等(2005)提出新牧 1 号杂花苜蓿每花序荚果数受株距的影响,在同一行距中随着株距从 2 cm、10 cm、20 cm 到 30 cm 呈现增加的趋势。在甘肃酒泉地区的紫花苜蓿种子生产研究结果也发现,行距对每花序荚果数没有显著影响(王显国,2005)。

(5)每荚果种子数和平均种子重量　牧草或草坪草植株成长过程中并不是所有的胚珠都能发育为种子,往往由于牧草或草坪草自身的结构障碍、遗传特性、环境因素的影响,有近一半的胚珠不能够正常发育为种子,从而影响种子产量的提高。黄花草木樨、红豆草、二色胡枝子等豆科牧草每小花含 1 枚胚珠,紫花苜蓿含 8～10 枚,白三叶含 5～7 枚。豆科牧草或草坪草中每荚果种子数受其遗传因素所决定,而且并不依赖于子房内的最初胚珠数量。

百脉根子房内 20～70 个胚珠,仅有 40%的胚珠可以发育成为成熟种子,并且每荚果种子数量在 8～20 个。同时,每荚果种子数在开花期间保持相对稳定(Li and Hill,1989)。李存福(2005)提出苜蓿荚果中种子数量的多少对种子产量具有较大的影响。苜蓿荚果具有 1～4 个螺旋,每个螺旋里包含多个胚珠,胚珠发育成种子。胚珠发育较好时,荚果中的种子可达 14 粒,平均含有 6 粒种子。苜蓿的结实率比较低,平均结实率在 14.5%～18.8%。增加荚果的数量,提高结实率,是苜蓿种子获得高产的关键。吴素琴(2003)在宁夏地区研究表明,紫花苜蓿荚果内种子数最多的 5.3 粒,最低的 4.3 粒,相差 1 粒。千粒重的平均范围在 2.161 6～2.414 0 g。随种植株距的增加,千粒重也增加,说明密度降低将会提高紫花苜蓿的种子产量。从千粒重与产量的相关程度来看,高密度下种子产量主要取决于结荚花序数的多少,而低密度下千粒重和结荚花序数对产量的贡献都很明显。

7.2　种子生产的地域性

在牧草与草坪草品种选育进程不断加快和推广种植规模逐渐增加的情况下，种子扩繁的专业化生产对于技术和规模提出更高的要求。牧草与草坪草种子的专业化生产与干草生产对地域环境条件的要求有着明显不同。种子生产不仅要考虑植物营养生长阶段对气候、土壤的要求，还应考虑植株生殖生长阶段对环境的特殊要求。例如，需要考虑不同种类或品种开花对日照长度的要求，种子成熟期间对降雨条件的要求等等。

在过去20余年中，几乎所有在国际市场上销售的温带牧草与草坪草种子均产自北美、欧洲和澳洲等地区，这些地区是专业化种子生产的重要区域。在全球种子产量水平不断提高的过程中，满足植株生长、开花传粉以及收获所需要的气候条件是实现草种子高产的前提，种子生产的特殊性日益明显。从20世纪40年代至今，美国、加拿大、新西兰、澳大利亚等国家在种子专业化生产地域变迁和集中的发展实践证明，种子生产集中分布的地域性体现了种子专业化生产的必然要求，并且种子产量水平与种植区域的气候条件关系密切。

我国自1949年以来建立的20多个草种繁育场，因所生产种子的质量和产量受限，保留至今的已经为数不多。历经60余年的发展演变，我国牧草与草坪草种子由全国各地分散生产逐渐向西北地区集中，种子生产区域性、专业化特色日渐突出（毛培胜和陈志宏，2018）。总结牧草与草坪草种子生产区域选择的成功经验，掌握牧草与草坪草种子生产的地域性变化与实践，有利于更深入地理解种子生产地域性原则，同时对建立我国种子专业化生产地域具有重要的指导意义。

由于牧草或草坪草种子生产与干草生产对于植物生长环境要求不完全相同，尤其是在我国地域辽阔、气候多样的条件下，同一种牧草或草坪草在不同地区的种子产量差异很大。例如，在辽宁、内蒙古、河北和甘肃进行的无芒雀麦种子生产试验表明，实际种子产量在1 071.3～2 941.7 kg/hm^2，变化幅度大，并且生殖枝数/m^2、小穗数/生殖枝、小花数/小穗、种子数/小穗等产量组分也出现大幅波动（表7-5）。长期的种子生产实践与理论研究表明，掌握单个植株的种子繁殖特性仅仅对于种子高产种质材料的筛选具有重要作用，但对于品种扩繁的种子田高产并不具有直接关系。因此，植物品种的优良特性并不代表所生产种子具有的特性。针对牧草或草坪草的生长繁殖特性，研究掌握气候、土壤等环境条件与开花、种子发育的作用规律，不仅丰富了种子科学的理论内容，而且也是种子生产技术高效应用的重要基础。

表7-5　不同种植地域无芒雀麦种子产量及其产量组分（韩建国等，2004）

种植区	每平方米生殖枝数	每生殖枝小穗数	每小穗小花数	每小穗种子数	千粒重/g	实际种子产量/(kg/hm^2)
辽宁大连市	789.7	60.2	5.8	—	3.18	1 844.0
内蒙古宁城县	489.0	55.1	6.6	4.3	3.19	1 071.3
河北丰宁县	524.3	32.9	7.0	4.3	3.54	1 607.2
河北沽源县	728.3	37.0	6.1	4.5	3.92	1 723.1
甘肃酒泉市	560.6	65.8	8.9	4.7	3.91	2 941.7

7.2.1　种子生产的土壤环境要求

土壤环境主要包括土壤的理化特性以及地势地貌等。土壤的物理性质决定着土壤养分的保持、土壤生物的数量等其他性质。因此，物理性质是土壤最基本的性质，包括土壤的质地、结构、比重、容重、孔隙度、颜色、温度等方面。存在于土壤孔隙中的水通常是土壤溶液，它是土壤中化学反应的介质。土壤溶液中的胶体颗粒担当着离子吸收和保存的作用；其酸碱度决定着离子的交换和养分的有效性；其氧化还原反应则影响着有机质分解和养分的有效性。因此，土壤化学性质主要表现在土壤胶体性质、酸碱度和氧化还原反应三个方面。

土壤的理化性质对牧草或草坪草的正常生长起着决定性的作用，不同种类牧草或草坪草适宜的土壤类型不同。大多数牧草或草坪草喜中性土壤，如紫花苜蓿、冰草等适宜于钙质土；也有部分牧草或草坪草在偏酸、碱土壤中正常生长，如羊草、碱茅等适宜于轻度盐碱土壤。作为种子生产的土壤最好为壤土，壤土持水力强，有利于耕作，适于草类植物根系的生长和吸收足够的营养物质。肥力要求适中，土壤中除含有足够的氮、磷、钾、硫元素外，还应有与植株生长有关的硼、钼、铜和锌等微量元素。此外，牧草或草坪草种子生产区域要选择地势开阔、通风良好、光照充足、灌排方便、杂草少、病虫危害轻的土地。异花授粉牧草或草坪草的种子田最好邻近防护带、灌木丛以及水库近旁，以便于昆虫授粉。

在种子生产实践中，通常在盐碱地、沙地、草原撂荒地以及农业生产边缘土地上进行牧草或草坪草种子的扩繁生产，土壤熟化程度差、种子萌发和植株生长易受非生物胁迫影响，增加了田间各项管理措施的难度和生产的风险。

7.2.2 种子生产的气候条件要求

牧草或草坪草种子生产过程中植株生长的物候期要与地区气候条件相适应，如在植株生殖生长阶段多光少雨、种子收获期避开雨季等，才有利于种子的形成与成熟，获得稳定的种子产量。我国大陆疆域辽阔，南北跨越纬度50°，具有多种多样的气候类型和复杂的地形地势，不仅为各种牧草的生长提供有利条件，而且也为各种牧草的种子繁殖创造了条件。在种子生产的适宜区域，通过规模化和专业化种子田的建设和管理，种子产量水平是有很大提升空间的，这对于牧草或草坪草种子专业化生产在区域布局和管理技术上明确了具体方向和要求，也为草种业的健康发展提供了有益的参考。

专业化种子生产需要选择适宜的区域，直接关系到牧草种子产量的高低。例如，在辽宁地区和甘肃河西地区的紫花苜蓿种子产量最高相差8倍。高羊茅的种子产量在北京地区为607 kg/hm^2，到宁夏银川地区为2 266 kg/hm^2，在新疆石河子为2 000 kg/hm^2(毛培胜等，2016)。无芒雀麦种子生产研究发现，在黑龙江绥化、内蒙古通辽地区种子产量分别为284.8 kg/hm^2、1 368.4 kg/hm^2(朱振磊等，2011)，在辽宁大连地区为1 844 kg/hm^2(房丽宁等，2001)，而在甘肃酒泉地区为3 066 kg/hm^2(王佺珍等，2004)，造成这种差异的主要原因是生产地区的光照、降水量和温度条件不同。因此，必须根据牧草或草坪草生长发育特点和结实特性，选择最适宜的区域进行种子生产，为获得种子的高产奠定基础。

种子生产中气候条件是决定种子产量和质量的基本因素，选择最适宜的气候区进行种子生产，才能最大限度地发挥牧草或草坪草的繁殖特性，实现种子的高产稳产。研究表明，在我国不同禾草种子产量水平的变化与种子生产区域的选择有关。在河西走廊地区牧草种子生产中，酒泉市鹅冠草种子产量比黑龙江省的高99.0%，无芒雀麦种子产量比黑龙江省高56.3%，老芒麦种子产量显著高于青海高寒地区和四川盆地，羊草种子产量比松嫩平原增加291%(表7-6)。说明河西走廊的气候条件更适宜于进行牧草的种子生产。实践证明，气候条件是决定牧草或草坪草种子生产成败的首要条件，气候条件中起主要作用的为温度、日照长度、降雨量和无霜期（毛培胜和陈志宏，2018）。

表 7-6　4 种禾草在不同地域间的种子产量对比（Han et al. ,2013）　kg/hm²

种子名称	河西走廊	其他区域	增加/%
鹅冠草	1 779[†]	894（黑龙江）	99.0
无芒雀麦	1 313	840（黑龙江）	56.3
老芒麦	1 335	680（青海高寒地区）	96.3
		612（四川盆地）	118.1
羊草	524	134（松嫩平原）	291.0

注：[†]数据为来自种子产量最高的处理的平均值。

适宜的温度是牧草或草坪草营养生长和生殖生长最基本的条件。温度还通过春化作用对种子产量产生影响，无芒雀麦、草地早熟禾等冷季型多年生牧草和草坪草的分蘖枝条要经过低温诱导才能发育成生殖枝，而且开花也需要一段时间的低温（低于 5 ℃）春化作用。此外，温度还通过影响植株开花授粉来影响种子产量。积温也是影响牧草和草坪草种子生产的一个重要因素。由于地形等原因影响，如海拔就对积温的影响较大，我国积温规律不明显。南方地区积温较大，北方相对较小，西藏地区积温最小，只有 1 000 ℃左右，新疆不同地区积温差别较大。从积温上来看，禾本科牧草或草坪草种子生产需要的有效积温（≥10 ℃）均在 1 000～2 000 ℃，北方大部分积温满足禾草种子生产的需求，大约在 2 000 ℃以上。对于豆科牧草或草坪草种子生产，积温成为制约的因素之一，豆科牧草或草坪草种子生产所需要的积温（≥10 ℃）一般在 2 500 ℃以上，有些种对积温的需求达到 3 500 ℃。南方地区进行种子生产时，在满足积温条件的前提下，要重点考虑物种的其他气候条件，比如适合种子生产的降雨量范围等。

日照长度主要调控植物的开花，也是影响牧草或草坪草种子产量的重要因素。根据植物开花对日照长度的响应，可划分为短日照、长日照、中日照和中间型等不同生态类型。不同类型对于日照长度的要求不同，需要选择适宜的气候区域进行种子生产。例如，大翼豆（*Macroptilium lathyroides*）、圭亚那柱花草等短日照牧草，适宜在我国的低纬度地区建植种子生产田；紫花苜蓿、老芒麦等长日照牧草，种子生产田适宜建植在高纬度地区。无芒雀麦等牧草必须在高纬度地区先通过短日照和低温条件，再通过长日照刺激后才能开花。还有一些牧草对于日照时间要求不严格，种子生产地域选择时可以不用考虑日照时间长短的影响。年日照时数也是牧草或草坪草种子生产需要考虑的因素。年日照时数在全国的分布也没有严格的规律，西北部最好，均在 3 000 h 左右；南方云贵高原最低，为 1 000～2 000 h。北方地区的日照时数基本上满足了牧草或草坪草种子生产的需要。

在种子生产中，降雨是关系到种子发育成熟和产量高低的首要因素。通常牧草或草坪草种子生产适宜于在干旱半干旱地区，适量的降雨对种子发育是必须的；频繁降雨使空气湿度增加，易引发和传染植物病害，如锈病和黑穗病，影响种子产量。收获前降雨容易引起在枝条上发芽，降低种子质量。我国的降雨量从北往南，从西往东逐渐增加。牧草或草坪草种子生产要求种子成熟时天气干燥高温，有利于种子的发育成熟和收获。降雨量较少的西北部，尽管多数地区的降雨量在 300 mm 以下，但是夏秋季的干燥高温为种子生产提供了条件，在有灌溉条件的地区，进行种子生产是非常有利的。牧草或草坪草种子生产需要的降雨量在物种间也存在着差异，如苜蓿种子生产降雨量不能超过 600 mm，而鸭茅和白三叶降雨量在 1 500 mm 时仍满足种子生产。我国北方地区降雨量均在 600 mm 以下，一些干旱半干旱地区，也有便利的灌溉条件，适宜大部分牧草或草坪草种子生产。南方地区，尤其是长江以南，降雨量在 800 mm 以上，在进行种子生产时，要充分考虑降雨量情况。我国南方的广东、福建等地区，降雨量均超过 1 500 mm，不适合进行种子生产。

无霜期是进行种子生产的重要因素，直接影响到植物生长能否完成生活史。无霜期总体上是从北往南逐渐增加，部分地区因为海拔等因素，有不同的变化。我国大部分地区无霜期均高于 100 d，低于 100 d 的某些区域主要是北部和西北部一些海拔较高的山脉，如甘肃和青海交界的祁连山脉，部分地区无霜期不足 100 d，北方大部分地区无霜期在 100～180 d。不同牧草或草坪草种子生产对无霜期的要求不同，禾草要求 100 d 左右，而豆科牧草或草坪草需要的无霜期相对要长一些，红豆草等需要 140 d。因此，豆科牧草或草坪草种子生产要考虑无霜期是否满足生长发育需要。

7.2.3 种子生产的适宜地域

我国疆域辽阔，南北跨越纬度 50°，具有多种多样的气候类型和复杂的地形地势，为各种牧草的种子繁育创造了条件。自 1949 年至 2020 年，我国政府对于品种的三级良种繁育体系建设都非常重视，从国家经费的投入和种业发展政策的实施，不断推动现代种业的商业化和科技价值。针对牧草或草坪草生物学特性和种子生产的气候条件要求，适宜我国牧草或草坪草种子生产的区域包括长江以北除西藏外的绝大部分地区，种子田主要分布在黑龙江的齐齐哈尔市，从吉林西部、内蒙古东南、冀北、晋北，向西经过河西走廊，到新疆的天山北麓地区，还有川西北高原，湖南湖北的部分地区。大部分区域位于农牧交错地带，年平均降水量大部分在 380 mm。该地区为独特的东亚季风气候，干湿波动幅度大于温度变化幅度。因此，在我国北方整个半干旱区域和有灌溉条件的干旱区域均适合种子生产。此外，专业化种子生产区域也由国内各省区向西部地区集中。以苜蓿、披碱草、老芒麦、草地早熟禾等种子为主的温性牧草种子生产集中在内蒙古、甘肃、青海、新疆、宁夏等西北地区，杂交狼尾草、柱花草等热带牧草种子生产位于广西、海南等南方地区（刘自学，2016）。甘肃、内蒙古、青海是主要的牧草与草坪草种子生产区域，这三省区生产了国内 68％的牧草种子，苜蓿、燕麦、苏丹草、披碱草和箭筈豌豆是主要草种，其中苜蓿和燕麦也是目前国内生产最多的种类（Wang et al. ，2015）。

经过多年的生产实践和科技发展，牧草与草坪草种子专业化生产的集中区域范围已经初步形成。我国西部地区的气候环境资源为草种产业的专业化生产提供了建设条件。内蒙古西部地区和宁夏、青海、陕西、甘肃、新疆等省区由于其所具有的干旱少雨、晴朗高温天气成为我国适宜的种子生产区域，只要满足了灌溉条件，有潜力发展成为我国温性牧草或草坪草种子的集中生产区（毛培胜等，2016）。

尽管我国西北地区的气候条件适宜开展专业化的种子生产，但是符合种子生产的地域划分还不够具体。自 20 世纪 80 年代以来，先后在新疆各地筹建的牧草种子生产基地，能够按照设计目标持续生产的很少，每年新疆地区所需牧草种子需要进口或从甘肃等地调运（麦麦提敏・乃依木和艾尔肯・苏里塔诺夫，2016）。其中新疆天山北麓准噶尔盆地东南部（85°17′～91°32′E，43°06′～45°38′N）及和田地区（79°50′20″～79°56′40″E，36°59′50″～37°14′23″N），光照充足，日照时数均在 2 500～3 000 h，干燥少雨，无霜期长（均在 150 d 左右），适合牧草种子生产。另外，在种子生产相对集中的西北地区，也并不是每个省份的所有地方都适合生产，还需要更进一步科学细化，只有确定适宜的地域才能更好地发挥资源优势提高种子生产效益。以苜蓿为例，不同地域的气候因素对苜蓿种子产量有较大影响(表 7-7)。年日照时数对苜蓿种子产量有明显正相关关系。年日照时数越多，种子产量越高。年降雨量与苜蓿种子产量成负相关。年降雨量 400 mm 以下，对苜蓿种子田适宜。年降雨量低于 200 mm 时，应通过适当的灌溉调控，酒泉和张掖地区均有灌溉措施。无霜期对苜蓿种子产量影响不明显，年平均温度对苜蓿种子产量影响不大。此外，在甘肃省河西走廊的酒泉和张掖地区，日照时数充足，年降雨量少(低于 400 mm)，并且有灌溉条件，适宜苜蓿种子生产；同样位于河西走廊的瓜州和敦煌，由于风沙大影响苜蓿授粉和灌溉条件不足等原因，就不适合苜蓿种子生产。因此，牧草种子生产区域化还需进一步完善和细化，才能达到种子生产的最大效益化。

表 7-7　甘肃省各地区气候因子及苜蓿种子产量(毛培胜等，2015)

地区	种子产量/(kg/hm^2)	年日照时数/h	无霜期/d	年降雨量/mm	年平均温度/℃
酒泉市	750	3 056	130	84	7
张掖市	900	3 088	140	120	8
定西市	600	2 433	141	400	7
平凉市	600	2 379	145	617	10
庆阳市	300	2 500	175	500	10

7.3　牧草与草坪草种子生产的田间管理技术

实践证明，适宜的环境条件加上合理的田间管理才能获得最高的牧草与草坪草种子产量。专业化种子生产能够提高种子产量、质量和种子田的科技管理水平，还能提高种子的商品化程度和规模效益。因此，需要种子生产者根据生态、经济、技术条件因地制宜确定种子生产的适宜区域，严格按照牧草或草坪草种子生产技术规程进行管理，实现专业化和规模化的种子生产。牧草与草坪草种子的专业化生产是一项高度集成的技术应用体系，将优良的品种、适宜的区域气候条件与科学的种植管理技术有效集成在一起，获得较高的种子产量和种子质量。在种子生产实践过程中，包括播种时间、播种量、施肥种类、施肥量、施肥时间、杂草控制、灌溉方式、收获时间和方法等关键环节，一直都是种子生产者所关注的重要管理问题。

随着牧草与草坪草专业化种子生产区的出现，通过各项田间管理措施和技术成果的大面积推广和应用，使牧草与草坪草种子产量大幅度提高。在美国 20 世纪 40 年代，牧草与草坪草种子平均产量为 150～300 kg/hm^2，随着种子生产区域的调整和田间管理技术的进步，种子产量水平呈现不断提高的趋势。由 1976 年至 2020 年，美国俄勒冈州多年生黑麦草和紫花苜蓿单位面积平均种子产量均有不同程度的提高，其中紫花苜蓿提高 71%，多年生黑麦草提高 125%(表 7-8)。在丹麦，从 1987 年至 2018 年间多年生黑麦草的大田平均种子产量由 1 066 kg/hm^2 提高到 1 457 kg/hm^2。在荷兰，1987 年至 2018 年多年生黑麦草大田平均种子产量由 1 207 kg/hm^2 提高到 1 554 kg/hm^2。新西兰在 2013 年多年生黑麦草大田平均种子产量为 2 500～3 300 kg/hm^2。

表 7-8　美国俄勒冈州多年生黑麦草和紫花苜蓿种子平均产量动态　　kg/hm²

年份	多年生黑麦草	紫花苜蓿
1976	896	470
1986	1 098	582
1996	1 613	784
2006	1 557	694
2016	1 721	744
2020	2 020	806

同样，在我国牧草与草坪草种子生产实践中，种子生产量也明显增加。1989 年全国有兼用牧草与草坪草种子田 33 万 hm^2，种子年产量为 2.5 万 t；2010 年全国牧草与草坪草种子田规模减小，面积降到 18.4 万 hm^2，种子产量却有所提升，年产 7.1 万 t（毛培胜等，2016；邵生勇等，2014）；到 2019 年，全国牧草与草坪草种子田总面积为 9.2 万 hm^2，而种子生产量却达到了 9.8 万 t。在牧草与草坪草种子田规模持续下降的形势下，种子产量却成倍的提高（表 7-9）。根据我国草种业发展研究报告《第七届（2017）中国苜蓿发展大会报告》，2019 年一年生牧草种子田 4.8 万 hm^2，多年生牧草种子田 4.4 万 hm^2，紫花苜蓿、披碱草、老芒麦等多年生牧草的种子田面积较大。其中紫花苜蓿种子田面积 3.4 万 hm^2，生产紫花苜蓿种子 1.4 万 t。

表 7-9　我国牧草与草坪草种子田面积与产量变化（毛培胜等，2018；全国畜牧总站，2021）

年份	种子田面积/（$\times 10^4 hm^2$）	种子生产量/（$\times 10^4 t$）	平均草种子产量/（kg/hm^2）
1989	33.0	2.5	76
2010	18.4	7.1	386
2019	9.2	9.8	1 065

我国牧草与草坪草种子科学技术研究与实践一直受到各级政府管理部门和学者的关注，主要集中在紫花苜蓿、老芒麦、无芒雀麦、新麦草等温性牧草中，围绕播种行距、施肥、灌溉、植物生长调节剂等关键技术环节开展了相关研究工作，为生产实践提供技术指导和参考信息（毛培胜等，2018）。但是，在我国牧草与草坪草种子生产过程中，仍存在一些制约草种业发展的关键问题。首先，在新品种种子扩繁与推广中，育种家重视品种特性忽视种子特性，一定程度上限制新品种优良特性的作用。其次，由单株种子繁殖能力到群体规模种子生产，种子生产者对于种子产量组分的要求是与育种家不同的，这就要求育种家考虑培育的新品种在种子扩繁过程中如何保持优良特性的遗传稳定性，确定具体的繁殖世代数。还有，牧草与草坪草种子专业化生产适宜区域条件下，种子田建植管理的配套技术体系缺乏，难以科学合理地指导企业的生产。最后，黄花苜蓿、羊草、华北驼绒藜等一些适宜于草原生态修复的抗逆牧草种类，在种子生产技术方面的研究却较少，仅涉及播量（古琛等，2016）、施氮处理和种子生产性能方面（刘海英和易津，2004；徐军等，2012）。

7.3.1　种子田建植与播种密度

种子田的成功建植决定了种植密度、田间管理难易程度以及多年生牧草与草坪草种子产量持续的水平。专业化种子田的建植技术包括苗床土地整理、播种方式和播种量。

1. 土地整理

土地整理是牧草与草坪草种子田建植中极为重要的基础环节，直接关系到种子田的排灌水条件和出苗、种子成熟的一致性。尤其是在规模化种子生产时，播种前种子田需要经过深耕、耙地、镇压等一系列土地整理过程，常采用的机械有深松犁、岸上或岸下反转犁、高速圆盘耙、苗床整地机等。

土地整理是要实现苗床的平整度和紧实度满足播种深度的要求。多数牧草或草坪草种子体积小、重量轻，在播种时常常将种子播于地表浅层 2 cm 以内。如果苗床土地整理不平整，则将影响播种深度的一致性；如果苗床的土壤过于紧实或过于疏松，将造成播种过浅或过深，这些情况均可导致出苗生长的整齐度差和开花期持续时间长，影响种子的产量。

土地整理是要确保土壤通气性和透水性满足种子萌发的需求。通过机械化耕作为牧草或草坪草的播种、出苗、生长提供透水透气、紧实一致的土壤条件。否则，由于牧草或草坪草种子小，且播种较浅，种子容易受干旱胁迫导致萌发或出苗困难。

2. 种子田播种密度控制

多年生牧草的种子生产一般实行条播或穴播，便于机械作业和田间管理。种子生产田条播行距视牧草种类、栽培条件不同，宜采用宽行稀植。同时，利用不同的行距处理调控植株密度，营造良好通风、透光和开花授粉的环境条件。合理的植株密度是获得种子高产的基础，尤其是多年生牧草或草坪草由于种植后生长多年，再生枝条数量存在明显的年际间变化，田间密度过大或过小均导致种子产量难以提高。而行距、株距以及播种量是决定植株密度的关键因素，也是种子生产研究与实践长期关注的重要技术环节。牧草与草坪草种子生产中，播种行距和播种密度也是种子科学研究与生产实践关注的问题之一。

针对紫花苜蓿、红豆草、沙打旺、胡枝子、柱花草等豆科牧草，国内学者开展了大量工作，研究确定了不同地区适宜的播种行距和种植密度。在北京市沙打旺研究表明，穴播行株距 1.0 m 时实际种子产量为 269.8 kg/hm^2，比行株距 1.5 m 提高 52.6%；条播行距 115 cm 实际种子产量为 337.2 kg/hm^2，比行距 75 cm、90 cm 分别提高 6.6%和 50.9%（李蕾蕾等，2008）。在山西省太谷县晋农 1 号达乌里胡枝子种子生产研究表明，随着种植密度的增加，种子产量呈下降的趋势，种植密度为 6 株/m^2 时种子产量最高（赵宇星，2019）。

在 20 世纪 70 年代末和 80 年代初，在国外苜蓿种子生产研究表明，行距为 45～60 cm 的宽行条播才能获得苜蓿种子高产（Суворинов 和张富川，1985；Имамов 和刘法涛，1986）。在国内开展的苜蓿种子田建植技术研究中，围绕播种行距、株距在不同地区开展了大量试验工作，确定苜蓿种子田的适宜种植密度。闵继淳等（1990）在新疆乌鲁木齐市连续 3 年的密度试验表明，行距 60 cm 株距 30 cm（每穴 2 苗）处理紫花苜蓿种子产量最高。苜蓿种子田适宜的建植密度应在 5.55 万株/hm^2 左右（李拥军和闵继淳，1998）。在准噶尔盆地北部平原灌溉区，紫花苜蓿播种量 6 kg/hm^2、行距 45 cm 时种子产量较高（刘法涛等，1993）。陈述明等（2005）认为在新疆呼图壁县制种苜蓿最佳密度配置方式为行距 60 cm、株距 30 cm，苜蓿单株分枝数多，枝条粗壮，株丛较矮，不易倒伏，产量达 1 182 kg/hm^2。在北疆平原荒漠区种植苜蓿种子田时，行距设置为 60 cm，控制好有效分枝数，增加荚果数/结荚花序和种子数/荚果的比值，紫花苜蓿种子产量最高达到 765.84 kg/hm^2（张荟荟等，2019）。王显国等（2006a）在甘肃省酒泉地区研究提出，行距 60 cm 和株距 15 cm 组合的产量最高，为 1 833 kg/hm^2，100 cm 行距和株距 60 cm 组合的产量最低，为 753 kg/hm^2。株行距的增加显著降低了枝条密度，但结荚花序数/

枝条和荚果数/结荚花序却显著提高。2003—2008 年间，获得最高种子产量的株行距处理随着建植年份的推移而发生变化(表 7-10)，在 2004 年行距 60 cm 株距 15 cm 组合获得了最高产量；在 2006 年和 2007 年行距 80 cm 株距 30 cm 组合获得了最高产量；在 2005 年和 2008 年行距 60 cm 株距 30 cm 组合获得了最高产量；行距 60 cm 株距 15 cm 组合获得了最高的 5 年平均产量。在种子生产播种时采用 80 cm 的行距，适当加大行内植株密度，在第 2 年种子收获后进行行内疏枝，可以实现高产稳产(Zhang et al. ,2008)。王敬龙等(2006)在甘肃省武威市研究不同行距处理结果表明，在行距 100 cm 处理下紫花苜蓿种子产量最高，40 cm 处理种子产量最低。苜蓿穴播时，行距 90 cm、株距 15 cm、每穴留苗 1 株种子产量更高，种子颗粒更饱满，实际种子产量可以达到 847.27 kg/hm^2(崔鹏飞，2020)。在甘肃省天水市，甘农 5 号苜蓿在行距 60 cm、株距 30 cm、种植密度为 8.25 万株/hm^2 时获得较高的种子产量(柴连生等，2017)。在宁夏固原市，行距 70 cm、播量 7.5 kg/hm^2、现蕾期打药防虫的处理种子产量最高，平均产种子 425.21 kg/hm^2(马克成和王秉龙，2014)。在内蒙古鄂托克旗连续 4 年的观测表明，年份和行距互作对单位面积花序数和种子产量有显著影响，种植行距为 60 cm 最有利于紫花苜蓿种子生产(Zhang et al. ,2017)。在黑龙江省大庆市，紫花苜蓿种子产量随播种密度的增加而增加，在密度为 8.4 万株/hm^2 时，种子产量最高，密度为 9 万株/hm^2、18 万株/hm^2 时，种子产量反而下降(王明泽等，2011)。综合相关研究，我国紫花苜蓿种子田播种时采用单播行距 60～90 cm，或穴播行距 60～90 cm、株距 30 cm，可以获得适宜的种植密度，有利于种子田的持续高产。

有关种植密度的研究大都基于漫灌或喷灌条件，近年来，随着滴灌技术的推广应用，相关种植密度研究也在开展。例如，在宁夏中部干旱带苜蓿种子生产中，滴灌条件下适宜的播种行距为 100 cm，株距为 15 cm(沙柏平等，2019)。

表 7-10 不同行距和株距组合处理对紫花苜蓿(WL232HQ)种子产量的影响(Zhang et al. ,2008)

kg/hm^2

行距/cm	株距/cm	年份					平均产量
		2004	2005	2006	2007	2008	
60	15	1 850	822	637	802	629	948
	30	1 258	832	842	872	656	892
	45	1 109	695	817	761	407	758
	60	906	678	802	801	409	719
80	15	1 300	795	912	915	634	911
	30	1 070	779	942	1 064	580	887
	45	909	771	809	913	497	780
	60	689	768	762	737	429	677
100	15	1 227	705	817	875	371	799
	30	1 097	662	797	928	411	779
	45	828	679	708	688	412	663
	60	770	613	543	563	311	560

在禾草播种技术研究中，涉及高羊茅、老芒麦、无芒雀麦、细茎冰草(*A. trachycaulus*)、羊茅、鸭茅、多花黑麦草、苏丹草等种类，在不同地区播种行距也各不相同(表 7-11)。四川洪雅县

长江 1 号高羊茅种子产量在 45 cm 行距、11.2 kg/hm² 播种量处理中最高可达 1 526.7 kg/hm²(何光武等,2004)。甘肃省酒泉市高羊茅行距增大种子产量呈下降趋势,30 cm 行距在播种后第 3 年种子产量最高为 1 225 kg/hm²,行距和年限均是通过影响单位面积生殖枝数来影响种子产量(韩云华等,2014)。在四川省宣汉县,穴播方式是丘陵山区进行多花黑麦草种子生产的最佳播种方式,穴播平均种子产量 1 539 kg/hm²,条播平均产量 1 379 kg/hm²(郁成忠和王厚军,2007)。张德胜和龙继洪(2009)在四川省通江县研究表明,川东鸭茅种子生产最佳的行距为 45 cm、播种量为 11.2 kg/hm²。在青海省环青海湖地区,垂穗披碱草播量与行距的配置为 22.5 kg/hm² 和 30 cm 产籽量最高(郭树栋等,2003)。中华羊茅种子田以行距 30 cm、播种量 10 kg/hm² 最为适宜(莫玉花,2009)。老芒麦种子田在河北坝上地区适宜的行距为 30 cm(于晓娜,2011);川草 2 号老芒麦在川西北地区 60 cm 行距时种子产量最高(游明鸿等,2011);多叶老芒麦在青海海南地区播量与行距的最优配置为 14～21 kg/hm² 和 45 cm(黎与和汪新川,2007)。郃建辉(2008)提出甘肃省张掖市无芒隐子草(*Cleistogenes songorica*)种子生产的最适栽培密度为 30 万株/hm²,每株生殖枝数为最主要的种子产量控制因子。朱振磊等(2011)在酒泉、通辽、绥化研究认为,同一地区行距是影响无芒雀麦种子产量的主要因素,播种第 2 年 30 cm 行距的种子产量显著高于 50 cm、70 cm 和 90 cm 行距处理,行距对每平米无芒雀麦生殖枝数和千粒重影响显著($P<0.05$)。Han 等(2013)在甘肃省酒泉市研究提出披碱草和无芒雀麦的最佳行距为 30 cm,而 50 cm 的行距更有利于细茎冰草、老芒麦和羊草的种子生产和杂草控制。

穴播适用于植株高大或分蘖能力强的牧草种子生产,在云南省永德县研究表明,纳罗克非洲狗尾草穴播最佳株行距为 60 cm×70 cm 或 70 cm×70 cm,种子产量是对照(50 cm×50 cm)的 1.25 倍(王琰等,2018)。

表 7-11　部分禾草种子播种行距和密度对种子产量的影响

牧草种类	种植地区	适宜行距或植株密度	平均种子产量/(kg/hm²)	文献来源
紫羊茅	内蒙古呼和浩特市	30 cm	663	王建光和孟和,1996
	青海省海南地区	45 cm	3 124	黎与和汪新川,2007
老芒麦	四川省红原县	60 cm	1 765	游明鸿等,2011
	甘肃省酒泉市	30 cm,50 cm	1 387	韩云华,2014
无芒隐子草	甘肃省	30 万～50 万株/hm²	1 039	郃建辉,2008
无芒雀麦	内蒙古通辽	30 cm	1 368	朱振磊等,2011
	黑龙江绥化地区	30 cm	285	朱振磊等,2011
	甘肃省酒泉市	30 cm	1 226	韩云华,2014
鹅观草	甘肃省酒泉市	30 cm	1 674	韩云华,2014
细茎冰草	甘肃省酒泉市	30 cm,50 cm	1 096	韩云华,2014

7.3.2　种子田田间管理技术

1. 灌溉技术

科学的灌溉管理是牧草与草坪草种子田内控制植株营养生长和促进开花结实的重要措施,尤其是在我国干旱和半干旱地区,灌溉是决定牧草种子产量高低的首要因素。运用灌溉措施控制水分供应使植株形成尽可能多的花芽，并促进开花和种子的形成，保证种子发育的水分供应，可为高产提供有利条件。牧草或草坪草种子产量的基础是在建植阶段和花序分化这两个阶段奠定的，因而在这两个阶段之前应进行灌溉。在营养生长后期或初花期适当缺水有利于增加种子产量，在盛花期避免干旱胁迫及时灌溉，可以保持较高的种子产量。灌溉量和灌溉时间的确定取决于种子田土壤质地、降雨量、蒸发量、气温以及灌溉方式。灌溉量过高，将促进植株营养体生长，种子产量降低；但灌溉不足，造成干旱胁迫，同样会使种子产量降低。此外，喷灌、滴灌等灌溉技术的更新和推广，土壤水分运移、植物生长、灌溉管理等技术环节成为种子生产者关注的重点。

种子田常用的灌溉方式有漫灌（图 7-1）、沟灌（图 7-2）、喷灌（图 7-3）和地下滴灌（图 7-4）。种子田采用漫灌是最经济简便的一种方式，虽然长期普遍应用，但对水资源的浪费很大且灌溉量不好控制。在我国西北干旱地区，依靠黄河等河流、夏季高山融雪进行漫灌；沟灌可以避免漫灌对水的浪费，但要求种子田地形具有一定的坡度，以利于水在地表的流动；喷灌是农业生产普遍采用的灌溉方式，适合于规模化生产，虽然喷灌设备需要较高的投资成本，但在节水和灌溉效果等方面具有明显的优势。喷灌对于沙土和沙壤土类型的灌溉效率最高，能满足大部分深层壤土类型的灌溉需要。此外，以迷你喷灌（mini-sprinklers）、微喷（micro-sprays）、滴灌（surface drip）和地下滴灌（subsurface drip irrigation）为主的微灌技术逐渐成为灌溉技术应用的重点（Ayars et al.，2015）。进入 20 世纪 80 年代后，由于水资源危机严峻对于节水灌溉技术的迫切要求，同时滴灌材料的更新与成本的下降，地下滴灌技术的优势引起广泛关注（孟季蒙，2010）。地下滴灌技术就是灌溉过程中，水通过地埋毛管上的灌水器缓慢渗入附近土壤，再借助毛细管作用或重力扩散到整个作物根层的灌溉技术。有利于保持作物根层疏松通透，并能减少水分的蒸发损失；不仅节水增产效益明显，而且自动化程度高，可大量节省劳力和能源。地下滴灌技术也较早运用于紫花苜蓿生产，埋深 0.7 m 可以提高产量（Hutmacher et al.，1996）。与喷灌相比，地下滴灌能够提高作物产量和用水效率，同时能够提高土壤温度（减少蒸发冷却）。保持较高的土壤温度，有利于作物早期发育。但是，相对于中心支轴的喷灌，地下滴灌管理要求相对较高，尤其是对水源水质的要求较高。地下滴灌技术的应用推广将缓解干旱加剧、能耗增加带来的种植生产压力（胡亚琼等，2019）。

图 7-1　种子田漫灌

图 7-2　种子田沟灌

图 7-3　种子田喷灌

图 7-4　种子田地下滴灌

在雨量较少的地区，灌溉有利于禾本科牧草或草坪草的生殖发育。禾草种子田灌溉技术的研究表明，在返青期、拔节期、抽穗期和灌浆期等阶段进行灌溉，可使高羊茅（徐荣和韩建国，2002）、新麦草（张铁军等，2007）、蓝茎冰草（徐坤和李世忠，2011）等禾草种子产量达到最高。蒋金平等（2002）认为，在甘肃兰州地区适宜于高羊茅种子生产的灌水次数为 3～4 次，灌水量为 3 000～4 000 m^3/hm^2。王佺珍等（2005）对新麦草种子产量的水肥耦合模型分析表明，水对新麦草种子产量作用为负效应，但是水肥耦合对新麦草种子产量的效应为协同效应。但在实践当中，具体的灌水时间和次数并非固定不变，应根据实际气候干旱情况、土壤条件状况和植物生长对水分敏感时期做出科学的决策。

在我国以苜蓿、白三叶等豆科牧草与草坪草为主的种子生产实践中，灌溉技术一直都是种子生产者面临的难点问题。紫花苜蓿种子生产区域位于内蒙古自治区、甘肃省、陕西省以及宁夏回族自治区等西北干旱半干旱地区，一般为干燥、日照时数长、光照充足的地区。干旱会制约植株的生长，灌溉则成为这些地区种子生产的必要条件。长期以来种子田灌溉是以漫灌方式为主，灌溉时间和次数的确定也是影响种子产量的关键环节。随着灌溉技术的发展，滴灌技术可以灌溉均匀、水分利用效率高，成为节约水资源的一种灌溉方式。

灌溉主要影响 0～50 cm 苜蓿根系分布层的水分含量，所以应该根据土壤含水量来确定是否需要灌溉。在甘肃酒泉地区的紫花苜蓿种子生产中，在冬灌基础上返青到种子收获不灌溉可以有效抑制其地上部分的营养生长，种子产量最高。在新疆呼图壁县苜蓿种子田内，滴灌所起到的减少用水量并增产的效果明显（孟季蒙等，2010；陈金炜等，2011）。紫花苜蓿种子生产中，理想的灌溉制度能产生适度的土壤干旱条件促进授粉，且生长和开花并未停止，在获得种子高产的同时，提高灌溉效率（王赟文等，2004b）。赵佩铮（1986）总结河北省冀县苜蓿种植管理经验，提出在肥沃地块上密度较大的苜蓿不浇水，否则易倒伏造成减产。但密度适宜的地上，在现蕾至初花期浇水，能提高种子产量 15%～25%。杨起简等（2004）在北京市昌平区研究提出，留种苜蓿在蕾期和花期避免灌水可减轻倒伏程度，在结荚期灌一水即可。在黑龙江省齐齐哈尔地区种子生产过程中，灌 3 次水（孕蕾、结荚、秋后），每次 900 m^3/hm^2，肇东苜蓿实际种子产量最高 1 290 kg/hm^2（海涛等，2003）。李拥军和闵继淳（1998）在新疆乌鲁木齐市研究提出，灌水是控制苜蓿植株生长、防止倒伏的关键因素，在孕蕾期和开花期避免灌溉，结荚期适量灌溉有利于减少倒伏和保持种子产量。在新疆干旱半干旱地区生产杂花苜蓿种子时，在现蕾至初花期灌水可得到较高生殖分配率和种子产量，并显著高于其他时期灌水的处理；在结荚期适当地补充水分有利于苜蓿籽粒饱满。在现蕾—初花期和结荚期灌水 2 次的种子产量最高，达 773 kg/hm²，比分枝期、现蕾—初花期和结荚期灌三水处理增产 53%（李雪锋等，2005）。李瑛（2004）在新疆呼图壁县研究指出，在杂花苜蓿生长的返青期至分枝期，土壤水含量较高，不需要灌溉。在现蕾期，当土壤含水量降至田间最大持水量 50%以下时需进行灌溉。灌溉主要影响 0～50 cm 根系分布层内的土壤含水量，随着灌溉量的增加，湿润层随之加深，180 mm 灌溉量的湿润层可达 70 cm 甚至更深。在结荚期灌溉后，土壤水分蒸散量减少，土壤含水量下降速度趋缓。不同的灌水时期和灌水量对苜蓿的生长和结实均有影响，灌水时期的作用要比灌水量的作用大。现蕾期灌水有利于花芽分化，促使苜蓿开花、授粉和结荚过程能集中完成。结荚期灌水对苜蓿的生长速度和植株高度的影响不大，但会引起苜蓿同化产物的再分配，导致生殖生长后延及种子的败育。灌溉水利用效率随着灌水量的增加而减少。对于相同的灌水量，其利用效率视灌溉时期而定，现蕾期分配较大水量可达较高利用效率。苜蓿种子生产的适宜调亏灌溉时间在结荚期。侯真珍等（2013）认为，杂花苜蓿种子产量在分枝期、初花期和结荚期各灌溉 1 次时最高。陈冬冬等（2016）在甘肃引黄灌区研究发现，灌溉时间和次数对紫花苜蓿种子产量具有极显著（$P<0.01$）影响，灌溉次数增加反而降低种子产量，在分枝期和开花期 2 次灌溉对紫花苜蓿种子生产较为适宜，两年的平均种子产量分别为 686 和 891 kg/hm²。因此，掌握苜蓿生长发育关键需水期进行合理灌溉是确保种子高产的重要条件。紫花苜蓿适宜在有灌溉条件的干旱或半干旱地区进行种子生产，可以依据土壤水分、植株生长状况和蒸散量等指标进行灌溉。

合理的灌溉可以提高白三叶、沙打旺等植物的种子产量。云贵高原地区正常年份干季降雨量不能满足白三叶种子生产的最低需水量，适度灌溉可以提高白三叶种子产量。试验表明，两次灌水即土壤可利用水分亏缺到 80%时灌水，实际种子产量最高，比不灌水提高 7%，比充足灌水（无水分胁迫区）提高了 9.8%（闫敏，2005）。白三叶种子产量的提高主要是灌溉水分影响了单位面积花序数。冬、春季灌溉可促进白三叶的营养生长和生殖生长，并在盛花期保有较高的土壤含水量，满足白三叶开花授粉对水分的需求，提高种子产量。春季灌溉尤其重要，单一的冬季灌溉对白三叶生长及种子产量提高不显著。随着种植年限的延长，干季灌溉通过增加单位面积花序数、每花序小花数等产量组分，可以显著提高白三叶种子产量（表 7-12）。在北京市研究表明，在灌溉总量相同的情况下，灌溉方式对沙打旺种子产量影响较大；开花期灌溉 900 m³/hm²，实际种子产量 333 kg/hm²，比对照提高 73.1%；在现蕾期和开花期各灌溉 450 m³/hm²，实际种子产量 258.2 kg/hm²，比对照提高 34.2%（李蕾蕾等，2008）。

表 7-12 白三叶种子生产灌溉技术研究

研究地点	灌溉时间	灌溉量 /(m³/hm²)	种子产量 /(kg/hm²)	文献来源
云南昆明市小哨	3—4 月开花期；灌水 5 次，保持田间持水量不低于 65%	2 780	767	薛世明等，2011
云南省寻甸县	1—3 月冬、春季各灌溉 1 次	1 500	578	耿文诚等，2007a

为提高种子田灌溉效率和节约水资源，滴灌技术逐渐受到更多的关注。李国良等（2011）在黑龙江省大庆市肇东苜蓿地面滴灌试验表明，灌溉时期对种子田产量具有显著影响。分枝期灌水及整个苜蓿生长期全程灌溉将导致苜蓿植株徒长和倒伏，不利于种子生产；孕蕾—初花期滴灌有效促进营养生长向生殖生长转化，可形成较高苜蓿种子产量（721.8 kg/hm²），较对

照提高 15.6%，是苜蓿种子生产的关键需水期；结荚期适当补充水分，有利于籽实发育饱满。新疆地区采用地下滴灌技术的研究，孟季蒙(2010)采用宽窄行(80 cm×40 cm)设计铺设地下滴灌和播种行距处理，在杂花苜蓿灌溉制度为分枝期滴灌 81.67 mm、开花期 88.42 mm、结荚—成熟期 104.97 mm 情况，可以获得种子高产(909.62 kg/hm²)，苜蓿单株种子产量随灌水量的增加而增加。陈金炜(2011)研究提出苜蓿地下滴灌(埋深 20 cm)制度，包括现蕾—初花期灌水量为 71.7 mm、盛花期为 92.6 mm、末花期为 113.7 mm、结荚期为 120 mm、结荚—成熟期为 116.2 mm、成熟期为 118.2 mm。此外，采用 375 mm 地下滴灌处理的种子产量最高，达 1 197.33 kg/hm²(王宏洋等，2015)。方国杰(2019)在甘肃省武威市研究提出，地下滴灌＋充分灌溉为最佳灌溉方式，其产量达到了 959.92 kg/hm²，若综合考虑节水效应，地下滴灌＋调亏灌溉处理是最优选择，其产量可达 943.02 kg/hm²。因此，不同地区牧草种子生产应根据当地的环境条件和牧草生长发育规律采取合适的灌溉次数和灌溉量。

在牧草与草坪草种子生产中，水分调控技术已经在世界不同种子生产地域进行研究与实践。灌溉技术是获得种子高产的关键因素，掌握适宜的灌溉量和灌溉时间，将是促进牧草或草坪草的开花结实，保证种子高产的必要条件。在实际灌溉过程中，灌溉频繁或灌溉量大常常导致牧草或草坪草种子产量降低，这主要是由于促进了植株的营养生长，开花期和结荚期延迟，种子产量降低；虽然增加灌溉次数将提高开花的数量，但对于豆科牧草与草坪草，由于昆虫授粉的小花比例降低，结荚数降低，种子产量相应地降低；另外，在结荚期和种子成熟期水分充足的种子田内，植株容易倒伏，倒伏后将产生新的营养枝，影响种子的成熟和收获。因此，在干旱半干旱地区进行种子生产，灌溉技术措施的科学合理应用是保证种子高产的首要条件，需要种子生产者围绕制种区域气候、土壤条件，掌握正确的灌溉时间控制土壤水分含量，才能促进小花的形成和种子成熟。

2. 施肥技术

在牧草与草坪草种子田中，土壤养分的供给对于植株营养生长、生殖生长的正常过程是必不可少的。土壤中氮、磷、钾等大量元素和硼、钼等微量元素的供应是持续稳定种子高产的保障。因此，针对不同种类牧草或草坪草的生长发育特点和营养需求规律，及时合理进行田间施肥，不仅是种子生产田间管理的重要措施，也是种子科学研究的主要内容。进入 20 世纪 80 年代，我国牧草与草坪草种子施肥管理的研究受到关注，围绕多花黑麦草、非洲狗尾草等禾草和红豆草、红三叶、白三叶、紫云英等豆科牧草与草坪草开展研究，兼顾干草和种子生产。90 年代后期，针对无芒雀麦、老芒麦以及紫花苜蓿等种子生产施肥技术的研究成为热点。

(1)禾本科牧草与草坪草种子生产的施肥管理　在禾本科牧草与草坪草种子生产中，氮肥是影响种子产量的关键因素，氮素对于植株分蘖、干物质生产、花序形成、产量组分动态变化均具有影响。种子生产氮肥施用技术的研究中，大量研究集中于施氮量、施氮时间对种子产量的影响。

氮肥施入量对牧草或草坪草种子产量有着明显的影响，大多数草种随施氮量的增加种子产量提高。但一味地追求大量施氮，却并非能够相应提高种子的产量，反而会导致种子产量的下降。赵俊权和李淑安(1990)研究表明，施氮量与非洲狗尾草种子产量呈正相关，且年度间差异比较大(表 7-13)。同样，不同氮肥用量与多花黑麦草种子产量存在着极显著正相关，在四川省德阳地区施用尿素 187.5 kg/hm²，才能达 1 500 kg/hm² 以上的种子产量水平(田育军，1991)。贺能万等(2005)在重庆市开县的试验表明，施用 60 kg N/hm² 多花黑麦草种子产量最高，而增加施肥量至 90 kg N/hm²、120 kg N/hm² 导致植株出现倒伏和种子产量下降。类似地，在俯仰臂形草

(袁福锦等,2005)、垂穗披碱草(宋江湖等,2008)、羊草(Chen et al.,2013)中,种子产量仅在一定范围内随着施氮量的增加呈现增加的趋势;过高的施氮量反而导致种子产量下降。

表 7-13 不同施氮肥处理对纳罗克非洲狗尾草种子产量的影响(赵俊权和李淑安,1990)

施氮处理/(kg N/hm²)		0	23	46	69	92	115	138	161	184
种子产量 /(kg/hm²)	1987 年	168.0	196.7	273.5	351.7	358.8	372.3	421.2	433.3	468.8
	1988 年	50.7	89.3	115.3	140.0	188.3	216.0	221.7	315.0	286.7

虽然增施氮肥可增加禾草的种子产量,但施肥时间也是改善种子产量的重要因素。一般可以在春季、秋季进行施肥,促进生殖枝条的形成和发育,避免营养生长过盛,改善种子产量组分,达到种子增产的目的。春季施氮的数量和时间是禾草种子生产当中的关键因素。春季施氮为了增加可育分蘖数,在春季小穗开始分化和茎节伸长期间施氮是禾草种子田施肥的最佳时间。在河北坝上地区无芒雀麦种子生产中,种子产量随着春季施氮量的增加而增加,其中以施用 200 kg N/hm² 的种子产量最高(表 7-14)。在宁夏地区多年生黑麦草以返青期和分蘖至拔节期施肥的种子产量最高,平均达到 715.2 kg/hm²(兰剑等,2002a)。在贵州省独山县黔草 4 号鸭茅种子田,分蘖期或孕穗期追施氮肥 225 kg/hm²,可收获种子 694.5~723.0 kg/hm²(罗绍薇等,2012)。在四川省洪雅县,拔节期低氮施肥时多花黑麦草种子产量最高,达到 620.1 kg/hm²,比对照增产 48.7%(何光武,2005)。在甘肃酒泉地区新麦草种子田中,在春季施氮总量为 200 kg/hm² 的条件下,返青期和抽穗初期分两次施肥(1∶1)可显著促进新麦草生殖生长,种子产量达到 2 761.8 kg/hm²,较春季不施肥处理、返青期和抽穗期一次施肥分别增产 117%、113%和 61%(江生泉等,2008a)。

表 7-14 施氮对无芒雀麦种子产量组分及产量的影响(毛培胜等,2000)

施氮处理	每平方米生殖枝数	每生殖枝小穗数	每小穗小花数	每小穗可育小花数	千粒重/g	实际种子产量/(kg/hm²)
对照	455.8	29.8	7.5	4.2	3.68	968.4
S50	436.7	27.5	7.0	4.0	3.70	715.4
S100	563.3	32.9	7.4	4.0	3.66	867.4
S150	404.2	34.5	7.0	4.2	3.55	905.3
S200	586.7	30.6	7.0	4.2	3.80	1 205.0
A50	390.8	31.6	7.0	4.0	3.64	742.5
A100	475.8	34.1	7.2	4.4	3.74	1 170.8
A150	500.0	32.0	7.3	4.5	3.68	736.3
A200	550.0	30.3	7.6	4.4	3.46	1 139.3
A30S70	512.5	33.4	7.3	4.8	3.50	1 237.6
A70S30	524.3	32.9	7.0	4.3	3.54	1 607.2

注:S 代表春季;A 代表秋季。

对于许多禾草春季最佳施氮量有赖于上年秋季所施氮的数量,秋季施氮之所以重要是与增加禾草潜在生殖枝数目以及相应地提高种子产量有关。秋季施氮的主要目的是在冬季低温期之前促进分蘖大量形成,而春季施氮的目的是为每个分蘖的继续发育提供更多的营养,使其完全成熟并最终形成发育良好的花序。在生长季较短的地区,秋季施肥对于保持土壤养分平衡具有重要作用。秋季施氮肥可以增加分蘖数，提高冬季分蘖的存活率，增加可育分蘖数。但秋季施氮肥不能过量，以防刺激过度的营养生长。因此，确定适宜的施肥比例，在秋季和春季分次施肥对于保持土壤养分平衡，尤其是沙性土壤，提高种子产量效果明显。在河北坝上地区，无芒雀麦虽然秋季施氮效果不如春季，可增施氮肥也提高种子产量。但秋季与春季分施处理明显提高种子产量，同样是施氮 100 kg/hm^2，春季一次性施入增产效果最差，秋季一次性施入有一定的增产效果，而在秋季、春季分两次施入可以提高种子产量，其中秋季施氮 70 kg/hm^2、春季施氮 30 kg/hm^2 组合增产效果最佳，比春季一次性施氮处理增加种子产量 85%（表 7-14）。其中施氮对于单位面积的生殖枝数、每生殖枝小穗数的影响较大，有利于种子的形成和发育。在高羊茅种子生产研究中，在宁夏银川市施氮肥可显著提高种子产量，秋季 45 kg N/hm^2、春季 45 kg N/hm^2 施肥高羊茅种子产量高达 3 533 kg/hm^2，生殖枝数/m^2、小穗数/生殖枝、小花数/小穗、种子数/小穗均比对照显著增加（徐荣等，2001）。在新疆阿拉尔地区以秋季 60 kg N/hm^2、春季 120 kg N/hm^2 施肥为最好，增加了单位面积生殖枝数和每小穗小花数，高羊茅种子产量可达 1 653.9 kg/hm^2（马春晖等，2003）。北京地区高羊茅种子产量连续两年在秋季 75 kg N/hm^2、春季 75 kg N/hm^2 处理中最高，而单位面积生殖枝数增加的幅度不同（陈志宏等，2005）。同样，在新麦草、垂穗披碱草等种子生产中，秋季和春季分施对于提高种子产量和产量组分具有明显效果（表 7-15）。此外，高朋等（2010）在甘肃酒泉地区研究表明，春秋分次施氮 350 kg/hm^2 的处理，种子产量最高为 1 059 kg/hm^2，与春季一次性施氮 150 kg/hm^2（种子产量 967 kg/hm^2）、秋季一次性施氮 150 kg/hm^2（种子产量 1 008 kg/hm^2）的处理差异不显著。王明亚（2018）在河北省鱼儿山牧场研究表明，在施氮量高于 90 kg N/hm^2 时，老芒麦种子产量在春秋分施与一次施入之间没有显著差异。

表 7-15　秋、春季分施肥料处理对禾草种子产量和产量组分的影响

种类	试验区域	施肥处理	种子产量 /(kg/hm^2)	关键产量组分	文献来源
新麦草	河北省张家口地区	秋施 45 kg N/hm^2 + 45 kg P_2O_5/hm^2、春施 90 kg N/hm^2	265	单位面积生殖枝数	孙铁军等，2005
垂穗披碱草	青海省三角城种羊场	秋施 60 kg N/hm^2、春施 60 kg N/hm^2	1 856	单位面积生殖枝数、小花数/小穗、可育小花数/小穗	乔安海等，2006
扁穗冰草	河北省张家口地区	秋施 45 kg N/hm^2、春施 90 kg N/hm^2	924	单位面积生殖枝数	孙铁军，2004
无芒雀麦	河北省张家口地区	秋施 135 kg N/hm^2、春施 90 kg N/hm^2	1 723	单位面积生殖枝数	孙铁军，2004
猫尾草	河北省张家口地区	秋施 45 kg N/hm^2、春施 135 kg N/hm^2	719	单位面积生殖枝数	孙铁军，2004
蓝茎冰草	河北省张家口地区	秋施 45 kg N/hm^2、春施 90 kg N/hm^2	341	单位面积生殖枝数	孙铁军，2004
结缕草	山东省胶州市	秋施 20 kg N/hm^2、春施 10 kg N/hm^2	845	单位面积生殖枝数	马春晖等，2004

磷肥对禾草种子产量也有一定的促进作用，尤其是对于含磷量低的土壤，改善磷肥的供应状况，可以增加禾草的种子产量。钾是流动养分，需要经常补充。种子收获后大量的秸秆从田间运走，造成钾的大量损失，易从土壤中流失。禾草种子生产中，如果施用了大量的氮肥，那么保证磷、钾的平衡供应是非常重要的。吴双生和代家保(1986)在多花黑麦草生长期内叶面喷施磷酸二氢钾 3 次，可以提高种子产量。贺晓等(2001)提出在内蒙古多伦县旱作条件下，春季施用 120 kg N/hm^2 和 60 kg P/hm^2 可获得较高的冰草种子产量；施肥 100 kg N/hm^2、60 kg P/hm^2 和 50 kg K/hm^2 可提高实际种子产量 24%。在甘肃省酒泉地区高羊茅的种子生产田间施肥中，以返青期施尿素 80 kg/hm^2 和过磷酸钙 180 kg/hm^2 处理的种子产量最高(张虎森，2006)。在贵州省独山县采用 51.5 kg N/hm^2、225 kg P_2O_5/hm^2、200 kg K_2O/hm^2 的组合，贵草 1 号多花黑麦草最高种子产量为 1 011.8 kg/hm^2(龙忠富等，2009)。田福平等(2010)在西藏拉萨市研究表明，分蘖至拔节期施钾均可影响垂穗披碱草单位面积生殖枝数、小穗数/生殖枝、种子数/小穗和千粒重，增加实际种子产量。采用尿素 250 kg/hm^2＋过磷酸钙 350 kg/hm^2＋硫酸钾 270 kg/hm^2 是云南开展伏生臂形草种子生产的最佳施肥组合(张美艳等，2016)。在贵州省松桃县研究表明，播种量在 0.8～1.1 kg/667 m^2、有机肥用量 23 287.5～24 075.0 kg/hm^2、氮肥量 211.5～253.5 kg/hm^2、磷肥量 297.0～355.5 kg/hm^2、钾肥量 229.5～249.0 kg/hm^2 时，黔草 4 号鸭茅种子产量达到 393.0 kg/hm^2(吴有松等，2015)；黔草 5 号高羊茅种子田采用尿素 150 kg/hm^2＋磷肥 375 kg/hm^2＋复合肥 375 kg/hm^2 组合，于播种和分蘖期施肥，种子产量达 1 519.52 kg/hm^2(马培杰等，2019)。老芒麦种子生产主要集中在河北坝上地区、青海海北地区、四川川西北地区等，通常为旱作条件，依赖降雨维持植株水分需求。在内蒙古多伦县老芒麦种子生产中，同时施用氮磷钾肥，种子产量比对照提高 38%(贺晓等，2001)。川草 2 号老芒麦种子生产中，分蘖—拔节期追施 120 kg/hm^2 复合肥能提高老芒麦种子产量，施 180 kg/hm^2 复合肥比施 15 t/hm^2 牛粪更有利于种子产量的提高(游明鸿等，2008)。在河北坝上地区老芒麦种植第二年时，施用 0 kg P/hm^2 和 90 kg N/hm^2 时的种子产量最高；施磷量为 60 kg/hm^2 时老芒麦种子产量最高，比对照提高 9.69%，但继续加大施磷量，种子产量却下降，表现出施肥的负效应(于晓娜等，2011)。但在种植第三年时，施用 90 kg P/hm^2 和 30 kg N/hm^2 处理下种子产量最高，为 993.21 kg/hm^2(赵利，2012)。此外，在青海西海镇和河北鱼儿山牧场不同地域条件下，即便施氮量相同(0～225 kg N/hm^2)，西海镇的老芒麦种子产量依然显著高于鱼儿山(王明亚，2018)。说明施肥对于老芒麦种子产量有明显效果，但受施肥时间、施肥量、土壤养分状况以及生长环境条件等各相关因素的影响，需要针对种子田种植区域采取相应的施肥措施。

在种子田建植期间，也在播种的同时进行施肥的处理，为种子萌发和幼苗生长提供营养保证。丁海荣等(2015)采用施尿素 112.5 kg/hm^2、播种量 1.5 g/m^2 的组合可使多花黑麦草在江苏盐城地区获得较佳种子产量水平。在湖南省长沙市狼尾草以种植密度 40 cm×50 cm 和施氮量 200 kg/hm^2 组合为最佳种植方式(陈志峰等，2016)。在新疆乌鲁木齐市适宜老芒麦种子生产的条件为建植密度 258 700 株/hm^2，施氮水平 90 kg/hm^2(罗金等，2020)。罗天琼等(2020)研究总结，当播种量为 3.75 kg/hm^2、有机肥为 7 497 kg/hm^2、氮肥为 453.56 kg/hm^2、磷肥为 300.15 kg/hm^2、钾肥为 453.56 kg/hm^2 时，贵州省贵阳市的非洲狗尾草可以获得 621.41 kg/hm^2 的种子产量。

在种子生产田间管理中，随着灌溉设备的升级和技术进步，通常采用水肥耦合的方式来提高管理效率。水肥耦合模型效应说明，水肥耦合对新麦草种子产量的效应为协同效应（王佺珍等，2005）。在吉林省长岭县羊草人工草地研究水肥调控表明，在4月份和7月份灌水30 kg/m^{2}和施氮肥5.52 g/m^{2}进行水肥调控，通过提高结实率、每穗结实粒数和千粒重获得最大的种子产量；上一年果后营养期水肥调控，可以显著增加第二年抽穗率和单位面积生殖枝数量，从而提高种子产量（于辉，2010）。在宁夏干旱风沙区，灌溉量为2 700 m^3/hm^2（返青期＋拔节期＋抽穗期），施肥100 kg N/hm^2、45 kg P_2O_5/hm^2、30 kg K_2O/hm^{2}条件下，蒙古冰草种子产量达2 194.9 kg/hm^2（彭文栋等，2019）；灌溉量为855～900 m^3/hm^2、施肥量为342～513 kg/hm^{2}时中科2号羊草种子产量最高（周燕飞等，2020）。在宁夏平罗县沪坪1号高羊茅种子高产的最佳水肥处理组合为灌溉3次（返青期、拔节期和抽穗期）和返青期一次性施肥，种子产量为1 957 kg/hm^2（梁丹妮等，2019）。在甘肃省民勤县采用灌溉处理（分蘖期、小穗分化期和初花期各灌溉1次）和施肥处理（分蘖期、小穗分化期各施60 kg N/hm^2），腾格里无芒隐子草4年平均种子产量可达507.3 kg/hm^2（陶奇波，2020）。

（2）豆科牧草与草坪草种子生产的施肥管理　豆科牧草或草坪草在其根瘤形成后对土壤中氮素的需要较少，对土壤磷、钾元素的需要量较高。但在植株进入开花期时，营养生长和生殖生长需要大量的营养物质，充足均衡的养分供给才能为种子形成与发育提供物质保障。在播种当年根瘤尚未形成或老化时期，施氮对于满足豆科牧草或草坪草的养分需求是十分必要的。

在苜蓿、白三叶、黄花草木樨等豆科牧草与草坪草种子生产中，施肥管理也是提高种子产量的重要措施之一（表7-16）。在苜蓿种子生产试验中，施肥效果的研究一直都受到科技工作者的关注。苜蓿生长的早期不需要氮肥，但进入花期时由于营养生长和生殖生长都较旺盛，此时需要大量的养分，所以在花期追施氮肥及复合肥均可显著地提高结荚率（石凤翎等，2000）。李丽（2012）在新疆呼图壁县研究表明，氮素积累趋势因施氮量、种植密度不同而异，高氮稀植组合优化了苜蓿种群间物质生产和分配动态，提高了群体生产力，苜蓿种子可获高产。当施氮量为150 kg/hm^2，密度为3 kg/hm^{2}时，种子产量最高达到740 kg/hm^2。陈玲玲等（2017）在内蒙古赤峰市研究表明，敖汉苜蓿和公农1号紫花苜蓿的种子产量随着施氮量的增加而降低，在返青期一次性施氮肥不能满足紫花苜蓿的需氮规律。在新疆呼图壁县地下滴灌条件下，新牧4号紫花苜蓿返青期施氮肥种子产量最低，现蕾期施氮肥处理种子产量最高（802 kg/hm^2）、分枝期次之（641 kg/hm^2），分别是对照（390 kg/hm^2）的2.1倍和1.6倍（王玉祥等，2015a）。

王赟文（2003）提出根部的全磷含量与种子产量间具有显著的非线性相关关系，可以作为紫花苜蓿种子田施磷肥的指标。陈强（2007）在新疆呼图壁县研究表明，当施磷量为135 kg P/hm^{2}时，新牧2号紫花苜蓿种子产量最高为564.8 kg/hm^2，比对照增加了75%。随着施磷量的增加花荚脱落率出现减少的态势，对苜蓿种子的硬实率、发芽率和千粒重影响较小。郑敏娜等（2020）在晋北地区苜蓿种子生产中提出，较合理的磷酸钙施用时期和施肥量为：巨能2号紫花苜蓿宜在返青期施220 kg/hm^2、3010和WL366HQ宜在返青期施160 kg/hm^2。张银敏等（2010）在北京地区研究表明，当施50 kg P_2O_5/hm^{2}并且在春季和秋季各施入一半时，中苜6号紫花苜蓿种子产量最高。杨俱和和高继飞（2012）在宁夏彭阳县研究表明，在旱作条件下春季施90 kg P_2O_5/hm^2，陇东苜蓿种子产量最高，生殖枝数/m^2、花序数/生殖枝、荚果数/结荚花序及千粒重与种子产量呈不同程度的正相关关系，小花数/花序与种子产量呈负相关关系。刘焕鲜等（2013）在新疆呼图壁县研究表明，施150 kg P_2O_5/hm^{2}作为基肥时，新牧1号紫花苜蓿种

表 7-16 部分豆科牧草与草坪草种子生产施肥技术研究

种类	研究地点	施肥量	种子产量/(kg/hm^2)	文献来源
紫花苜蓿	宁夏永宁县	N : P : K=45 : 120 : 30 配比	1 351	吴素琴,2003
		45 kg N /hm^2+ 90 kg P /hm^2	1 607	
沙打旺	北京地区	秋施 80 kg P_2O_5/hm^2+春施 160 kg P_2O_5 kg/hm^2	821	李蕾蕾等,2008
白三叶	云南昆明寻甸县	底肥、追肥各施 100 kg P_2O_5/hm^2	462	李邦成,2006
		以底肥施 120 kg K_2O/hm^2、200 kg P_2O_5/hm^2,追施 200 kg P_2O_5/hm^2 或底肥仅施 120 kg K_2O/hm^2	418~421	
黄花草木樨	河北坝上地区	270 kg P_2O_5/hm^2	2 795	韩建国等,2000
黄花草木樨	甘肃张掖市	行距 80 cm、株距 45 cm;80 kg P_2O_5/hm^2	1 428~1 613	骆凯等,2018

子产量最高为 464 kg/hm^2。Zhang 等(2014)在甘肃酒泉地区研究表明,三年施 45 kg P/hm^2 模式的平均种子产量高于每年施 15 kg P/hm^2,三年一次低磷施用模式可获得较高的苜蓿种子产量。

库尔班·尼扎米丁等(2009)在新疆呼图壁县研究表明,仅施用速效磷,对苜蓿种子增产效果不大,过量施用会降低种子产量;少量施尿素有一定的种子增产作用,而磷酸二铵对苜蓿种子增产作用明显。吴建新等(2007)在内蒙古鄂托克旗采用 N : P_2O_5 : K_2O=1 : (1.76~2.08) : (1.17~1.33)最佳施肥方案,可以保持草原 3 号杂花苜蓿种子的高产水平。田新会和杜文华(2008)在甘肃省武威市分枝期施肥量为 47 kg N/hm^2、20 kg P_2O_5/hm^2、0 kg K_2O/hm^2 时,甘农 3 号紫花苜蓿实际种子产量最高,达 1 256.42 kg/hm^2。鞠晓峰等(2012)在黑龙江省大庆市采用磷酸二铵 150 kg/hm^2、硫酸钾 150 kg/hm^2 处理的肇东苜蓿种子产量最高;种子产量与生殖枝数、结荚花序数和花序数呈显著正相关。在宁夏固原市以分枝期施 24 kg N/hm^2、90 kg P_2O_5/hm^2、不施钾肥处理的甘农 3 号紫花苜蓿种子产量最高,为 483.58 kg/hm^2(王秉龙等,2013)。朱建强等(2020)在甘肃省酒泉干旱盐碱条件下,紫花苜蓿种子田推荐年施肥量分别为 100 kg N/hm^2、190 kg P_2O_5/hm^2、60 kg K_2O /hm^2。

在种子生产田间管理中,通常采用水肥耦合来提高管理效率。因此,为提高干旱半干旱地区种子田水分利用效率和节水,需要推广以滴灌为基础的水肥调控技术,提高种子的产量。李丽(2012)在新疆呼图壁县研究确定了新牧 1 号杂花苜蓿种子田,施用 150 kg N/hm^2、漫灌 1 000 m^3/hm^2 是最佳的水氮组合。在地下滴灌条件下,现蕾期施肥 75 kg N/hm^2 处理,新牧 4 号紫花苜蓿种子产量最高(王玉祥等,2015a)。彭岚清(2013)在甘肃省景泰县种植第 2 年的紫花苜蓿种子田,采取灌溉 3 次、施用磷酸二铵 180 kg/hm^2 处理,实际种子产量最高为 3 365.24 kg/hm^2,并能有效节约引黄灌区水资源。但在第 3 年和第 4 年,分枝期和开花期各灌溉 1 次,施用磷酸二铵 360 kg/hm^2,是紫花苜蓿种子生产经济、高效的灌溉和施肥条件(陈冬冬等,2016)。

豆科牧草与草坪草种子生产中,不仅大量元素有助于提高种子产量,而且一些微量元素的作用是不容忽视的。已有研究表明,喷施硼、钼可以提高紫花苜蓿、红三叶、柱花草种子的产量

(陈文发和谢继石,1986;吴双生,1990;张一心,1990;葛广鹏等,1999)。李存福(2005)在内蒙古赤峰市宁城县,分别施硼砂 3.5 kg/hm^2、钼酸铵 0.12 kg/hm^2、硫酸镁 15 kg/hm^2 时紫花苜蓿种子产量均达到最高水平。硼、钼、镁肥能提高苜蓿结实率,硼肥、钼肥还能增加荚果中的种子数。在黑龙江省大庆市,盛花期叶面喷施 0.9%硼、0.04%钼和 0.6%锌,对紫花苜蓿种子具有良好的增产效果,其中施钼增产效果最优(刘香萍等,2011)。

3. 人工辅助授粉技术

多年生牧草或草坪草大多数属于异花授粉的植物,授粉情况对种子产量和质量关系极大,生产上常采用人工辅助授粉提高小花的授粉率,来增加牧草或草坪草种子的产量。大多数豆科牧草或草坪草是自交不亲和的,所以生产种子异花授粉都必须要借助于昆虫。蜜蜂、蝗蜂、碱蜂和切叶蜂(图 7-5)等是豆科牧草或草坪草的主要授粉者。在新疆阿拉尔市、阿克苏市等地区调查传粉的野生蜂情况,苜蓿传粉野蜂种类多,其中以棒角拟地蜂、灰无沟隧蜂数量大,传粉效率高,具有一定的经济价值。但传粉昆虫数量太少,苜蓿传粉昆虫数量不到 1 500 头/hm^2,因此,保证苜蓿在大量开花期间有足够的传粉昆虫数量,是提高种子产量的重要技术措施。自然条件下紫花苜蓿的访花昆虫主要有切叶蜂、蜜蜂、熊蜂、木蜂,除此以外,还有瓢虫和一些蝇类,其中,切叶蜂的访花时间最短、访花频率最高、打开龙骨瓣的速度最快,是紫花苜蓿的最佳授粉昆虫,其次是蜜蜂(宋卓琴等,2017)。石风善等(2009)在黑龙江佳木斯地区俄罗斯紫花苜蓿中放蜂的研究表明,高加索蜜蜂对俄罗斯紫花苜蓿的授粉效果与切叶蜂基本相同。

在红三叶、白三叶、紫花苜蓿和红豆草开花授粉过程中,利用蜜蜂授粉可以有效提高小花结实率和种子产量(李文先,1989;徐祖荫等,1990;逯彦果等,2013)。刘祥伟(2011)在黑龙江省佳木斯市山区丘陵地、平原水浇地等不同土地类型和不同紫花苜蓿种植模式下,蜜蜂授粉均能大幅度提高紫花苜蓿种子的产量。研究蜜蜂对紫花苜蓿授粉的增产效果,在甘肃省酒泉市蜜蜂授粉后的紫花苜蓿种子产量、千粒重、发芽势和发芽率等方面都有明显提高(张骞,2017)。

紫花苜蓿虽为雌雄同花,但自交率低,必须借助外力才能传播花粉,苜蓿切叶蜂是打开苜蓿花器的高效授粉蜂种之一,原产于欧洲东南部,20 世纪 30 年代传入美国,60 年代传入加拿大,经过长期的繁殖和驯化已发展成为商品化产业。采用切叶蜂授粉技术苜蓿种子产量是自然状态下的 7 倍,是蜜蜂授粉的 5.5 倍。在 20 世纪四五十年代加拿大 95%的苜蓿种子依赖进口,后来采用了切叶蜂授粉技术,使苜蓿种子产量成倍提高,种植面积迅速扩大,现已成为苜蓿种子出口国(胡殿贵,1998)。随着我国草产业的快速发展,苜蓿种子专业化生产规模的不断增加,利用切叶蜂等昆虫完成小花授粉成为种子生产者关注的热点问题。

从 20 世纪 80 年代开始,国内引进切叶蜂开展了研究与实践。为了促进豆科牧草或草坪草的授粉,提高其种子产量,在种子田中配置一定数量的蜂巢或蜂箱(图 7-6)。切叶蜂可以提高紫花苜蓿种子的产量,每亩放蜂 2 000～3 000 头可以增产 2～4 倍(陈合明和李瑞军,1996)。但种子产量增幅的多少与放蜂距离有关,距蜂箱 30 m 以内增产幅度最大,其次为 50 m、80 m,100 m 以外无作用(臧福君等,1999)。在内蒙古呼和浩特市,放置切叶蜂可使紫花苜蓿种子产量增加 57.2%,并且种子产量与蜂箱距离成负相关(金洪等,1998)。张青文等(1999)在吉林白城地区发现,切叶蜂在北、东北和东 3 个方向的授粉距离较远,在西北、西南、西和东南 4 个方向上的授粉距离近。姜春和向金城(2001)在新疆额敏县引进切叶蜂进行苜蓿种子田授粉,种子产量比对照提高 70%,且在种子田正东处 20 m 产量最高。刘昭明和闫文平(2005)提出在黑龙江省按每亩放蜂 2 000 头、蜂箱间距离 100 m 的放养方式,每公顷可增产种子 156 kg。

李红等(2010)认为利用苜蓿切叶蜂辅助授粉,最有效放蜂距离为30 m,可使苜蓿种子增产27.2%～109.8%。在我国现代草业蓬勃发展的同时,切叶蜂授粉技术的应用更加受到企业和科技工作者的关注。切叶蜂野生资源的挖掘和引进驯化、孵育成为研究的重点。在宁夏地区采用绿黑巢板,选择东南方向放置,适宜于苜蓿切叶蜂筑巢和田间回收(朱猛蒙等,2017)。在内蒙古中部地区,距蜂箱近(10～40 m)苜蓿种子产量更高,而且鄂尔多斯地区的增产效果最显著(刘胜男等,2017)。但对切叶蜂品种的适应性、孵化和滞育条件等关键技术环节缺少深入研究,导致乡土切叶蜂资源不清,引进切叶蜂使用效率低,难以实现产业化(徐希莲等,2010;武文卿等,2019)。

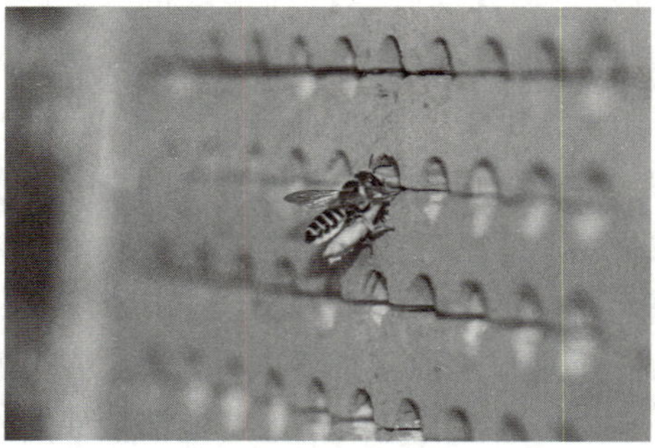

图 7-5 切叶蜂(宁夏农林科学院张蓉提供)

图 7-6 切叶蜂在种子田的蜂箱配置

4. 植物生长调节剂处理技术

在种子生产过程中,植株倒伏被认为是降低种子产量的重要因素之一,由于倒伏导致种子损失估计高达60%。植株倒伏后由于增强了枝条间对光照和养分的竞争,促进生殖枝的死亡;并且光合合成作用效率下降,合成物质供应难以保障,造成发育过程中的种子败育或难以发育完全。大量研究与实践表明,通过施用植物生长调节剂可抑制茎节的伸长、减少倒伏,明显增加牧草或草坪草种子的产量。生长调节剂还可使植株成熟期趋于一致,减少因种子成熟不一致,随成熟随脱落的损失。植物生长调节剂自20世纪80年代逐渐应用于牧草与草坪草种子生产,合理施用植物生长抑制剂如矮壮素(CCC)、抗倒酯和多效唑(也称氯丁唑,PP_{333})以及萘乙酸等均能不同程度地提高种子产量,但也在实际应用中存在一定的局限性(陶奇波等,2017)。

(1)植物生长调节剂在禾草种子生产中的研究　在禾本科牧草与草坪草种子生产中,植株的倒伏情况比较严重,往往造成大量受精合子败育。植物生长调节剂施用的时期对于抑制植株的生长高度是非常关键的。房丽宁(2000)在辽宁普兰店抽穗初期喷施多效唑和调嘧啶,无芒雀麦、高羊茅植株高度、种子产量均无显著影响。在宁夏地区春季返青期施用多效唑有效地抑制多年生黑麦草的植株高度,增强抗倒伏能力,增加有效分蘖,减少种子败育,提高结实率,种子产量提高13.9%(兰剑等,2002b);返青期喷施6-苄基腺嘌呤草地早熟禾种子产量最高,达684.8 kg/hm^2(周玉香等,2000a)。在江苏省南京市早春喷施浓度500 mg/L、喷施量0.5 kg/hm^2多效唑,显著降低高羊茅植株高度、提高种子产量(丁成龙等,2002)。在甘肃省酒泉地区在三叶期喷施多效唑2.40 kg ai./hm^2时蓝茎冰草实际种子产量最高,显著影响了植株高度、生殖枝数/m^2、小花数/小穗和种子数/小穗(李世忠等,2008)。多花黑麦草种子生产研究中,苟文龙等(2005)在四川洪雅县孕穗初期喷施540 mg/L多效唑能降低高度,减少倒伏,显著提高种子的产量,使种子产量高达806.3 kg/hm^2。卢寰宗和刘晓波(2019)在四川省西昌市多花黑麦草孕穗初期喷施 1.2 g/L 多效唑效果最好，种子产量 1 434.45 kg/hm^2，比对照提高 20.54%。孙旭春等(2018)在江苏省盐城市多花黑麦草拔节期喷施抗倒酯 423 g/hm^2 药效持续时间较长，在抑制节间长度、防止倒伏方面效果显著，种子实际产量最高为 2 842 kg/hm^2，较对照提高了 29%。并且抗倒酯的效果要优于多效唑。在四川省红原县垂穗披碱草拔节期喷施多效唑效果明显好于孕穗期，其中以拔节期喷施 150 g/hm^2 多效唑可使种子产量达到最高，较对照增加了 508 kg/hm^2(雷雄等，2017)。

植物生长调节剂种类与浓度对禾草种子产量有不同的影响。喷施矮壮素、抗倒酯及其混合制剂鸭茅种子产量均有增加，主要是增加了单位面积生殖枝数和结实率，以混施矮壮素和抗倒酯(500＋150 g/hm^2)效果最佳，增产达 46.2%(张旭等，2019)。在羊草分蘖期施用多效唑、矮壮素和抗倒酯均使株高、穗长降低，而生殖枝数、小穗数和种子产量增加，且以多效唑处理效果最明显(张永亮等，2018)。在四川省红原县多效唑对老芒麦种子产量的促进作用显著高于矮壮素，拔节期施用 200～800 mg/L 的多效唑可显著提高种子产量，尤其是施用 600 mg/L 多效唑使实际种子产量比对照提高 66%(刘金平和游明鸿，2013)。

(2)植物生长调节剂在豆科牧草与草坪草种子生产中的研究　在豆科牧草与草坪草种子生产中，由于施肥、灌溉等因素导致植株生长旺盛和倒伏的现象较多，不利于小花传粉和种子发育，限制种子产量的提高。通过植物生长调节剂控制植株高度是减少植株倒伏、调控种子产量的有效措施(高海娟等，2018)。

白三叶种子生产田在孕蕾期喷施多效唑、矮壮素，均降低了白三叶的冠层高度，增加了花梗长度，多效唑主要降低冠层高度，而矮壮素则主要是增加花梗的长度。在云南寻甸县，喷施多效唑 1.0 kg ai. $/hm^2$ 获得实际种子产量最高，为 691.9 kg/hm^2，比对照提高 29.4%；可增加单位面积花序数、每花序小花数和单粒种子重。喷施矮壮素 0.15 kg ai. $/hm^2$ 实际种子产量最高为 650.3 kg/hm^2，比对照提高 21.6%；可增加每花序小花数、每花序荚果数及单粒种子重(闫敏等，2007)。采用植物生长调节剂处理可减少白三叶的营养生长，但花梗长度不缩短，从而减少了叶的遮阴，为传粉创造了良好条件。而且有利于种子成熟和收获。

房丽宁(2000)在辽宁普兰店始花期喷施多效唑和调嘧啶，紫花苜蓿植株高度、种子产量均无显著影响。王显国(2005)在甘肃酒泉地区喷施萘乙酸、多效唑、矮壮素，紫花苜蓿种子产量变化表现不一致，施用矮壮素导致种子减产。但王赟文(2003)在分枝期喷施多效唑和烯效唑后，可以有效抑制紫花苜蓿植株生长；与对照(640.4 kg/hm^2)相比种子呈增产趋势，其中多效唑(1.0 kg ai. $/hm^2$)效果较佳，增产 39.1%。在分枝期喷施矮壮素，虽然降低了紫花苜蓿植株高度和倒伏指数，但其增产效果不稳定，受气候条件影响较大。矮壮素与萘乙酸、复销钠、赤霉素、三十烷醇和芸薹素内酯之间没有显著的互作效应(张铁军等，2010)。同样，在黑龙江省大庆地区初花期喷施矮壮素仍导致肇东苜蓿种子产量下降，而喷施多效唑、乙烯利可以降低苜蓿株高，提高结荚花序数/生殖枝、荚果数/花序，进而增加紫花苜蓿种子产量(周万福等，2011)。张国和等(2011)在肇东苜蓿种子田初花期喷施萘乙酸、抗倒胺，对种子产量及其组分无显著影响，氯化胆碱提高了结荚花序数/生殖枝、荚果数/花序，进而增加了种子产量。王晓龙等(2016)在现蕾期和开花期喷施缩节胺 60 g/hm^2，可有效抑制苜蓿的株高，龙牧 801、龙牧 803、龙牧 806 苜蓿种子产量显著高于对照。

在内蒙古鄂托克旗中苜 1 号紫花苜蓿种子田，初花期和盛花期喷施乙烯利 2.0 kg ai. $/hm^2$ 时种子产量增加 175%；喷施多效唑 0.8 kg ai. $/hm^2$ 时种子产量增加 39%；萘乙酸处理没有效果(魏小星等,2009)。袁柱等(2016)在花期喷施 0.67‰芸薹素内酯,中苜 1 号紫花苜蓿种子产量较对照增加 78%。在新疆呼图壁县新牧 1 号杂花苜蓿种子田喷施 0.05%多效唑,种子产量比对照增加 16%,结荚花序数增加 28%(李科和朱进忠,2006)。在新牧 4 号紫花苜蓿初花期喷施吲哚乙酸、10%蔗糖和 0.02 kg/hm^2 里那醇溶液,能够提高种子产量;而喷施赤霉素和萘乙酸使苜蓿结荚率和种子产量降低(王玉祥等,2015b;王玉祥等,2019)。现蕾期喷施 20 mg/L 6-苄氨基嘌呤,结荚率比对照提高了 14.08%,单株种子产量比对照提高了 11.48%(宋佳琦,2018)。在苜蓿种子生产实践中,喷施植物生长调节剂的增产效果并不稳定。在不同年份之间和不同土壤状况下,植物生长调节剂的处理效果也并不完全相同,这在一定程度上影响了植物生长调节剂的推广应用。

5. *种子收获后的田间管理技术*

牧草或草坪草前一年种子收获后到第二年开花期的田间管理对种子产量具有重要影响,尤其是在果后营养生长期较长的地区,种子收获后针对秸秆和残茬的田间管理往往易于忽视,对于新的枝条形成、越冬返青以及植被的利用年限均造成不利影响。因此,在收获后的种子田需要采取灌溉、施肥、残茬清理、疏枝等管理措施,以利于保持下一年的种子产量水平。

在多年生牧草或草坪草种子生产当中,种子收获后及时清除秸秆和残茬,可以解除对分蘖节的遮荫,采取合理的残茬处理措施,可以改善植株基部的光照条件,有利于植株新分蘖(分枝)的形成和枝条感受低温春化,促进生殖枝的发育和种子生产潜力的发挥。在云南省寻甸县白三叶种子田中,刈割期是影响白三叶种子产量的主效因子,以间隔 30 d 刈割和留茬 8 cm 处理种子产量最高(412.9 kg/hm^2),留茬过高(10 cm)或过低(5 cm)、间隔期过长(45 d)或过短(15 d)均对种子生产不利(耿文诚等,2007b)。

禾草种子收获后的田间管理对于次年的种子产量非常重要,其中对残茬进行科学处理,可以改善植株基部的光照条件,有利于植株的分蘖形成和枝条感受低温春化,从而促进生殖枝的形成和种子生产潜力的发挥,提高下一年的种子产量。采取刈割、火烧、放牧等残茬处理,能够显著提高多年生禾草的种子产量。在夏、秋干旱季节种子收获后进入休眠期的地区,牧草或草坪草种子收获后可以及时清理残茬或焚烧残茬,但焚烧残茬的时间,一定在秋季分蘖开始前进行,以免焚烧造成植株分蘖的高温伤害。夏、秋降水多的地区,牧草或草坪草种子收获后残茬枝叶还处于青绿状态(图 7-7),可用割草机低茬刈割运走秸秆或采用家畜放牧的方式清除残茬(图 7-8),以利于新分蘖;或枝条处于光线充足的条件下,同时减少覆盖物有利于枝条感受低温的刺激。

研究表明,刈割、火烧和放牧残茬处理均对植物的返青和生长进程具有影响,如提高单位面积的生殖枝数和实际种子产量。马春晖等(2007)采取春季火烧后可以使结缕草提前 1 周返青,并且火烧+施氮肥(秋季 20 kg N/hm^2 春季 10 kg N/hm^2)处理的生殖枝数和抽穗率显著提高,种子产量达到 845 kg/hm^2。早春火烧处理后百喜草(*P. notatum*)植株返青更早,并且单位面积生殖枝数最多,实际种子产量最高,达 601 kg/hm^2。此外,早春处理比初冬处理的种子产量要高(叶川等,2008)。韩建国等(2006)在甘肃酒泉新麦草种子田管理中,认为收获后灌溉时间和残茬刈割是影响种子产量和质量的重要因素。收获后立即刈割处理和齐地刈割处理新麦草,可以获得最高的生殖枝数和种子产量(张铁军等,2008)。此外,冬季放牧处理新麦草种子田,实际种子产量最高可达 2 303.9 kg/hm^2,较春季火烧(1 384.8 kg/hm^2)增产 66%(江生泉等,2008b)。

图 7-7　新麦草种子收获后残茬

图 7-8　新麦草种子田残茬刈割处理

多年生牧草或草坪草随着种植年限的增加,枝条密度不断增加,导致枝条间对营养物质和光照条件的竞争加剧,进而影响种子产量的提高。通过采用种子收获后疏枝措施,降低种子田内枝条密度,可增加来年或以后几年的种子产量。用耙地或行内疏枝的方法可减少多年生牧草或草坪草的枝条密度,进而增加来年的种子产量。在甘肃酒泉地区播种第 2 年的紫花苜蓿种子田(行距 60 cm)进行春季疏枝处理,每行铲除 30 cm 留下 30 cm,种子产量提高 35%(王赟文等,2004a)。在播种第 4 年紫花苜蓿种子田(行距 60 cm)进行春季疏枝处理,每行铲除 45 cm 留下 15 cm 种子产量最高,比对照提高 64%,并且疏枝的增产作用可以持续两年(王显国等,2006b)。紫花苜蓿行间中耕或行内疏枝可抑制枝条的向上生长,减少倒伏,有利于昆虫的传粉,增加每一枝条上的果荚数和每荚的种子数。

7.4　牧草与草坪草种子收获技术

7.4.1　牧草与草坪草种子收获的特点

1. 牧草与草坪草野生性强

与作物相比,大部分牧草和草坪草驯化程度不高,野生性强。具体表现为成熟期不一致、落粒性强等。牧草或草坪草的开花习性不同,具有无限花序的豆科牧草或草坪草开花时花期延续长达几个星期,开放的小花与成熟的种子会同时在植株上出现,种子的发育成熟非常不一致。同样在禾草中,花序上不同部位小花呈先后顺序开放,其所形成的种子成熟也不一致。在种子生产过程中,由于种子成熟的不一致性,将导致成熟种子很难被全部收获,种子产量的提高受到限制。同时增加了种子清选难度,影响种子质量。

有些牧草或草坪草种子在成熟后具有从植株上自然脱落或荚果开裂的特性,导致种子生产过程中收获的难度增加。由于在育种过程中,品种培育的主要目标是牧草产量的提高,而并不是种子生产能力的增加,所以提高种子成熟后在植株上的持留性也不是育种家关注的选育特性。牧草与草坪草种或品种间种子落粒性的强弱也不一样,如多年生黑麦草、草地羊茅、新麦草、老芒麦种子成熟易于脱落,百脉根、苜蓿在种子成熟时荚果开裂,而像无芒雀麦、草地早熟禾、紫羊茅种子成熟时落粒较少。多年生黑麦草、草地羊茅、多花黑麦草、鸭茅等牧草种子成熟时因种子落粒可损失种子 100～290 kg/hm^2。俄勒冈州气候条件下,裂荚导致的百脉根种子损失平均每天为 3.0～5.3 kg/hm^2,种子发育时期灌溉增加了种子裂荚损失,对提高产量不利(Garcia-Diaz and Steiner,2000)。植株开花到种子成熟期间的环境条件也对种子的落粒性存在影响，如在干燥温暖的气候、强风等条件下均会增加种子的落粒损失。高羊茅种子成熟期遭遇强风，种子产量可在 24 h 内降低 50％～90％(Simon et al.，1998)。

因此，种子收获是一项时间性很强的工作，适时收获可避免种子的损失，收获太早会降低种子活力，收获太晚会造成种子的脱落损失。种子收获后应及时进行干燥及清选工作，对于提高种子的质量、保证种子的种用价值以及种子的安全贮藏具有重要的意义。

2. 收获与加工工艺和设备特殊

牧草与草坪草种子的收获和加工设备与作物种子相比有很大不同。虽然所用机械设备有很多相似之处，但牧草与草坪草种子成熟特性和物理性状差异很大，很多牧草与草坪草花序不成穗状，在植株上的位置很分散，而且同一植株上种子成熟期又不同，还存在落粒现象，决定其不可能直接采用作物收获设备。例如，针对羊草种子收获的特点，通过改造联合收割机，优化设备参数，解决了割台缠草、脱粒装置堵塞、脱粒不净等收获损失问题，羊草种子收获损失可降低到 5.3％以下(中国科技新闻学会，2021)。

7.4.2 牧草与草坪草种子收获的时间

确定种子的收获时间，需要考虑两方面因素，既能获得质量优良的种子，也要注意尽可能地减少因落粒、收获不当造成的损失。种子落粒性一般在乳熟期最差，但此时收获种子又易受机械损伤，影响贮存寿命。因此，不能完全根据种子落粒性来估计种子产量最高的时间。同时，种子生产者把成熟种子置留地间，相当于把种子放在温暖、潮湿的条件下贮存，对种子寿命极为不利。在生产实践当中，及时准确确定牧草与草坪草种子适宜的收获时间非常困难，所收获的种子产量常常低于表现种子产量。如何决定成熟种子增长量和损失量相等的时间是收获的关键。生产当中常用种子含水量、种皮颜色、种子成熟度、开花天数等指标作为判断种子成熟收获的依据。

1. 以种子含水量确定收获时间

对于大多数牧草，当种子含水量达到 35％～45％时便可收获(表 7-17)。高羊茅以 45％为宜(苟文龙等，2006)。在河北坝上地区，老芒麦种子在盛花期后 26～27 d、含水量为 39.0％～45.6％时收获，可以获得较高产量(毛培胜等，2003)。西藏野生垂穗披碱草的最佳收获时间为盛花期后 28～31 d，种子含水量下降到 42.0％～36.6％时(谢国平等，2010)。扁穗雀麦在种子含水量为 30％～48％时收获可获最佳种子产量和质量(田宏等，2015)。

发育早期的种子，胚尚未成熟，种子较难以分离。种子含水量的测定应在开花结束 10 d 之后开始，每隔 2 d 取一次样，一般在下午 3—5 时，田间采集样品，82 ℃烘干 4 h 以上，直到样品恒重，计算种子含水量。也可以用红外水分测定仪于田间直接测定，或者使用快速水分测定仪有助于种子生产者确定收获时间。种子成熟时水分含量下降很快，一般下降率为每天 2％～4％。毛花雀稗分别在抽穗高峰后 14 d、21 d、28 d 收获，种子含水量分别为 35.5％、7.1％和 5.3％。

2. 以种子成熟度确定收获时间

种子成熟度是另一种较为直观地判断牧草或草坪草种子收获时间的方法。在发育成熟过程中，种子不断吸收贮备营养物质变得饱满而坚硬，种皮色素成分发生变化，也会呈现不同的颜色。种子形态变化的特征可以反映种子的成熟程度，种子生产者根据种子成熟度的差异作为判断是否进行收获的依据。国外学者提出胚乳成熟度可以作为表示种子成熟的可靠指标，

表 7-17　牧草与草坪草种子收获的适宜时间(Fairey and Hampton,1997)

种名	割倒后草垄上干燥	联合收割机直接收获
鸭茅	形态成熟等级 3.4～3.6 种子含水量 35%～40%	盛花期后 26～30 d
紫羊茅	形态成熟等级 4.0～4.5 种子含水量 35%～40%	盛花期后 24～38 d 形态成熟等级 4.5～5.0 种子含水量 20%～30%
高羊茅	含水量 43%	盛花期后 29～30 d
草地早熟禾	形态成熟等级 3.3 种子含水量 38%	初花期后 23 d 种子含水量 35%
多花黑麦草	形态成熟等级 3.0 种子含水量 40%～45%	盛花期后 28～30 d 形态成熟等级 3.3～3.4 种子含水量 37%～40%
多年生黑麦草	形态成熟等级 2.5～3.5 种子含水量 40%～47%	盛花期后 28～30 d 形态成熟等级 3.0～4.5 种子含水量 25%～35%
猫尾草	形态成熟等级 3.6 种子含水量 37%～40%	盛花期后 33～38 d 种子含水量 23%～31%
红三叶	盛花期后 42 d	盛花期后 42 d(人工干燥)
白三叶	盛花期后 21～26 d	—
紫花苜蓿	果荚 2/3～3/4 变为黑褐色	干燥剂处理后 3～10 d 内收获,这时果荚和叶的含水量为 15%～20%
百脉根	大部分果荚变为浅褐或褐色	—

注:形态成熟等级,花序完全绿色为 1,不完全绿色或黄色为 3,完全黄色为 5。

认为禾草胚乳成熟需要经过乳状、奶油状、奶酪状、坚硬等连续的阶段性变化。而从奶酪状到坚硬阶段的变化是种子收获的适宜阶段。

大部分的果实变成黄色或褐色是证明种子成熟的表现,并且植株穗部的颜色是最广泛使用的判断成熟的标准。Перелраво 和李强(1995)研究白三叶种子田收获技术,在凉爽多雨年份中白三叶植株存在 65%～70%褐色花序时形成了最高的种子产量,而在干旱炎热年份时存在 80%～90%褐色花序时才能形成最高的种子产量。白三叶植株干燥后用联合收割机一次收获种子是最有效的。在分期收获时,若天气条件有利,当 70%～75%花序变成褐色时进行刈割摊晒;若天气条件不稳定,当 50%～60%花序变成褐色时进行刈割,比一次性收获确定日期早 5 d 进行。紫云英种子生产中,花序消失可作为种子最佳收获期的表观群体信号(刘春增等,2019)。苜蓿荚果从绿色变为褐色,种子为黄色时,表明种子已经成熟。由于苜蓿开花期长,种子成熟不一致,应在 70%以上的豆荚变褐色时收获,以免因拖延收获而使早熟荚果掉落。而且收获方法也对种子的适宜收获时间有影响,用康拜因收获种子应在 90%～95%果荚变成褐色时,用简单机具收获应在 70%～80%果荚变成褐色时。多年生黑麦草种子在有 65%穗部变成褐色时收获最佳,而猫尾草、扁穗雀麦则分别于 70%～80%的穗变成褐色时收获最佳(表 7-17)。另外,种皮、果荚、颖片等的颜色变化可以作为判断种子成熟的可靠指标。

3. 以开花后天数确定种子收获时间

在种子生产的研究与实践过程中，多数牧草或草坪草从盛花期到获得最大种子干重(收获成熟)的时间约为 30 d，气候条件的变化会影响这一时间的判断，如高温会缩短从盛花期到收获成熟的时间。利用开花后天数确定收获时间主要根据种子生产者对当地环境条件的了解和过去的经验。

红豆草在河西走廊的适宜收获期为开花后 1 个月左右(聂朝相和陈宝书，1985)。宁夏地区多年生黑麦草于花后 21～29 d 小穗干物质重达最大，种子发芽率已基本稳定，种子落粒少产量高(周玉香等，2000b)。高羊茅在宁夏地区盛花期后 23～31 d，种子含水量 12.4%～40.0%，产量达 3 300 kg/hm^2 以上，其中盛花期后 25 d，种子活力高且种子产量最高，达 3 533 kg/hm^2(徐荣等，2003)。在上海地区高羊茅种子的适宜收获期为首批开花穗的花后 22～29 d(龚振德等，2019)。贝斯莉斯克伏生臂形草在盛花期后 38 d 收获的种子产量最高，并获得较高的千粒重和种子生活力(张美艳等，2014)。随着种子含水量的下降，新麦草在盛花期后第 24 天收获，含水量为 35%左右，种子产量最高可达 2 250.0 kg/hm^2(刘波，2008)。

利用开花后天数确定种子收获时间方法简单、易操作，但容易受到气候的影响。例如，种子发育期降水较多，空气湿度大，可能影响判断种子收获时间的准确性。很多研究利用积温来表示种子发育的不同时期，如多年生黑麦草种子发育呈现 S 形曲线，滞缓期为 127 ℃ · d，线性发育期为 390 ℃ · d，在积温达到 517 ℃ · d 时，种子达到最终重量(Chynoweth and Moot，2017)。百脉根第一个果荚开裂到果荚大量开裂需要 109 ℃ · d(Garcia-Diaz and Steiner，2000)。利用开花后积温进行种子收获期的判断较开花后天数可更能准确反应气候对种子发育的影响。

7.4.3 种子收获技术

1. 收获前准备

由于多数牧草与草坪草种子成熟度不一致和落粒性等原因，为了提高收获效率和减少收获损失，牧草与草坪草种子在收获前要进行一些田间处理措施，如种子田喷洒脱叶剂等。

为了促进牧草或草坪草种子成熟期一致，减少收割机割入的叶量，避免种子脱粒中裹上叶汁降低光泽度，可以施用一些脱叶剂。特别是对茎叶丰富的豆科牧草或草坪草种子生产田，一般在收获前 5～10 d 施用，可以减少叶量收获。紫花苜蓿种子收获前施用不同浓度的脱叶剂能明显提高苜蓿的脱叶率和茎叶相对失水率，显著缩短苜蓿的干燥时间。王正伟等(2012)在甘肃酒泉地区喷施百草枯，紫花苜蓿茎叶相对失水率超过 50%，明显加快了植株干燥时间，未降低紫花苜蓿种子产量和千粒重，在合适的浓度范围内对种子发芽率也没有影响；喷施 K_2CO_3 也显著地增加了脱叶率，5% K_2CO_3 处理茎叶相对失水率达到 16.58%，对种子产量和质量没有负面影响。耿智广等(2020)在甘肃庆阳市采用 0.40%和 0.55%脱叶剂施用浓度，紫花苜蓿脱叶效果最佳，且两年平均脱叶率分别达到 34.26%和 34.64%，其相对失水率也最高。施用脱叶剂对当年苜蓿种子的产量影响不大，但降低了第 2 年的枝条数。脱叶剂施用浓度过大影响种子萌发，导致不正常种苗比率增加。

2. 种子收获

根据收获牧草与草坪草的生长习性、种植区气候条件以及收获加工机械设备，确定牧草与草坪草种子收获的适宜方法。目前，除了采用以手工或简单机械进行收获的传统方法外，种子专业化生产采用的收获方法概括起来有 4 种，即直接收获法、采集收获法、分段收获法、落地收获法。这些收获方法都有一定的适用范围，也都存在各自的优缺点。

(1)直接收获法　直接收获法是指在牧草与草坪草种子成熟后直接用联合收割机收获种子，适用于种子较大或生殖枝高且整齐的牧草或草坪草，如燕麦、新麦草等，及时收获保证种子产量和质量具有良好的效果。用联合收割机收获时，刈割后的留茬高度较高，为 20～40 cm，这样可以较少地割下绿色的茎、叶及杂草，减少收获时的困难，降低种子湿度和减少杂草的混入。刈后的残茬还可供放牧或刈割利用。

通用型收割机在禾草种子收获过程中的操作流程包括 4 个环节：割下穗子；割下的穗子送到脱粒机；种子从穗子上脱粒，与稿秆分离；种子清选后送入箱内。对收割机进行参数调整，收获的效率一般在 40%～60%。收割机行走速度极为重要，在最佳行驶速度基础上每增加 10%，收获损失率可增加 20%。收割种子轻的禾草时，收割机的风量一般不必很大。例如，无芒虎尾草(*C. gayana*)种子很小，收获时应把风扇完全关闭，随时阻塞机械缝隙，防止种子逸出。

实践表明，在收割的植株茎秆多、潮湿、种子小时，常用收割机因设计不周造成收获率低的问题十分突出，用来收获禾草种子的收获率仅为 1%～9%。在收割机内的输运中损失大约 20%的种子，筛选时损失大约 4%的种子。

(2)分段收获法　许多牧草或草坪草种子成熟期不一致、生殖枝非直立性生长或脱粒前要求干燥，利用联合收割机直接收获或采集收获均难以获得较高的种子产量和质量，可以采用分段收获的方法。

分段收获法不仅具有应用范围广的特点，而且风干期间利用种子在植株上的后熟作用，使种子成熟趋于一致，对保证种子的质量大有益处；风干后牧草或草坪草种子含水量较低，有利于种子脱粒，降低损失，也减少了烘干的时间和能耗。但是分段收获方法不适应雨季作业，有气候风险；仍在生长的杂草混杂的机会增加；种子落粒、裂荚损失大，特别是荚果炸裂的品种损失更大。

分段收获法的具体操作过程的主要环节包括：先将牧草或草坪草割倒，放在田间晾晒一段时间，然后捡拾脱粒进行种子收获。刈割使用割晒机或割草机，田间晾晒时间的长短根据种子生产地区气候条件来确定。用割草机刈割时，留茬高度为 15 cm，可将割下的茎秆晾晒在残茬上，放成草条，2～7 d 后在田间用脱粒机械进行脱粒。也可刈割后直接运输到干燥晾晒场地，干燥后进行脱粒，具体方法视牧草或草坪草种类而定。主要以手工操作为主，费时费力而且种子损失较大。在种子生产机械化水平较高地区，可以用联合收割机对晾晒种子进行捡拾脱粒。捡拾脱粒机具可用谷物联合收割机改装，如拆去拔禾轮，换上作物导向器；拆去割刀换上捡拾器；捡拾采用橡胶带弹齿效果最佳，它可以减少落粒损失；除此之外，脱粒部分转速要降低，凹板通过面积要减小。进行上述改装后的联合收割机效果大大优于一般联合收割机效果。

(3)采集收获法　采集收获法一般是针对禾本科牧草或草坪草，通过专用的种子采集收获机，无须刈割牧草或草坪草而直接收获种子，也称作立杆式不切割种子收获法。此方法是在不切割牧草或草坪草的情况下，用采集器从穗上直接脱粒成熟种子，以风或输送带等形式将种子集中在特定的容器内。采集形式有旋转刷式(单刷、双刷)、旋转梳齿式、击杆梳刷式、帆布带夹持式、真空采摘式。采集收获法主要适合穗头高低整齐、种子主要生长在植株顶部、种子成熟期不一致而且落粒性强的禾草。用草籽采集机收获种子，最大的特点是不切割植株，可以分期多次收获提高种子产量，该方法的缺点是多次收获消耗较多动力，只适用于收获种子生长在植株顶端的牧草或草坪草，如羊草、苇状看麦娘(*Alopecurus arundinaceus*)等。

(4)落地收获法　落地收获法主要是针对一些豆科牧草或草坪草种子在植株上分散不成穗状、成熟期不一致且容易落粒的特点而采取的特殊方法。该方法是等种子成熟落地后，用一些专用气吸式设备将在地表的种子拾起而收获。目前，在部分豆科牧草如地三叶、柱花草等种子收获过程中应用具有良好效果，但这种方法需要将种植土壤平整压实。

矮柱花草(*S. humilis*)、圭亚那柱花草和大翼豆种子的落粒性非常强，常常随成熟落地，加之种子的成熟期不一致，用收割机收割的植株地上部分持留种子量仅占总产量的1/3～1/2，给种子生产带来巨大困难。国内外一般收割后将带种子的茎秆堆积于原地，等种子完全脱落后再用吸种机将散落于地面上的种子吸起或用人工扫起。

参考文献

柴连生，雷荣深，周丰，等.2017.种植密度对甘农5号苜蓿种子产量的影响.甘肃农业科技，(8)：44-47.

陈冬冬，王彦荣，韩云华.2016.灌溉次数和施肥量对甘肃引黄灌区紫花苜蓿种子产量的影响.草业学报，25(3)：154-163.

陈合明，李瑞军.1996.用苜蓿切叶蜂授粉的增产效果.中国养蜂，(5)：19.

陈金炜，李卫军，师东.2011.地下滴灌不同灌水量对苜蓿种子产量构成因子的影响.新疆农业科学，48(1)：177-181.

陈金炜.2011.制种苜蓿地下滴灌灌溉制度的研究.硕士学位论文.乌鲁木齐：新疆农业大学.

陈玲玲，任伟，毛培胜，等.2017.氮素对紫花苜蓿种子产量与氮累积动态变化的影响.草业学报，26(6)：98-104.

陈强.2007.磷肥对苜蓿生长发育和种子产量影响的研究.乌鲁木齐：新疆农业大学.

陈述明，李卫军，李雪锋.2005.密度对苜蓿生长发育及种子产量的影响.新疆农业科学，(3)：189-191.

陈述明.2005.种植密度和苜蓿种子产量关系的研究.硕士学位论文.乌鲁木齐：新疆农业大学.

陈文发，谢继石.1986.钼对红三叶种子产量的影响.中国草原与牧草，(4)：38-39.

陈志峰，蒋文君，吴晓，等.2016.种植密度与施氮量对狼尾草种子产量的影响.作物研究，30(1)：63-66，72.

陈志宏，韩建国，陈会敏，等.2005.施氮对高羊茅种子产量组分和产量的影响.草地学报，(3)：215-218.

崔鹏飞.2020.河西走廊地区不同穴播留苗数对紫花苜蓿种子的影响.北京：北京林业大学.

丁成龙，沈益新，顾洪如.2002.春施多效唑对高羊茅生长及种子生产的影响.草业学报，11(4)：88-93.

丁海荣，杨智青，钟小仙，等.2015.施氮水平与播种量对多花黑麦草种子结实性及产量的影响.江苏农业科学，43(3)：190-193.

方国杰．2019. 西北旱区不同灌溉处理对紫花苜蓿种子产量及品质的影响．硕士学位论文．北京:北京林业大学．

房丽宁,韩建国,王培,等．2001. 氮肥、植物生长调节剂和环境因素对无芒雀麦种子生产的影响．中国草地,(4):32-37.

房丽宁．2000. 施肥、植物生长调节剂及收获时间对牧草种子产量和质量的影响．博士学位论文．北京:中国农业大学．

高海娟,刘泽东,孙蕊,等．2018. 植物生长调节剂在紫花苜蓿上的研究与应用．现代畜牧科技,(9):22-27.

高朋,李聪,陈本建,等．2010. 施氮对老芒麦种子产量及其构成因子和种子活力的影响．东北师大学报(自然科学版),42(2):126-131.

葛广鹏,高金华,赵永才．1999. 喷施微量元素硼、钼提高紫花苜蓿种子产量试验初报. 黑龙江畜牧兽医,(1):17.

耿文诚,张英俊,邵学芬,等．2007b. 刈割对白三叶种子及草产量的影响．草地学报,15(3):248-253.

耿文诚,张英俊,闫敏,等．2007a. 灌溉对白三叶种子生产的影响．中国草地学报,29(4):81-85.

耿智广,曹宏,张述强,等．2020. 喷施脱叶剂对紫花苜蓿种子活力和产量的影响．草原与草坪,40(1):68-73.

龚振德,李俊,袁晓君,等．2019. 收获期和收割留茬高度对高羊茅种子产量和质量的影响. 上海交通大学学报(农业科学版),37(5):15-21.

苟文龙,何光武,张新跃．2005. 多效唑对多花黑麦草生长及种子产量的影响(简报). 草地学报,(4):349-351.

古琛,刘佳月,杜宇凡,等．2016. 播量对黄花苜蓿草产量与种子生产的影响．中国草地学报,38(2):86-91.

郭树栋,徐有学,赵殿智,等．2003. 垂穗披碱草种子田最佳播种量和行距的试验初报. 青海草业,(4):6-8.

海涛,王增法,王军华,等．2003. 灌溉对紫花苜蓿种子产量和质量的影响．黑龙江畜牧兽医,(7):47-48.

韩建国,李鸿祥,马春晖,等．2000. 施肥对草木樨生产性能的影响．草业学报,9(1):15-26.

韩建国,马春晖,孙铁军．2004. 禾本科牧草种子生产技术研究．草业科学,增刊:199-205.

韩建国,王佺珍,周禾,等．2006. 新麦草种子生产管理措施的优化研究．中国草地学报,28(1):26-31.

韩云华．2014. 密度调控、施氮肥等措施对 6 种多年生冷季型禾草种子生产的影响．博士学位论文．杨凌:西北农林科技大学．

何光武．2005. 春季施肥对多花黑麦草种子生产性能的影响．草业科学,23(1):62-64.

何光武,王照,张友明,等．2004. 长江 1 号高羊茅种子生产试验报告．四川草原,(8):22-23.

贺能万，蒋光辉，王大可．2005．不同氮肥施用量对多花黑麦草种子生产的影响．四川草原，(9)：31-33.

贺晓，李青丰，索全义．2001．旱作条件下施肥对老芒麦和冰草种子产量及构成的影响Ⅰ氮、磷、钾对牧草种子产量及构成的影响．干旱区资源与环境，(S1)：79-83.

侯真珍，张爱勤，朱进忠．2013．不同灌溉模式下苜蓿种子产量构成因素及花部特征对水分亏缺的响应．新疆农业科学，50(9)：1668-1674.

胡殿贵．1998．加拿大切叶蜂授粉技术．畜牧兽医科技信息，(20)：4.

胡亚琼，刘静，廖丽莎．2019．美国得克萨斯州高地平原区地下水灌溉管理方法研究．灌溉排水学报，38(1)：96-101.

焕鲜，李宁，盛建东，等．2013．磷肥对紫花苜蓿生长和种子产量的影响．草地学报，21(3)：571-575.

江生泉，韩建国，王赟文，等．2008b．冬季放牧和春季火烧对新麦草生长与种子产量的影响．草地学报，16(4)：341-346.

江生泉，李德荣，韩建国，等．2008a．春季分施氮肥对新麦草种子产量及氮肥利用率的影响．草地学报，16(5)：512-517.

姜春，向金城．2001．苜蓿切叶蜂及在苜蓿制种中的应用初报．新疆农垦科技，(6)：22-24.

蒋金平，曹致中，刘自学．2002．灌水对草坪型苇状羊茅种子产量的影响．草地学报，10(4)：308-312.

金洪，孟庆霞，吴永敷，等．1998．苜蓿切叶蜂在呼和浩特市地区为苜蓿授粉的研究．中国草地，(6)：1-6.

鞠晓峰，刘香萍，李国良，等．2012．不同磷、钾肥配比对紫花苜蓿种子产量的影响．黑龙江畜牧兽医，5：85-87.

库尔班·尼扎米丁，朱进忠，李卫军，等．2009．氮、磷肥对制种苜蓿种子增产效应的研究．新疆农业科学，46(1)：152-155.

兰剑，张丽霞，邵生荣，等．2002a．春季不同时期施肥对多年生黑麦草种子生产性能的影响．宁夏农学院学报，23(4)：12-13.

兰剑，张丽霞，邵生荣，等．2002b．PP_{333}对多年生黑麦草营养生长及结实性能的影响．草业与畜牧，(4)：27-30.

雷雄，闫利军，吴婍，等．2017．多效唑(PP_{333})对阿坝垂穗披碱草种子产量与质量的影响．草地学报，25(3)：633-638.

黎与，汪新川．2007．多叶老芒麦种子田最佳播种量和行距的试验初报．草业与畜牧，(12)：11-12.

李邦成．2006．施肥对白三叶种子生产的影响．硕士学位论文．北京：中国农业大学.

李存福．2005．无芒雀麦、紫花苜蓿繁殖特性及种子生产技术研究．博士学位论文．北京：中国农业大学．

李国良，刘香萍，杜广明，等．2011．不同时期滴灌对紫花苜蓿种子产量及其构成因子的影响．东北农业大学学报，42(12)：130-134.

李红，杨伟光，黄新育．2010．苜蓿良种繁育关键技术的研究．中国草学会青年工作委员会．中国草学会青年工作委员会学术研讨会论文集(上册),8.

李科,朱进忠．2006. 多效唑对苜蓿种子增产效果的研究．新疆农业科学,43(3):205-208.

李蕾蕾,李聪,王永辰,等．2008. 灌溉与密度对沙打旺种子产量及其构成因素的影响. 草地学报,16(1):65-69.

李丽．2012. 水氮调控对苜蓿种子产量影响的研究．硕士学位论文．乌鲁木齐:新疆农业大学,2012.

李世忠,赵涛,柏永华,等．2008. 多效唑对蓝茎冰草种子产量的影响．西北农业学报,17(2):313-316.

李文先．1989. 蜜蜂为三叶草授粉的试验．蜜蜂杂志,(4):13.

李雪锋,李卫军,陈述明,等．2005. 灌溉对产种苜蓿生长及种子产量的影响．新疆农业科学,(5):338-341.

李瑛．2004. 不同时期和不同水量灌溉对苜蓿种子产量影响的研究．硕士学位论文. 乌鲁木齐:新疆农业大学．

李拥军,闵继淳．1998. 灌水次数、播种密度对留种紫花苜蓿生长发育和种子产量的影响. 草业学报,7(3):29-33.

梁丹妮,龚振德,兰剑,等．2019. 高羊茅种子性状对供水次数与施肥期的响应．浙江农业科学,60(8):1453-1457.

刘波．2008. 新麦草种子丰产优质技术研究．硕士学位论文．北京:中国农业科学院．

刘春增,李本银,张梦,等．2019. 紫云英荚果成熟度对落荚及种子产量的影响．草地学报,27(2):413-420.

刘法涛,杨志忠,条了汉．1993. 紫花苜蓿种子田密度试验．新疆畜牧业,(3):18.

刘海英,易津．2004. 不同类型华北驼绒藜生殖特性及种子生产性能评价．种子,23(3):3-6.

刘金平,游明鸿．2013. 生长抑制剂对老芒麦种群生殖投入与收益及种子质量的影响. 中国草地学报,35(1):42-48.

刘胜男,石凤翎,王占文,等．2017. 内蒙古中部地区苜蓿切叶蜂辅助授粉效果的比较. 中国草地学报,29(4):49-53.

刘香萍,李国良,杜广明,等．2011. 喷施硼、钼、锌对紫花苜蓿种子产量的影响．草业科学,28(12):2167-2169.

刘祥伟．2011. 紫花苜蓿蜜蜂授粉增产效果及管理技术．中国林副特产,1:48-49.

刘昭明,闫文平．2005. 苜蓿切叶蜂及其对紫花苜蓿种子生产的影响．黑龙江畜牧兽医,(1):49-51.

刘自学．2016. 草种业现状与发展趋势．第四届中国草业大会论文集．中国畜牧业协会草业分会,2.

龙忠富,莫本田,罗京焰,等．2009. 贵草 1 号多花黑麦草种子丰产栽培技术．贵州农业科学,37(2):101-103.

卢寰宗,刘晓波．2019. 多效唑对多花黑麦草生长及种子生产的影响试验．贵州畜牧兽医,43(5):66-68.

逯彦果,张世文,田自珍,等.2013. 蜜蜂授粉对豆科牧草种子生产的影响研究. 中国蜂业,64(Z2):32-34.

罗金,张树振,唐凤,等.2020. 不同密度条件下施氮对老芒麦种子产量的影响. 草食家畜,(3):28-34.

罗绍薇,李顺碧,陈瑞祥,等.2012. 不同生育期氮肥施用量对鸭茅种子产量的影响. 贵州农业科学,40(11):90-92.

罗天琼,莫本田,赵明坤,等.2020. 非洲狗尾草种子丰产栽培技术研究. 中国草地学报,42(4):161-168.

骆凯,张吉宇,王彦荣.2018. 种植密度和施磷肥对黄花草木樨种子产量的影响. 草业学报,27(7):112-119.

马春晖,韩建国,孙洁峰,等.2007. 火烧、施氮肥对结缕草种子产量和质量的影响. 草地学报,15(2):113-117.

马春晖,韩建国,孙洁峰,等.2004. 施氮肥对播种和分栽结缕草种子产量及其构成因素的影响. 中国农业科学,(9):1328-1333.

马春晖,韩建国,张玲,等.2003. 施氮肥对高羊茅种子质量和产量组成的影响. 草业学报,(6):74-78.

马克成,王秉龙.2014. 不同行距及播量对紫花苜蓿种子产量和质量的影响. 陕西农业科学,60(8):6-8.

马培杰,李亚娇,周庆,等.2019. 不同施肥处理对高羊茅黔草5号农艺性状及种子产量的影响. 贵州农业科学,47(8):80-82.

麦麦提敏·乃依木,艾尔肯·苏里塔诺夫.2016. 新疆牧草种子产业化的创新之议.新疆畜牧业,5:11-13.

毛培胜,陈志宏.2018. 牧草种子专业化生产的地域性. 北京:中国农业出版社.

毛培胜,韩建国,王培,等.2000. 施肥对无芒雀麦和老芒麦种子产量的影响. 草地学报,(4):273-278.

毛培胜,韩建国,吴喜才.2003. 收获时间对老芒麦种子产量的影响. 草地学报,11(1):33-37.

毛培胜,侯龙鱼,汪辉,等.2015. 甘肃省苜蓿种子生产现状分析与展望. 中国奶牛,(18):12-15.

毛培胜,侯龙鱼,王明亚.2016. 中国北方牧草种子生产的限制因素和关键技术. 科学通报,61:250-260.

毛培胜,王明亚,欧成明.2018. 中国草种业的发展现状与趋势分析. 草学,243(6):1-6.

孟季蒙.2010. 地下滴灌对苜蓿种子生产的影响. 硕士学位论文. 乌鲁木齐:新疆农业大学.

孟季蒙,李卫军,陈金炜,等.2010. 地下滴灌不同水量与播种方式下苜蓿种子产量构成因素的相关性分析. 新疆农业科学,47(6):1252-1256.

闵继淳,肖凤,阿不都热合曼,等.1990. 苜蓿种子生产技术的初步研究. 牧草与饲料,(2):15-16.

莫玉花.2009. 高寒地区不同行距与播种量对青海中华羊茅产量的影响. 青海草业,18

(1):8-10,20.

Суворинов A M. 1985. 苜蓿的播种方法、播种量及其种子产量. 张富川,译. 国外畜牧学. 草原与牧草,(3):31-32.

聂朝相,陈宝书. 1985. 红豆草不同收种期与种子质量关系的研究. 中国草原与牧草,4:37-40.

彭岚清. 2013. 灌水次数与施肥量对甘肃引黄灌区紫花苜蓿种子产量及质量的影响. 兰州:兰州大学.

彭文栋,马锋茂,刘定鑫,等. 2019. 蒙古冰草繁种技术研究. 宁夏农林科技,60(10):40-44.

乔安海,韩建国,巩爱岐,等. 2006. 氮肥对垂穗披碱草种子产量和质量的影响. 草地学报,14(1):48-51,56.

全国畜牧总站. 2021. 中国草业统计 2019. 北京:中国农业出版社.

沙栢平,李雪,谢应忠,等. 2019. 株行配比对滴灌苜蓿种子产量及其产量构成因子的影响. 草地学报,27(3):751-759.

邵长勇,王德成,尤泳,等. 2014. 我国牧草种子产业发展现状分析. 中国奶牛,11:9-12.

石凤善,刘祥伟,于文全,等. 2009. 高加索蜜蜂对俄罗斯紫花苜蓿授粉的效果. 草业科学,26(8):147-151.

石凤翎,吴永敷,乌兰巴特尔,等. 2000. 不同环境条件下紫花苜蓿种子产量及质量性状的研究. 中国草地,(3):35-39.

宋佳琦. 2018. 外源 6-BA 对紫花苜蓿叶片内源激素、光合作用及结实性的影响. 硕士学位论文. 乌鲁木齐:新疆农业大学.

宋江湖,呼天明,王佺珍,等. 2008. 施 N 量与西藏野生垂穗披碱草种子产量及产量因子的相关性分析. 西北农林科技大学学报(自然科学版),36(5):22-26.

宋卓琴,郭媛,高磊,等. 2017. 不同蜂种为紫花苜蓿授粉的行为与效果研究. 山西农业科学,45(11):1856-1858.

孙铁军. 2004. 施肥对禾本科牧草种子产量形成及种子发育过程中生理生化特性的影响. 博士学位论文. 北京:中国农业大学.

孙旭春,顾洪如,张霞,等. 2018. 3 种生长抑制剂对多花黑麦草种子产量的影响. 草业科学,35(8):1959-1964.

郃建辉. 2008. 无芒隐子草(*Cleistogenes songorica*)建植与种子生产技术研究. 硕士学位论文. 兰州:兰州大学.

陶奇波,白梦杰,韩云华,等. 2017. 植物生长调节剂在牧草种子生产中的应用. 草业科学,34(1):1238-1246.

陶奇波. 2020. "腾格里"无芒隐子草种子丰产技术研究. 博士学位论文. 兰州:兰州大学.

田福平,李锦华,张小甫,等. 2010. 钾肥对西藏垂穗披碱草种子产量的影响. 种子,29(12):9-12,17.

田宏,张鹤山,熊军波,等. 2015. 扁穗雀麦种子落粒性和适宜采收期的研究. 湖北农业科学,54(23):5969-5972.

田新会，杜文华．2008. 氮、磷、钾肥对紫花苜蓿种子产量及产量构成因素的影响．中国草地学报，30(4)：16-20.

田育军．1991. 施氮对 Lipo 多花黑麦草种子产量的研究．四川畜牧兽医，(4)：17-18.

王秉龙，罗世武，徐丽芳．2013. 氮磷钾配施对紫花苜蓿种子产量的影响．甘肃农业科技，(2)：7-9.

王宏洋，李陈建，陈述明，等．2015. 不同灌水量对苜蓿花部性状、结荚率和种子产量的影响．中国草地学报，37(5)：52-56.

王建光，孟和．1996. 播量和行距对紫羊茅种子产量的影响．内蒙古农牧学院学报，(2)：55-58.

王敬龙，曹致中，杜文华，等．2006. 不同行距处理对紫花苜蓿种子产量的影响．草原与草坪，(6)：49-51.

王明亚．2018. 施氮对老芒麦种子产量及产量因子的作用．博士学位论文．北京：中国农业大学．

王明泽，李国良，王殿奎，等．2011. 不同播种密度对紫花苜蓿种子产量影响的研究. 黑龙江农业科学，8：83-85.

王佺珍，韩建国，周禾，等．2004. 无芒雀麦种子产量因子与产量的相关和通径分析. 植物遗传资源学报，(4)：324-327.

王佺珍．2005. 水肥耦合对 6 种禾本科牧草种子产量和生产性能的效应．博士学位论文．北京：中国农业大学．

王佺珍，周禾，韩建国，等．2005. 新麦草种子产量的水肥耦合模型分析．草业学报，14(6)：41-49.

王显国，韩建国，刘富渊，等．2006b. 疏枝对紫花苜蓿倒伏状况、种子产量和产量构成因子的影响．草业科学，23(2)：27-30.

王显国，韩建国，刘富渊，等．2006a. 穴播条件下株行距对紫花苜蓿种子产量和质量的影响．中国草地学报，28(2)：28-32.

王显国．2005. 密度调控、施肥、刈割等措施对紫花苜蓿种子产量和质量的影响．博士学位论文．北京：中国农业大学．

王晓龙，李红，杨曌，等．2016. 缩节胺对紫花苜蓿种子产量的影响．现代畜牧科技，(4)：12-13.

王琰，张红映，罗富成，等．2018. 株行距对纳罗克非洲狗尾草种子产量的影响．草学，(2)：18-23.

王勇，徐春波，石凤翎，等．2014. 蒙农 4 号新麦草种子产量影响因子研究．种子，33(9)：87-89.

王玉祥，昌冲，陈述明，等．2015b. 外源激素 IAA、GA3、NAA 对苜蓿开花结实及种子特性的影响．中国农学通报，31(14)：1-7.

王玉祥，李陈建，陈述明，等．2015a. 施氮肥时间对苜蓿结荚率及种子产量的影响．草业科学，32(2)：231-235.

王玉祥，李陈建，张博．2019. 喷施蔗糖和里那醇对苜蓿花部特征、结荚率和种子产量的影响．干旱区资源与环境，33(2)：189-193.

王赟文．2003．灌溉、施肥、疏枝等对紫花苜蓿种子产量和质量的影响．博士学位论文．北京：中国农业大学．

王赟文，韩建国，姜丽．2004b．紫花苜蓿种子高产灌溉技术研究进展．种子，(11)：37-40．

王赟文，韩建国，秦歌菊，等．2004a．行内疏枝和生长延缓剂对紫花苜蓿种子产量与发芽率的影响．草地学报，12(1)：40-45．

王正伟，王显国，王佺珍，等．2012．干燥剂对紫花苜蓿种子收获及生产性能的影响．安徽农业科学，40(6)：3359-3361．

魏小星，郭文山，孙彦．2009．生长调节剂对紫花苜蓿种子产量及产量构成要素的影响．草业科学，26(6)：121-125．

吴建新，云锦凤，张众．2007．施肥对草原 3 号杂花苜蓿种子产量的影响．草业与畜牧，(3)：12-15．

吴双生，代家保．1986．黑麦草叶面喷施磷酸二氢钾增产效果显著．中国草原，(4)：62，43．

吴双生．1990．紫花苜蓿叶面喷施硼砂好．中国草地，(3)：55．

吴素琴．2003．紫花苜蓿种子丰产关键因子及产量构成因素的研究．博士学位论文．兰州：甘肃农业大学．

吴有松，张文超，苏生，等．2015．不同农艺措施对黔草 4 号鸭茅种子产量的影响．种子，34(8)：126-128．

武文卿，郭媛，祁文忠，等．2019．甘肃紫花苜蓿授粉现状调查．中国蜂业，(12)：23-25．

谢国平，呼天明，王佺珍，等．2010．施 N 量和收获时间对西藏野生垂穗披碱草种子产量影响研究．草业学报，19(2)：89-96．

徐军，于斌，阿拉塔，等．2012．浇水施肥对华北驼绒藜生长及种子生产影响初探．畜牧与饲料科学，33(11-12)：58-60．

徐坤，李世忠．2011．灌溉及多效唑对蓝茎冰草生长及种子产量的影响．草业科学，28(7)：1291-1295．

徐荣，韩建国．2003．草坪型高羊茅种子成熟过程中活力变化及适宜收获期研究．中国农业科学，36(7)：834-839．

徐荣，韩建国．2002．灌溉对高羊茅种子产量和质量的影响．中国草地，24(5)：18-23．

徐荣，韩建国，毛培胜，等．2001．施肥对草坪型高羊茅种子产量及其组成的影响．草地学报，(2)：137-142．

徐希莲，陈强，王凤贺，等．2010．苜蓿切叶蜂的授粉应用与发展前景．北方园艺，(7)：201-203．

徐祖荫，张翠兰，孙启跃．1990．蜂类授粉对提高红三叶种子产量途径的研究．授粉和品种比较试验．贵州省畜牧兽医，(1)：9-12．

薛世明，张宇钧，钟声，等．2011．云贵高原地区干季灌溉对白三叶种子产量的影响．中国草地学报，33(6)：89-94．

闫敏．2005．灌溉对白三叶生殖生长及种子产量和质量的影响．北京：中国农业大学．

闫敏，张英俊，铁云华，等．2007．生长调节剂对白三叶种子产量及产量构成要素的影响．草业科学，24(4)：58-62．

杨俱和,高继飞.2012.不同施磷水平对旱作陇东苜蓿种子产量和质量的影响.种子,31(12):68-71.

杨起简,刘玉芬,周禾.2004.灌溉对留种紫花苜蓿生长发育及产量的影响.中国农学通报,(1):119-121,125.

叶川,余喜初,王义林,等.2008.不同残茬处理对百喜草种子产量的影响.中国草地学报,(5):70-74.

游明鸿,刘金平,白史且,等.2011.行距对“川草2号”老芒麦生殖枝及种子产量性状的影响.草业学报,20(6):299-304.

游明鸿,张昌兵,刘金平,等.2008.行距和肥力对川草2号老芒麦生产性能的作用.草业科学,25(2):69-72.

于辉.2010.羊草种子产量构成因子与产量最适调控时间的研究.硕士学位论文.长春:东北师范大学.

于晓娜,朱萍,毛培胜.2011.氮磷处理对老芒麦根系及种子产量的影响.草地学报,19(4):637-643.

郁成忠,王厚军.2007.不同播种方式对黑麦草种子产量的影响.当代畜牧,(2):46.

袁福锦,奎嘉祥,李淑安,等.2005.不同施氮水平对俯仰臂形草生产性能的影响.草业科学,(2):48-51.

袁柱,孙彦,任逸,等.2016.叶面喷施芸苔素内酯对紫花苜蓿生长发育和种子产量的影响.草地学报,24(4):879-885.

臧福君,曾宪波,陆占忠,等.1999.苜蓿切叶蜂繁育及对苜蓿种子产量的影响.当代畜禽养殖业,(7):33.

张德胜,龙继洪.2009.川东鸭茅种子生产试验研究.草业与畜牧,(2):28-29.

张国和,王明泽,李国良.2011.3种植物生长调节剂对紫花苜蓿种子产量及其构成因子影响的研究.饲料广角,21:43-45.

张虎森.2006.施肥对高羊茅种子产量的影响.养殖技术顾问,(4):20.

张荟荟,张学洲,张一弓,等.2019.行距对紫花苜蓿种子产量及其构成因素的影响.草食家畜,(3):46-50.

张美艳,薛世明,崔玲艳,等.2014.不同收种时间和收种方式对贝斯莉斯克伏生臂形草种子产量和质量的影响.草业学报,23(4):351-356.

张美艳,薛世明,钟绍丽,等.2016.施肥对贝斯莉斯克臂形草种子生产性能的影响.西南农业学报,29(2):360-367.

张骞.2017.意大利蜜蜂为河西地区紫花苜蓿种子生产授粉研究.甘肃畜牧兽医,47(5):98-99.

张青文,张巍巍,蔡青年,等.1999.苜蓿切叶蜂授粉扩散行为及苜蓿种子增产效应的研究.应用生态学报,10(5):606-608.

张铁军,韩建国,王赟文,等.2007.灌水对新麦草种子产量及产量构成的影响.草地学报,15(1):60-65.

张铁军,韩建国,王赟文,等.2008.刈割残茬对新麦草种子产量和产量构成的影响.草业科学,(10):84-87.

张铁军,康俊梅,郭文山,等．2010. 矮壮素与 5 种生长调节剂配合使用对紫花苜蓿种子产量的影响．中国畜牧业协会,中国草学会．第三届中国苜蓿发展大会论文集．7.

张铁军．2009. 施磷肥、喷施生长调节剂、播种密度等措施对紫花苜蓿种子产量的影响．博士学位论文．北京:中国农业大学．

张旭,聂刚,黄琳凯,等．2019. 植物生长调节剂对鸭茅种子产量的影响．草业学报,28(6):93-100.

张一心．1990. 根外喷施硼钼微量元素可提高种子产量．草与畜杂志,(4):7.

张银敏,李聪,苗丽宏．2010. 磷、钾肥对蒙农红豆草种子产量和质量的影响．草原与草坪,30(2):27-32.

张永亮,王显国,骆秀梅,等．2018. 生长调节剂对羊草生长及种子产量的影响．草原与草坪,38(1):18-24.

赵俊权,李淑安．1990. 施氮水平对非洲狗尾草、纳罗克种子产量和干物质的影响．草业科学,(3):52-55.

赵利．2012. 不同氮磷处理对老芒麦种子产量、产量组分和根系的影响．硕士学位论文．北京:中国农业大学．

赵佩铮．1986. 苜蓿的浇水经验．草与畜杂志,(4):21-17.

赵宇星．2019. 施肥和密度对达乌里胡枝子种子产量的影响．硕士学位论文．太谷:山西农业大学．

郑敏娜,梁秀芝,韩志顺,等．2020. 不同磷素水平对紫花苜蓿磷累积动态和种子产量构成因子的影响．草地学报,28(1):80-87.

中国科技新闻学会．2021. 中国农科院草原所研制羊草种子收获新装备．科技创新与品牌,9:11.

周万福,张亚玲,刘香萍．2011. 植物生长调节剂对紫花苜蓿种子产量及其构成因子的影响．当代畜牧,(4):45-47

周燕飞,高雪芹,田静,等．2020. 宁夏干旱风沙区羊草水肥效应研究．西北农林科技大学学报(自然科学版),48(11):13-22.

周玉香,蒋万,姚爱兴,等．2000b. 不同品种多年生黑麦草种子适时收获期以及生产性能的研究．宁夏农学院学报,21(2):57-61.

周玉香,邵生荣,姚爱兴,等．2000a. 植物生长调节剂对草地早熟禾种子生产性能的影响.草业科学,(3):15-19.

朱建强,路宏中,马静,等．2020. 氮磷钾配施对酒泉市紫花苜蓿种子产量的影响．甘肃农业科技,5:8-14.

朱猛蒙,李东宁,张蓉,等．2017. 苜蓿切叶蜂筑巢规律初步研究．宁夏农林科技,58(12):44-45,66.

朱振磊,张永亮,潘多锋,等．2011. 行距与播种量对无芒雀麦种子产量及产量组分的影响. 草地学报,19(4):631-636.

Abel S, Gislum R, Boelt B. 2017. Path and correlation analysis of perennial ryegrass(*Lolium perenne* L.) seed yield components. Journal of Agronomy and Crop Science, 203(4):338-344.

Ayars J E, Fulton A, Taylor B. 2015. Subsurface drip irrigation in California—Here to stay? Agricultural Water Management, 157: 39-47.

Chen J S, Zhu R F, Zhang Y X. 2013. The effect of nitrogen addition on seed yield and yield components of *Leymus chinensis* in Songnen Plain, China. Journal of Soil Science and Plant Nutrition, 13(2): 329-339.

Chynoweth R J, Moot D J. 2017. Seed growth of three perennial ryegrass cultivars sown on two dates and treated with trinexapac ethyl straw shortener. Grass and Forage Science, 72(2): 271-280.

Clifford P T P, Baird I J. 1993. Seed yield potential of white clover. Characteristics, components and compromise. Proceedings of XVII International Grassland Congress. 1678-1679.

Elgersma A. 1990. Seed yield related to crop development and to yield components in nine cultivars of perennial ryegrass(*Lolium perenne* L.). Euphytica: 49(2): 141-154.

Falkowski M, Kukulka I, Kozlowski S. 1987. Relationship between the number of generativeshoots and the yield of seed grasses. Journal of Applied Seed Production, 5: 62.

Fariey D T, Hampton J G. 1997. Forage seed production volume 1: temperate species. New York: CAB International.

Garcia-Diaz C A, Steiner J J. 2000. Birdsfoot trefoil seed production: Ⅲ. seed shatter and optimal harvest time. Crop Science, 40(2): 457-462.

Hampton J G, Fairey D T. 1997. Components of seed yield in grasses and legumes. In: forage seed production volume 1: temperate species. Fairey D T, Hampton J G. CAB International.

Hampton J G. 1987. Effect of nitrogen rate and time of application on seed yield in perennial ryegrass cv. Grasslands Nui. New Zealand Journal of Experimental Agriculture, 15: 9-16.

Han Y, Wang X, Hu T, et al. 2013. Effect of row spacing on seed yield and yield components of five cool-season grasses. Crop Science, 53(6): 2623-2630.

Hare M, Lucas R. 1984. 'Grasslands Makù' lotus(*Lotus pedunculatus* (Cav.)) seed production. I. development of Maku lotus seed and determination of time of harvest for maximum seed yields. Journal of Applied Seed Production, 2: 58-64.

Hopkinson J M, Clifford P T P. 1993. Mechanical harvesting and processing of temperate zone and tropical pasture seed. In Proceedings of the XⅦ International Grassland Congress. Palmerston North: Keeling & Mundy Ltd New Zealand, 1815-1822.

Hutmacher R B, Mead R M, Shouse P. 1996. Subsurface drip: improving alfalfa irrigation in the west. Irrig J, 45: 48-52.

Li Q, Hill M J. 1989. Effect of growth regulator PP_{333} on plant growth and seed production of *Lotus corniculatus* L. New Zealand Journal of Agricultural Research, 32: 507-514.

Rolston M P. 1991. Cocksfoot seed crop tolerance to herbicides applied to seedling and established stands. Journal of Applied Seed Production, 9: 63-68.

Wang Y R, Han Y H, Hu X W, et al. 2015. Overview of the Chinese herbage seed industry. The 8th international herbage seed conference, 1-2.

Zhang T, Kang J, Zhao Z, et al. 2014. Frequency, depth and rate of phosphorus fertilizer application effects on alfalfa seed yields. Canadian Journal of Plant Science, 94 (7): 1149-1156.

Zhang T, Wang X, Han J, et al. 2008. Effects of between-row and within-row spacing on alfalfa seed yields. Crop Science, 48: 794-803.

Zhang W, Xia F, Li Y, et al. 2017. Influence of year and row spacing on yield component and seed yield in alfalfa(*Medicago sativa* L.). Legume Research, 40(2): 325-330.

Имамов С. 1986. 提高旱作苜蓿种子产量的方法．刘法涛，译．国外畜牧学，草原与牧草，(2): 53-54.

Лерелраво Н И. 1995. 白三叶种子收获期．李强，译．国外畜牧学．草原与牧草，(1): 41-43.

第 8 章　牧草与草坪草种子的处理与加工

8.1　概述

牧草和草坪草种子的种皮、果皮或其包被附属物常常具有复杂的特征。高羊茅、多年生黑麦草的颖果包被的稃片常常带有芒，翅荚决明等果实带有翅，鬼针草、蒲公英等菊科牧草果实带刺或者毛。另外，有一些牧草或者草坪草种子比较小。例如，白三叶种子千粒重为 0.5～0.9 g，红三叶种子为 1.5 g，苜蓿种子为 1.2～2.6 g(Liaghat et al.，2008；沙栢平等，2019；孔令琪等，2017)，匍匐剪股颖种子的千粒重是 0.07～0.11 g(Cattani et al.，2003)。这些带有附属物或者粒径小的种子，都不利于使用播种机进行播种。因此，为了有利于播种和成苗，需要处理与加工。

牧草和草坪草种子处理与加工是指种子收获到贮存(或播种)之间的处理程序，其目的是获得干净、生理质量高(可发芽性)的种子，在预处理、运输和播种过程中可以贮存并易于处理。处理与加工包括许多程序，不同的种子其适用性不同。根据牧草或者草坪草种子类型、收获时种子的状况以及潜在的贮存期，处理与加工程序通常包括以下 5 个环节：①预清选。粗略清洁，以清除较大的碎屑，如茎秆、叶片和空瘪种子或者果实部分。②提取。浆果和种子(或其他附属包裹单元)的物理分离，如沙棘。③脱芒。去除种子上的芒、毛等附属物。④清选。去除杂质，即其他种子、果荚、稃壳、花序和尘土等内容。⑤加工。根据客户需要或贮存要求，进行种子的晾晒、烘干、种子包衣等处理。种子处理与加工通常遵循该顺序，但针对有些牧草，某些步骤可能无关，因此对特定牧草或草坪草种子，也可能需要另外的不同措施。

8.1.1　牧草与草坪草种子处理与加工的设备要求

种子处理与加工并非是一个连续的过程，作为种子采集收获的延续，通常从田间就已经开始。预清选、干燥或去除肉质果皮等中间加工环节通常在现场进行，或在到达加工仓库后立即进行，以防止运输过程中出现变质或降低种子的质量。

处理和加工过程中的技术环节和工艺措施都应根据特定的牧草与草坪草种子类型进行调整。处理和加工也将承担着因处置不足或过度而导致种子损失的风险。处置不足是指一个程序未达到预期的结果；处置过度是指在加工处理过程中目标条件和要求过高，出现种子数量损失、种子结构损伤，导致种子活力丧失或贮藏性降低的现象。

1. 种子处理与加工中的设备应用与要求

牧草与草坪草种子加工的目标与农作物种子相似，即获得干净的可贮藏种子。由于作物种子通常需要大量集中处理，因此机械设备均能够快速高效地处理大量的作物种子。但是这些机械设备并非直接用于牧草和草坪草种子的处理和加工。在选择处理加工的机械设备时，应考虑牧草与草坪草种子的特性，符合其处理与加工的目标要求。

基于牧草与草坪草种子的特殊性，在种子处理与加工过程中，设备选择也应考虑高效经济的原则。首先，与农作物种子相比，牧草或草坪草种子的产量规模通常较小。即使在需要大量加工的地区，种子批次性状的变化也通常意味着需要针对不同批次种子进行单独的加工。设备规格方面以小容量设备为佳。其次，牧草与草坪草种类多样，且差异明显，对于设备的兼容性要求更高。在种子处理和加工过程中，频繁调整设备参数和配件以适应少量种子的要求，不仅耗时耗力，而且也降低工作效率。还有，设备维护需要专业技能和相应备件。种子处理和加工设备具有更强的专业性和特殊性，在维护保养过程中，需要更专业的技术人员和相应的配套机件。

2. 种子预清选

种子预清选是在清选前去除枯枝落叶、空瘪果荚、砂石等较大的杂质，以提高种子处理和加工效率。因此，需要针对收获后种子堆内各种物料的存在情况，确定是否进行预清选。采取预清选措施，需要考虑以下因素。首先，存在体积明显大于种子的植物材料，受收获方法或收获机械的影响，混杂在种子内的枯黄叶片、茎秆、较大的土块和石块等杂质。其次，种子收获后存在大量花序、绿色叶片、绿色果荚、绿色小穗等器官。还有，收获后种子内存在较多被病虫害危害的籽粒、茎叶以及病瘿、虫卵等，应避免污染风险。

8.1.2　处理与加工过程中的种子损伤

通过种子处理与加工，可以最大限度地在提高种子质量和降低种子损伤之间实现平衡。在种子加工实践中，采取各种处理与加工措施不可避免地会损伤种子的组织结构，形成细胞和组织代谢生理的异常，甚至是机械创伤出现的感染风险。

种子损伤可能以各种方式发生，并且其严重程度取决于处理与加工程序和种子的类型。种子处理与加工过程操作越剧烈，潜在损害就越大。例如，脱粒或去芒处理过程中，机械操作力度过大或时间过长，均会造成种子断裂或破裂严重。种子处理与加工过程常出现机械损伤，通常球形种子和小种子比细长或形状不规则的种子受到的伤害要小。种子处理与加工过程也会出现热损伤。未完全成熟和潮湿的种子比干燥的种子更容易受到热损伤，顽拗性种子对热损伤更敏感。种子处理与加工过程中也有化学损伤。在有机液体中通过浮选分离时会发生化学损伤，或者在种子引发过程中、用二硫化碳或氢氰酸进行熏蒸的化学处理过程，都可能会发生种子损伤。种子处理与加工过程也会受到水损害。种子长时间浸泡在水中，抑制细胞的呼吸；长时间浸泡也可能导致种子萌发。在处理加工过程中，对种子的轻微损害可能不会立即影响活力，但可能会导致幼苗活力降低和畸形幼苗。损伤也会影响贮存潜力，受伤或严重擦伤的区域可能会成为感染中心。通过种皮裂纹增加对真菌感染的易感性。

与种子收获或采集一样，处理与加工也会带来一般和特定的安全隐患。技术人员应熟悉相关的潜在风险，并遵守适当的预防措施。处理与加工过程中的安全注意事项包括以下两方面。①呼吸道、眼睛和皮肤刺激。在种子处理与加工过程中，花朵部分、真菌孢子、干果肉和其他细小颗粒悬浮在空气中的灰尘中，干燥的灰尘会对眼睛、鼻子和皮肤造成刺激，导致瘙痒、咳嗽和打喷嚏。这些灰尘因素易引起操作人员的过敏反应。尤其是一些带芒、毛等附属物的种子处理过程中会产生不适反应。②机械设备风险。通过设备的安全施工和维护以及操作员的适当培训和指导，掌握正确的操作降低脱粒机和清选等机械设备发生事故的风险。

8.2 牧草与草坪草种子的处理技术

种子处理是指在播种前对种子采取的各种预措手段、方法的总称，是当前农业生产中不可缺少的种子加工技术，是提高种子商品性、播种质量和播种品质的一个重要手段。种子处理技术的普及和应用已成为衡量一个国家种子科技水平高低的标志之一。种子处理是提高商品种子质量，使其更易于播种，降低病虫害对种子和幼苗侵害的主要措施。广义的种子处理不仅指播种前对种子的各种预措，而且还指对种子一生，即包括从种胚的形成、发育到种子成熟收获、加工调制的种子生产过程，以及贮藏至播种前和播种过程中人为施加于种子的各种处理措施。狭义的种子处理主要是指利用物理、化学和生物处理等技术手段，为提高商品质量的增强处理技术。商业上种子处理主要是指狭义的种子增强处理技术，种子处理包括物理法、化学法和生物法。物理法主要是对种子进行温度处理、电场处理、磁化处理和射线处理等。化学法是利用杀虫剂、杀菌剂和其他化学制剂对种子进行处理。生物法是利用有效微生物对种子进行处理。在商业上常用的种子处理技术包括种子引发、种子预发芽、种子包衣等。在处理过程中通过添加杀菌剂、杀虫剂、微量元素、植物生长调节剂、接种激发剂和标志性着色剂等对种子进行保护处理。

通常采取种子处理均会提高种子的附加价值，如安全发芽、幼芽生长、植株健壮、产量和质量的提高。种子处理过程中提倡采用安全绿色环保试剂，降低人员和环境风险。同传统植保产品相比，种子处理提供了比较成本优势，减少使用工作量和时间。种子处理也是控制某些种子和早期幼苗病虫害唯一适当可行的途径，而这些疾病不通过种子处理就很难加以控制。

8.2.1 牧草与草坪草种子的清选前处理

通常牧草与草坪草收获种子经过粗筛后，可以直接进行清选，但是有些牧草或草坪草种子经粗筛后种子批内仍有完整荚果、花序、小穗等存在，而且某些牧草或草坪草种子具有特殊结构，如豆科牧草与草坪草的荚果，禾草种子的颖壳、芒或毛等。为了减少种子的损失，未脱粒单位必须进行破碎成单粒种子，颖壳、芒等均需进一步的处理才能进行正常的清选。常用的处理机械有除芒机、脱壳机、锤片式清选机等。

1. 除芒机

除芒机由装置在钢筒内的一组水平旋转击轮组成，击轮是由带有突出臂的轴构成，突出臂具有移动种子通过滚筒的作用。另外，在滚筒内壁上具有一组可以调节的固定杆，用以防止种子随着击轮旋转。除芒机利用击轮和突出臂以及相互间的作用对种子、果荚、花序、双粒种子等进行强力摩擦来完成作业。通过工作时间、击轮速度和突出臂与固定杆间隙大小来控制处理程度。国内主要有 9CM-300 型、5TCM-100 型种子除芒机，适用于禾本科牧草与草坪草种子的脱芒处理(图 8-1)。

2. 脱壳机

一般在粗筛或去芒后使用脱壳机，只是某些豆科、禾本科牧草与草坪草需要进行脱壳。脱壳处理时将种子外壳或果荚处理掉，提高种子清选特性或种植质量。脱壳机通常利用两块相对橡胶或像砂纸、金刚砂之类的表面粗糙物体来摩擦种子，以达到剥去种壳的目的。国内生产的 5LB-1.3 型剥壳机可以用于草木樨、苜蓿种子的剥壳。5XT-15 型脱壳机适用于禾本科牧草与草坪草种子。

3. 锤片式清选机

锤片式清选机用于去除种子上的芒或柔毛，它利用许多指状锤片在部分具孔的金属桶内旋转来处理种子(图 8-2)。通过锤片和筛板间用力击打或碾压将种子附属结构除去并用力将种子挤过筛孔，处理效果有赖于锤片速度、筛孔大小、喂料速度和种子状况，筛孔太大将会造成杂质过多和大量芒未能被去掉，而筛孔太小将会大量伤害种子、降低工作效率并增加处理时间。

图 8-1　除芒机

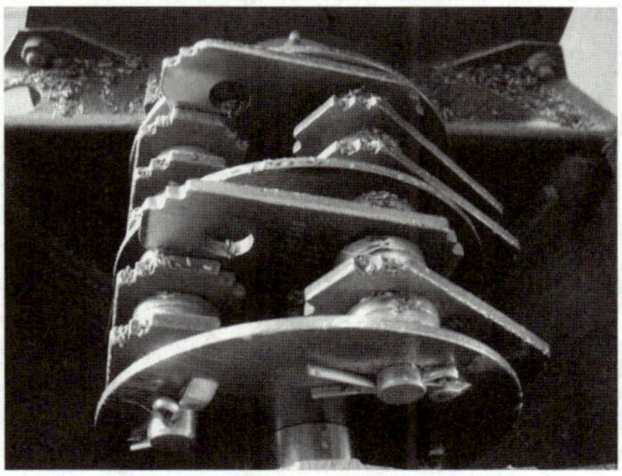

图 8-2　锤片式清选机内锤片外观

8.2.2　种子包衣技术

种子包衣(Seed coating)是一种独特的种子处理技术，将种衣剂附着在种子上，从而达到防治病虫害、促进牧草与草坪草生长等不同目的。种子包衣是指利用黏着剂或成膜剂，用特定的种子包衣机，将杀菌剂、杀虫剂、微肥、植物生长调节剂、着色剂或填充剂等非种子材料，包裹在种子外面，以使种子呈球形或者基本保持原有形状(麻浩，2017)。经包衣处理后的种子称为丸衣种子或包膜种子，用于成膜的物质称为种衣剂。种子包衣适合于大多数牧草和草坪草等小粒种子以及绝大多数园艺作物等大中粒种子。

1. 种子包衣方法

种子包衣是美国学者 Thornton 和 Ganulee 于 1926 年首次提出的问题。20 世纪 30 年代，英国 Germains 种子公司在禾谷类作物上首次研制出种衣剂。1941 年美国缅因州种子科技人员利用小粒包衣种子进行机械播种。20 世纪 60 年代，随着欧洲苗业的兴起，种植者要求种子单粒化、高质量，这样便于控制株行距、播深，促进了种衣剂的迅速商业化。80 年代，发达国家种子包衣技术已基本成熟，广泛运用于蔬菜、花卉、棉花以及小麦、玉米等领域(吴学宏等，2003)。我国种子包衣技术研究起步较晚。1981 年中国农科院土肥所研制成功适用于我国牧草种子飞播的种子包衣技术。牧草和草坪草种子包衣技术发展迅速，越来越多的种类加入种子包衣的行列，主要有紫花苜蓿、沙打旺、三叶草、狗牙根、早熟禾属、羊茅属、披碱草属等牧草和草坪草(何祖欣等，2016)。

种子包衣方法主要分为种子丸衣和种子包膜。种子丸衣是指利用黏着剂将杀菌剂、杀虫剂、染料、填充剂等物质黏附在种子表面，做成大小和形状相似的单粒种子单位。这种方法适用于小粒种子和种子表面具有特殊结构流动性差的种子，有利于精确播种和牧草种子的飞播。种子包膜是指利用成膜剂将杀菌剂、杀虫剂、微肥、染料等物质包裹在种子外面形成一层薄膜，做成与原来种子形状相近的单粒种子单位。这种方法主要适用于大粒或中粒种子。

2. 种子包衣前准备

种子包衣过程属于批量连续生产，种子被定量地计量，药液也被定时计量，然后使种子和药液同时下落，药液被雾化后喷洒在下落的种子上，实现种子的丸化或包膜，最后搅拌排出。在进行种子包衣前需要完成各项准备工作。

(1)种子的准备　凡是进行包衣的种子必须是经过精选加工的种子，种子质量应达到大田用种准备。包衣前应对种子进行晾晒或烘干，使种子水分在安全贮藏水分之内。并对种子净度、发芽率、含水量等质量状况进行确认，各指标均符合要求时可进行包衣作业。

(2)机具的准备　根据种子类别和包衣方式选择适合的包衣机。检查包衣机的技术状态是否良好；检查机械旋转是否正常；观察供粉装置和供液装置是否工作；观察试运行工作状况；确认技术状态良好后即可进行包衣作业。

(3)药剂的准备　根据种子的要求和加工数量选择相应的种衣剂和准备足够量的药物。对于液剂药物的准备，主要是根据不同药物的要求配置好混合液。一般液剂药物的使用说明中都会详细指出药物与水的混合比例，要按说明书中的比例进行配制。混合时一定要搅动，使药液混合均匀。

3. 种子包衣机械

一个简单完整的种子包衣处理器由药筒和供药系统、喂料斗和计量药箱、雾化装置、搅拌和传动装置、机架等部分组成。种子包衣机械的类型和规格根据种子包衣方法也各不相同，可分为种子丸化包衣机、种子包膜包衣机和多用途包衣机等(图 8-3)。

图 8-3　种子包衣机

4. 牧草与草坪草种子包衣的局限和前景

种子包衣技术对于提高种子萌发能力和经济价值具有明显的效果，但在牧草与草坪草种子包衣的应用推广中，也受种子本身的生理特性影响，削弱种子包衣的促进作用。

(1)种子休眠的不利影响　相比于具有悠久驯化历史的作物种子，部分牧草或草坪草种子由于其休眠的特性，降低了发芽率和发芽整齐度。豆科牧草或草坪草种子存在硬实现象，有的硬实率高达 90%以上，严重影响种子的发芽率和出苗率，阻碍其推广应用(罗小燕等，2017)。结缕草、羊草等禾本科牧草或草坪草种子具有很强的休眠性，未经处理的种子发芽率低(郭海林和刘建秀，2003)。因此，如何打破草类种子休眠，提高种子发芽率和出苗整齐度应是种子包衣关注的方向。

(2)非生物胁迫对种子萌发的不利影响　我国北方草原主要分布在干旱、半干旱地区，由于不合理的放牧、盲目开垦等人为因素及气候变化等自然因素，导致草原出现了不同程度的退化，退化草原进行恢复和重建需要大量优质的牧草种子。但牧草种植地区干旱、盐碱等非生物胁迫普遍，如何提高种子萌发抗旱性、耐盐性等抗逆性也是牧草种子包衣面临的主要难题。牧草或草坪草种子萌发与种衣剂的作用规律研究有限，应该加强种子萌发生理的基础研究(欧成明和毛培胜，2019)。

(3)种子形态对包衣工艺标准化的影响　牧草或草坪草种子形态多样且种子偏小，如剪股颖种子千粒重小、老芒麦种子的长芒、驼绒藜种子被长柔毛等，难以正常进行种子的包衣处理，需要在进行种子包衣前进行筛选和处理，才能保证包衣种子的质量和均匀性，对于种子包衣工艺的标准化增加了一定难度。另外，根据不同牧草或草坪草种子的特点，结合播种机械的要求，明确有效活性成分的使用、成膜剂配方、增重比例等，提高包衣种子的有效性、稳定性，才能实现精量播种。

2012年以来，随着国家"振兴奶业苜蓿发展行动""退牧还草"和"草原生态保护补奖机制"的全面实施，市场对优质牧草种子的需求量明显增加。国家启动"草牧业"和"粮改饲"试点项目，饲用燕麦、青贮玉米和饲用甜高粱等一年生禾本科牧草种子需求量急剧增加。随着山水林田湖草生命共同体的提出，响应农村振兴、脱贫攻坚的号召，草产业的发展区域将进一步扩大，尤其是抗逆的牧草或草坪草种子需求也会大幅度上升。按照党的"二十大"加快实施创新驱动发展战略精神，面向国家重大需求，加快实现高水平科技自立自强。随着草牧业和草种业的发展，市场上需要大量优质牧草或草坪草种子，给种子包衣技术的研究创造了良好的发展环境，新材料、新技术的不断创新与应用，将大力提升草种业的科技含量和附加值，既满足企业的利益需求，又给草牧业和草种业的发展提供技术保障。包衣种子田间成苗率高，包衣材料中含有肥料、生长调节剂等，减少后期人工投入成本；播前植保，如包衣种子外层的种肥能确保种子苗期必需的养料，其中杀虫剂、杀菌剂对地下害虫和苗期病害有很好的防治效果，同时包衣种子的推广正符合我国不同地域自然资源环境条件差异带来的抗逆性要求，由于种子包衣技术的应用，大大减少了农药施用量和施用次数，减少了环境污染，有利于草业可持续发展。

8.2.3　牧草与草坪草种子引发技术

1. 牧草与草坪草种子引发的特点

种子引发(seed priming)是在可控制的条件下(如慢速定量吸水和逐步回干等)使种子缓慢吸水，为萌发提前进行生理准备，而不引起伤害的一项播前种子预处理技术(王彦荣，2004；Heydecker et al.，1973；Parera and Cantliffe，1994)。引发过程中种子含水量变化呈现阶段性趋势(图8-4)。种子浸泡在低水势溶液当中，提供制约渗透压的环境，根据不同牧草与草坪草种子的形态结构，经过几小时到几天不等的缓慢吸胀吸水作用，完成种子萌发前期生长物质代谢活动，在限制种子吸水速率的条件下，细胞膜系统得到较好的修复(马瑞霞和王彦荣，2008；赵玥等，2012)。种子引发能够提高种子活力，促进生长；增强种子的抗逆性，提高逆境下的出苗；有利于打破种子休眠；提高种子的耐脱水力。研究表明，通过引发处理可增强种子的抗氧化性(夏方山等，2016)、活力(Zhao et al.，2018)、耐低温能力(坎平等，2014)，增加萌发率(张志胜和Dorna，2005)、出苗整齐率(Wu et al.，1999)、成活率(任淑娟等，2012)、幼苗生长及建植率(Ashraf and Foolad，2005)，使作物产量(Farooq et al.，2017)得到有效改善和提高。

在引发处理过程中，牧草与草坪草种子内部会发生形态、生理生化及分子水平变化，主要表现在以下几个方面：①弱化了种子内部胚根周围的限制组织，促进了胚根生长。②促进了细胞膜修复，膜完整性提高，减少种子内溶物外渗。即使在低温逆境下，引发种子细胞吸胀仍均匀，细胞器良好，ATP酶在质膜上分布均匀，膜结构与功能发育正常。③引起与种子发芽、活力和抗劣变相关酶活性的提高，活化水解酶而引起种子内蛋白质、脂肪和淀粉等贮存物的迁移。④引起种子内源激素水平变化，如ABA含量降低。⑤促进RNA和蛋白质合成及ATP的利用，引起细胞周期蛋白的变化。⑥减少染色体畸变频率，修复因老化引起的染色体损伤，

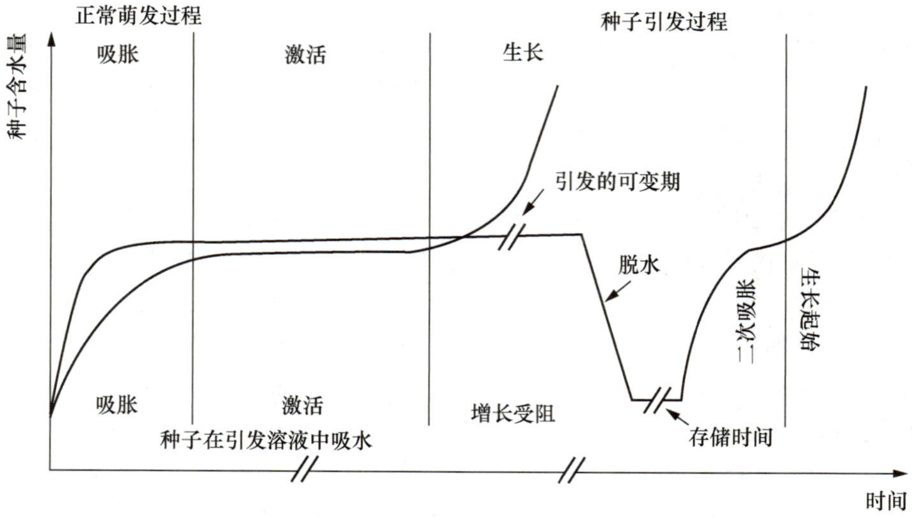

图 8-4　正常发芽和种子引发过程的示意图(Rajjou et al.,2012)

促进细胞核 DNA 合成。

2. 种子纳米引发的技术与研究

随着种子引发研究工作的开展,新的引发技术不断出现。常用的种子引发技术主要有水引发(Shukla et al.,2018)、滚筒引发(Da Silva et al.,2015)、渗透引发(王彦荣等,2004)、固体基质引发(Madsen et al.,2018)、生物引发(Sharifi,2011)和膜引发(Rowse et al.,2001)等。种子引发处理技术通过种子预发芽的生理生化代谢和修复作用,提高种子发芽和出苗质量(李皓等,2012)。在此基础上又出现了赤霉素引发(Ma et al.,2018)、脱落酸引发(Finch-Savage and Mcquistan,1989)、起泡柱引发(Thornton and Powell,1992)、沙引发(Zhang et al.,2007)、脯氨酸引发(Shafiq et al.,2018)、硒酸钠引发(Du et al.,2019)等种子处理新技术。纳米颗粒(nanoparticles,NPs)因其结构上的特殊性,表现出许多优异的性能和全新的功能,已在许多领域展示出广阔的应用前景(陆长梅等,2002)。在纳米颗粒的广泛使用过程中发现它具有促进植物生长、防治植物疾病、去污染等多种功效(陈学军等,2000)。将纳米颗粒作为种子引发剂,即纳米引发新技术受到大家的关注。

(1)纳米引发技术　纳米引发是将纳米颗粒作为种子预处理剂,并采用种子引发策略,来促进植物种子萌发、生长和抗逆性的种子引发新兴技术。天然或人造的纳米颗粒通常是指三维空间尺寸至少有一维尺寸在 1～100 nm 范围内的超微粒子,人造纳米颗粒(工程纳米颗粒)可以是金属基或碳基纳米颗粒。由于其尺寸和形状,与大分子相比,纳米颗粒具有一些优异的物理性能(Vanlalveni et al.,2021)。在所有类型的纳米颗粒中,金属纳米材料因其优异的性能,如大的比表面积和溶液中的高分散性,被广泛用于各种技术研究中(Chatterjee et al.,2017;Stadler et al.,2019)。此外,纳米技术是农业应用的先进技术之一,包括纳米肥料、智能药物输送和纳米农药等(Sarmast and Salehi,2016)。种子引发是打破种子休眠、提高种子活力和最大限度地提高种子发芽潜力的一种可行方法(Paparella et al.,2015),而纳米引发是一种新型提高种子质量的方法(Sarkar et al.,2021)。一些常用的纳米材料在纳米引发中被应用,包括纳米银(AgNPs)和纳米金(AuNPs;Acharya et al.,2019)、纳米铜(CuNPs;Raja et al. 2019)、纳米二硫化亚铁(FeS_2 NPs;Yasmeen et al.,2015)、纳米氧化锌(ZnONPs;Raja et al.，2019）、碳纳米管（CNTNPs；Yousefi et al.，2017）等。

纳米引发是一个复杂的种子播前处理过程，其引发效果受诸多因素的影响。纳米引发主要在禾本科、豆科、十字花科、葫芦科等植物中进行了运用。影响纳米引发效果的主要因素包括以下方面：①纳米颗粒类型，使用不同的纳米颗粒对不同植物种子产生的效应亦不同，就是同一类型的纳米颗粒在不同的植物种中产生的效果也是有差异的。②纳米颗粒的大小及形状，不同的大小和形状会影响纳米颗粒的性质，而且不同纳米颗粒其大小与形状也是不同的。多数纳米颗粒的粒径都落在 1～50 nm 之间，其中在 21～40 nm 之间的为最多，只有 FeNPs、ZnONPs 等颗粒在 60～100 nm 之间；大部分纳米颗粒也呈球形，在常温下以结晶体的形式存在。③ 纳米引发剂的浓度，纳米引发效果也与适宜的浓度有关，应避免种子遭受毒害。研究发现，低剂量（<40 mg/L）的纳米零价铁（nZVI）可作为种子引发剂，并能促进幼苗的生长；然而在较高剂量（>80 mg/L）下，nZVI 对植株的生长有一定的负面影响，幼苗生长下降、细胞死亡率提高、光合色素含量降低等（Guha et al.，2018）。尤沛（2021）提出低浓度（200 mg/L）纳米镧引发柳枝稷种子，增加种皮透性，提高盐胁迫下种子活力（图 8-5）。④纳米引发也会受到时间的影响，浸泡时间对于成功的种子引发很重要。引发的最佳时间受植物种或品种的影响而不同。Mahakham 等（2016）在 25 ℃条件下，用 GNPs 引发玉米种子，发现在引发溶液中浸泡种子的最佳时间是 24 h，以防止种子达到吸收的第三阶段。⑤纳米引发也受种子质量影响，引发效果可能受种子发芽率或活力的影响。以上诸多因素会影响引发的最终结果，且往往相互作用。

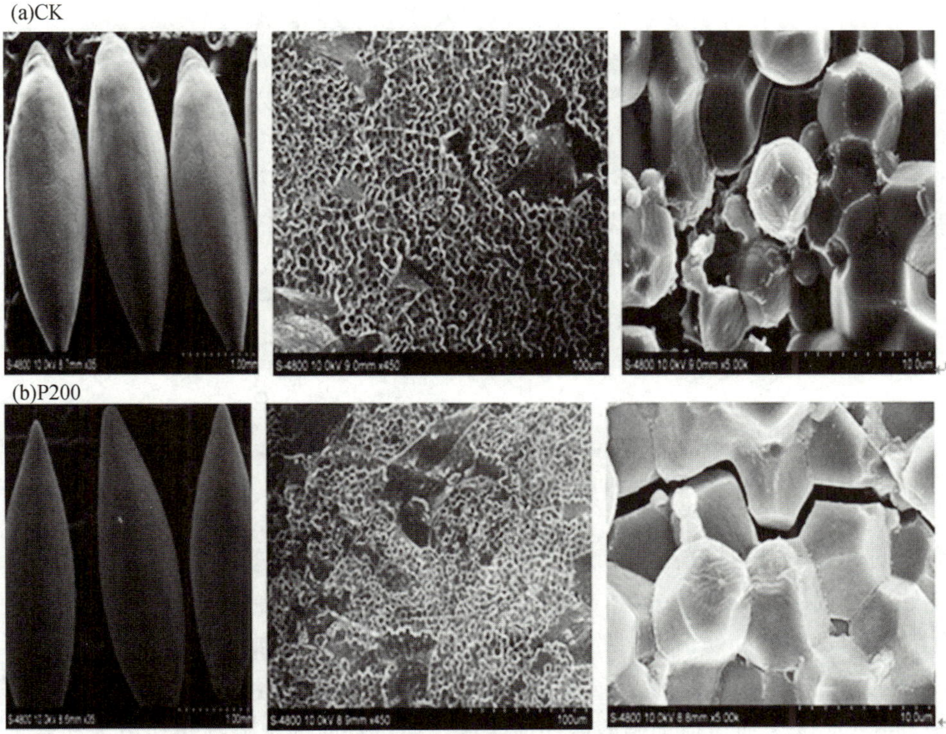

图 8-5　纳米镧引发处理对种子在扫描电镜下的表观特征图（尤沛，2021）

（2）纳米引发的生理生化研究　纳米引发的应用与研究表明，纳米引发通过改变和调控种子内部的生理生化活动与过程，增强种子活力（Zheng et al.，2005），促进种子萌发（Mahakham et al.，2016），增大根茎比及其长度（Guha et al.，2018），提高幼苗生物量和活力（Kole et al.，

2013)，增强植物的抗逆性(Rahimi et al.，2016)。纳米引发过程是种子在吸收必需大量或微量营养素的条件下为萌发做准备的过程，与直接播种或直接萌发前的其他生理储备活动相比，其内部发生的生理生化过程和物质代谢活动更为复杂(崔秀敏等，2000)。

纳米材料的处理不仅促进种子萌发，而且影响着幼苗的生长，会使植物增加对生物或非生物胁迫的抗性。其中，纳米引发可通过激活淀粉酶、蛋白酶和脂肪酶等代谢酶，使种子萌发并提高幼苗活力(Hossen et al.，2020)，此外，纳米颗粒可诱导活性氧的产生，促进早期种子的生长和发育，也可缓慢穿透种子，并影响和调节生物的代谢过程。Wojtyla 等(2016)认为在种子萌发过程中发生的生化变化是由 ·OH 自由基引起的，·OH 自由基导致活性氧生成并发生酶反应以刺激种子的萌发过程。在种子萌发期间，种子需要最佳活性氧浓度，其对后续种子的细胞壁松动及植物生长中的细胞扩张至关重要(Tenhaken，2014)。综合相关研究，Song 和 He(2021)提出纳米引发后促进种子萌发的可能机制(图 8-6)。首先，纳米引发可产生羟基自由基，使细胞壁疏松，并在种子表面形成小孔，以增加水和氧的吸收(Khodakovakaya et al.，2011；Mahakham et al.，2016)；其次，活性氧的重新激活和抗氧化酶活性的增加显著改变了抗氧化代谢(Itroutwar et al.，2020)。此外，种子在萌发过程中会经历各种生理生化的变化，如种子内淀粉、脂肪和蛋白质等有机物质经历了一系列代谢转化，包括生理水解、运输和重建(Mahakham et al.，2017)。

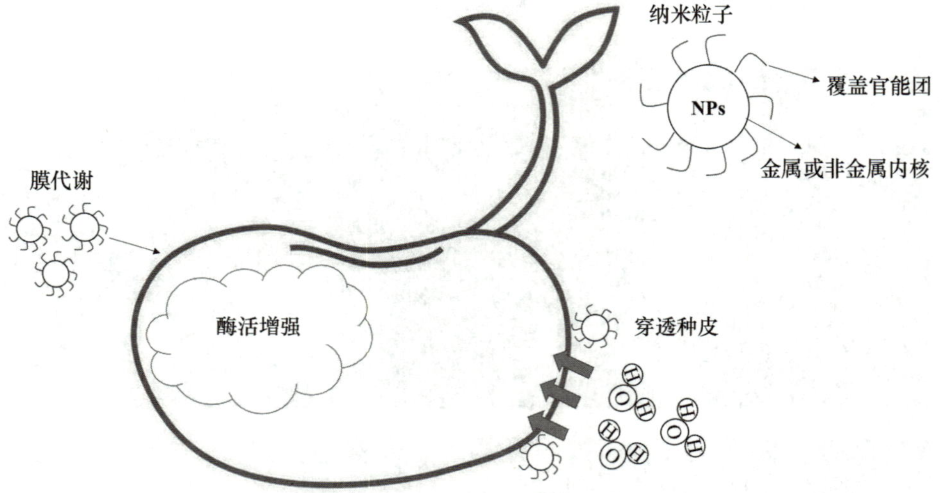

图 8-6 纳米引发存在的可能机制(Song and He，2021)

研究表明，纳米引发是改善水稻种子和幼苗淀粉代谢的最有效方法，即引发可增强种子萌发过程中的淀粉代谢(Hussain et al.，2015；Zheng et al.，2015)。Mahakham 等(2016)发现，纳米引发种子的发芽率和幼苗活力的增加是与 α-淀粉酶活性增加有关的，在萌发的纳米引发种子中淀粉水解速率更快，提供更多幼苗生长所需能量、可溶性糖，进而使发芽率增加。SiO_2 NPs 和 TiO_2 NPs 通过增加硝酸盐还原酶以及通过提高种子吸收并利用水和养分的能力来改善大豆种子萌发(陆长梅等，2002)。Srivastava 等(2014)研究发现，FeS_2 NPs 通过不同的作用途径来增加菠菜的产量。一方面，在水环境下，导致原位产生 H_2O_2，快速分解淀粉，充当了模拟淀粉酶活性的人工酶；另一方面，通过激活油菜素类固醇途径起到化学信使的作用，增强 CO_2 的形成和碳水化合物的代谢。Zheng 等(2005)认为，TiO_2 NPs 的光氧化还原反应可以加速电子传输以及从电能到 ATP 等活性化学能的转化，从而促进 Rubisco 活化酶的活性，进而增强 Rubisco 活性。

抗氧化系统在种子引发生理方面也发挥着重要作用(图 8-7)。Mahakham 等(2016)发现，经 AgNPs 引发处理的种子在萌发和幼苗早期生长过程中表现出比未经引发处理的种子更强的抗氧化系统。适当浓度的纳米引发剂能够通过提供更多的稳定脂质参与细胞膜的修复来提高质膜的完整性(Sahebi et al.，2015)。因此，纳米引发在植物抵御生物或非生物胁迫中有重要作用(Ma，2004)。Yang 等(2006)研究发现，TiO_2 NPs 增加光吸收，加速光能的传输和转换，保护叶绿体免于老化，并延长叶绿体的光合作用时间，这可能是 TiO_2 NPs 通过增加抗氧化酶(如过氧化氢酶、过氧化物酶、超氧化物歧化酶)的活性来保护叶绿体，免受过度光照(Hong et al.，2005)。在盐胁迫下，SiO_2 NPs 改善了叶片的鲜重和干重、叶绿素含量以及脯氨酸含量的积累。由于 SiO_2 NPs 的存在，脯氨酸、游离氨基酸、营养素含量、抗氧化酶活性增加，从而提高了植物对非生物胁迫的耐受性(Haghighi，2012；Kalteh et al.，2014；Siddiqui et al.，2014；李博等，2012)。

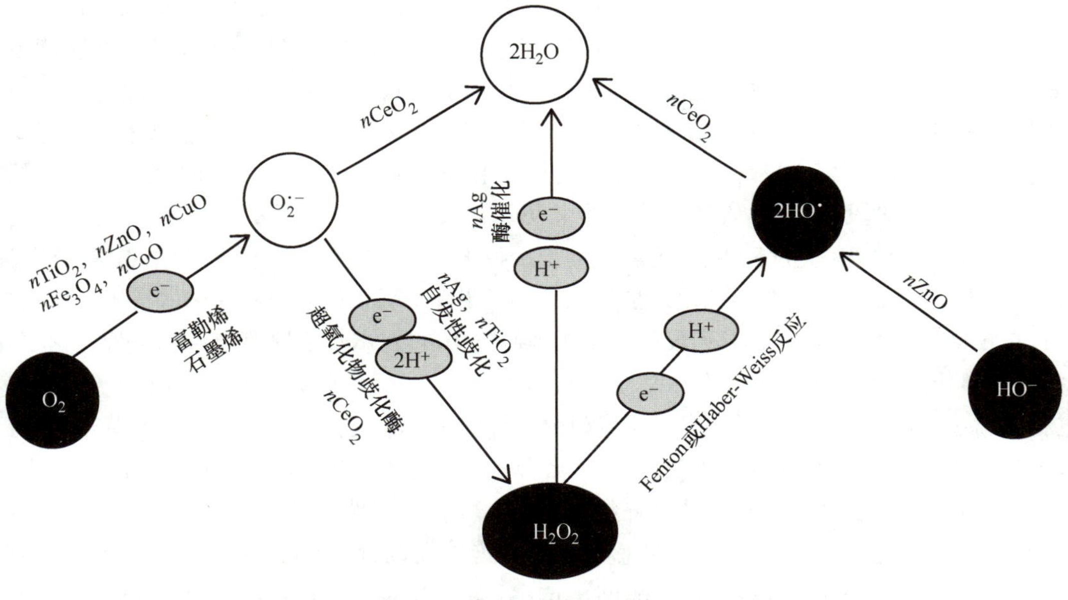

图 8-7　纳米粒子如何产生/清除活性氧物质的机制(Rico et al.，2015)

随着生物技术的发展，种子纳米引发技术无论是在机理还是在引发效果等方面的研究都取得了重要的进展，纳米引发技术逐步从提高种子活力研究转到引发后种子生理生化变化及分子机制的响应上。Mahakham 等(2017)研究显示，AgNPs 引发显著增强 PIP2；1 水通道蛋白基因的表达，$AgNO_3$ 引发、水引发种子中 PIP1；1 和 PIP2；11 的转录水平也增加，但它们的表达水平低于纳米引发处理。Gao 等(2006)研究表明 TiO_2 NPs 处理将导致菠菜中 mRNA 表达和蛋白质水平高度增强。Khodakovskaya 等(2012)发现多壁碳纳米管(MWCNTs)可以上调与应激相关基因，如病原体防御基因和水通道基因；纳米管还通过激活水通道、细胞分裂以及延伸的主要基因调节因子(如 NtPIP1、CycB 和 NtLRX1)，增强烟草(*Nicotiana tabacum*)细胞的生长。纳米引发的显著效应与纳米材料的光催化特性、碳纳米材料处理上调植物中水通道蛋白的表达有关(Ze et al.，2010)。纳米颗粒对种子萌发的生理增强作用的机制尚不清楚，虽然学者们提出了各种假设，但是其确切机制仍需进一步深入阐明。尤其是 NPs 的作用模式、与生物分子的相互作用及对植物基因表达调控的影响报道甚少。纳米引发是目前种子引发领域比较热门也是比较新的尝试，纳米引发的效应因植物种、纳米颗粒与萌发期间的环境等不同而差异很大，应根据不同物种的特点以及纳米颗粒的性质选择最佳的纳米引发剂及浓度。纳米引发处理主要集中在农作物、经济作物和粮食作物中，牧草或草坪草种子的纳米引发研究较少；在重视牧草种子研究的同时，应关注引发对其休眠率高和出苗慢等特点的综合影响。纳米引发处理后种子发芽力明显改善，尤其是逆境下的出苗性能也明显提高，但是也带来一些负面效应，如纳米颗粒的毒性效应。所以亟待解决引发后种子受重金属毒害的难题，以延长种子寿命，保持最佳的种子引发效应。

(3)种子引发研究发展与趋势　种子引发与种子活力之间关系的研究取得了较大的进展，种子引发作为提高种子活力的一种技术手段已经得到了肯定，但是由于种子引发的机理仍未得到全面的阐释，因此对于引发的研究还存在很多的问题，如影响种子引发的因素较多，不同物种、不同质量的种子甚至不同批次的种子的最佳引发条件都有所差异，引发达到的正面或负面效果不好界定(赵玥等，2012)。有时不得不采用多种引发方法、试剂及不同引发条件相结合的方法，以达到最佳的引发效果。同时，引发处理引起的反应也是多层次的，其中哪些能最为有效地提高种子活力，又能将种子活力提高到什么程度都很难确定。引发所引起的生理生化变化的复杂过程与最终活力提高的程度之间存在着许多有待于解决的问题。种子引发理论研究与技术应用还需不断地探索和拓展，尤其是针对牧草与草坪草种子引发的理论研究及技术应用尚处于起步阶段，在草学研究中种子的引发研究与应用将是今后重点关注的方向之一。

种子引发技术的研究过程中，研究者们逐步从种子活力的检测、生理指标的测定深入到了分子机理的研究，并且在一些重要的模式植物、农作物、花卉及蔬菜种子的研究中取得了较大进展。然而，在牧草与草坪草种子方面，引发的分子机理研究仍然较少，加之牧草与草坪草种类繁多、种子特性各异、野生性状极强等，更加大了研究的难度，因此该领域的研究与农作物种子的研究相比仍然滞后。目前，牧草与草坪草种子引发研究主要集中于紫花苜蓿、沙打旺、结缕草、羊草等种类，结合蛋白质组学、基因组学的方法，为深入解释引发调控种子活力的内在机制创造了条件。

由于多数牧草或草坪草种子具有籽粒小、休眠度高、均一性差、野生性状强等特性，在生产中得到均匀一致、饱满健壮且生命力旺盛的种子难度较大，而播种前种子的引发处理则能有效地提高种子活力，打破种子休眠，提高田间出苗率，使幼苗的均一性和抗逆性得到提高。种子引发技术的特点是难度较低、操作简单、成本较低、应用价值高和推广范围广。如能很好掌握其在不同牧草或草坪草种子中的应用规律，就可大大提高牧草或草坪草的生产性能和田间表现。结合科学合理的引发技术，加强和改进牧草或草坪草种子引发在实际生产中的处理方法和效果，引发技术在草业生产及生态建设等方面将有着广阔的应用前景。

在种质资源保存中，尽可能维持种子的高活力是关键。虽然低温长期库是种质资源保存的最佳途径，且一般能维持种子贮藏寿命 20 年以上，但库存种子生活力监测表明，有少量种子活力仍出现了明显的下降(辛霞等，2011)，牧草或草坪草种质资源的保存也存在同样的问题。利用引发的方法尽可能恢复和改善种子的萌发能力，用于繁殖更新。种子引发对种质资源安全保存具有十分重要的意义。

8.2.4　种子处理技术的发展

随着社会的进步和环保意识的增强，减少农药的施用量、实行绿色植保技术的理念逐渐成为种植业田间管理的主流。种子处理产品因其良好的表现受到种植者广泛的青睐。种子处理市场从 2016 年的 61 亿美元增长到 2022 年的 113 亿美元。研究新的种子处理技术是全球植物保护市场增长最快的领域之一。在加强物理技术、包衣设备研制的同时，应重视以下方向的研究。①加强替代化学方法处理种子的技术研究。考虑到农药对环境的影响，科学家们已开发出了干燥、热水和辐射等物理方法处理种子或使用天然作物保护剂/微生物菌剂以替代化学方法处理种子。未来应该更侧重于用先进的物理方法（微波、超声、臭氧处理、纳米等）和生理处理（种子涂料、液体钻孔等）替代化学方法处理种子。同时，加强种子处理组合物的开发，作为传统的广泛喷雾农药的替换。②发展专用型种子处理技术。针对不同牧草与草坪草、不同地区的不同病害使用杀菌剂处理种子或者使用带有推荐化学品的种子，发展专用型种子处理技术。在进行种传病害的测试时，种子处理可仅针对受感染的部分，减少处理所需要的化学药品数量。发展利用高分子吸水剂包衣来提高种子抗旱、耐寒能力等技术。预计这类定制服务将在未来商业化种子市场得到快速发展。③提高消费者对种子处理的认识。欧美等农业发达国家种子处理意识强，种子全部进行相应处理，特别重视处理种子技术的开发创新及知识产权的保护。然而，我国平均 80%的种子是未经处理的，许多消费者不了解或无法采取优良的种子处理技术。种子处理水平也与美、日等发达国家相差甚远，严重影响饲草产量的提高及草产品安全。按照二十大“推动绿色发展，促进人与自然和谐共生”精神，推进美丽中国建设。推广种子处理技术，将其列入统防、统治和绿色防控项目来实施，在提高产量的同时可保障草产品安全和环境安全。

8.3　牧草与草坪草种子的加工技术

8.3.1　牧草与草坪草种子的干燥

牧草或草坪草种子的含水量是影响种子质量和贮藏寿命的重要因素之一，对于大多数牧草或草坪草在种子含水量为 8%～12%时被认为是可以安全贮藏的。在种子生产田间收获过程中，通常牧草或草坪草种子收获后的含水量仍然较高，在这种状况下的种子不利于保藏（Hazra and Sinha，1996）。但采用各种方法收获的牧草或草坪草种子含水量仍然较高，如联合收割机直接收获禾草种子含水量为 40%～45%，采用干燥剂后收获红三叶种子含水量为 14%～20%，不利于保藏。因此，刚收获后的种子必须立即进行干燥，使其含水量达到贮藏规定的标准，以达到减弱种子内部生理生化作用对营养物质的消耗、杀死或抑制有害微生物、加速种子的成熟、提高种子质量的目的（韩建国，2000）。种子干燥一般在清选分级前进行，如果种子干燥后的含水量低于加工环境的大气含水量，种子将迅速地吸收水分。因此，种子应在收获后干燥，有利于封闭贮存（Muhammad et al.，2008）。

不同牧草与草坪草种间的脱水速率具有很大差别，而干燥时间也对种子的干燥有着重要的影响作用。巴哈雀稗应在(15±2) ℃干燥；冰草、多花黑麦草、高羊茅、紫羊茅、狗牙根、狼尾草、鸭茅应在(21±2) ℃干燥，适宜在种质资源库进行保存（马金星等，2016a；麦麦提敏·乃依木，2017）。对极易脱水的种子[白花灰叶豆（*Tephrosia candida*）、百脉根、红三叶、毛蔓豆（*Calopogonium mucunoides*）、木豆（*Cajanus cajan*）、紫花苜蓿、沙打旺、有钩柱花草（*S. hamata*）、葛藤（*Puerara lobate*）、圭亚那柱花草]和易脱水种子（二色胡枝子、柠条、紫云英）应在(15±2)℃条件下进行干燥；对难脱水种子（白三叶、大翼豆、红豆草、箭斑三叶（*T. vesicu-*

losm)、箭筈豌豆、绛三叶(*T. incarnatum*)、羊柴、硬皮豆(*Macrotyloma uniflorum*)、猪屎豆)应在(21±2)℃条件下进行干燥(马金星等,2016b)。

干燥包括水分从种子表面蒸发和水分从种子中部向外表的输导两个过程。因而,必须从潮湿种子周围除去饱和空气,种子才能干燥。增加气流量(比如将晾晒种子摊成薄层,能够使得气流量达到 5～7 m^3/min),给空气加热,使用硅胶、氯化钙之类的脱水剂等方法都可以加速种子干燥过程。植株材料发酵、干燥速度和温度增加等因素都会造成种子质量下降。市场上供应的干燥设备,大多利用加热空气,增加气流量来干燥种子,设备的每平方米干燥面气流量可达 20～40 m^3/min。此外,也有学者认为种子的干燥应采用慢速干燥,收获后一定时间内保持一定含水量是对种子有利的。然而,市场上供应的某些干燥机械,由于干燥迅速会对种子有害。通常种子的适宜干燥时间为 2 d。

种子的干燥方法有自然干燥和人工干燥。自然干燥是利用日光曝晒、通风、摊晾等方法降低种子的含水量(Wernecke,1978)。种子的自然干燥可将植株采用草条或草束的方式进行田间干燥。在收获时,将植株刈割成草条摊晒;捆成草束的牧草或草坪草种子则留于植株上自然干燥(Hare et al.,1999)。在草条上干燥的牧草,一般在干燥期翻动 1～2 次,之后进行脱粒。捆成草束干燥的牧草,一般应被成行码成"人"字形,架晒于晾晒场上或打开摊晒于场上,厚度为 5～10 cm,以加速干燥防止产生霉烂。在晾晒过程中,每日翻动数次,加速其均匀干燥。牧草或草坪草种子干燥至一定时间,即可进行脱粒(Delpratt,2007)。脱粒后的种子含水量仍较高时,应进行曝晒或摊晾,以达到贮藏所要求的含水量。但在生产实践中,依靠日光进行的自然干燥方式对种子干燥有利有弊。对第一茬收获的大黍种子进行阴干(与阳光晾晒相区别),有利于其发芽。对于不同的牧草或草坪草品种,适宜的自然干燥条件也不同(Shephard et al.,1995)。无芒虎尾草品种凯莱德适于短期晒干(日晒 24～36 h),纤毛蒺藜草(*Lesquerella fendleri*)品种比洛拉则需要晾晒 48 h 或 72 h(Coates,1996)。

安全干燥温度与种子的起始含水量有关。农作物种子含水量为 18%以上、10%～18%和 10%以下时,安全干燥温度分别为 32 ℃、37 ℃和 43 ℃(Phaikaew et al.,2001)。种子含水量与品种、种植时间、保存方式、收获时间、生长阶段等因素相关(张鲜艳等,2021;曾琳等,2017;田宏等,2015)。有学者认为干燥温度绝不可超过 35 ℃。通过狗尾草种子干燥温度和时间处理,将含水量 62%种子干燥至 13.5%(表 8-1),干燥温度高的,干燥时间则较短。干燥温度达 61 ℃时种子仍不受损害,保持一定的发芽率。但是贮存 12 个月后的种子发芽率则快速下降,46 ℃以上的干燥温度都会使贮藏种子发芽率降至很低(Silcock,1971)。此外,具有坚硬稃壳的种子,干燥时种子内层水分不易下降,迅速干燥则引起种皮破裂,造成种子的损伤。

表 8-1 干燥温度对卡桑古拉狗尾草种子发芽能力的影响(李淑安和赵俊权,1989)

干燥温度/℃	干燥时间/min	2 个月后发芽率/%	12 个月后发芽率/%
30	1 300	28.6	12.3
40	780	22.4	18.4
46	295	27.2	8.7
61	155	23.6	6.9
70	140	7.9	4.7
80	90	3.9	1.9

在牧草或草坪草种子干燥中，常采用人工干燥的方法来降低种子的含水量，特别是在气候潮湿的地区(Fairey and Hampton，1997)。通常牧草种子的人工干燥包括常温鼓风干燥、低温慢速干燥和高温快速干燥等方法。人工干燥设施在各种环境下都能更好地控制种子质量。常温鼓风干燥法是利用外界的空气作为干燥介质，种子水分散失速度受外界空气相对湿度的影响。一般当外界空气相对湿度低于 70%时，采用鼓风干燥是一种比较经济有效的方法。而且这种干燥方法较为简便，只要有一个鼓风机就能进行通风干燥工作。

低温慢速干燥和高温快速干燥法均是利用加热空气作为干燥介质直接通过种子层，使种子水分汽化来实现干燥种子的目的。在加热干燥时对介质进行加温，以降低介质的相对湿度，提高介质的持水力，并使介质作为载热体向种子提供蒸发水分所需的热量。低温慢速干燥法所用的气流温度一般仅高于大气温度 8 ℃以下，采用较低的气流流量，干燥时间较长，多用于仓内干燥。高温快速干燥法是用较高的温度和较大的气流量对种子进行干燥。常用的干燥设备有火力滚动烘干机、烘干塔及蒸汽干燥机。在干燥过程中根据干燥机类型、种子原始水分和不同干燥季节，温度一般可高于大气温度 11～25 ℃，但加热气流最高温度不宜超过 43 ℃(表 8-2)。在高温快速干燥时，干燥时间为 30～60 min，种子出机温度应保持在 30～40 ℃，如果种子含水量较高时，最好进行两次干燥，并采取温度先低后高，使种子不致因干燥而降低其质量(Kang and Yu，2004)。随着对牧草或草坪草种子需求的增加，干燥设备的市场需求量相应增加。针对干燥设备能耗大、污染大、效率低等问题，太阳能干燥设备有较大应用前景(王全喜等，2021)。

在我国江苏省、四川省、贵州省牧草种子生产基地建设中，引进人工干燥设备，开展了种子人工干燥的实践。但由于人工干燥成本较高，许多地方无法接受而只能采用自然干燥的方法。

表 8-2　在不同含水量下种子安全干燥的最高温度(Fairey and Hampton，1997)

种子含水量/%	最高干燥温度/℃	种子含水量/%	最高干燥温度/℃
>20	32	11～13	40
18～20	34	9～10	42
14～17	37	<9	43

8.3.2　牧草与草坪草种子的清选

种子清选主要是清除混入种子中的茎、叶、破损种子的碎片、杂草种子、泥沙、石块等掺杂物，而精选主要是剔除混入的其他植物或品种种子、不饱满的或虫蛀的种子。种子清选和精选均可利用牧草种子与草坪草种子跟混杂物物理特性的差异，如种子尺寸大小、外形、密度、表面结构、极限速度和回弹等特性，通过专门的机械设备来完成。为了提高清选和精选的效果和生产率，在清选精选前、中、后必须了解其目的、被选种子组成成分和分离特性，正确选用分离机械，合理调整机器运转，及时检查分离效果等情况。

种子清选通常是利用牧草或草坪草种子与混杂物物理特性的差异，通过专门的机械设备来完成(Sundstrom et al.，2003)。清选的目的是：清除非理想品种的种子；将种子与土粒、灰尘、碎屑分离；清除形状小、皱缩、破碎、损伤、带病或变异的种子；把种子分级，使之大小一致。通过清选，可以获得优质的牧草或草坪草种子。

清选技术可以依据种型、种子长宽、单粒重、特殊重力、临界速度、形状、表面特征、颜色及静电荷等方面来完成，清选时还可对种子进行除芒处理或改善种壳的透过性，施防护剂等(Yuan et al.,2006)。种子颗粒大小、外形、密度、表面结构、极限速度和回弹等特性是清选过程中普遍应用的，清选机就是利用其中一种或数种特性差异进行清选的(Yuan et al.,2007; Yamanobe,2008)。

种子清选、精选可根据种子尺寸大小、种子比重、空气动力学、种子表面特性、种子颜色和种子静电特性的差异进行分离，以清除掺杂物和其他植物种子，提高种子的净度。

1. 利用种子空气动力学特性的分离方法

任何一个处在气流中的种子或杂物，除受本身的重力外，还承受气流的作用力，重力大而迎风面小的，对气流产生的阻力就小，反之就大。因此，按种子和杂物对气流产生的阻力大小可以进行分离。利用垂直气流进行种子分离，一般配合使用筛子进行。当种子沿筛面下滑时，受到气流作用，轻种子和轻杂物随气流一起上升运动，到气道上端，此时断面扩大气流速度变小，轻种子和轻杂物落入沉积室内，而重量较大种子则沿筛面下滑，起到分离作用。利用平行气流进行种子分离，一般只能用作清理轻杂物和瘪谷，不能起到种子分级作用。利用倾斜气流进行种子分离，在同一气流压力作用下，轻种子和轻杂物被吹得远些，重的种子就近落下。通过将种子抛扔进行种子分离，借助惯性将种子向前抛出，轻质种子或迎风面大的杂物，所受气流阻力较大落在近处；重质和迎风面小的，则受气流阻力较小落在远处。

空气筛是利用种子空气动力学特性和种子尺寸特性，将空气流和筛子组合在一起的种子清选装置，也是目前使用最广泛的清选机。风筛清选机有多种构造、尺寸和式样，从小型的、一个风扇、单筛的机子，到大型的、多个风扇、6个或8个筛子并有几个气室的机子。根据种子与混杂物在大小、外形和密度上的不同而进行的风筛清选，是最常用的一种方式，不同种类、数量的种子清选应配置相应规格型号的风筛清选设备。风筛清选法只有在混杂物的大小与种子的体积相差较大时，才能取得较好的效果(Demelash,2002)。如果差异很小，种子与杂物不易用筛子分离。

利用种子比重的差异进行分离，多气孔的平板、风扇以及使平板振动或倾斜的装置是关键的部件。分离机械运转时，低压空气通过平板后，使种子堆形成浅薄的流动层。低密度的颗粒浮起来形成顶层，而高密度的颗粒沉入与平板相接触的底层，中等密度的颗粒就处于中间层的位置。平板的振动使高密度的颗粒顺着斜面向上运动，同时悬浮着的低密度颗粒在自身重力影响下向下运动，将不同密度的颗粒分开，低密度颗粒在平板的较低处，高密度的颗粒在平板的较高处。比重清选法是按种子与混杂物的密度和比重差异来清选种子。大小、形状、表面特征相似的种子，其重量不同可用比重清选法分离；破损、发霉、虫蛀、皱缩的种子，大小与优质种子相似，但比重较小，利用比重清选设备，清选的效果特别好。同样，大小与种子相同的沙粒、土块也可被清选除去。比重清选法常常用比重清选机进行，比重清选机的主要工作部件是风机和分级台面。种子从进料口喂入，清选机开始工作，倾斜网状分级台面沿纵向振动，风机的气流由台面底部气室穿过网状台面吹向种子层，使种子处于悬浮状态，进而使种子与混杂物形成若干密度不同的层，低密度成分浮起在顶层，高密度的在底层，中等密度的处于中间位置。台面的振动作用使高密度成分顺着台面斜面向上作侧向移动，同时悬浮着的轻质成分在本身重量的作用下向下作侧向运动，排料口按序分别排出石块、优质种子、次级种子和碎屑杂物。比重清选机的使用中，需要大量的实践，获得充足的经验，才能对清选机分级台面的工作状态做出令人满意的调整。

2. 利用种子外观尺寸特性的分离方法

不同种类牧草或草坪草种子的外形大小各异，有扁长形、圆柱形、扁圆形、球形等，可以选用不同形状和大小规格的筛孔进行分离。种子清选筛按其制造方法不同，可分为冲孔筛、编织筛和鱼鳞筛等种类，而常用冲孔筛面的筛孔有圆孔、长孔和三角形孔等形状。

在清选过程中可以选用不同形状和大小规格的筛孔进行分离，把种子与杂物分开。根据种子的形状，应需确定具有合适筛孔的筛面，如按种子的宽度分离选择圆孔筛，按种子的厚度分离应选用长孔筛，按种子的长度进行分离可以选用窝眼筒或窝眼盘。此外，筛孔尺寸选择的正确与否，对大杂、小杂的除净率和种子的获选率有着极大的影响。

实践当中应根据种子和杂质的尺寸分布、成品净度要求及获选率要求选择适宜的清选设备。筛选机是种子清选设备中的基本配置，通过筛选中筛孔的选配完成清选作业。通常底筛让小杂质通过，用于除去小杂，而让种子留在筛面上。底筛筛孔尺寸大，小杂除去量多，有利于质量的提高，但小种子的淘汰量也相应增加。中筛主要用于除去大杂，让种子通过筛孔，而大杂留在筛面上到尾部排出。中筛孔越小，大杂除净率越高，有利于成品种子质量的提高，但获选率会相应下降。上筛主要用于除去特大杂质，便于种子流动和筛面分布均匀。种子尺寸越接近筛孔尺寸，其通过的机会越少，二者尺寸相等时，实际上不能通过。因此，确定筛孔尺寸时，应比被筛物分界尺寸稍大些才可以。由于牧草与草坪草种类多，种子形状结构变化多样，筛板的选配也是反映清选技术人员水平的关键因素。以种子宽度和厚度清选种子的设备，由圆孔筛和开槽筛组成。圆孔筛选择宽度，开槽筛选择厚度。这种清选机多用于清选豆科牧草或草坪草种子，效果良好。清选机的结构较为简单，由进料斗、动筛、清筛机构组成。其螺纹水平筛清选宽度和厚度，竖筛仅选择宽度。

窝眼清选机利用长度清选器（圆盘式或圆筒式）把较短的种子从混合材料中提升起来，送到分离槽中。圆盘清选器由一个带轮毂和辐条的轮形圆盘组成。其外表带窝眼，当圆盘从种子中转过时，长度小于窝眼宽的种子被选出。圆筒清选器的工作原理与圆盘清选器相同，有一个带齿的圆筒和贮种槽，较短的种子由圆筒贮种槽提升起，较长的种子落到圆筒底部。窝眼清选机常被归属为精选设备，分为圆盘式和滚筒式窝眼清选机。

3. 利用种子表面特性的分离方法

根据种子表面形状及表面粗糙等不同情况和对摩擦系数的差异进行种子的分离。表面特征清选法常用的设备有倾斜布面清选机和螺旋分离机。倾斜布面清选将种子混合物倾倒在一张向上移动的布上，随着布的向上移动，表面粗糙种子被带向上，而光滑种子向倾斜方向滚落到底部，从而实现种子的分离。布面清选机的布面常用粗帆布、亚麻布、绒布或橡胶塑料等制成。分离强度可通过喂入量、布面转动速度和倾斜角来调节，这些需要通过特定种子来确定。根据分离的要求和被分离物质状况采用不同性质的斜面，对形状不同的种子，可选择光滑的斜面，对表面状况不同的种子，可采用粗糙不同的斜面。螺旋形清选是由于较重的种子离心力较大，沿螺旋槽外沿滚落到底部的速度比其他种子快。非球形或粗糙种子及其杂质，由于滑落速度较慢，就会沿螺旋槽下落，与球形光滑种子分离排出。

另外，也可利用磁力分离机进行分离。一般表面粗糙种子可吸附磁粉，当用磁性分离机清选时，磁粉和种子混合物一起经过磁性滚筒，光滑的种子不粘或少粘磁粉而自由落下，杂质或粗糙种子粘有磁粉则被吸附在滚筒表面，随滚筒转到下方时被刷子刷落。

4. 利用种子色泽差异的分离方法

根据种子颜色明亮或灰暗的特征来进行颜色的分离，要分离的种子在通过一段照明的光亮区域时，每粒种子的反射光与事先在背景上选择好的标准光色进行比较，当种子的反射光不同于标准光色时，即产生信号，这种子就从混合群体中被排斥落入另一个管道而分离。

光电色泽分离机已在实践中应用，种子均是被一个或多个光电管的光束单独鉴别的，不至于直接影响邻近的种子。在输送种子进入光照区域过程中可以由真空管带入或用引力流导入种子，也可以使种子在平面槽中鱼贯地移动，经过光照区域时若有不同颜色种子即被快速气流吹出。

5. 利用种子弹性、负电性的分离方法

根据种子间的弹力和表面形状的差异进行分离，球形饱满的种子弹力大，跳跃能力强，弹跳得较远，而扁长形种子弹力较小，跳跃距离也小，当这些种子混合物沿着弹力螺旋分离器滑道下流时，饱满球形种子跳跃到外面滑道，进入弹力大的种子盛接盘，而扁长形或不饱满球形种子跳跃入内滑道，划入弹力小的种子盛接盘，最终将不同种子分离。

一般情况下种子不带负电，当种子劣变后，种子负电性增加，因此带负电性高的种子活力低，而不带负电或带负电低的种子活力高。当种子混合样品通过静电分离器的电场时，带负电的种子被正极吸引到一边而落下，得以剔除低活力种子，选出高活力种子。

尽管种子的清选分离方法较多，但对于不同的牧草或草坪草，选择适宜的清选方法，提高清选效率，减少种子的损失也是种子生产者面临的难点问题。虽然在一些热带牧草种子清选加工中积累了大量经验(表 8-3)，但对于大部分牧草与草坪草，种子清选加工仍然是限制种子质量提高的主要瓶颈。

表 8-3 部分热带牧草种子的加工过程(李淑安和赵俊权，1989)

牧草种子	处理	加工过程
加勒比海柱花草	离心筛，用脱壳机脱壳	筛选/风选——长度分选机
矮柱花草	用燕麦脱壳机脱壳	筛选/风选——长度分选机，必要时使用重力分选机
无芒虎尾草	干燥；筛选	筛选/风选——长度分选机，真空处理
高粱属	必要时做处理	筛选/风选——重力分选机，长度分选机
臂形草属		筛选/风选——长度分选机
大翼豆		筛选/风选——长度分选机，必要时使用重力或浮力分选机
绿叶山蚂蟥	轻轻捶打	筛选/风选——重力分选机
其他热带牧草	必要时筛选	筛选/风选——长度分选机，重力分选机

8.3.3 牧草与草坪草种子的包装和说明

适当的包装是生产和加工优质种子、方便用户使用的最后一个必需工作。种子贸易和销售杂志中，有现行包装趋势方面的信息。包装便于使种子准确地、安全地进行贮存、运输和销售。贮运方式及目的地决定了必须采取的包装类型。包装袋子口必须经久耐用，比如海运要求采用防水包装材料，干燥种子封闭贮存则必须采用不透气包装材料。应该强调指出的是，只有把种子干燥至安全含水量(8%～10%或更低)，才可采用不透气的包装材料包装。目前，一般采用复层包装袋，如带铝箔的多层纸袋、聚乙烯化纸袋、超厚高密度聚乙烯袋(5 丝，7～8 丝最好)或铝箔化聚酯袋。不同材料水分蒸发的相对渗透度也不相同(表 8-4)，在选择包装材料时需要明确具体要求。

热封口袋子缝口，缝线应在封口外侧，以免水分通过针孔进入袋内。白铁罐、磨口玻璃瓶、封口铁桶是防水的。编织袋、尼龙袋、纤维袋或纸袋则极易透水。包装袋应无杂物，装种子前也应该进行清洁。地区间及某些情形下或者国际间的种子贸易，包装大小应该依协议进行。国际贸易常以公制为单位，多数非公制国家亦有适应公制换算的标准。

表 8-4　包装材料的水分蒸发输导率(李淑安和赵俊权，1989)

包装类别	包装材料	水分蒸发输导率/[g/(m² · d)]*
25 nm 袋	纸袋	1 000
	柔软的聚氯乙烯袋(PVC)	150
	刚性聚氯乙烯袋(UPVC)	35
	低密度聚乙烯袋(LDPE)**	20
	高密度聚乙烯袋(HDPE)	10
	特制聚丙烯袋	6
	聚乙烯化纤维袋	5
	铝箔纸袋	0
迭层袋	硝化纤维处理的纤维袋/聚乙烯袋	10～15
	聚乙烯化纤维袋/聚乙烯袋	3～5
	聚酯袋/聚乙烯袋	8～12
	聚乙烯聚酯袋/聚乙烯袋	3～5

注：* 在 38 ℃、相对湿度 0～90%条件下测定；** 低密度聚乙烯袋的水分蒸发输导率随温度的降低而大大降低。例如，30 ℃、25 ℃、20 ℃和 15 ℃时为 9、5.5、3.5 和 2 g/(m² · d)。另外，水分蒸发输导率还随厚度的增加而下降，如 250 nm 的包装材料水分蒸发输导率仅为 25 nm 的 10%。

标签应清楚明确。通常，为保证准确运输应使用耐久的标签，并在袋子上印字。小标签应标明品种、栽培品种和种子来源。引人注目、具有特色的商标，既能帮助消费者购买到理想的种子，又有利于种子销售，建立信誉。因而，许多企业都会提供大量的资料，以指明种子级别、收获时间、地点或起源、质量检验结果；有的也会提供批号，以备买主可以根据批号查找有关资料。经久耐用、引人注目的包装，有助于满足消费者的要求，增加销路。

参考文献

陈学军，万新建，方荣．2000. 纳米 863 功能陶瓷器在豇豆和萝卜上的浸种效应．江西农业科技，6：34-35.

崔秀敏，王秀峰，杜宏斌．2000. PEG 引发种子的研究进展．塔里木农垦大学学报，12(4)：47-52.

郭海林，刘建秀．2003. 结缕草种子的休眠机理及其打破休眠的方法．种子，22(3)：46-48.

韩建国．2000. 牧草种子学．北京，中国农业出版社．

汉弗莱斯 · L R，里弗勒斯 · F. 1989. 牧草种子生产理论及应用．李淑安，赵俊权，译．

昆明:云南科技出版社.

何祖欣,毛培胜,孙彦,等.2016.草类种子包衣技术现状综述.草地学报,24(2):270-277.

坎平,王莎莎,马文广,等.2014.赤霉素引发同时提高烟草种子及幼苗抗旱性和抗冷性.种子,33(2):30-34.

孔令琪,王照兰,武自念,等.2017.17份苜蓿品种种子萌发特性研究.种子,36(7):12-16.

李博,陶功胜,谢寅峰,等.2012.叶面喷施纳米 SiO_2 对髯毛箬竹的生理调节效应.南京林业大学学报,36(4):161-164.

李皓,李传中,曾瑞珍,等.2012.种子引发技术研究进展.热带农业工程,36(3):20-23.

陆长梅,张超英,温俊强,等.2002.纳米材料促进大豆萌发、生长的影响及其机理研究.大豆科学,21(3):168-171.

罗小燕,李欣勇,张瑜,等.2017.豆科牧草种子硬实特性及其破除方法.草业科学,34(6):1228-1237.

麻浩.2017.种子加工与贮藏.北京:中国农业出版社.

马金星,屠德鹏,寇建村,等.2016b.干燥温度对豆科牧草种子脱水速率和发芽率的影响.草业学报,(8):56-64.

马金星,屠德鹏,寇建村,等.2016a.干燥温度对禾本科牧草种子脱水速率和发芽率的影响.中国草地学报,(5):53-58.

马瑞霞,王彦荣.2008.种子水引发的研究进展.草业学报,17(6):141-147.

麦麦提敏·乃依木.2017.干燥温度对禾本科牧草种子脱水速率和发芽率的影响分析.种子科技,(3):111,113.

欧成明,毛培胜.2019.牧草种子包衣技术研究与应用进展.种子,38(11):63-67.

任淑娟,喻方圆,徐丽萍.2012.引发对马尾松种子细胞周期和发芽率的影响.南京林业大学学报,36(5):51-55.

沙栢平,李雪,谢应忠,等.2019.株行配比对滴灌苜蓿种子产量及其产量构成因子的影响.草地学报,27(3):751-759.

田宏,张鹤山,熊军波,等.2015.扁穗雀麦种子落粒性和适宜采收期的研究.湖北农业科学,54(23):5969-5972.

王全喜,王德成,杜建强,等.2012.牧草种子热泵辅助型太阳能储热干燥设备设计与试验.农业机械学报,43(S1):222-226,265.

王彦荣,张健全,刘慧霞,等.2004.PEG引发紫花苜蓿和沙打旺种子的生理生态效应.生态学报,24(3):402-408.

王彦荣.2004.种子引发的研究现状.草业学报,13(4):7-12.

吴学宏,刘西莉,王红梅,等.2003.我国种衣剂的研究进展.农药,42(5):1-5.

夏方山,毛培胜,王明亚,等.2016.PEG引发对老化燕麦种子抗氧化性能的影响.草地学报,24(5):933-938.

辛霞,陈晓玲,张金梅,等.2011.国家库贮藏20年以上种子生活力与田间出苗率监测.

植物遗传资源学报,12(6):934-940.

尤沛.2021.纳米镧引发对柳枝稷种子活力及幼苗耐盐性影响机制研究.硕士学位论文.陕西杨凌:西北农林科技大学.

曾琳,何明军,顾雅坤,等.2017.五种豆科药用植物种子超低温保存技术研究.生物资源,39(1):42-47.

张鲜艳,刘蓉,贾蓉,等.2021.9 个秋葵品种种子特性比较.山西农业科学,49(8):928-931.

张志胜,Dorna H. 2005.脱落酸引发对夜香紫罗兰种子萌发的效应.热带亚热带植物学报,13(3):224-228.

赵玥,辛霞,王宗礼,等.2012.种子引发机理研究进展及牧草种子引发研究展望.中国草地学报,34(3):102-108.

Acharya P,Jayaprakasha G K,Crosby K M,et al. 2019. Green-synthesized nanoparticles enhanced seedling growth, yield, and quality of onion(*Allium cepa* L.). ACS Sustainable Chemistry & Engineering,7:14580-14590.

Ashraf M,Foolad M R. 2005. Pre-sowing seed treatment-A shotgun approach to improve germination,plant growth,and crop yield under saline and non-saline conditions. Advances in Agronomy,88:223-271.

Cattani D J,Smith S R,Miller Jr P R,et al. 2003. Seed yield and yield components of creeping bentgrass cultivars. Canadian Journal of Plant Science,6:117-124.

Coates W. 1996. Effect of harvest method and date on lesquerella seed yields. Industrial Crops and Products,5:125-132.

Chatterjee S,Dhanurdhar L,Rokhum L. 2017. Extraction of a cardanol based liquid biofuel from waste natural resource and decarboxylation using a silver-based catalyst. Renewable & Sustainable Energy Reviews,72:560-564.

Da Silva C B,Marcos J,Jourdan P,et al. 2015. Performance of bell pepper seeds in response to drum priming with addition of 24-epibrassinolide. Hortscience,50(6):873-878.

Delpratt C J. 2007. The influence of harvest method on seed yield,seed size and germination capacity of *Bulbine bulbosa*(R. br.)haw. (Liliaceae). In:Seeds:Biology,development and ecology. Adkins S,Ashmore S,Navie S C. (eds)Wallingford:CAB International. 39-49,440.

Demelash L, Tigabu M, Oden P C. 2002. Separation of empty and dead-filled seeds from a seed lot of *Pinus patula* with IDS technique. Seed Science and Technology, 30: 677-681.

Du B, Luo H W, He L X, et al. 2019. Rice seed priming with sodium selenate: effects on germination,seedling growth,and biochemical attributes. Scientific Reports,9:1-9.

Fairey D T, Hampton J G. 1997. Forage seed production volume 1: temperate species. Wallingford:CAB Internatonal.

Farooq S, Hussain M, Jabran K, et al. 2017. Osmopriming with $CaCl_2$ improves wheat (*Triticum aestivum* L.) production under water-limited environments. Environmental

Science and Pollution Research,24(15):13638-13649.

Finch-Savage W E, Mcquistan C I. 1989. The use of abscisic acid to synchronize carrot seed germination prior to fluid drilling. Annals of Botany,63(1):195-199.

Gao F,Hong F,Liu C,et al. 2006. Mechanism of nano-anatase TiO_2 on promoting photosynthetic carbon reaction of spinach. Biological Trace Element Research,111:239-253.

Guha T,Ravikumar K V G,Mukherjee A,et al. 2018. Nanopriming with zero valent iron (nZVI) enhances germination and growth in aromatic rice cultivar (*Oryza sativa* cv. Gobindabhog L.). Plant Physiology and Biochemistry,127:403-413.

Haghighi M,Afifipour Z,Mozafarian M. 2012. The effect of N-Si on tomato seed germination under salinity levels. Journal of Biological Environmental Science,6(16):87-90.

Hare M D, Wongpichet K, Tatsapong P, et al. 1999. Method of seed harvest, closing date and height of closing cut affect seed yield and seed yield components in *Paspalum atratum* in Thailand. Tropical Grasslands,33:82-90.

Hazra C R,Sinha N C. 1996. Forage seed production-a technological development. New Delhi:South Asian Publishers Pvt Ltd.

Heydecker W,Higgins J,Gulliver R L. 1973. Accelerated germination by osmotic seed treatment. Nature,246(5427):42-44.

Hong F,Zhou J,Liu C,et al. 2005. Effect of nano-TiO_2 on photochemical reaction of chloroplasts of spinach. Biological Trace Element Research,105(1-3):269-280.

Hossen M A,Jean-Marie S,Huong T P,et al. 2020. Carbon nanoparticles functionalized with carboxylic acid improved the germination and seedling vigor in upland boreal forest species. Nanomaterials,10:176.

Hussain S,Zheng M,Khan F,et al. 2015. Benefits of rice seed priming are offset permanently by prolonged storage and the storage conditions. Scientific Reports,5:1-12.

Itroutwar P D, Govindaraju K, Tamilselvan S, et al. 2020. Seaweed-based biogenic ZnO nanoparticles for improving agro-morphological characteristics of rice(*Oryza sativa* L.). Journal of Plant Growth Regulation,39:717-728.

Kalteh M,Alipour Z T,Ashraf S,et al. 2014. Effect of silica nanoparticles on basil(*Ocimum basilicum*)under salinity stress. Journal of Chemical Health Risks,4(3):49-55.

Kang M, Yu D Y. 2004. Research on cylinder electrostatic seed separating machine. Proceedings of the world engineers' convention 2004,Vol E,Agricultural Engineering and Food Security. 142-146,343.

Khodakovakaya M V,Silva K,Nedosekin D A,et al. 2011. Complex genetic,photothermal,and photoacoustic analysis of nanoparticle-plant interactions. Proceedings of the National Academy of Sciences of the United States of America,108:1028-1033.

Khodakovskaya M V,De Silva K,Biris A S,et al. 2012. Carbon nanotubes induce growth enhancement of tobacco cells. ACS Nano,6(3):2128-2135.

Kole C,Kole P,Randunu K M,et al. 2013. Nanobiotechnology can boost crop production and quality: first evidence from increased plant biomass, fruit yield and phytomedicine content in bitter melon(*Momordica charantia*). BMC Biotechnology, 13(1):37-46.

Liaghat A R, Chaichi M R, Hosseini M B. 2008. The effect of deferred harvesting, sowing density and harvest intensity on forage yield, seed yield and percent hardseedness of annual medic(*Medicago scutelatta* var Robinson). American-Eurasian Journal of Agricultural and Environmental Science, 3:595-603.

Ma H Y, Zhao D D, Ning Q R, et al. 2018. A multi-year beneficial effect of seed priming with gibberellic acid-3 (GA3) on plant growth and production in a perennial grass, *Leymus chinensis*. Scientific Reports, 8(1):1-9.

Ma J F. 2004. Role of silicon in enhancing the resistance of plants to biotic and abiotic stresses. Soil Science and Plant Nutrition, 50(1):11-18.

Madsen M D, Svejcar L, Radke J, et al. 2018. Inducing rapid seed germination of native cool season grasses with solid matrix priming and seed extrusion technology. PLos One, 13(10):1-14.

Mahakham W, Theerakulpisut P, Maensiri S, et al. 2016. Environmentally benign synthesis of phytochemicals-capped gold nanoparticles as nanopriming agent for promoting maize seed germination. Science of the Total Environment, 573:1089-1102.

Mahakham W, Sarmah A K, Maensiri S, et al. 2017. Nanopriming technology for enhancing germination and starch metabolism of aged rice seeds using phytosynthesized silver nanoparticles. Scientific Reports, 7:8263.

Muhammad A, Asif T, Nadeem M A, et al. 2008. Effect of seed proportion and nitrogen application on forage yield and nutritive value of barley-pea mixture harvested at different times. Pakistan Journal of Life and Social Sciences, 6:135-139.

Parera C A, Cantliffe D J. 1994. Presowing seed priming. Horticultural Reviews, 16: 109-141.

Paparella S, Araújo S S, Rossi G, et al. 2015. Seed priming: state of the art and new perspectives. Plant Cell Reports, 34:1281-1293.

Phaikaew C, Pholsen P, Tudsri S, et al. 2001. Maximising seed yield and seed quality of *Paspalum atratum* through choice of harvest method. Trop Grassl, 35:11-18.

Rahimi D, Kartoolinejad D, Nourmohammadi K, et al. 2016. Increasing drought resistance of *Alnus subcordata* C. A. Mey. seeds using a nano priming technique with multi-walled carbon nanotubes. Journal of Forest Science, 62(6):269-278.

Raja K, Sowmya R, Sudhagar R, et al. 2019. Biogenic ZnO and Cu nanoparticles to improve seed germination quality in blackgram (*Vigna mungo*). Materials Letters, 235: 164-167.

Rajjou L, Duval M, Gallardo K, et al. 2012. Seed germination and vigor. Annual Review of Plant Biology, 63:507-533.

Rico C M, Peralta-Videa J R, Gardea-Torresdey J L. 2015. Chemistry, biochemistry of nanoparticles, and their role in antioxidant defense system in plants. Nanotechnology and Plant Sciences. In: Nanotechnology and plant sciences: nanoparticles and their impact on plants. Siddiqui M H, Al-Whaibi M H, Mohammad F(eds.). NY: Springer, 1-17.

Rowse H R, Mckee J M T, Finch-Savage W E. 2001. Membrane priming-a method for small sample of high value seeds. Seed Science and Technology, 29(3): 587-597.

Sahebi M, Hanafi M M, Siti Nor Akmar A, et al. 2015. Importance of silicon and mechanisms of biosilica formation in plants. BioMed Research International, 2015: 396010.

Sarkar N, Sharma R S, Kaushik M. 2021. Innovative application of facile single pot green synthesized CuO and CuO@APTES nanoparticles in nanopriming of *Vigna radiata* seeds. Environmental Science and Pollution Research, 28: 13221-13228.

Sarmast M K, Salehi H. 2016. Silver nanoparticles: an influential element in plant nanobiotechnology. Molecular Biotechnology, 58: 441-449.

Shafiq F, Raza S H, Bibi A, et al. 2018. Influence of proline priming on antioxidative potential and ionic distribution and its relationship with salt tolerance of wheat. Cereal Research Communications, 46(2): 287-300.

Sharifi R S. 2011. Grain yield and physiological growth indices in maize (*Zea mays* L.) hybrids under seed biopriming with plant growth promoting rhizobacteria(PGPR). Journal of Food Agriculture & Environment, 9(3-4): 393-397.

Shephard H L, Naylor R E L, Stuchbury T. 1995. The influence of seed maturity at harvest and drying method on the embryo, alpha-amylase activity and seed vigor in rice (*Oryza sativa* L). Seed Science and Technology, 23: 487-499.

Shukla N, Kuntal H, Shanker A, et al. 2018. Hydro-priming methods for initiation of metabolic process and synchronization of germination in mung bean(*Vigna radiata* L.) seeds. Journal of Crop Science and Biotechnology, 21(2): 137-146.

Siddiqui M H, Al-Whaibi M H, Faisal M, et al. 2014. Nano-silicon dioxide mitigates the adverse effects of salt stress on *Cucurbita pepo* L. Environmental Toxicology and Chemistry, 33(11): 2429-2437.

Silcock R G. 1971. Drying temperature and its effects on viability of *Setaia sphacelata* seed. Trop Grassl, 5: 75.

Song K X, He X Q. 2021. How to improve seed germination with green nanopriming. Seed Science and Technology, 49: 81-92.

Srivastava G, Das C K, Das A, et al. 2014. Seed treatment with iron pyrite (FeS_2) nanoparticles increases the production of spinach. RSC Advances, 4(102): 58495-58504.

Stadler L, Homafar M, Hartl A, et al. 2019. Recyclable magnetic microporous organic polymer(MOP) encapsulated with palladium nanoparticles and Co/C nanobeads for hydrogenation reactions. ACS Sustainable Chemistry & Engineering, 7: 2388-2399.

Sundstrom F J, Guzman P, Stewart R F. 2003. California crop improvement association disease inspection program: production practices for clean seed. Horttechnology, 13:

48-49.

Tenhaken R. 2014. Cell wall remodeling under abiotic stress. Frontiers in Plant Science, 5:771.

Thornton J M, Powell A A. 1992. Short-term aerated hydration for the improvement of seed quality in *Brassica oleracea* L. Seed Science Research, 2(1):41-49.

Vanlalveni C, Lallianrawna S, Biswas A, et al. 2021. Green synthesis of silver nanoparticles using plant extracts and their antimicrobial activities: a review of recent literature. RSC Advance, 11:2804-2837.

Wernecke E D. 1978. The influence of season, stage of maturity, harvest frequency, and climatic factors on forage yield, quality, and seed production of grass introductions. Dissertation Abstracts International, B38:5133.

Wojtyla L, Lechowska K, Kubala S, et al. 2016. Different modes of hydrogen peroxide action during seed germination. Frontiers in Plant Science, 7:66.

Wu L, Hallgren S W, Ferris D M, et al. 1999. Solid matrix priming to enhance germination of loblolly pine(*Pinus taeda*) seeds. Seed Science and Technology, 27(1):251-261.

Yamanobe T. 2008. Use of ethanol immersion, forced air and seed coat colour for separating empty seeds from *Pinus densiflora* and *Pinus thunbergii* seed lots. Seed Science and Technology, 36:243-248.

Yang F, Hong F, You W, et al. 2006. Influence of nano-anatase TiO_2 on the nitrogen metabolism of growing spinach. Biological Trace Element Research, 110(2):179-190.

Yasmeen F, Razzaq A, Iqbal M N, et al. 2015. Effects of silver, copper and iron nanoparticles on wheat germination. International Journal of Bioscience, 6:112-117.

Yousefi S, Kartoolinejad D, Naghdi R. 2017. Effects of priming with mutiwalled carbon nanotubes on seed physiological characteristics of hopbush (*Dodonaea viscosa* L.) under drought stress. International Journal of Environmental Studies, 74:528-539.

Yuan J K, Wang T Y, Fang M L. 2007. Integrating relevance vector machines and genetic algorithms for optimization of seed-separating process. Engineer Appl Artific Intel, 20: 970-979.

Yuan J, Yu T, Wan K S. 2006. A hybrid intelligent approach for optimal control of seed cleaner. In: Knowledge Enterprise: Intelligent Strategies in Product Design, Manufacturing, and Management. Wang K, Kovacs G L, Wozny M, et al. PROLAMAT 2006. International Federation for Information Processing, 207. Boston: Springer. 780-785, 1046.

Ze Y, Liu C, Wang L, et al. 2010. The regulation of TiO_2 nanoparticles on the expression of light-harvesting complex Ⅱ and photosynthesis of chloroplasts of *Arabidopsis thaliana*. Biological Trace Element Research, 143(2):1131-1141.

Zhang C F, Hu J, Lou J, et al. 2007. Sand priming in relation to physiological changes in seed germination and seedling growth of waxy maize under high-salt stress. Seed Science and Technology, 35(3):733-738.

Zhao Y, Hu M, Gao Z, et al. 2018. Biological mechanisms of a novel hydro-electro hybrid priming recovers potential vigor of onion seeds. Environmental and Experimental Botany, 150:260-271.

Zheng L, Hong F, Lu S, et al. 2005. Effect of nano-TiO_2 on strength of naturally aged seeds and growth of spinach. Biological Trace Element Research, 104(1):83-92.

Zheng M, Tao Y, Hussain S, et al. 2015. Seed priming in dry direct-seeded rice: consequences for emergence, seedling growth and associated metabolic events under drought stress. Plant Growth Regulation, 78(2):167-178.

第 9 章　牧草与草坪草种子的寿命与老化

9.1　概述

种子是植物个体发育的一个特定阶段，是有存活时间的，从种子完全成熟至丧失活力的这段时间即为种子寿命。有些种子寿命只有几天，而有些则可达上千年，这不仅受遗传因素影响，同时还受贮藏环境中温度、湿度、气体等因素的影响，各因素之间是相互作用、相互影响的，但温度和湿度对种子寿命的影响尤为显著。生产实践中，种子都要经历一段或长或短的贮藏时间，而种子作为物种延续的器官，种胚的细胞都是在母体上发育而成的，当其充分成熟后便进入了老化进程。

种子老化的过程是其内部发生的一系列生理生化变化，细胞膜、DNA、蛋白质逐渐被破坏，线粒体功能丧失，同时基因突变频率也会增加。种子在吸水萌发时电解质渗漏，发芽后呈现不正常苗，甚至老化严重时胚根无法伸长。种子老化是不可避免、也不可逆的；生产实践中，只能延缓种子老化的速度，但不能完全消除老化。种子老化是一个十分复杂的自然生物现象，涉及面广。迄今为止，关于种子老化的分子机制仍不是很清楚。种子老化受内部基因和外界环境因子的综合影响，其机制极其复杂，甚至与细胞程序性死亡也有密切关联。因此，要全面了解种子老化过程、揭示其分子变化机制，就需要探究不同类型种子的老化差异，并利用各种组学技术挖掘种子老化机理。

袁隆平院士曾说“人就像一粒种子，要做一粒好种子”。对人而言，“好种子”最主要的标准是服务社会、实现自我价值；而对种子而言，好种子最重要的指标是其活力水平。种子活力是种子生命活动过程中的一种基本表现，与种子生活力、生命力不同，种子活力指种子的健壮度，包括迅速而整齐的发芽与出苗、幼苗的生长势及植株的抗逆力和生产潜力。若要延长种子寿命，延缓老化，保存良好种质资源，就必须着眼于活力的保持。种子活力直接影响播种质量和最终产量，其受遗传特性、大小、母株条件、年龄、种子形成发育的气候条件、病虫害浸染、贮藏条件、成熟状态、种子处理等诸多因素影响。为了预测和鉴定种子质量，已有 30 多种种子活力测定方法，其中冷试验法、人工加速老化法、四唑法、幼苗生长速率及发芽速度测定法、电导法等是常用的方法。提高和保持种子活力方法也有很多，从遗传方面选择高活力品种，在环境上创造种子发育的适宜条件，贮藏阶段创造适宜的贮藏条件，延缓种子老化。采取一定的措施改善贮藏条件，以此来改善种子的活力，这些措施包括：干湿处理、渗透调节、水分平衡等水分调节措施；电场、磁场、辐射等物理措施；化学药剂处理等化学措施。

随着人们对种子贮藏特性了解的深入，采取积极有效的手段来保存种子，也可以使短命种子成为中命种子，甚至长命种子。种子含水量和贮藏温度是影响其在贮藏期间生活力和活力保持的关键因素，传统的经验认为控制温度比控制水分来得安全有效，因而趋向于向低温或超低温的贮藏方向发展。

9.2 牧草与草坪草种子的寿命

9.2.1 种子寿命的概念及类型

种子寿命是通过遗传基因所表现的植物种性，在科、属、种间存在明显差异，但又受到贮藏条件的影响。种子在适宜条件下，可保存寿命达数年，甚至数千年。种子寿命一直是人们关注的焦点问题，其研究已有近百年的历史。

种子寿命是从种子完全成熟到丧失生活力为止所经历的时间。通常讲种子寿命是自然寿命，即种子在自然生存条件下(天然种子库)或当其成熟采收后，未加人为贮藏因素的控制，在室温条件下的存活期，其与“贮藏寿命”相对应。实际上，一批种子中的每粒种子都有它的生命生存期限，并且由于植株的个体差异及种子所处环境条件的差异，种子个体间生活力长短也差异显著。因此，一批种子的寿命指一个种子群体的发芽率从种子收获后降低到50%所经历的实际时间，又称种子的“半活期”，即种子群体的平均寿命。

种子寿命是一个相当复杂的问题，寿命的长短不仅受遗传特征的影响，还受多种外界条件的影响。只要改善种子本身的质量和贮藏条件，其寿命都可以相对延长。不同牧草与草坪草种子寿命的长短有明显差异(表 9-1)。

表 9-1 土壤中部分牧草与草坪草种子存活时间(郑光华，2004)

科名	属种名	俗名	种子寿命/年
禾本科	虉草(*Phalaris arundinacea*)	草庐	30
禾本科	猫尾草(*Phleum pratense*)	梯牧草	21
禾本科	草地早熟禾(*Poa pratensis*)	六月禾	39
禾本科	狗尾草(*Setaria viridis*)	绿色莸尾草	39
豆科	白车轴草(*Trifolium repens*)	白三叶草	600
豆科	红车轴草(*Trifolium pratense*)	红三叶草	>41
豆科	中型胡枝子(*Lespeteza intermedia*)	胡枝子	>39
豆科	羽扇豆(*Lupines arcticus*)	羽扇豆	10 000
菊科	蒲公英(*Taraxacum vulgare*)	蒲公英	600
蓼科	萹蓄(*Polygonum aviculare*)	萹蓄	400
藜科	藜(*Chenopodium album*)	藜	1 700

早在 2 000 多年前，我国对种子发芽、贮藏已有记载，但一些西方学者则在 20 世纪初才开始这方面的研究，并对其贮藏寿命进行测定。1908 年，澳大利亚学者 Ewart 根据 1 400 种植物种子在常规最适条件下贮藏的结果，将种子分为三类：短命种子(microbiotic，寿命不超过 3 年)、中命种子(mesobiotic，寿命在 3～15 年内)、长命种子(macrobiotic，寿命在 15 年以上)。Roberts(1973)在介绍种子生命力方程(seed viability equation)中引入了正常型和顽拗型种子的类型，这种对种子贮藏行为所做的分类，是基于种子寿命对贮藏环境(如温度、湿度和氧气浓度)的反应。正常型种子耐干燥，含水率降到 5%仍不会丧失生命，贮藏温度越低、含水率越低，贮藏寿命越长；而顽拗型种子不耐干燥、不耐低温保存，生命力不超过 6 个月。其后，又发现咖啡种子的贮藏行为介于两者之间，因此称之为中间型(intermediate)种子(Ellis et al.，

1990)。

寿命最长的种子,分别有单子叶植物和双子叶植物,其中大部分为豆科植物。保定苜蓿种子在北京室温条件下,保存 16 年后,发芽率平均为 47%;紫花苜蓿在内蒙古保存 18 年后,有生活力的种子仍高达 83.4%,而且在贮藏 13～18 年过程中种子生活力的变化并不显著;花苜蓿贮藏 13 年后,有生活力的种子达 93.7%;天蓝苜蓿贮藏 6 年后,有生活力的种子仍高达 99%,8 年后尚可达 65%(洪绂曾,2009)。一般情况下,豆科牧草与草坪草较禾本科牧草与草坪草种子寿命长,贮藏 10 年后的苏丹草种子发芽率仍达 80%,说明苏丹草种子耐贮性高,种子寿命至少在 10 年以上(乌仁其木格等,1999)。在豆科牧草与草坪草中,具小粒种子特征和硬实率高的种,种子的寿命较长;一年生牧草的种子寿命较多年生牧草的种子寿命长(表 9-2)。在新疆乌鲁木齐市室内常温保存种子,䓞草种子寿命为 12 年,高羊茅种子寿命为 14 年,无芒雀麦种子寿命为 8 年;一年生作物种子寿命比多年生种子寿命长,保存 10～14 年仍有较高的发芽率(马尔米拉·木明,1998)。

表 9-2 自然条件下(呼和浩特)牧草种子贮藏年限与生活力的关系(彭启乾等,1980)

牧草名称	贮藏年限/年	具活力种子/%	其中硬实率/%
冰草	9	0.0	
无芒雀麦	9	45.0	
披碱草	9	43.0	
高羊茅	5	19.5	
一年生黑麦草	5	93.5	
多年生黑麦草	6	85.0	
紫花苜蓿	18	83.4	0.4
白花草木樨	14	99.0	53.0
红豆草	10	9.0	—
苏丹草	18	70.0	
绛三叶	13	88.5	8.0
红三叶	15	52.5	2.5

9.2.2 影响种子寿命的因素

1. 影响种子寿命的内因

种子寿命的长短与其个体发育的生理状态有密切关系。母株的生长环境,如温度、光周期、降雨量、土壤湿度及无机元素等对种子的生活力有极大的影响。植株处于不良环境下的种子较不耐贮藏。未成熟的种子不耐贮存且长出的幼苗不健壮或畸形。种子形成发育过程中从受精卵到成熟的种子,要经历一系列的生理生化变化,而其中每一步骤的变化,都会受到环境的影响,这种影响也必然导致种子活力的差别。影响种子发育的环境因子包括母株生长的气候条件、土壤条件以及种子在母株上的着生部位。蒙古冰草种子在完熟期采收发芽率最高,在同一花序上,下部种子的发芽率低于上、中部种子,同一小穗上,下位种子发芽率高于上位种子,种子生活力以下部种子为高(耿本仁,1984)。

营养物质缺乏、水分、盐分、病虫害都会造成种子生理状态不良,导致种子寿命缩短;未充分成熟的种子比充分成熟的种子寿命短;小粒种子呼吸强度比大粒种子强,这是因为相比后者小粒种子有较大的表面积，吸湿性比其他交换能力强。另外，胚所占的比例增大，则促进了胚部呼吸强度，造成贮藏物质大量消耗而缩短种子寿命，如大麦胚的呼吸强度为 715 mm^3 CO_2/(g·h)，而胚乳（主要是糊粉层）的呼吸强度为 76 mm^3 CO_2/(g·h)，胚的呼吸强度是胚乳的 10 倍。胚部结构疏松柔软，水分高，很容易遭受仓虫和微生物的侵袭。

种子的化学成分决定了种子的寿命长短，与寿命长短有密切关系的主要是胚部化学成分。凡含油量较高的种子，寿命往往比较短，这是由于脂肪较糖类、蛋白质更容易水解和氧化，油脂的酸败会产生许多有毒物质，如丙二醛、游离脂肪酸等，对种子生活力造成很大的威胁。

种皮细胞结构的疏松与致密、坚硬与脆薄，与种子本身新陈代谢作用和抵抗外界环境条件有密切关系。凡寿命较长的种子都具有坚硬和透水性、透气性不良的种皮或类似种皮结构(Ching,1972)，如豆科牧草与草坪草中，苜蓿属、三叶草属、草木樨属及百脉根属种子的寿命很长。禾本科牧草与草坪草中，有无稃壳（外稃和内稃）影响着种子的寿命，将去稃和未去稃的猫尾草种子贮藏 11 年，未去稃的种子发芽率从 98%降至 52%，而去稃种子从 97%降至 16%(Esbo,1954)。去稃种子生活力的迅速下降与脱稃时的机械损伤有关。木地肤种子常温贮藏一年后几乎失去活性，属短寿命种子，常温贮藏条件下，木地肤去翅种子的发芽率大于有翅种子（麻冬等，2020）。贮藏当年的红三叶种子硬实率显著高于野火球(*T. lupinaster*)种子；贮藏 2 年后，红三叶种子大部分可以破除休眠，活力和生活力最高；贮藏 3 年的野火球种子活力最高，贮藏 15 年的种子仍具有较高的活力；同一贮藏条件下，红三叶较野火球更耐贮藏；生产应用中红三叶、野火球种子贮藏 2～3 年后再播种效果更好（杨蕾等，2018）。

2. 影响种子寿命的外因

《齐民要术》记载"凡五谷种子，浥郁则不生，生者亦寻死"，意思是：所有谷类的种子，潮气郁闭就不会发芽；就是发了芽，不要多久也会死去。《氾胜之水》记载"种伤湿郁热则生虫也"，意思是种子在贮藏中，如果有潮湿郁闭生热，就会生虫。因此，影响种子寿命的外因主要是贮藏条件和贮藏方法。种子含水量、湿度和贮藏温度是种子在贮藏期间影响生活力和活力的关键因素。Harrington(1973)提出"哈林顿法则"：①在 0～50 ℃范围内，种子贮藏环境温度每降低 5.6 ℃，种子寿命就加倍；②在种子含水量为 5%～14%的范围内，每减少 1%的含水量，种子寿命就加倍（后经 Robers 等修正为每下降 2.5%水分，寿命就加倍）。

当油质种子含水量在 10%以上，淀粉种子在 13%～18%时，贮藏中真菌的生长往往使胚受到损害（傅家瑞，1985）。种子贮藏寿命与种子含水量和贮藏温度密切相关，适当降低种子含水量和贮藏温度，可有效延长种子的寿命。Justice 和 Bass(1978)把种子在 10%含水量、铁罐密封条件下，不同温度贮藏 8 年后，得到种子的生活力是不同的（表 9-3）。但种子含水量不是越低越好，当种子含水量低于 5%时，与含水量 5%～6%相比种子劣变加快，这与脂质自动氧化所引起的伤害有关(Koostra and Harrington,1969)。在种子的长期贮藏中，维持种子生命的最适含水量是与 15%空气相对湿度达到平衡的含水量，禾本科牧草和草坪草种子为 6%～7%，牧草或草坪草种子的水分降到 7%时贮藏，生活力保持最好，当水分低于 5%时，生活力反而下降(Roberts,1972)。当种子的水分在 8%～9%时，昆虫开始活动、繁殖；水分在 12%～14%，种子表面和内部的真菌开始生长，而且用熏蒸剂杀虫时亦会损害种子，影响发芽率；水分在 18%～20%，贮藏种子产生大量热量。华北驼绒藜种子寿命与含水量呈负相关。水分是制约华北驼绒藜种子寿命的首要因子，种子含水量在 2.8%～4.2% 超干燥处理下能显著地提高种子寿命（乌仁其木格等，2003）。

表 9-3　植物种子在不同温度下贮藏 8 年后的发芽率(Justice and Bass,1978)　%

种类	原始发芽率(水分 10%)	8 年后的发芽率				
		−12 ℃	−1 ℃	10 ℃	21 ℃	32 ℃
绛三叶	91	80	70	42	5	0
莴苣	95	94	91	0	0	0
红花	88	79	72	0	0	0
高粱	91	94	87	—	72	0

温度也是影响种子贮藏寿命的重要因素之一，种子处于低温状态下，其呼吸作用微弱，内耗极少，老化速度也较慢，因此能保持种子生活力从而延长种子寿命。相反，若种子处于高温状态下，呼吸作用强烈，内耗加大，导致种子的寿命缩短。温度和湿度对种子贮藏的影响是相互联系的，较低含水量的种子可以忍耐一定时间的高温，而在低温下，水分含量高则破坏作用也减小，低含水量和低温提高了细胞质的黏滞度，促进玻璃化的形式。玻璃化物质的高度黏滞性导致了细胞内分子运动的减缓，阻止了细胞质中分子的扩散，从而降低了劣变反应的速率，减少了老化过程中细胞结构和化学组分的变化。有一个通用的种子贮藏实用规则(James 规则)：理想的种子贮藏条件为温度(°F)加空气相对湿度(RH)总和小于 100。哈林顿规则提出，在温度 0 ℃和 40 ℃间、含水量 5%和 14%间，温度每降低 10°F(5.6 ℃)和种子含水量每减少 1%，种子贮藏寿命约增加 1 倍。试验证明种子贮藏在 32 ℃下 8 年就丧失了发芽力(表 9-3)。低温条件(0 ℃、−18 ℃)显著提高了牧草种子寿命，老芒麦、鸭茅、无芒雀麦、多年生黑麦草种子寿命达 10 年以上(宁布等，1997)。在含水量一致的情况下，低温(−10～5 ℃)贮藏较室外(−15～25 ℃)贮藏可提高驼绒藜种子寿命 1.5 年以上(乌仁其木格等，2003)。

低温贮藏 19 年鸭茅的种子活力，随着贮藏年限的延长出现了先上升再下降的趋势，低温贮藏 5 年的鸭茅种子仍然保持较高的种子活力(张旭等，2018)。垂穗披碱草随着贮藏时间的延长种子活力呈现下降趋势。在室温条件下，贮藏 3 年以上种子的活力明显降低，4 年以上的种子完全丧失了活力。低温条件保存下的垂穗披碱草种子活力维持在较高的活力水平(陈仕勇等，2018)。温度和含水量的交互作用对草木樨(*Melilotus suaveolens*)、扁穗冰草种子的发芽率具有极显著($P<0.01$)影响。随着草木樨种子含水量和贮藏温度的增加，发芽率均先增加后降低。10%含水量在 4 ℃贮藏时草木樨种子发芽率最高，12%含水量在 20 ℃贮藏时发芽率降为 0。草木樨种子的最适宜贮藏温度为 4 ℃，最适宜含水量为 10%(杨超等，2016)。扁穗冰草种子贮藏 10 个月，在−15 ℃且含水量为 6%的条件下发芽率最高，为 79.8%，在室温(20 ℃)且种子含水量为 12%时，发芽率为 0。扁穗冰草种子的适宜贮藏含水量为 4%～6%，最佳贮藏温度为−15～4 ℃(杨晗等，2016)。

研究发现种子含水量并非降得越低越好，当脱水至某一阈值(最适含水量)以下时，对种子寿命无更大益处，甚至加速种子劣变。种子贮藏最适含水量随种子种类不同而有所不同，种子最适含水量受种子中组成成分影响，疏水物质含量越高，相等条件下的种子最适含水量越低。经典理论认为 5%(油类种子)～7%(淀粉类种子)含水量是种子安全含水量的下限。联合国粮农组织(FAO)和国际植物遗产资源委员会(IBPGR)制定的长期保存种子种质的条件是 5%～7%的含水量和−18 ℃～25 ℃的贮藏温度，当今世界各国普遍采用此标准。

哈林顿法则已被科学家们普遍认同，但也有人提出质疑。英国 Reading 大学、皇家植物园、荷兰等研究单位合作研究水分、温度对种子寿命的影响,并得出以下两点结果:①在温度和水分含量之间,对寿命没有相互作用。因此,在低温下水分含量的影响关系与高温下的影响应该是一致的,这一发现在种子贮藏研究上具有重大意义,因为在低含水量下,种子的存活曲线只能在高温下研究得到。②对不同作物种子贮藏温度降低 10 ℃的影响应该是一致的,这一发现有力支持了种子的超干燥保存利用。

关于种子高效低耗能贮藏技术的研究受到广泛关注,提出种子的超干贮藏,即种子含水量低于 5%,密封在室温条件下贮藏。1998 年郑光华先生在 Nature 撰文,标志着我国种子节能保存新技术的研究获得了突破性进展。种子超干贮藏采取低含水量种子密闭贮藏在常温条件下的方法,以达到部分或全部取代低温库的目的。种子超干能提高耐藏稳定性,但并不是水分含量越低越好,蛋白质、抗氧化系统、糖、细胞膜系统都与种子的耐脱水性有关。种子超干贮存不仅要提高种子生活力还要保持种子的遗传稳定性。画眉草种子即便是在传统贮藏条件下,也能存放相当长的时间(尹俊等,2009)。画眉草新种子具有较强的内在休眠;4 个月的干藏和冷藏处理对解除种子休眠作用不明显,但较长时间的贮藏(干藏 1 年)则能促进种子成熟(李雪华等,2006)。液氮低温保存是目前国际上正在探索的种质保存新技术,这也将延长种子贮藏寿命。

种子的自然寿命,除了由遗传因子决定外,还取决于种子生长在母株上时所遭遇到的生态环境条件以及在收获、脱粒、干燥、加工、贮藏和运输过程中所受到的各种影响。同一植物甚至是同一品种的种子,由于产地不同,收获、加工和贮藏方法不同,寿命的长短亦有很大的差异(Ewart,1908)。种子的形状不同,在收获、清选、贮藏过程中所受的机械损伤不同,一般小粒种子不易受损,寿命较长;球形种子比其他形状的种子对损伤的保护性更好。一般秋季收获的种子比夏季和春季收获的种子感病少,耐贮存。另外,光、O_2、CO_2、微生物、仓虫及为了杀死害虫和微生物所用的杀菌剂等化学物质,都会对种子寿命有影响。依据种子含水量、贮藏温度和密封包装材料对种子活力及遗传完整性的影响,确定 3 种牧草种子较为安全经济的贮藏方法:蒙农红豆草和锡林郭勒缘毛雀麦是 7%~8%种子含水量、用塑料自封袋包装、在 −18 ℃条件下贮藏;敖汉苜蓿是 4%~5%种子含水量、塑料自封袋包装、4 ℃贮藏(石凤玲,2016)。

3. 决定种子寿命的生理因素

各种植物种子的寿命是有一定长度的,彼此之间存在固有差别,从根本上讲种子寿命是受遗传基因决定的。

(1)耐脱水性与种子寿命　脱水对细胞的伤害是多方面的,如蛋白质变性、细胞膜破坏、细胞区域化消失、原生质团块化、离子强度 pH 改变、代谢紊乱、膜脂过氧化以及易造成机械损伤等。一般认为,伴随种子成熟,耐脱水性增加,活力提高,并在生理成熟一段时间后达到最大。研究认为糖对耐脱水性的获得具有积极作用,表现为:①增加细胞膜抗脱水能力,阻止溶质渗漏。②在脱水过程中糖能形成一种凝胶,其黏度很高,能使所有需要分子扩散的化学反应停止,并保持组织结构完整。凡是耐脱水性组织就形成这种状态。③与蛋白质稳定和脱水过程中酶活性保持有关。糖的绝对含量与种子寿命无关,相关的是糖的组分比。低的单糖/寡糖比与寿命呈正相关。顽拗性种子缺乏成熟脱水,成熟时含水量仍然较高,种子对脱水高度敏感,组织中明显缺乏蔗糖和棉籽糖或苏水糖。在脱水耐性种子中,有晚期胚胎富集蛋白(LEA)在脱水耐性种子中起重要作用,在干燥过程中保护分子自然构型的维持,减少细胞质离子强度增加的有害作用。然而,LEA 蛋白或者其转录物的单独表达是不够的,因为脱水耐性是一种定量的性质，LEA蛋白的量可以决定耐性的水平，或者LEA蛋白和其他保护剂的配合可能是脱水耐性所需要的。LEA蛋白参与维持细胞质的玻璃化状态，以及清除自由基。ABA也可影响种子脱水耐性的调节。ABA水平本身不决定种子的脱水耐性，脱水耐性可能与ABA的敏感性有关。ABA含量较高时，LEA蛋白积累，LEA蛋白具有脱水保护剂的作用。

(2)脂质过氧化与种子寿命　自由基增生及脂质过氧化是种子劣变的重要诱因。植物体内酶促系统在自由基清除中起到重要作用，尤其是超氧化物歧化酶(SOD)、过氧化氢酶(CAT)、过氧化物酶(POD)在清除过程中尤为重要。紫花苜蓿种子抗氧化酶活性(SOD、POD、CAT)随自然老化时间的延长呈现先降低后增加的趋势，收获当年的种子活性最高，贮藏1～2年后显著降低，贮藏3年后迅速增加，高于贮藏1～2年的种子，但显著低于收获当年的种子(韩沛霖等，2022)。脂氧合酶(LOX)通过催化1，4-戊二烯结构的不饱和脂肪酸加氧反应而直接作用于膜中不饱和脂肪酸生成脂肪酸氢过氧化物的氧化还原酶。LOX是自由基产生和脂质过氧化的主要贡献者。研究表明，LOX与种子劣变有关，氢过氧化脂肪酸含量与种子活力呈负相关。LOX活性增加，使种子劣变加速，寿命缩短。脂质过氧化除了对膜造成损伤，也会损伤DNA。DNA受脂质过氧化损伤的主要部位是鸟嘌呤(G)，由于四种碱基中G被占据的最高分子轨道是最高的，最易被氧化。种子活力丧失DNA代谢系统的损伤会导致错误的DNA修复，致使有缺陷的各种RNAs的遗传信息进行无效传递，从而使得对种子萌发必需的各种活动不相关联。所以当种子老化到一定程度，核酸损伤到一临界值时将变成无活力种子。

(3)蛋白成熟加工酶和蛋白修复酶与种子寿命　在种子发育过程中，贮藏蛋白不断合成，它们主要在转录水平受到调控，这可能是通过阻遏蛋白结合到贮藏蛋白基因某一区段来实现的。然而，新合成的种子蛋白大都以前体形式存在，无疑前体蛋白的加工对种子寿命及其他功能的体现都有一定的作用。1955年在大豆和蓖麻种子中分离到了一种负责种子蛋白成熟的液泡加工酶，其可使种子前体蛋白在C端天冬氨酰残基处的肽键断裂，从而形成成熟种子蛋白。另外一种异天冬氨酸甲基转移酶(MT)广泛存在于各种生物中，它能将不正常*L*-异天冬氨酰残基转化为正常*L*-天冬氨酰，从而使劣变蛋白结构和功能恢复正常。在植物种子中MT活性一般高于营养组织，它参与衰老损伤蛋白的修复，阻止贮藏中受损蛋白的积累。Shen-Miller等(1995)认为寿命为95～416年的古莲籽与新莲籽中MT活性一样高，其天冬氨酰消旋化程度极低，98%天冬氨酰是正常*L*-型。这可能也是莲籽长寿的原因。另外，与寿命有关的蛋白质还有遍在蛋白质(Ubi)、热激蛋白(HSPs)、分子伴侣(Chaperones)等，无论从结构上的同源性还是功能上的相似性，都是维持细胞正常功能和生存所必需的一类功能蛋白，并发挥重要保护作用。

9.2.3　种子贮藏寿命的预测

最早试图预测种子寿命是基于一种假设，即生活力的丧失是由于蛋白质凝固的结果，蛋白质凝固是持续加热和水的作用，也就是蛋白质对温度的反应。1913年Lepeschkin首先提出种子寿命公式 $T=a-b\lg z$，其中 T 是温度(℃)，z 是时间(d)，a、b 是常数(随作物而不同)。

1972年Roberts认为引起种子活力丧失有外在和内在两种因素，外在因素是热和微生物引起的种子生活力退化，内在因素是高分子化合物变性和新陈代谢活动受阻，因此提出了一个种子寿命方程式 $\lg P=k_v-c_1 m-c_2 t$，其中 P 为种子平均寿命，m 为种子含水量，t 为温度

(℃);k_v、c_1、c_2 是常数。1980 年 Roberts 经过长时间研究,观察发现:①种子死亡在时间上呈正态分布;②这些分布的标准差,对一个种在给定的贮藏环境下是一常数;③在两个不同的贮藏环境中,寿命是不同的,在一个种内所有种子批是一样的;④种子寿命是随温度降低而增加的;⑤在种子寿命和种子含水量之间存在着负对数关系。基于此,Ellis 和 Roberts(1980)提出了新的种子寿命方程式:$v=K_i-P/10^{K_E-C_W\lg m-C_H t-C_Q t^2}$,其中 v 为种子贮藏 P 天后发芽率,K_i 为种子最初发芽率(%),C_W、C_H、C_Q 是常数,m 为种子含水量(鲜重基础),t 为贮藏温度(℃),K_E 为截距常数。此方程式可应用在任何物种,但需测定其 4 个常数,只要知道它们的贮藏条件,就能算出种子贮藏寿命。

Ellis 和 Roberts 的种子生活力方程已经广泛用于量化及预测不同种子在不同贮藏环境中的潜在寿命,而不同条件下的这些常数也可以在英国皇家植物园——邱园的种子信息数据库中查阅到(Bewley et al. ,2017)。

9.3 牧草与草坪草种子的老化

种子活力是评定种子质量的重要指标,反映种子在各种条件下所具有的萌发和出苗潜能。通常种子在生理成熟期其活力达到高峰,之后便进入贮藏阶段。从生理成熟期到贮藏过程,种子会不可避免地经历不可逆的活力下降的老化进程。1965 年 Gove 将种子老化(ageing)定义为:种子的生活力、品质及其性能从一个较高水平下降至较低水平的不可逆变化过程。种子老化被认为是导致种子活力和生活力降低的主要原因,始于生理成熟期,并伴随种子收获、加工和贮藏而继续发生。在种质资源保存中,尽管种子被保存在 −18 ℃的低温库中,但这种理想的保存途径并不能阻止种子的呼吸作用及由此导致的老化,随贮藏时间延长,种子活力仍然会缓慢下降(Walters et al. ,2005)。

种子即使贮藏在最优条件下也会发生老化,细胞代谢过程中出现的各种劣变,使种子的活力不断降低。种子老化一般指种子的自然衰老,种子劣变是指生理机能的恶化,有老化就有劣变,两者不可分割,但是,劣变的范围较广,因为劣变不一定由老化引起,例如,突然性的高温可能导致蛋白质变性、细胞受损,进而引起种子的劣变。McDonald(1999)认为种子劣变是由于种子内部自动氧化,或因氧化酶的催化作用导致自由基攻击脂类物质,从而造成脂类物质发生过氧化反应的结果。劣变最早发生于胚根根尖部分。低温干燥的贮藏环境可以延长种子的活力,而高温和高湿会使种子活力下降得更快。Rajjou 和 Debeaujon(2008)指出温度和相对湿度是影响种子老化最直接的两个环境因素。贮藏过程中种子活力丧失也可能因为种子贮藏物质含量较少,进而在萌发过程中被快速消耗(Abbade and Takaki,2012)。

种子老化主要受遗传因素、生产和环境因素影响,时间进程由几天到数年不等,是一个从量变到质变的长期而复杂的生物学过程。种子老化是细胞形态、生理生化反应以及遗传物质变化的综合表现,伴随膜脂过氧化、酶活性降低、蛋白质和核酸降解、有毒有害物质积累等,最后直接表现为种子活力和发芽率降低,对生产造成严重损失。因此,在农业生产中,减少种子劣变发生,保持种子的活力水平,提高萌发速率及田间出苗速率、增强幼苗和植株的抗逆性始终是种子经营者和农业生产者所关心的问题。

9.3.1 种子老化的相关理论学说

种子老化的机理尚不清楚,随着研究的深入,有学者提出与种子老化相关的学说。

Harman(1956)提出自由基理论学说,认为老化与自由基对细胞(通常在细胞代谢水平产生)的损伤作用有关,该自由基引起的损伤积累是所有生物体老化的潜在机制;自由基主要是由氧化酶在细胞中催化分子氧和在组织中由微量金属催化产生。它假设自由基引起的损伤积累,如脂质过氧化、RNA 和 DNA 的降解,以及抑制蛋白质合成是所有生物老化的主要原因。根据老化的自由基理论,活性氧(ROS)的产生和积累对种子老化和其他衰老相关疾病的研究至关重要。

Miquel 等(1980)提出了老化的线粒体假说,认为线粒体可能是细胞内部老化的部位,因为线粒体会受到呼吸过程还原作用产生的 ROS 的攻击,而 ROS 会导致线粒体内膜脂质、DNA 和蛋白质的损伤,引起细胞结构和功能的异常以及生理功能紊乱,从而加剧老化进程。

Koostra 和 Harrington(1969)猜测膜的氧化可能是种子老化的开始。随后 Harman 和 Mattick(1976)证明脂质过氧化与种子老化有关系。McDonald(1999)提出了种子老化的脂质过氧化假说,认为种子在自动氧化或者氧化酶的作用下产生的 ROS 会攻击脂类物质,导致膜的完整性受损,进而加速老化的进展。

种子老化包含了复杂生物学特性,与多种生化、分子、代谢和生理过程相关。有学者指出某些过程与种子老化存在因果关系,例如,脂质过氧化、蛋白羰基化、Amadori-Maillard 反应和细胞程序性死亡(PCD)。虽然种子老化的机制仍在研究中,但 ROS 自由基的积累被认为是导致种子老化的主要原因。

ROS 是一种具有一个或者多个未配对电子的化学物质,有氧呼吸的副产物之一,也是多种代谢途径的副产物。在正常的细胞代谢过程中,ROS 作为副产物,在种子萌发或休眠中发挥着重要的信号转导作用。但是当 ROS 过量时,它可以与任何具有生物学意义的大分子发生重要的相互作用,导致蛋白质损伤、脂质过氧化、染色体异常和 DNA 损伤等多种细胞成分的损伤。常见的 ROS 包括:超氧阴离子($O_2^{\cdot -}$)、过氧化氢(H_2O_2)和羟自由基(·OH)、单线态氧($^1O_2$)及氧自由基(RO·)等。所有的细胞都可能成为 ROS 的来源,例如,脂质(乙醛酸循环体)和嘌呤(过氧化物酶体)的分解代谢、呼吸作用(线粒体)、光系统(叶绿体)或 NADHP(质膜)中的电子转移、胺氧化酶和过氧化物酶(细胞壁)或者细胞色素 P_{450}(胞液)。种子中没有叶绿体,线粒体便成了 ROS 产生的主要位点。

Bailly(2004)提出了氧化应激相关种子老化的两步模型(图 9-1):①在长期种子贮藏过程中,脂质自氧化产生自由基(初级自由基:FR Ⅰ),导致三酰基甘油(TAGs)、mRNAs、

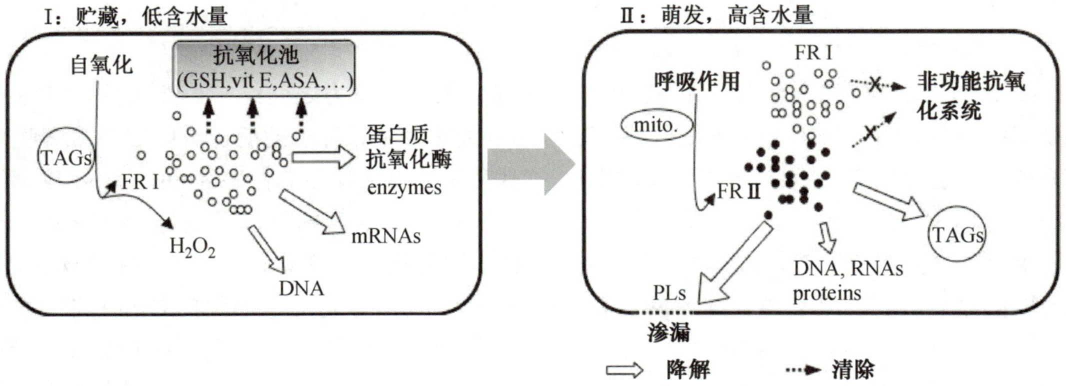

图 9-1　种子老化过程的氧化机制(Bailly,2004)

DNA和蛋白质的降解。在此期间,FR Ⅰ也可能破坏抗氧化酶。②在种子萌发过程中,除了已经存在的初级自由基(FR Ⅰ),新陈代谢的恢复导致新的活性氧(次生自由基:FR Ⅱ)产生,FR Ⅱ的产生主要是通过线粒体内的呼吸活动。种子长期贮藏过程中,酶促抗氧化机制发生改变,低效率导致ROS积累,进一步对TAGs、膜磷脂(PLs)和其他大分子造成新的损伤。

9.3.2 老化对种子萌发及细胞生理的影响

1. 老化对种子萌发及幼苗生长的影响

种子萌发能力是影响牧草与草坪草苗期性能、植株建植和生长发育的重要因素。种子发芽受遗传、种子结构、种子化学、湿度和温度等内外因素的控制。延迟萌发和萌发后生长缓慢是老化种子的两大特征(Siadat et al.,2012),老化抑制了种苗的田间建植及生长状况,进而影响种子的产量和质量。

种子老化后常常表现为种子变色,发芽率下降,发芽迟缓,适应性弱,对不良贮藏条件的耐受力差,幼苗生长弱且畸形率高等(董新红和宋明,2002)。种子老化通常伴有种子表面特征的改变,如甘蓝型油菜、大豆、花生、亚麻(*Linum usitatissimum*)和三叶草(*Trifolium* spp.)种子老化时种皮颜色发生变化(Copeland and McDonald,2001;Sano et al.,2016)。老化导致种皮颜色变暗,失去光泽,种子发芽率降低(李青丰等,1996;闫慧芳等,2014)。

高羊茅随老化时间的延长,发芽率和发芽势明显下降,发芽势的下降速度远大于发芽率(浦心春等,1998)。人工加速老化对羊草种子的发芽率、发芽势和活力指数有明显影响,但与发芽率相比发芽势和活力指数能更好反映种子的生理变化(毛培胜等,2008)。周国栋(2012)在研究老化对老芒麦种质生理特性及遗传完整性影响的试验中,发现老化导致种子发芽势、发芽率、发芽指数和活力指数均降低,抑制幼芽和幼根的生长,减弱种子的活力。老化时间不同,敖汉苜蓿、缘毛雀麦和红豆草种子的生活力和活力变化各异,且3种牧草种子抗老化能力的强弱不同(石凤玲,2016)。随人工加速老化时间的增加,柳枝稷(*Panicum virgatum*)种子发芽势、发芽率以及活力指数先(老化12 h)急剧下降而后缓慢下降(王健宇等,2018)。燕麦种子发芽势、发芽率、发芽指数、活力指数、幼苗芽长和根长均随贮藏年限的增加而显著下降,种子浸提液电导率则明显上升,膜透性增大。不同燕麦品种随贮藏年限的延长其种子活力变化不尽相同(金小雯等,2019)。在华北驼绒藜、狗尾草、老芒麦、少花蒺藜草(*Cenchrus pauciflorus*)等种子中也有类似的结果(贾风勤等,2016;韩亚琼等,2017;姜汇,2018)。

2. 老化对种子细胞形态和结构的影响

自20世纪60年代末至70年代初,由于种子渗漏物与其活力之间的密切相关性,劣变种子膜系统结构及其功能的研究受到关注。在细胞中,代谢途径中各种酶的配合与膜结构紧密联系,膜系统一旦遭到破坏,将引起异常的代谢变化,加速种子活力和发芽力丧失(Halmer and Bewley,1984)。种子贮藏或加速老化后萌发能力的丧失与各种细胞器的结构变化有关(Smith and Berjak,2017)。在种子老化过程中,细胞中的各种细胞器均发生变化,包括细胞核、线粒体、液泡、质体及内质网等,其完整性均逐渐丧失。种子在劣变后,首先发生变化的是胚的根尖分生组织的超显微结构(程红焱和郑光华,1994)。一般轻度老化但仍具有萌发力的种胚细胞常呈现细胞核的局部泡状隆起、线粒体和质体变形、高尔基体变形且数量减少、多核糖体的形成减缓等现象。在劣变严重的情况下细胞内膜结构肿胀且无序、圆球体破裂,在细胞内融合成团并沿壁排列，质体内淀粉粒裂解甚至消失（Priestley，1986）。经人工加速老化的紫花苜蓿、高羊茅种子细胞膜透性增大，表现为浸种液的电导率增大（孙建华和陈江辉，1990；浦心春等，1998）。云锦凤等（1998）指出劣变的新麦草种子的细胞膜透性增加。经贮藏处理的老芒麦种胚细胞膜系统超微结构与其各项生理指标密切相关，4%和 10%含水量的种胚细胞膜和线粒体结构完整，可以看到细胞核膜，细胞不出现质壁分离现象；16%～22%含水量种胚细胞质膜出现破损，线粒体开始发生膨胀，线粒体膜和核膜模糊，出现轻度质壁分离；28%～34%含水量范围内，种胚细胞内容物减少，出现空泡状结构，细胞核内物质流入细胞质，细胞内细胞器解体，细胞间隙明显增大，细胞膜进一步受损，种子活力下降（朱萍，2011）。老芒麦（Yan et al.，2015）、羊草（毛培胜等，2008）、燕麦（Kong et al.，2014；Xia et al.，2015；Yan et al.，2020）种子在老化时，种胚细胞受损、细胞质膜不完整、质壁分离、细胞核与细胞质界限模糊、核仁消失、双层核膜被破坏。

种子老化过程中，细胞膜结构的变化是一个渐变的过程，尤其线粒体对老化反应最敏感。植物线粒体是球形或杆状的细胞器，具有双层膜，且内膜具有丰富嵴，在每个细胞中约有几百个线粒体（Møller et al.，2021）。线粒体是内源 ROS 的主要来源，稳态条件下，其基质中的浓度要比细胞质或细胞核中的高 5～10 倍，并且产生和清除可以在抗氧化系统的调节下达到平衡（Cadenas and Davies，2000）。然而，当细胞遭受长时间逆境胁迫时，线粒体内 ROS 的产生和清除失衡，过量积累的 ROS 会对线粒体造成严重损伤。线粒体的结构破坏和功能降低导致呼吸电子传递链受阻，ROS 大量产生并积累，加剧种子活力降低甚至死亡。种子老化时线粒体的形态与分布均发生了改变。未老化或老化初期的榆树（*Ulmus pumila*）种子，线粒体呈点状均匀分布在细胞质中，随着老化时间的延长，线粒体逐渐往细胞膜上聚集，线粒体形态也发生改变，表现为蠕虫状、巨大型和分散型（Wang et al.，2015）。老化种子线粒体不仅在形态上发生了变化，线粒体内部结构也发生了变化。发现老化种胚线粒体明显膨胀，外膜以及嵴变形（Bailly，2004）。人工加速老化的羊草种子线粒体表现最敏感，膨胀、膜破裂甚至解体，并且质膜发生质壁分离及破损现象，随着劣变程度的加剧，核膜开始破损，核质与细胞质混合（常书娟，2006）。对劣变的燕麦种子线粒体表现最为敏感，线粒体涨破，内膜和外膜破坏，或嵴消失，基质变稀，成"空泡状"结构；同时细胞核膜出现模糊损伤，随着水分含量的升高，细胞核区模糊，细胞器普遍解体（孔令琪，2010；闫慧芳，2019）。种子老化时线粒体结构的改变可能会导致 ROS 的产生和线粒体功能障碍，从而影响线粒体和细胞核基因的表达。

9.3.3 老化对种子生理生化的影响

种子老化过程中会发生各种生理生化和代谢的变化，包括细胞膜完整性丧失、电解质渗漏、DNA 和 RNA 改变以及线粒体结构和功能的变化。种子老化在形态上表现为种子活力和生活力的降低，超微结构方面表现为质膜以及细胞器的损伤，生化上表现为酶活性的改变，生理上体现在代谢和生物大分子合成能力降低（王彦荣等，2001）。

1. 老化对种子细胞生理生化的影响

老化玉米种子内淀粉酶和蛋白酶活性下降（Basavrajappa et al.，1991）。在高羊茅种子人工加速老化过程中，苹果酸脱氢酶、己糖异构酶、葡萄糖-6-磷酸脱氢酶和 6-磷酸葡萄糖酸脱氢酶活性均大幅度降低，而这些酶均为参与磷酸戊糖代谢、三羧酸循环和糖酵解途径的重要酶类；随着老化程度加深，物质能量代谢受到影响，种子活力下降（韩建国等，1998）。新麦草种子中脱氢酶和酸性磷酸酯酶的活性均随着老化时间延长而下降，并且自然老化、人工加速老化均表现出相似结果规律（李玉荣等，2005）。王玉红（2008）研究发现，抗坏血酸过氧化物酶（APX）活性随种子老化时间的增加呈现升高趋势，但在高羊茅、老芒麦中 APX 活性增加，燕麦种子随着老化时间的增加，APX 活性先升高后降低。

在种子老化机制的不断探索中，ROS 导致脂质、DNA 和蛋白质的损伤，也是导致种子老化的主要因素（McDonald，1999）。正常生理状态下，ROS 的产生和清除维持平衡，不会对细胞造成伤害；而逆境胁迫下，过多的 ROS 攻击 DNA、蛋白质等大分子，进而对细胞造成氧化损伤。自由基的产生和清除失衡是引起种子老化的主要原因（Bailly，2004；Bailly et al.，2008）。ROS 在种子的生理活动中扮演着双重作用，一方面是参与细胞的信号转导，另一方面在胁迫条件下过量积累产生毒害作用。长期以来，为适应环境及应对逆境条件，种子细胞进化形成多条抗氧化防御途径，包括酶促抗氧化系统和非酶促抗氧化系统，这些途径的功能主要表现在阻止 ROS 的产生、有效清除已产生的 ROS 和修复 ROS 引起的损伤。老化导致种子内部抗氧化系统抑制 ROS 积累的能力降低，超氧化物歧化酶（SOD）、过氧化物酶（POD）和过氧化氢酶（CAT）活性降低，$O_2^{\cdot -}$ 产生速率和 H_2O_2 含量增加，膜功能改变，脂质过氧化，核酸发生降解（Greggains et al.，2000）。自由基清除酶活性降低增加了种子对氧化应激的敏感性。SOD 是植物细胞内重要的 ROS 清除酶，被认为是细胞清除 ROS 的第一道防线，通过歧化 $O_2^{\cdot -}$ 生成 H_2O_2 和 O_2，从而避免 $O_2^{\cdot -}$ 的 Haber-Weiss 反应形成活性更高的 ·OH（Berjak，2006）。同样，CAT 在清除 H_2O_2 方面发挥着重要作用，可以直接催化 H_2O_2 生成 H_2O 和 O_2。CAT 是唯一不需要能量、酶活速率较高的活性氧清除酶，每分钟内一分子 CAT 能够催化 H_2O_2 反应高达 600 万个分子，是所有抗氧化酶中效率最高的（Gill and Tuteja，2010）。随老化程度加深，罗布麻（*Apocynum venetum*）种子内 CAT 和脱氢酶反应敏感，活性降低，可以作为测定种子活力变化的指标来检验种子老化程度（张永娟等，2011）。

H_2O_2 的另一条清除途径是 APX 参与的抗坏血酸-谷胱甘肽（AsA-GSH）循环，该循环包括 APX、单脱氢抗坏血酸还原酶（MDHAR）、脱氢抗坏血酸还原酶（DHAR）和谷胱甘肽还原酶（GR）4 种酶（Gill and Tuteja，2010）。AsA-GSH 循环代谢过程以 AsA 作为电子供体，APX 催化 H_2O_2 生成 H_2O，而 AsA 被氧化成单脱氢抗坏血酸（MDHA）；一部分 MDHA 以 NADPH 作为电子供体在 MDHAR 作用下被还原成 AsA，另一部分 MDHA 则继续发生非酶歧化反应生成脱氢抗坏血酸（DHA）；DHA 在 DHAR 催化下被还原成 AsA，该过程中 2 分子 GSH 作为电子供体被氧化成氧化型谷胱甘肽（GSSG）；GR 作为还原酶利用 NADPH 的还原力将 GSSG 还原为 GSH，以维持 GSH 库的还原能力，从而保证 AsA 的还原水平和代谢的正常进行，由此可见，APX 和 GR 是保障 AsA-GSH 循环顺利进行的关键酶。老化导致大豆种子胚轴中 GSH、GSH+GSSG 和 GSH/GSSG 降低，GR 和 MDHAR 活性降低，GR 同工酶谱条带变浅，GR、MDHAR、DHAR 同工酶基因表达下调，APX 同工酶基因表达上调，种子抗氧化能力减弱（杨莉莉，2012）。老化的燕麦（Xia et al.，2015；Mao et al.，2018；Yan et al.，2020）种子中 ROS 都显著增加，均与 SOD、APX、DHAR 和 MDHAR 活性受到抑制有关。在正常情况下，ROS 被各种防御机制清除，而当 ROS 过度积累，ROS 产生与清除之间的平衡被打破。ROS 的解毒作用与氧化还原平衡对种子老化至关重要。

此外，累积的 ROS 不仅可以通过酶促抗氧化系统来清除，还可以通过非酶促系统，如低分子代谢产物 GSH、AsA、类胡萝卜素、生育酚和类黄酮来清除（Gill and Tuteja，2010）。水稻种子老化时，APX、CAT 和 MDHAR 活性降低，并且伴随着 AsA 和 GSH 含量的降低，但 SOD、GR 和 DHAR 活性无变化（Yin et al.，2014）。

2. 老化对种子线粒体生理生化的影响

线粒体是种子萌发和代谢的最重要的能量来源。线粒体内进行着与能量代谢密切相关的呼吸和代谢活动，如线粒体电子传递链（ETC）、三羧酸循环（TCA）、氨基酸代谢、糖酵解、戊糖磷酸氧化途径、乙醛酸循环等。在正常情况下，线粒体可以控制自身的 ROS 平衡，解毒过量的 ROS，修复 ROS 引起的氧化损伤，并调节线粒体 ROS 的产生来进行信号转导。线粒体 ETC 是 ROS 产生的重要位点，特别是 ETC 上的复合体Ⅰ（NADH：辅酶 Q 氧化还原酶）和复合体Ⅲ（辅酶 Q：Cyt c 氧化还原酶），其产生的 $O_2^{\cdot -}$ 通过 SOD 的歧化作用生成 H_2O_2（Navrot et al.，2007；Moller，2001）。Jardim-Messeder 等（2015）证明琥珀酸脱氢酶（SDH）也是线粒体 ROS 产生的一个位点。ROS 的累积会导致氧化损伤、功能障碍和膜系统的功能紊乱，以及线粒体蛋白、DNA 和脂质的氧化损伤。线粒体蛋白的氧化损伤包括丙酮酸脱羧酶复合物亚基、ATP 合酶亚基和三羧酸循环相关酶的氧化损伤（Rhoads et al.，2006）。线粒体的 ATP 主要通过氧化磷酸化途径产生，种子老化会降低电子传递链的效率，减少 ATP 的合成，从而不能为种子萌发提供足够的能量，加剧种子老化。Xin 等（2014）发现老化的大豆种子线粒体中以 NADH 和琥珀酸为底物的呼吸途径的呼吸效率降低，表明种子老化时电子传递链受阻。

在植物线粒体中存在着酶促和非酶促抗氧化系统清除 ROS，包括 Mn-SOD、CAT、AsA-GSH 循环、交替氧化酶（AOX）、解偶联蛋白（UCP）、还原蛋白等（Xin et al.，2014；Zorov et al.，2014；夏方山，2015）。大豆老化种子 AsA-GSH 循环中 AsA 和 GSH 的减少，可能导致了 ROS 的累积，影响线粒体功能（Xin et al.，2014）。燕麦种子老化时，种胚线粒体内 SOD、APX、GR、MDHAR（Xia et al.，2015）以及 DHAR（Mao et al.，2018；Cheng et al.，2020）活性都降低，进一步引起种胚线粒体内 ROS 的增加，导致种子的老化。除了通过 AsA-GSH 循环直接清除 ROS 外，还有其他的酶或酶系统也参与脂质过氧化损伤或蛋白损伤修复。老化燕麦种子吸胀 4 h 和 12 h 时，种胚线粒体内 CAT、APX 和 POD 活性降低，增加了超氧阴离子（$O_2^{\cdot -}$）和 H_2O_2 的积累；吸胀 24 h，种胚线粒体 CAT 和 AsA-GSH 循环中抗氧化酶（APX、DHAR、MDHAR 和 GR）活性降低，以及 AsA 合成减少，导致 $O_2^{\cdot -}$ 的增加。在不同吸胀时间点，种胚线粒体中导致种子老化的 ROS 种类不同。种胚线粒体内抗氧化系统与呼吸代谢的紊乱是种胚线粒体内 ROS 增加的原因（毛春力，2022）。

9.3.4　老化对种子细胞 DNA 的影响

种子在贮藏时发生老化或劣变导致了种子活力的降低，不仅损伤细胞膜，而且破坏种子内的生物大分子（核酸、蛋白质）。种子活力与 DNA 损伤修复能力及 DNA 合成能力紧密相关。种子在老化过程中 DNA 会降解，也会出现染色体断裂现象（Roberts，1973；傅家瑞，1994）。种子在老化的过程中，各种功能和结构受到损害，而且对这些损害会随着时间的延长而逐渐加剧。随着种子老化进程的延长，种子活力不断下降，DNA 也会开始解体。研究发现，高活力黑麦（*Secale cereale*）种子，胚中 DNA 含量为 10.2 mg/g，低活力种子则只有 3.1 mg/g；同时 DNA 所含的碱基数也有差异，说明随种子活力降低，种子中的 DNA 也开始解体（Roberts，1973）。Kalpana 和 Madhava（1997）认为 DNA 和 RNA 含量在发生劣变的种子中明显下降。种子劣变后染色体畸变及基因突变率增加，DNA 受到一定程度的损伤进而影响转录及有关酶的合成(McDonald,1999;汪晓峰和丛滋金,1997)。当核膜受到损伤,DNA也会进一步遭到损伤,威胁到基因组的完整性,特别是羟基自由基能够攻击嘌呤、脱氧核糖和嘧啶,使得细胞器DNA和细胞核DNA遭到破坏,致使DNA的复制和转录发生错误,导致基因突变、生长发育停止、细胞死亡和遗传损伤等(Bray and West,2005)。DNA作为生命活动中最重要的遗传物质,它的双螺旋结构容易被各种理化因素损伤,影响基因组的稳定性,DNA损伤和基因组的不稳定性是导致种子老化的主要原因之一,DNA损伤会导致种子活力的下降和生活力丧失(Cheah and Osborne,1978)。郑慧敏(2015)发现劣变的老芒麦种子会发生染色体数目的变异,且染色体组结构变得更加对称。种子劣变会导致植物遗传物质的改变,进而影响种苗的正常生命活动。经人工加速老化处理的玉米种子,GC甲基化水平增加了,种子的活力与DNA GC甲基化水平的相关性较高(李春雷,2014)。随着分子标记技术的快速发展,越来越多的分子标记技术应用到了老化种子DNA片段的变化中。

9.3.5 种子老化的蛋白质组研究

1995年由Wilkins和Williams提出蛋白质组(proteome)的概念,指一个组织或细胞的基因组所表达的全部蛋白质的总称(钱小红和贺福初,2003)。种子生物学作为植物学的一个分支,利用蛋白质组学技术将在种子功能基因组、遗传育种、种子品质鉴定、种子发育机理等方面的研究中扮演越来越重要的角色。种子蛋白质参与了细胞内物质代谢、能量转换和信号转导等生命过程,同时也在种子形成、生长发育、贮藏过程代谢消耗和幼苗生长过程中起着非常重要的作用(徐恒恒等,2014)。然而,在种子贮藏过程中,ROS可以通过氧化氨基酸残基、与含金属基团的酶反应等氧化作用造成蛋白质的氧化损伤,影响其正常功能的发挥。

老化种子蛋白质组学方面的研究起步较晚。拟南芥和玉米种子在劣变过程中会发生蛋白质变化,差异显著蛋白(DEPs)主要参与氧化应激、代谢和能量供应(Rajjou et al.,2008;Xin et al.,2011)。不同含水量燕麦种子对热胁迫的响应中,蛋白质组学分析发现了21个DEPs,其中19个下调DEPs中包括6个热激蛋白和2个ATP合酶,这些蛋白在种子老化过程的碳水化合物和能量动员、蛋白质合成与降解平衡方面具有重要作用,热激响应蛋白和线粒体呼吸代谢对高温和水分的反应敏感(Chen et al.,2016)。人工老化不同阶段小麦种胚蛋白质组学变化,共检测到162个DEPs,主要参与代谢、能量供应和防御/应激反应;KEGG分析结果表明,参与种子老化的上调蛋白主要富集在核糖体中,下调蛋白主要富集在能量供应(淀粉和蔗糖代谢)和应激防御(抗坏血酸和醛酸代谢)中;这些DEPs表明由于贮藏物质的逐渐分解、代谢和能量供应受到损害,从而最终导致种子老化(Lv et al.,2016)。Mao等(2018)研究了45 ℃老化26 d及NO处理对燕麦种胚线粒体抗氧化反应及蛋白质变化的影响,老化降低了抗氧化酶(CAT、GR、DHAR、MDHAR)和TCA循环中酶(苹果酸脱氢酶、琥珀酸-CoA连接酶、延胡索酸酶)的活性,NO通过调控TCA和AsA-GSH循环来提高燕麦老化种子的活力、发芽能力和幼苗生长。也有研究发现,燕麦种子老化时,与TCA循环相关酶的丰度以及ATP合酶亚基蛋白的丰度都显著降低了(朱艳乔,2020;Cheng et al.,2020)。老芒麦种子老化后MDA含量增加,而与MDA合成相关的蛋白(脂氧合酶、非特异性脂质转移蛋白-GPI和二酰甘油激酶)的丰度都显著下调(Lei et al.,2020)。褪黑素引发处理老化燕麦种子后,发现褪黑素通过调节苯丙素生物合成、碳水化合物代谢、氨基酸代谢和蛋白合成等过程,提高老化燕麦种子的发芽率(闫慧芳,2019)。燕麦老化种子吸胀24 h时,线粒体蛋白输入复合体亚基表达量下调,引起线粒体功能障碍。大部分丙酮酸脱氢酶复合体组成酶显著下调，引起 TCA 循环相关蛋白丰度降低，然而 *L*-乳酸脱氢酶、丙酮酸脱羧酶和乙醇脱氢酶增强，促进乳酸和乙醇的积累，抑制燕麦老化种子的萌发。另一方面参与呼吸代谢的复合体Ⅰ、复合体Ⅱ、复合体Ⅳ和交替氧化酶（AOX）活性及蛋白丰度降低，F0F1-ATP 合酶蛋白受抑制，能量合成不足（毛春力，2022）。

9.3.6　种子老化的转录组学研究

转录组学是一套用于研究生物体中 RNA 转录本的技术。随着科技的不断发展，转录组分析逐渐应用于种子老化研究中。杨伟飞等（2014）对老化玉米种胚进行转录组分析，筛选到 4 713 个差异表达基因，这些基因编码的蛋白质主要参与细胞的能量代谢、信号转导和衰老死亡等过程；并且代谢通路分析表明，113 个基因参与能量代谢，其中上调幅度最大的基因主要有烯醇化酶基因、3-磷酸甘油醛脱氢酶基因（调节糖酵解/糖异生过程）、丙酮酸激酶基因（丙酮酸代谢过程）、α-*L*-岩藻糖苷酶基因（磷酸戊糖途径）等，说明控制劣变主要通过抑制糖酵解途径中差异基因的表达来影响能量代谢，进而导致 ROS 的积累，加速胚细胞死亡。人工老化的老芒麦种子中，发现了 140 个差异表达基因，涉及氧化磷酸化（参与细胞内能量合成）、精氨酸生物合成与代谢和丝裂原活化蛋白激酶（MAPK）信号通路等生物过程（解颖，2021）。对不同老化程度的燕麦种胚，转录组分析发现 11 335 个和 8 274 个差异表达基因，结果表明，老化种子抗氧化酶 DHAR、MDHAR 和 GR 活性的降低，同时呼吸链中的复合体Ⅰ和复合体Ⅱ受到抑制，导致能量合成不足，种子活力降低，但是老化 16 d 种胚中交替氧化途径中的交替氧化酶被激活，这可能是对种子老化的响应，老化 32 d 的种子则没有这种响应（Cheng et al.，2020）。燕麦老化种子吸胀过程中，种胚线粒体电子传递链上复合体Ⅰ相关亚基基因显著上调，引起种胚 H_2O_2 的过量积累，氧化还原平衡被破坏。参与棉籽糖代谢的 α-半乳糖苷酶和 β-半乳糖苷酶被抑制；同时己糖激酶、6-磷酸葡萄糖脱氢酶、柠檬酸合酶、NADP-异柠檬酸脱氢酶相关基因显著下调，使糖酵解与糖异生、磷酸戊糖途径（PPP）和 TCA 循环受到干扰，导致燕麦老化种子吸胀过程中能量合成受阻（毛春力，2022）。

9.4　牧草与草坪草种子的贮藏管理技术

9.4.1　牧草与草坪草种子的包装

经干燥、清选和分级后的种子应进行包装以利于贮藏和运输。包装可用麻袋、棉布袋、纸袋或薄膜（塑料或金属箔）袋、金属板或纤维板筒、玻璃罐、纤维板箱或其他材料制成的容器。贮藏准备成批售的种子，包装容器可用较大的针织袋或多层纸袋、大纤维板筒、金属罐或纤维板箱（盒）；零售的牧草或草坪草种子贮藏容器一般与成批出售的容器相同，但贵重的牧草、草坪草种子零售时或原种的包装容器一般是小纸袋、薄膜袋、压制的薄膜套、小纤维板盒或金属罐。

所有的包装容器受以下因素影响：待包装种子的种类和数量、包装的形式、贮藏期限、贮藏温度、贮藏场所的相对湿度，以及所包装种子准备贮藏、展览或出售的地区。容纳并保护种子的包装容器应由具有足够抗张力、抗破力和抗撕力的材料制成，可耐受正常的装卸操作。除了掺入某些具有特殊保护性能的物质外，包装材料无法保证种子免受昆虫、鼠类或水分变化的影响。《草籽包装与标识》（NY/T 1577—2007）规定包装的材料采用聚丙烯、聚乙烯树脂、双向拉伸聚丙烯/低密度聚乙烯复合膜、黄麻等。

采用多孔纸袋或针织袋包装，经短时间贮藏或在低温干燥条件下贮藏的种子，可保持生命力，而在热带高温高湿条件下贮藏或市场出售的种子，如不进行严密防潮，就会很快丧失生活力。保存两个种植季节以上的种子往往需要干燥并包装于防潮的容器内，以防生活力丧失。常用的抗湿材料有聚乙烯薄膜、聚酯薄膜、聚乙烯化合物薄膜、玻璃纸、铝箔、沥青等，抗湿材料可与麻布、棉布、纸等制成叠层材料，防止水分进入包装容器。

国际市场上出售的牧草或草坪草种子一般用麻袋、编织袋、多层纸袋包装，每袋可装 50 lb (22.7 kg)、100 lb(45.4 kg)或 25 kg。种子袋的内层常为防潮的聚乙烯膜。棉布袋或麻袋常用手缚法或缝合法封口，以缝合法为多，多为机缝。如用聚乙烯和其他热塑塑料，通常将薄膜加压，并加热至 93.2～204.4 ℃，经一定时间即可封固。热封设备主要为复杂的自动制包、装包和封包机。有些封口设备利用恒温控制的棒条和滚筒，也有利用高强度短时间的热脉冲封口，可根据不同厚度材料进行调节。非金属或玻璃的半硬质或硬质容器，常用冷胶或热胶通过手工和机器进行封口。涂胶机器将容器的开口一端加工折叠后置于压力下，直到上好胶为止。金属罐封口可以用人工操作，也可用半自动机械操作。

9.4.2 种子的贮藏库

1. 普通贮藏库

普通贮藏库利用换气扇来调节库内温度和湿度，其种子可贮藏 1～2 年。普通贮藏库要坐北朝南，要有良好的密封和通风换气性能。由于通风换气是根据冷气对流原理进行的，其库门、库窗的位置应南北对称。窗户以钢质翻窗最好，其利于开关，且严密可靠。窗户位置的高低要适中，过高则屋檐影响通风透光，过低则影响库的利用率。

普通贮藏库应选择在地势高、气候干燥、冬暖夏凉的地区或场地，严防库址积水或地面渗水。库址应选于居民稀少、周围无高大建筑的地方，以利于仓库的透风换气。普通库的贮藏时间短，需要频繁运输，应选择在交通方便的地方，便于种子调运。

2. 冷藏库

冷藏库装有冷冻机和除温机以调节库内温度和湿度，其种子可贮藏 3～4 年或更长时间。冷藏库的墙壁、天花板和地板都必须能很好地隔热和防潮，以隔绝外界的热源和水分。地板隔离材料通常要铺设一层热沥青的地基，隔热材料有纤维玻璃、泡沫喷涂、苯乙烯泡沫塑料等。天花板和墙壁通常涂上 1.3 cm 或更厚的水泥灰料。

冷藏库不能开设窗户，门也必须很好地隔热和密封。大多数种子冷藏采用强制通风，使冷空气流过冷却旋管，然后分布到整个冷藏库内。大面积的房间则由管道系统使冷空气均匀分布于整个冷藏库。大部分冷藏库采取机械冷冻系统，冷藏库常常用液态或固态干燥剂的除湿器与冷冻过程相结合，或采取冷冻型除湿器吸引潮湿热空气，排到室外。

3. 牧草种质资源库

以保存牧草种质资源为目的的贮藏库，一般以贮藏种子为主。采用现代化的科学技术，建设低温、干燥、密封等理想贮藏条件的种子贮藏库，用以长期保持种质资源，依据条件可保存种子生活力达到几十年、几百年乃至几千年。种子材料长期贮藏过程中应每隔 10 年、20 年或 30 年更新一次。随着贮存时间的延长，低温库贮存种子的生活力监测研究已成为种质安全保存的核心，也成为种质库管理者关注的热点问题(刘芳等，2011)。

根据贮藏年限的长短，可将牧草种质资源库分为：①长期库，又称基础库，贮藏环境通常是 －20～－10 ℃，种子含水量 5%左右，种子贮藏期限是 50～100 年，长期库的重要特点是作保险性贮藏，一般不对育种家作资源分发，除非该资源无法从任何一个中期库取得；②中期库，亦称活期库，此类库为数众多，其贮藏条件是温度不高于 15 ℃，种子含水量在 9%左右，种子的贮藏寿命为 10～20 年，此类种质库对育种家分发育种材料。

9.4.3 种子的贮藏方法

1. 普通贮藏法（开放贮藏法）

普通贮藏法（开放贮藏法）包括两方面内容：一种是将充分干燥的种子用麻袋、布袋、无毒塑料编织袋、木箱等盛装，贮存于贮藏库里，种子未被密封，种子的温、湿度（含水量）随贮藏库内温、湿度变化；另一种是贮藏库安装有特殊的降温除湿设施，如贮藏库内温度或湿度比库外高时，可利用排风换气设施进行调节，使库内的温度和湿度低于库外或与库外达到平衡。

普通贮藏方法简单、经济，适合于贮藏大批量的生产用种，贮藏以 1～2 年为好，时间长了生活力明显下降（表 9-4）。

表 9-4　贮藏在不同条件和贮藏容器中黑麦草种子的发芽率（Lewis et al.，1998）　%

贮藏条件/容器	1984	1985	1990	1994	平均值*
种子库（2 ℃，RH 10%～20%）					
玻璃罐	95.5	96.3	96.7	94.3	95.8
麻布袋	95.5	96.0	96.7	94.3	95.7
塑料袋	95.5	96.3	95.7	93.7	95.2
平均值*	95.5	96.2	96.4	94.1	
冰箱（4 ℃，RH 70%～90%）					
玻璃罐	95.5	94.3	93.0	89.7	92.3
麻布袋	95.5	94.7	94.7	87.7	92.4
塑料袋	95.5	95.7	94.0	93.0	94.2
平均值	95.5	94.9	93.9	90.1	
仓库（5～20 ℃，RH 50%）					
玻璃罐	95.5	92.0	62.7	—	77.4
麻布袋	95.5	94.0	36.0	—	65.0
塑料袋	95.5	93.7	84.0	—	88.9
平均值	95.5	93.2	60.9	—	

注：* 表中平均值为黑麦草 3 个种 9 个品种的均值。

2. 密封贮藏法

密封贮藏法是指把种子干燥至符合密封贮藏要求的含水量标准，再用各种不同的容器或不透气的包装材料密封起来，进行贮藏。这种贮藏方法在一定的温度条件下，不仅能较长时间保持种子生活力，延长种子寿命，且便于交换和运输。在湿度变化大、雨量较多的地区，密封贮藏法贮藏种子的效果更好。

目前，用于密封贮藏种子的容器有玻璃瓶、干燥箱、罐、铝箔袋、聚乙烯薄膜等。低温瓶装密闭贮存，华北驼绒藜种子寿命可达 4 年以上，且低温 0～5 ℃与－4～－2 ℃ 相比，可提高种子发芽率，延长贮存期（易津等，1994）。老芒麦等 7 种禾草种子 6 年后，－18 ℃密封（金属密封盒）条件贮存效果最佳，其次是 0 ℃密封、0 ℃纸袋条件（宁布等，1997）。

3. 低温除湿贮藏法

大型种子冷藏库中装备冷冻机和除湿机等设施，将贮藏库内的温度降至 15 ℃以下，相对湿度降至 50％以下，种子自身的呼吸强度比常温下要小得多，甚至非常微弱，种子的营养物质分解损失显著减少，贮藏库内绝大多数危害种子的害虫和微生物都不能生长和繁殖，达到种子安全贮藏的效果。冷藏库的温度越低，种子保存寿命的时间越长；在一定的温度条件下，原始含水量越低，种子保存寿命的时间越长。

4. 种子的超干贮藏

超干种子贮藏亦称超低含水量贮存，是指水分降至 5％以下，密封后在室温条件下或稍微降温的条件下贮存种子的一种方法，常用于种质资源和育种材料的保存。种子超干贮藏作为一项新技术已普遍为人们关注。种子超干贮藏技术的关键是超低含水量的获得和萌发预处理。种子干燥主要采用的方法有干燥剂室温干燥、鼓风硅胶干燥和冰冻真空干燥。种子萌发预处理时，根据种子“渗控”和“修补”的原理，采用 PEG 引发处理、回干处理或逐级稀释平衡水分等措施能有效防止超干种子的吸胀损伤，获得高活力的种苗。

超干处理提高种子耐藏性的效果已被世界各国科学家认可，但人们发现含水量过低可造成种子活力下降，但目前对造成这种伤害的原因尚不明确，或源于超干处理本身，或源于超干种子萌发前的急剧吸胀。研究表明，种子含水量并非越低越好，当脱水至某一阈值（最适含水量）以下时，对延长种子寿命无益，反而会加速种子老化。超干贮藏有利于提高柱花草、银合欢种子的贮藏稳定性，延长种子寿命（邹冬梅，2007）。华北驼绒藜种子最佳贮藏方法为超干（含水量 2.8％～4.2％）、低温（－10～5 ℃）、塑料袋包装，种子寿命可达 3 年以上。内蒙古地区在室外温度（－15～25 ℃）下塑料袋包装超干（安全含水量为 4.2％～6.5％）贮藏华北驼绒藜种子，种子寿命可达 2.5 年左右（乌仁其木格等，2003）。许多作物种子都可进行超干贮藏，但不同类型种子耐干程度差异较大。下限临界含水量随物种不同而变化。新麦草的最适含水量为 2％～5％，塔落岩黄芪的最适含水量为 5％～7％（刘芳，2009）。适度超干（5.46％、5.72％含水量）处理可以提高紫花苜蓿种子活力，并能促进所得幼苗生长和增强盐碱胁迫耐受能力（霍平慧，2011）。将扁蓿豆、塔落岩黄芪、披碱草、新麦草种子进行超干处理，于－4 ℃、4 ℃、室温、45 ℃下条件下贮藏 3 年，提出 4 种牧草种子在室温下超干贮藏是可行的，能够达到与低温贮藏相同的效果（王伟，2012）。

5. 种子超低温贮藏

种子的超低温贮藏是指利用液态氮（－196 ℃）为冷源，将种子等生物材料置于超低温下，使其新陈代谢活动处于基本停止状态，而达到长期保持种子寿命的贮藏方法。在－196 ℃的低温度下，种子原生质、细胞、组织、器官和代谢过程基本停止并处于“生机暂停”的状态，极大地减少或阻止了与老化有关的代谢反应。

种子超低温贮藏时，首先要寻找适合液氮保存的种子含水量，适合不同种子的冷冻和解冻技术，合适的包装材料和冷冻保护剂。超低温技术（液氮，－196 ℃条件）可以将种子内部新陈代谢降低到一个很低的水平，使所有的生化过程处于“停顿”状态，这样便可以大大延长种子的贮存寿命。孙丽萍等（1994）将 9 种牧草种子放入液氮中贮存一年，解冻后测定贮存种子的发芽情况。菊科沙蒿（*Artemisia sphaeroeephala*）、苦荬菜（*Sonchus oleraceus*）种子发芽率下降明显；禾本科、豆科、藜科牧草种子属于液氮耐受类型，特别是短命种子驼绒藜与木地肤对液氮贮存表现特别适应。多年生黑麦草与红豆草种子在自然含水量状态即可直接投入液氮中保存，保存时间的长短对种子影响不显著。多年生黑麦草种子和红豆草种子超低温保存，最适含水量范围分别为 9.2%～11.8%与 5.6%～9.0%(李荣辉和曹社会，2007)。

9.4.4　种子贮藏期间的管理

1. 入库前的准备及入库

对尚未贮藏种子的仓库进行整理和清理，清除散落的异种或品种的种子、杂质和垃圾等。凡用来盛装种子的容器都要进行彻底清理，还要清除虫窝和补漏洞，然后进行药物消毒。消毒方法常采用喷洒药物和熏蒸。空仓消毒常用的药物有敌敌畏和马拉硫磷。施药后密闭门窗 48～72 h，然后通风 24 h 方可入库。此外，还要检查贮藏库的防鸟、防鼠措施。

入库前的种子要进行种子的清选、干燥和质量分级，将种子含水量控制在安全水分含量的范围内。根据产地、收获季节、含水量、净度等分批包装，注明种子的产地、收获期、种类、认证级别、质量指标、种子批号等。

入库种子根据贮藏目的、仓库条件、种子种类及种子数量等情况进行堆放，一般的堆放形式有袋装堆放和散装堆放两种。

(1)袋装堆放　为管理和检查方便，堆垛时应距离墙壁 0.5 m，垛与垛之间相距 0.6 m，留操作道，垛高和垛宽根据种子干燥程度和种子状况而增减。含水量高的种子，垛越窄越好，便于通气散去种子内的水汽和热量。干燥种子可垛宽些。堆垛的方向应与库房的门窗相平行，利于空气流通。

(2)散装堆放　在种子数量多、仓容不足或包装工具缺乏时，多采用此法，适宜存放充分干燥、净度高的种子。

2. 贮藏期间种子的检查

贮藏期间，种子堆的温度、湿度与仓内环境变化会相互影响，为了使种子安全贮藏，在贮藏期间要定期检查仓内影响种子的各种因素，以便及时采取措施。

(1)种温的检查　种温的变化一般能反映出贮藏种子的安全状况，检查方法简单易行。检查温度的仪器有曲柄温度计、遥测温度计和杆状温度计等。检查种温需划区定点，如散装种子在种子堆 100 m^2 范围内，分成上、中、下 3 层，每层 5 个检查点，共 15 处；包装种子则用波浪形设点的测定方法。种子堆的面积超出 100 m^2 时，要增加检查点。另外，对有怀疑的区域，如靠墙壁、屋角、近窗处及漏水渗水部位，应增加辅助点。一天内的检查时间以上午 9—10 时为好。

(2)种子水分的检查　根据种子水分的变化规律，检查时仍需划区定点，一般散装种子以 25 cm^2 为 1 小区，分 3 层 5 点，设 15 个检查点取样。各点取出的种子混合后进行分析。对有怀疑的检查点所取出的样品应单独分开。分析方法先用感官法，通过种子色泽、潮湿与否、有无霉味、是否松脆，确定是否需要进行仪器检查。检查周期，一年中第一、四季度每季度 1 次，第二、三季度每月 1 次。

(3)仓库害虫及鼠雀检查　仓库害虫随温度的变化而迁移，春季移向南(偏东)面 0.33 m 以下的部位，夏季多集中在种子堆表面，秋季移向靠北(偏西)0.33 m 以下的部位，冬季则移向种子堆 1 m 以下的部位。冬季温度低，害虫危害少，春季气温回升，危害逐渐增大，秋季气温下降，危害逐渐减少。

一般采用筛检法，把虫子筛下来，分析害虫的种类及活虫头数。筛检害虫的周期，可根据气温、种温而定。一般冬季温度在 15 ℃以下，每 2～3 个月检查 1 次，春、秋温度在 15～20 ℃时，每月检查 1 次，温度超过 20 ℃，每月检查 2 次，夏季高温期，则每周检查 1 次。

另外，注意鼠雀的检查，看仓库及种子堆旁有无粪便、爪印、死尸及咬食的碎片、破碎的种子等。

(4)发芽率检查　种子发芽率因贮藏条件和时间不同而发生变化。根据发芽率的变化情况，及时采取措施，改善贮藏条件，以免造成损失。一般情况下，种子发芽率应每 4 个月检查 1 次，在高温或低温后，及药剂熏蒸后都应检查 1 次。最后一次检查不得迟于种子出库前 10 d。

(5)检查结果　每次检查的结果必须详细记录和保存，以备前后对比分析参考，利于发现问题，及时改进工作。

3. 贮藏种子的合理通风

通风是种子贮藏期间的一项重要的管理措施。种子入库后，无论是长期贮藏还是短期存放，都要在适当的时候通风。科学的通风管理可调节仓内温度、湿度，抑制贮藏期间种子生理活动，降低虫害和霉菌的发生概率，提高种子安全贮藏的保险系数。

选择通风方法时，通常采用自然通风，条件允许时可用机械通风。当仓内温度和湿度高于仓外时，应及时通风，降温除湿。当仓内温度或湿度中一项与仓外一致，而另一项高于仓外时，也要进行通风，但要注意寒流侵袭，防止种子堆内温差过大，引起表层种子结露，特别是夜间。当仓外温度或湿度高于仓内时，最好先不通风。一天最低温和最高温时不能通风。雨天、台风天气及浓雾天气不宜通风。

4. 贮藏种子结露预防和补救措施

防止结露关键在于采取适当措施缩小种子与空气、接触物之间的温差，具体有以下几种方法：

(1)保持种子干燥　种子干燥时生理活动受到抑制，且能抑制虫、霉危害，一般温度条件下不易发生结露。

(2)密闭门窗保温　季节交替时期，气温变化大，要密闭门窗，尽可能减少出入仓库的次数，以避免外界湿热空气的进入，预防结露。

(3)表面覆盖移湿　春季在种子堆表面覆盖 1～2 块麻袋片，外界高温空气进入仓库后，首先与麻袋片接触，达到露点后，在麻袋片上发生结露，从而避免种子表层发生结露，待到天晴时将吸湿的麻袋片移至仓外晒干，冷却后再使用。

(4)翻动层面散热　秋末冬初随着气温下降，种子表层温度下降较快，而中、下层的温度仍较高，热气开始上流，易导致上层种子结露，经常翻动种子堆表面 20～30 cm 的种子，可减小种子堆不同层面的温差。

(5)种子冷却入库　经过曝晒的种子，除热处理杀虫外，都应冷却入库，以预防结露。

(6)通风降温除湿　气温下降后，如果种子堆内温度过高，采用通风降温除湿，可防止结露。

(7)仓内增温　用加热设备对仓内加热，减小室内外温差，可预防结露。

(8)冷藏种子增温　冷藏种子在高温季节出库时，采取逐步升温的方式，每次温差控制在 5 ℃以下，可防止结露。

(9)结露的处理　当种子结露预防失效时，通过降低种子水分，可防止进一步结露。通常的处理方法是倒仓、曝晒或烘干，也可以根据结露部位的大小进行处理。如仅是表面层结露，可将结露部分的种子深至 50 cm 的一层揭去曝晒；如深层发生结露，可采用机械通风排湿。当曝晒受到气候影响，又无烘干通风设备时，可根据结露部位采取就仓吸湿的方法，即用装有石灰的麻袋，平埋在结露部位，让其吸湿降水，经过 4～5 d 取出，如果种子水分仍达不到安全标准，可更换石灰再埋入，直至达到安全水分为止。

5. 种子发热的预防

根据种子发热的原因，可采取以下措施加以预防。

(1)严格掌握入库种子的质量。种子入库前必须严格清选、干燥和分级，做到不达标准不入库，长期贮藏的种子，标准应更高。入库时，必须要先经过冷却。

(2)做好清仓消毒，改善仓贮条件。贮藏条件的好坏直接影响种子的安全状况。仓库必须具备通风、密闭、隔湿、防热等条件，以便在气候剧变和多雨季节能做到密闭，当仓内温湿度高于仓外时，又能及时通风，使种子能长期处于干燥、低温、密闭的条件，确保安全贮藏。

(3)加强管理，经常检查。应根据气候变化规律和种子生理状况，制定具体的管理措施，及时检查，发现问题及早解决。种子发热后应根据种子结露发热的具体情况，采用翻耙、开沟、扒塘等措施排除热量，必要时进行翻仓、摊晾和过风等办法降温散湿。发过热的种子必须进行发芽试验，凡已丧失生活力的种子，不能再做种用。

参考文献

常书娟 . 2006. 羊草种子劣变及其膜结构和透性变化关系的研究 . 硕士学位论文 . 北京：中国农业大学 .

陈仕勇，周凯，李世丹，等 . 2018. 不同贮藏时间对垂穗披碱草种子活力的影响 . 种子，37(5)：31-34.

程红焱，郑光华 . 1994. 油菜种子的含油量与超干处理效果的关系 . 植物学集刊，(7)：287-293.

董新红，宋明 . 2002. 种子劣变的原因及其防止与修复 . 中国种业，(1)：39-40.

傅家瑞 . 1994. 花生种子萌发前期生理与提高种质的途径 . 中山大学学报(自然科学版)，33(2)：115-122.

傅家瑞 . 1985. 种子生理 . 北京：科学出版社 .

耿本仁 . 1984. 沙芦草种子某些生物学特性的探讨 . 种子，(1)：13-15.

韩建国，浦心春，毛培胜 . 1998. 高羊茅种子老化过程中酶活性的变化 . 草地学报，6(2)：84-89.

韩沛霖，李月明，刘梓毫，等 . 2022. 植物种子老化的生理学研究进展 . 生物工程学报，38(1)：77-88.

韩亚琼，靳慧卿，贾振宇，等 . 2017. 种子老化对农牧老芒麦生理生化特性的影响 . 内蒙古农业大学学报(自然科学版)，38(5)：22-29.

洪绂曾 . 2009. 苜蓿科学 . 北京：中国农业出版社 .

霍平慧 . 2011. 超干处理对紫花苜蓿种子及幼苗生长影响的研究 . 硕士学位论文 . 兰州：甘肃农业大学 .

贾风勤，朱新荣，张会群 . 2016. 老化湿度和老化时间对狗尾草种子活力指标的影响. 种子,35(7):79-82,87.

姜汇.2018. 人工老化对少花蒺藜草(*Cenchrus pauciflorus*)异型性种子生理生化特性的影响.硕士学位论文.通辽:内蒙古民族大学.

解颖.2021. 老化处理对老芒麦理化特性的影响及其转录组分析.博士学位论文.呼和浩特:内蒙古农业大学.

金小雯,赵桂琴,柴继宽,等.2019. 不同贮藏年限对燕麦种子活力的影响.草原与草坪,39(2):54-59,65.

孔令琪.2010. 贮藏时间对不同含水量燕麦种子劣变的影响.硕士学位论文.北京:中国农业大学.

李春雷.2014. 人工老化玉米种子DNA甲基化变异的研究.硕士学位论文.长春:吉林农业大学.

李青丰,易津,房丽宁,等.1996. 种子的劣变及劣变原因的研究.内蒙古农牧学院学报,2(17):59-65.

李荣辉,曹社会.2007. 超低温保存对多年生黑麦草与红豆草种子质量的影响.草地学报,(6):588-593.

李雪华,李晓兰,蒋德明,等.2006. 画眉草种子萌发对策及生态适应性.应用生态学报,(4):4607-4610.

李玉荣,韩建国,孙彦,等.2005. 新麦草种子劣变过程中生理生化变化.草地学报,13(3):180-183.

刘芳,苏红田,闫敏,等.2011. 国家草种质资源中心库生活力监测技术及原则初探.种子,(12):67-69.

刘芳.2009. 新麦草、塔落岩黄芪种子超干燥贮藏生理生化研究.硕士学位论文.北京:中国农科院.

麻冬,艾比布拉·伊马木,哈里木拉提·努热合买提.2020. 种翅及贮藏温度对木地肤种子萌发和寿命的影响.种子,39(9):18-20,25.

马尔米拉·木明.1998. 禾本科牧草种子的贮藏年限与活力关系.新疆农业科学,(1):48.

毛春力.2022. 燕麦老化种子吸胀过程中线粒体的生理生化响应规律研究.博士学位论文.北京:中国农业大学.

毛培胜,常淑娟,王玉红,等.2008. 人工老化处理对羊草种子膜透性的影响.草业学报,17(6):66-70.

宁布,包来晓,孙丽萍.1997. 几种禾本科牧草种子贮藏特性.内蒙古草业,(1):49-52.

彭启乾,林伯和,杨耿玺.1980. 牧草种子科学与技术.中国农业科学院草原研究所,47-57.

浦心春,韩建国,毛培胜,等.1998. 加速老化对高羊茅种子生理生化特性的影响.草地学报,6(3):191-196.

钱小红,贺福初.2003. 蛋白质组学:理论与方法.北京:科学出版社.

石凤玲.2016. 3种牧草种子不同老化状态下的活力及遗传完整性研究.硕士学位论文.呼和浩特:内蒙古农业大学.

孙建华,陈江辉．1990. 紫花苜蓿种子活力的不同方法测定．草业科学,7(4):53-57.

孙丽萍,宁佈,包来晓,等．1994. 超低温(LN_2,－196 ℃)贮存牧草种子初探．草地学报,2(1):36-39.

汪晓峰,丛滋金．1997. 种子活力的生物学基础及提高和保持种子活力的研究进展．种子,(6):36-39.

王健宇,岳子婷,龙靖,等．人工老化对柳枝稷种子活力和膜透性的影响．种子,2018,37(10):6-9,15.

王明霞,易津,乌仁其木格．2003. 人工劣变处理对华北驼绒藜种子活力的影响．中国草地,25(4):32-35.

王伟．2012. 几种牧草种子超干贮藏生理生化特性的研究．硕士学位论文．呼和浩特:内蒙古农业大学．

王彦荣,刘友良,沈益新．2001. 种子劣变的生理学研究进展综述．草地学报,9(3):159-164.

王玉红．2008. 高羊茅、老芒麦、燕麦种子劣变与膜结构和透性关系的研究．硕士学位论文．北京:中国农业大学．

乌仁其木格,李树生,林小虎．1999. 苏丹草种子寿命与活力的研究．内蒙古草业,(5):35-37.

乌仁其木格,易津,乔枫．2003. 贮藏条件对华北驼绒藜种子生理生化特性的影响．草地学报,2(11):134-138.

夏方山．2015. 不同老化处理对燕麦种子线粒体结构及抗氧化系统的影响．博士学位论文．北京:中国农业大学．

徐恒恒,黎妮,刘树君,等．2014. 种子萌发及其调控的研究进展．作物学报,40(7):1141-1156.

闫慧芳．2019. 褪黑素引发对燕麦老化种子抗氧化生理调控及蛋白质组学研究．博士学位论文．北京:中国农业大学．

闫慧芳,夏方山,毛培胜．2014. 种子老化及活力修复研究进展．中国农学通报,30(3):20-26.

杨超,李宛姝,黄丹,等．2016. 贮藏温度对不同含水量草木樨种子活力影响的研究. 草地学报,24(02):251-257.

杨晗,刘鸿飞,杨合龙,等．2016. 贮藏温度和种子含水量对扁穗冰草种子质量的影响．草业科学,33(10):2033-2040.

杨蕾,石凤翎,徐舶,等．2018. 不同贮藏年限的 2 种三叶草属牧草种子活力的研究. 种子,37(11):79-82.

杨莉莉．2012. 人工老化对大豆种子萌发过程抗氧化系统的影响．曲阜:曲阜师范大学．

杨伟飞,张景龙,吕伟增,等．2014. 人工劣变处理对玉米种胚差异基因表达的影响. 中国农业科学,47(10):1878-1893.

易津,曹自成,乌仁其木格．1994. 几种不同贮藏条件对华北驼绒黎种子寿命和活力的影响．内蒙古农牧学院学报,15(1):18-22.

尹俊,孙振中,蒋龙．2009. 画眉草研究进展．草业科学,26(12):60-67.

云锦凤，于卓，郝新民，等．1998. 不同贮藏年限新麦草种子活力研究初报．内蒙古畜牧科学，(2)：22-24.

张旭，聂刚，黄琳凯，等．2018. 低温贮藏不同年限的鸭茅种子活力变化．草业科学，35(10)：2450-2456.

张永娟，韩蕊，原烨，等．2011. 罗布麻种子老化过程中的生理生化特性．草业科学，28(12)：2130-2135.

郑光华．2004. 种子生理研究．北京：科学出版社．

郑慧敏．2015. 老芒麦劣变种子的染色体核型和C-带分析．硕士学位论文．北京：中国农业大学．

周国栋．2012. 种子老化对老芒麦种质生理特性及遗传完整性变化的影响．硕士学位论文．北京：中国农业科学院．

朱萍．2011. 贮藏处理与含水量对老芒麦种子劣变的影响．硕士学位论文．北京：中国农业大学．

朱艳乔．2020. 燕麦和大麦种子吸胀过程中线粒体生物发生的生理和代谢规律研究. 博士学位论文．北京：中国农业大学．

邹冬梅．2007. 柱花草、银合欢种子超干保存研究．硕士学位论文．海口：海南大学．

Abbade L C, Takaki M. 2012. Mobilisation of reserves during germination of seeds of *Tabebuia roseoalba* (Bignoniaceae). Seed Science and Technology, 40(2): 259-264.

Bailly C, El-Maarouf-Bouteau H, Corbineau F. 2008. From intracellular signaling networks to cell death: the dual role of reactive oxygen species in seed physiology. Comptes Rendus Biologies, 331(10): 806-814.

Bailly C. 2004. Active oxygen species and antioxidants in seed biology. Seed Science Research, 14(2): 93-107.

Basavrajappa B S, Shetty H S, Prakash H S. 1991. Membrane deterioration and other biochemical changes associated with accelerated ageing of maize seeds. Seed Science and Technology, 19(2): 279-286.

Berjak P. 2006. Unifying perspectives of some mechanisms basic to desiccation tolerance across life forms. Seed Science Research, 16(1): 1-15.

Bewley J D, Bradford K J, Hilhorst H W M, et al. 2017. 种子：发育、萌发和休眠的生理．莫蓓莘，译．北京：科学出版社．

Bray C M, West C E. 2005. DNA repair mechanisms in plants: crucial sensors and effectors for the maintenance of genome integrity. New Phytologist, 168(3): 511-528.

Cadenas E, Davies K J A. Mitochondrial free radical generation, oxidative stress, and aging. Free Radical Biology and Medicine, 2000, 29(3-4): 222-230.

Cheah K S, Osborne D J. 1978. DNA lesions occur with loss of viability in embryos of ageing rye seed. Nature, 272: 593-599.

Chen L, Chen Q, Kong L, et al. 2016. Proteomic and physiological analysis of the response of oat (*Avena sativa*) seeds to heat stress under different moisture conditions. Frontiers in Plant Science, 7: 896.

Cheng H, Ma X, Jia S, et al. 2020. Transcriptomic analysis reveals the changes of energy production and AsA-GSH cycle in oat embryos during seed ageing. Plant Physiology and Biochemistry, 153: 40-52.

Ching T M. 1972. Aging stresses on physiological and biochemical activities of crimson clover (*Trifolium incarnatum* L. var Dixie) seeds. Crop Science, 12: 415-418.

Copeland L O, McDonald M F. 2001. Principles of seed science and technology. 4th Edition. Boston: Kluwer Academic Publishers.

Ellis R H, Hong T D, Roberts E H. 1990. An intermediate category of seed storage behavior. I. Coffee. Journal of Experimental Botany, 41: 1167-1174.

Ellis R H, Roberts E H. 1980. Improved equations for the prediction of seed longevity. Annu Bot, 45: 13-30.

Esbo H. 1954. Vitality of unhulled and hulled timothy seeds under ordinary storing conditions in whole bags. Kgl Lantbruksakad Tidskr, 93: 123-148.

Ewart A J. 1908. On the longevity of seeds. Proc Roy Soc Vict, 21: 1-210.

Gill S S, Tuteja N. 2010. Reactive oxygen species and antioxidant machinery in abiotic stress tolerance in crop plants. Plant Physiology and Biochemistry, 48(12): 909-930.

Greggains V, Finch-Savage W E, Quick W P, et al. 2000. Metabolism-induced free radical activity does not contribute significantly to loss of viability in moist-stored recalcitrant seeds of contrasting species. The New Phytologist, 148(2): 267-276.

Halmer P, Bewley J D. 1984. A physiological perspective on seed vigour testing. Seed Science and Technology, 12: 561-575.

Harman D. 1956. Aging: a theory based on free radical and radiation chemistry. Journal of Gerontology, 11: 298-300.

Harman G E, Mattick L R. 1976. Association of lipid oxidation with seed ageing and death. Nature, 260(5549): 323-324.

Harrington J F. 1973. Seed storage and longevity. In: Seed Ecology. Heydecher W. Pennsylvania State University Press.

Jardim-Messeder D, Caverzan A, Rauber R, et al. 2015. Succinate dehydrogenase (mitochondrial complex Ⅱ) is a source of reactive oxygen species in plants and regulates development and stress responses. New Phytologist, 208(3): 776-789.

Justice O L, Bass L N. 1978. Principles and practices of seed storage. Agricultural Handbook No. 506, Washington D C.

Kalpana R, Madhava Rao K V. 1997. Protein metabolism of seeds of pigeonpea [*Cajanus cajan* (L.) Millsp.] cultivars during accelerated ageing. Seed Science and Technology, 25 (2): 271-279.

Kong L Q, Mao P S, Yu X D, et al. 2014. Physiological changes in oat seeds aged at different moisture contents. Seed Science and Technology, 42(2): 190-201.

Koostra P T, Harrington J F. 1969. Biochemical effects of age on membrane lipids of *Cucumis sativus* L. seed. Proceedings of the International Seed Testing Association, 34: 329-340.

Lei X, Liu W, Zhao J, et al. 2020. Comparative physiological and proteomic analysis reveals different involvement of proteins during artificial aging of siberian wildrye seeds. Plants, 9(10):1370.

Lewis D N, Marshall A H, Hides D H. 1998. Influence of storage conditions on seed germination and vigour of temperate forage species. Seed Science and Technology, 26(3): 643-655.

Lv Y, Zhang S, Wang J, et al. 2016. Quantitative proteomic analysis of wheat seeds during artificial ageing and priming using the isobaric tandem mass tag labeling. PLoS One, 11(9):e0162851.

Mao C, Zhu Y, Hang C, et al. 2018. Nitric oxide regulates seedling growth and mitochondrial responses in aged oat seeds. International Journal of Molecular Sciences, 19(4):1052.

McDonald M B. 1999. Seed deterioration: physiology, repair and assessment. Seed Science and Technology, 27(1):177-237.

Miquel J W, Economos A C, Fleming J, et al. 1980. Mitochondrial role in cell aging. Experimental Gerontology, 15(6):575-591.

Møller I M, Rasmusson A G, Van Aken O. 2021. Plant mitochondria-past, present and future. The Plant Journal, 108(4):912-959.

Møller I M. 2001. Plant mitochondria and oxidative stress: electron transport, NADPH turnover, and metabolism of reactive oxygen species. Annual Review of Plant Physiology and Plant Molecular Biology, 52(4):561-591.

Navrot N, Rouhier N, Gelhaye E, et al. 2007. Reactive oxygen species generation and antioxidant systems in plant mitochondria. Physiologia Plantarum, 129:185-195.

Priestley D A. 1986. Seed aging. Ithaca and London: Cornell Univ Press.

Rajjou L, Debeaujon I. 2008. Seed longevity: survival and maintenance of high germination ability of dry seeds. Comptes Rendus Biologies, 331(10):796-805.

Rajjou L, Lovigny Y, Groot S P, et al. 2008. Proteome-wide characterization of seed aging in Arabidopsis: a comparison between artificial and natural aging protocols. Plant Physiology, 148: 620-641.

Rhoads D M, Umbach A L, Subbaiah C C, et al. 2006. Mitochondrial reactive oxygen species. Contribution to oxidative stress and interorganellar signaling. Plant Physiology, 141(2): 357-366.

Roberts E H. 1972. Storage environment and the control of viability. In: Viability of seeds. Roberts E H. ed. London: Chapman and Hall LTD.

Roberts E H. 1973. Oxidative processes and the control of seed germination. In: Seed ecology. Heydecher W. ed. Pennsylvania State University Press.

Sano N, Rajjou L, North H M, et al. 2016. Staying alive: molecular aspects of seed longevity. Plant and Cell Physiology, 57(4):660-674.

Shen-Miller J, Mudgett M B, Schopf J W, et al. 1995. Exceptional seed longevity and robust growth: ancient sacred lotus from China. Am J Bot, 82(11):1367-1380.

Siadat S A, Moosavi A, Zadeh M S. 2012. Effects of seed priming on antioxidant activity and germination characteristics of maize seeds under different ageing treatment. Research Journal of Seed Science,5(2):51-62.

Smith M T, Berjak P. 2017. Deteriorative changes associated with the loss of viability of stored desiccation-tolerant and desiccation-sensitive seeds. In:Seed development and germination. Routledge,701-746.

Walters C,Wheeler L M,Grotenhuis J M. 2005. Longevity of seeds in a genebank:species characteristics. Seed Science Research,15(1):1-20.

Wang Y,Li Y,Xue H,et al. 2015. Reactive oxygen species-provoked mitochondria-dependent cell death during ageing of elm(*Ulmus pumila* L.)seeds. The Plant Journal,81(3):438-452.

Xia F,Wang X,Li M,et al. 2015. Mitochondrial structural and antioxidant system responses to aging in oat(*Avena sativa* L.)seeds with different moisture contents. Plant Physiology and Biochemistry,94:122-129.

Xin X,Lin X H,Zhou Y C,et al. 2011. Proteome analysis of maize seeds:the effect of artificial ageing. Physiologia Plantarum,143(2):126-138.

Xin X,Tian Q,Yin G,et al. 2014. Reduced mitochondrial and ascorbate-glutathione activity after artificial ageing in soybean seed. Journal of Plant Physiology,171(2):140-147.

Yan H,Jia S,Mao P. 2020. Melatonin priming alleviates aging-induced germination inhibition by regulating β-oxidation, protein translation, and antioxidant metabolism in oat (*Avena sativa* L.)seeds. International Journal of Molecular Sciences,21(5):1898.

Yan H, Xia F, Sun Y, et al. 2015. Protective effect of ascorbic acid on seedling growth and embryo cellular ultrastructure in aged *Elymus sibiricus* seeds. Seed Science and Technology,43(3):467-479.

Yin G, Xin X, Song C, et al. 2014. Activity levels and expression of antioxidant enzymes in the ascorbate-glutathione cycle in artificially aged riceseed. Plant Physiology and Biochemistry,80:1-9.

Zorov D B, Juhaszova M, Sollott S J. 2014. Mitochondrial reactive oxygen species (ROS)and ROS-induced ROS release. Physiological Reviews,94(3):909-950.

第10章　牧草与草坪草种子检疫技术

10.1　概述

10.1.1　植物检疫的定义

“检疫”(quarantine)一词来源于拉丁文“quarantum”，原意是“四十天”，是14世纪由威尼斯当局最早使用的一种对国际港口执行卫生检查的措施。当时欧洲流行黑死病(肺鼠疫)、霍乱、疟疾等疾病，威尼斯当局为保护本国国民的身体健康，要求入境的外来船舶和人员在进港前一律在锚地滞留、隔离40天，在此期间如未发现船上人员染有传染性疾病，方可允许船舶进港和人员上岸。这种带有强制性的隔离措施对阻止危险性疫病的传播蔓延起到了很大作用。“quarantine”成为隔离40天的专有名词，逐渐形成了“检疫”的概念。

检疫是风险管理的一种措施。当人类、动物、植物等由一个地方进入另一个地方，为防带有传染病等，必须进行隔离检疫。检疫是为预防传染病的输入、传出和传播所采取的综合措施，包括医学检查、卫生检查和必要的卫生处理。可见，检疫的要旨是防止疫病的传播，以保护动物(包括人类)和植物的生命或健康。

植物检疫(phytosanitary)是由世界卫生组织(WHO)和世界贸易组织(WTO)提出的，“phyto”是希腊文“植物”的词头，“phyto”+“sanitary”直译为“植物卫生”。1980年，澳大利亚学者Morschel认为“植物检疫是为了保护农业和生态环境，由政府颁布法令限制植物、植物产品、土壤、生物有机体培养物、包装材料和商品及其运输工具和集装箱进口，阻止可能由人为因素引进植物危险性有害生物，避免可能造成的损伤”。1983年，英联邦真菌研究所(CMI)将植物检疫定义为“将植物阻留在隔离状态下，直到确认健康为止”；联合国粮食及农业组织将植物检疫定义为“为了预防和延迟植物病虫害在它们尚未发生的地区定殖而对货物的流通所进行的法律限制”。中国植物检疫专家刘宗善对植物检疫的定义是“国家以法律手段与行政措施控制植物调运或移动，以防止病虫害等危险性有害生物的传入与传播。它是植物保护事业中一项带有根本性的预防措施”。随着对植物检疫的深入理解，国际植物检疫措施标准第五号指出：植物检疫或植物卫生是世界贸易组织在关贸总协定中提出的为保护植物的健康而要求对植物采取植物检疫措施的术语，其内容包括保护成员境内植物的生命或健康免受虫害、病害或致病生物的传入、定居或传播所产生的风险；免受植物或植物产品携带的有害生物的传入、定居或传播所产生的风险。

尽管各国学者对植物检疫的诠释不一定相同，但基本观点十分一致。狭义的植物检疫可解释为：为防止危险性有害生物的人为传播而进行的隔离检查与处理。广义的植物检疫可解释为：为防止危险性有害生物随植物及植物产品的人为调运传播，由政府部门依法采取的治理措施。植物检疫是最经济、最有效、最实用和最值得提倡的一项特殊的植物保护措施，从宏观方面预防和杜绝一切有害生物随植物或其他应检物的调运而传入、定殖和扩散，它涉及法律法规、行政管理和技术保障等方面，与其他政府管理措施相比，具有强制性、预防性和技术性特征。植物检疫也被作为非关税贸易“技术壁垒”对国际经济贸易产生重要的影响。

种子检疫是指一个国家或地区设置专门机构，制定专门法规，对进出本国或本地区的农作物种子（包含苗木、块根、块茎等）进行检疫，以防止危险性病原菌、害虫、线虫、杂草种子等随种子传入或输出的措施。牧草、草坪草等种子检疫是植物检疫的重要组成部分。

10.1.2　植物检疫的地位和作用

1. 维护国家主权，保护农林业生产安全

中国是世界贸易组织成员，同时也是国际植物保护公约组织成员。这些国际组织制定的相关协定、公约明确表明，各缔约方在采取植物检疫措施、保护国内植物健康、制定其适当的植物保护水平标准时，享有主权，即为了防止有害生物在国际上的扩散特别是防止其传入受威胁地区，各国有权对进口（或过境）植物、植物产品和其他相关物品等应检物采取植物检疫措施。因此，实施植物检疫就是行使国家主权。从植物检疫产生过程可以看出，植物检疫就是运用法律和行政手段，预防植物免受管制的有害生物危害，以保护一个特定区域农林业生产和生态环境的安全，这是植物检疫最基本的职责所在。详细可查阅“中国入境检验检疫须知”等相关内容。

2. 履行国际义务，促进国际贸易健康发展

植物检疫与国际贸易密切相关，促进国际贸易特别是国际农产品贸易健康发展是植物检疫必须履行的国际义务。IPPC公约明确规定了国家植物保护组织应履行的义务，包括对国际贸易植物及植物产品签发植物检疫证书、在国内开展有害生物监测、在货物入境口岸开展检查和采取处理措施、开展有害生物风险分析、为农产品贸易顺利开展提供技术支持等。2020年我国进出口贸易总额达到32.16万亿元，同比增长1.9%，是全球外贸唯一正增长的主要经济体。我国农产品贸易额2 468.3亿美元，同比增长8.0%。

在国际贸易便利化呼声下，国际植物检疫措施也从防止有害生物传入的“零风险”向“可接受风险水平”转变。在国际植物检疫措施标准指导下，针对这一转变各国建立了综合性的植物检疫管理措施，并以双边协议、备忘录等方式确定下来，极大地便利了国际贸易，促进了国际农产品贸易的健康发展。植物检疫已成为国际合作和交流的重要内容。世界各国充分利用多边、双边机会开展友好往来，共同探讨发展植物检疫事业的政策、法规和技术。2013年，国家质检总局与各国相关机构就签署了22个植物检疫方面的合作协议和备忘录，成为服务国家外交外贸重要的活动纽带和平台。

3. 植物检疫是国际规则关注的重要领域

植物检疫等技术性贸易措施在国际贸易中备受关注。基于国际规则，植物检疫措施必须具有“技术合理性”，不能随意使用或采取随意或歧视措施，也不得变相地采取限制措施等。《实施动植物卫生检疫措施的协议》（SPS协定）明确规定：“为了保护人类、动物和植物的生命或健康，各缔约方可以采取必要的SPS措施……”SPS措施主要涉及动物卫生、植物卫生和食品安全等领域。全球每年通报的SPS措施在1 000条左右，这些措施成为直接或间接影响国际贸易的重要技术性措施。SPS协定同时也要求，制定和实施SPS措施必须遵循一定的规则。因此，国际贸易中的植物检疫等SPS措施，受到WTO成员的广泛关注。SPS协定鼓励各缔约方采纳国际标准、准则和建议，这些国际标准、准则和建议的技术合理性，直接影响各国

执行 SPS 协定的效果。反过来，各国执行 SPS 协定的效果如何，以及其有害生物管理水平和有害生物状况的改变，又要求应用更加合理有效的 SPS 措施，因此，二者既相互依赖，又相互促进。详细可查阅《SPS 协定中文》。

10.1.3 植物检疫的依据

1. 理论依据

在生物入侵方面。有害生物在自然界由于地理隔离、进化历史等因素的影响，分布具有一定的区域性。但随着经济全球化进程逐步加快，人类活动正不断打破有害生物原有的地理分布格局，加速了有害物种的空间扩散，形成日益严重的全球性生物入侵问题(图 10-1)。伴随着我国国际贸易量的增加，特别是谷物、木材等原材料的大幅进口，杂草、昆虫、真菌等口岸植物疫情截获量每年呈显著递增趋势(Xu et al.，2012)。因此，加强生物入侵研究，对保障我国粮食安全、生物安全等具有特别重要的意义。生物入侵的发生，需要满足三个条件：入侵物种、传播路径和易被入侵的生态系统(Pan et al.，2015)。其中，入侵物种和易被入侵的生态系统是互相对应的，判别哪些生物会在哪些地区造成潜在危害就非常重要，从而为早期预警提供理论依据。另外，很多有害生物无法依靠自身移动能力跨越高山大洋等地理屏障，因此如果能有效管控跨境传播途径，就能达到预防有害生物于国境之外的目的。

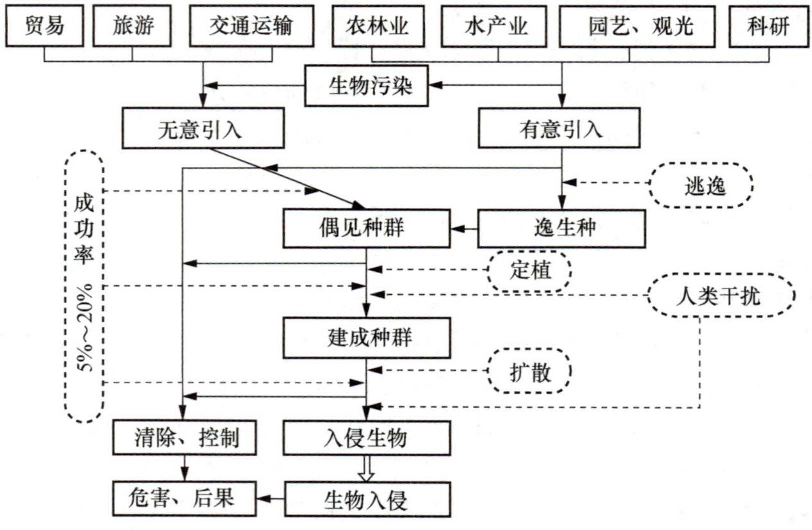

图 10-1 外来物种入侵过程示意(郭磊和梅凤乔，2008)

在物种分子互作与精准防控方面。自然界中，约有 150 种细菌可以引起植物病害，而有 8 000 多种真菌和类真菌可危害植物，有 73 个属的植物病毒具有致病性(Muthamilarasan and Prasad，2013)。在长期与病原物抗争的过程中，植物逐渐进化形成了一系列复杂的抵御病原物侵染的抗病途径。病原微生物与寄主互作与协同进化，形成了一系列复杂的关系。已知的微生物主要类群有：真菌、细菌和病毒，有时线虫、疟原虫和弓形虫等微小单细胞或多细胞生物也被列入微生物范围中。现在最高估计微生物种类可达 10^{12} 种，一般估计种类应该数以亿计，各种真核生物种类也数以千万计。经过上亿年的进化，生物体特别是高等动植物，已经进化出抵抗其他生物特别是微生物感染的广谱抗性机制，能抵抗绝大部分微生物使之不能成为病原菌。但少数微生物获得了突破寄主抗性的能力,成为对寄主有害的病原菌。病原与寄主的互作分子机制,主要涉及病原物的识别、识别信号的传递、基因表达调控、病原物效应子如何对抗寄主物理和分子抗性机制等方面。例如,存在病原物相关分子模式(PAMP),也叫微生物相关分子模式(MAMP),引发植物免疫反应,即病原物相关分子模式诱发免疫(PTI)。为了对抗 PTI,病原物产生一类致病性相关物质——效应子去克服寄主产生的 PTI,反过来寄主又针对病原物效应子产生抗性(ETI)(Tania et al. ,2016; Antolin-Llovera et al. ,2012)。

在寄主/病原协同进化机制研究中取得了突破性进展,为外来有害生物分子水平风险分析和精准防控提供了理论基础。检疫性有害生物成灾机制,是精准风险分析和防控的分子基础。寄主生物有多种机制可以对抗病原菌,如植物纤维细胞壁、纤毛等对微生物产生天然的屏障抵抗作用。而抗感寄主混种产生的生物多样性,可在一定程度上减少病原菌侵染基数,也可降低病害的严重度。理论上讲,寄主/病原抗感互作可发生在寄主对病原识别、信号传递、基因表达、基因转录、蛋白质翻译、代谢产物互作等全过程,在每一个互作位点都可能发生多重抗感协同进化,即病原在某一位点可能突破了寄主抗性,寄主会进化出更高级的抗性机制,病原又可能协同进化出抑制寄主抗性的致病机制,如此循环。不同检疫性有害生物成灾机制可能完全不一样,同时一种病原物可能也同时存在多种不同的致病机制。而成灾机制方面取得的最大理论突破主要有:致病性基因表达调控机制、siRNA 导致抗病机制、致病蛋白因子互作等。

2. *法理依据*

(1)早期植物检疫法规　最早或最初的植物检疫法规,都是因为某个国家或某一地区内的农业或林业受到病虫害的袭击而遭到重大损失才制定的。针对某一病虫害制定单项的检疫法令是早期检疫法规的特点。1660 年,由于小檗与小麦秆锈病暴发,法国 Leon 地区发布法令,禁止其传入,这是最早运用法律手段防止病虫害传入的文献记录。那时的检疫方式并不对农林产品加以检验,而只是发生病虫害地区的有关农林产品和种植材料一律禁止输入。19 世纪 70 年代,欧洲地区由于葡萄根瘤蚜危害,导致葡萄生产造成严重损失,德国为了防止葡萄根瘤蚜传入,制定并公布了禁止葡萄进口的法令。1872 年法国颁布了禁止从国外输入葡萄枝条的法令。马铃薯甲虫的流行严重影响了欧洲马铃薯(*Solanum tuberosum*)的生产,1875 年德国、法国相继发布了不准从美国进口马铃薯的禁令,防止马铃薯甲虫的传入。

随着国际贸易和交通运输事业的发展,植物和植物产品的贸易来往日益频繁,病虫害在国际传播蔓延的严重性越来越引起人们的重视,针对某一种病虫害而制定的单项检疫法令已不能适应需要,植物检疫法规由单项规定逐步向系统完整的法令发展,植物检疫制度日趋完善。美国于 1912 年在单项法规《园艺检疫法》(1899 年)基础上,由政府制定和公布了《联邦植物检疫法》作为检疫的母法。1917 年颁布了补充法令,并授权农业部制定国内植物检疫法,以后又陆续发布各项有关规定,形成了整套植物检疫的法律。日本于 1905 年制定《植物防疫法》和执行细则,1914 年制定《出口植物检查证明规程》。植物检疫也开展了国际合作,如法国与意大利于 1914 年在罗马召开万国农业协会,讨论通过了《国际植物病理公约》,法国、意大利、奥地利、匈牙利等 31 个国家参会,中国代表参加了会议并在公约文本上签字。公约要求各与会国政府按外交途径通知意大利政府确认公约文本,然后由意大利政府通告各与会国政府和万国农业协会。会后不久,第一次世界大战爆发,该公约没有得到各国政府确认。

(2)现行植物检疫法规　植物检疫是通过法律、行政和技术的手段,防止危险性植物病、虫、杂草和其他有害生物传入、传出国境,保护农、林、牧、渔业生产和人体健康,促进贸易发展的措施。植物检疫的依据是与植物检疫有关的法规、条例、细则、办法和其他单项规定等，国家之间签订的协定、贸易合同中的有关规定，也同样具有法律约束力。我国植物检疫的依据有：《中华人民共和国进出境动植物检疫法》《中华人民共和国植物检疫条例》《农业转基因生物安全管理条例》等，以及为贯彻这些法规所规定的实施条例、实施细则和办法等；我国已发布的与植物检疫有关的国家标准和行业标准；我国与其他国家签署的协定、协议等；对外签订的贸易合同等。国际上植物检疫的依据有：联合国粮食及农业组织的《国际植物保护公约》，其是"使全球植物检疫一致的程序"；世界贸易组织的《实施卫生和植物卫生措施协定》(SPS 协定)；联合国粮食及农业组织颁布的《国际植物检疫措施标准》；各大洲的区域性植物保护组织(如《亚洲和太平洋区域植物保护协定》)，各国政府有关植物检疫的法规与条例等。详细可查阅《中华人民共和国检疫条例》等相关内容。

10.1.4　植物检疫的工作内容和管理机构

植物检疫的工作内容主要包括：检查国际、省/州际运输的植物、植物产品和其他应检物是否被有害生物感染；对国际、省/州际运输的植物、植物产品和其他应检物进行检疫处理；为符合植物检疫要求的国际、省/州际运输的植物、植物产品和其他应检物签发植物检疫证书，并保持其在核查之后、输出之前处于植物检疫安全状态；对一定区域内栽培植物和野生植物，以及储存或运输中的植物和植物产品有害生物的发生、暴发和扩散情况进行监测和控制；保护受植物有害生物威胁的地区，划定、保持和监视这些区域在官方控制下处于非疫区状态和有害生物低度流行状态等。

联合国粮食及农业组织(FAO)作为联合国的重要机构于 1945 年 10 月正式成立，致力于各成员国之间的植物保护国际合作。1950 年海牙国际会议原则通过了由 FAO 提交的《国际植物保护公约》草案。1951 年 12 月 6 日，FAO 第六届大会根据《联合国粮食及农业组织章程》第十四条的规定，批准了重新命名的《国际植物保护公约》(IPPC)。1952 年 4 月 3 日，IPPC 公约由 34 个签署国政府批准立即生效，同时废除和代替了早期缔约国签署的《葡萄根瘤蚜公约》《国际植物病害公约》和《植物保护国际公约》等公约。签署该公约的国家就成为国际植物保护公约组织成员。IPPC 公约要求各缔约方相互合作，在适当的地方建立区域性植物保护组织(RPPOs)，以便在较大范围的地理区域内防止危险性植物有害生物传播。根据各自所处的生物地理区域和相互经济往来的情况，自愿组成的区域性植物保护专业组织，其主要任务是协调成员国间的植物检疫活动，传递植物保护信息，促进区域内国际植物保护的合作。世界各国现已建立有 8 个区域性植物保护组织，分别是欧洲和地中海区域植物保护组织、泛非植物检疫理事会、北美植物保护组织、亚太地区植物保护委员会、加勒比海区域植物保护委员会、太平洋植物保护组织、中美洲植物保护组织、南锥体区域植物保护委员会。

根据《植物检疫条例》等相关规定，我国国务院农业主管部门、林业主管部门主管全国的植物检疫工作，各省、自治区、直辖市农业主管部门、林业主管部门主管本地区的植物检疫工作。县级以上地方各级农业主管部门、林业主管部门所属的植物检疫机构，负责执行国家的植物检疫任务。农业、林业植物检疫对象和应施检疫的植物、植物产品名单，由国务院农业主管部门、林业主管部门制定。各省、自治区、直辖市农业主管部门、林业主管部门可以根据本地区的需要，制定本省、自治区、直辖市的补充名单，并报国务院农业主管部门、林业主管部门备案。

局部地区发生植物检疫对象的，应划为疫区，采取封锁、消灭措施，防止植物检疫对象传出；发生地区已比较普遍的，则应将未发生地区划为保护区，防止植物检疫对象传入。在发生疫情的地区，植物检疫机构可以派人参加当地的道路联合检查站或者木材检查站；发生特大疫情时，经省、自治区、直辖市人民政府批准，可以设立植物检疫检查站，开展植物检疫工作。疫区和保护区的划定，由省、自治区、直辖市农业主管部门、林业主管部门提出，报省、自治区、直辖市人民政府批准，并报国务院农业主管部门、林业主管部门备案。疫区和保护区的范围涉及两省、自治区、直辖市以上的，由有关省、自治区、直辖市农业主管部门、林业主管部门共同提出，报国务院农业主管部门、林业主管部门批准后划定。

10.2 种子检疫的有害生物

10.2.1 有害生物类别

根据 FAO《国际植物保护公约》(IPPC)，2002 年版《国际植物卫生措施标准第 5 号出版物：植物卫生术语表》的定义，有害生物是指任何对植物或植物产品有害的植物、动物或病原体的种、株(品)系或生物型。有害生物依据不同的标准可以进行相应的分类。

1. 生物学分类

依据生物的分类地位，植物有害生物可以分为真菌、原核生物(细菌、支原体、螺原体)、病毒(病毒和类病毒)、线虫、昆虫、软体动物、寄生性种子植物或有毒有害的高等植物(杂草)和其他有害动物(鼠类)等。当转基因生物对农林生产和生态环境造成危害时也属有害生物的范畴。

2. 管理学分类

根据是否需要在国际贸易中进行管制(限定)，按照 2002 年版《国际植物卫生措施标准第 5 号出版物：植物卫生术语表》，将有害生物分为非限定有害生物(non-regulated pest，NRP)和限定有害生物(regulated pest，RP)。非限定有害生物是指在本国或本地区广泛分布，没有官方控制的有害生物。限定有害生物是指在本国或本地区没有的，或者有但尚未广泛分布，即没有达到生态学极限或正在被官方进行控制的且具有潜在经济重要性的有害生物，包括检疫性有害生物(quarantine pest，QP)和非检疫性限定有害生物(regulated non-quarantine pest，RNQP)。

检疫性有害生物指对受其威胁的地区具有潜在经济重要性，但尚未在该地区发生，或虽已发生但分布不广并进行官方防治的有害生物。植物检疫性有害生物的确定要以有害生物风险分析(pest risk analysis，PRA)为依据，即常把那些主要依靠人为传播、在国内或地区内尚未发生、新传入或发现，仅在局部地区发生，对农林业生产安全构成严重危害或潜在威胁的有害生物定为特别危险和高度危险有害生物。如果这些有害生物由政府或地区性的组织以法律文件公布，就可为检疫性有害生物；而一些被专家评定为特别危险或高度危险的有害生物，在没有经法律文件公布之前，还不能称为检疫性有害生物。检疫性有害生物的确认过程是 PRA 的一个重要组成部分。检疫性有害生物可以是物种，也可以是物种下的亚种、生态型或小种等。详细可查阅《中华人民共和国进境植物检疫性有害生物名录》。

非检疫性限定有害生物在栽培植物上存在，在用途、经济上造成难以估量的影响，因而在输入缔约方境内受到限制。1996 年在 IPPC 修订时，专家提出将非检疫性限定有害生物定义为：基于植物检疫风险评估和适当的植物保护水平的评定，具有潜在经济重要性的有害生物，即为保护植物健康而限制的非检疫性有害生物。植物检疫针对的范围及其内涵进一步扩大，也拓宽了所采取的植物检疫措施，不仅针对检疫性有害生物，而且针对限定的非检疫性有害生物。同时，SPS协定和新《国际植物检疫措施标准》(ISPM)都强调许多有害生物不仅具有潜在的经济重要性，而且具有潜在的环境重要性。因此，在PRA的开始阶段，即检疫性有害生物的鉴别阶段，还应考虑有害生物对环境的影响。

我国曾广泛使用名词“检疫对象”，与《国际植物检疫措施标准》(ISPM)中的概念有所不同。对进境检疫来说，检疫对象在一定程度上等同于检疫性有害生物，有时还包括检疫物。但实际检疫中还应包括双边协议、协定及合同等规定的其他有害生物，有时甚至包括一般的有害生物。对出境检疫来说，有的检疫性有害生物是我国普遍发生的有害生物(例如，刺蛾在我国为一般害虫，但在欧洲国家为A1类检疫性害虫)，而这些有害生物可能是进口国所关心的。因此，将我国以前常称的“检疫对象”改称为“检疫性有害生物”更为准确。

随着PRA工作的深入，我国在制定检疫性有害生物名单时，除考虑有害生物是否有分布及其经济重要性外，还必须考虑环境因子等，使制定的检疫性有害生物名单具有更坚实的科学依据，更符合国际规范的要求。

10.2.2 检疫性有害生物

1. 植物病原菌物

菌物(mycophyta)是广义的真菌，是一类具有细胞核、无叶绿素，不能进行光合作用，以吸收为营养方式的有机体。据估计，全球有150万种菌物，已被描述和记载的约有10万种，其中约有1.5万种能够造成植物病害，大多数属于子囊菌或担子菌。70%～80%的植物病害是由菌物引起的。此外，许多植物病原菌物潜伏在植物种苗组织内，或附着在植物种苗、产品或其他材料的表面，通过这些寄主植物或产品调运进行远距离传播，到达新区后，遇适宜条件即定殖下来造成病害的发生与流行。

(1)菌物分类　菌物分类系统是菌物学家根据菌物在形态、生理、生化、遗传、生态、超微结构及分子生物学等多方面的特征进行归类而建立起来的。随着菌物学家对菌物上述诸方面的研究进展，菌物的分类系统也出现了相应的变化。

自菌物学诞生(1729年)至今，对于菌物在生物界的地位，不同的学者有不同的观点。我国最早采用Ainsworth在《真菌词典》(1971年)和《真菌进展论文集》(1973年)中的五界分类系统，将生物划分为动物界、植物界、原核生物界、原生生物界和真菌界，所有菌物均属于真菌界真菌门。随着人们对菌物认识的不断深入，菌物分类系统也得以不断补充和完善，八界系统逐渐被接受。按照2008年《菌物辞典》(第10版)的分类系统，将生物分为真细菌界(Eubacteria)、古细菌界(Archaebacteria)、原始动物界(Archezoa)、原生动物界(Protozoa)、藻物界(也称假菌界)(Chromista)、真菌界(Fungi)、植物界(Plantae)和动物界(Animalia)。菌物分属于原生动物界、藻物界和真菌界。

(2)我国进境植物检疫性菌物的主要类群　我国进境植物检疫性菌物主要归属藻物界和真菌界。归属藻物界的检疫性菌物主要属于卵菌门(Oomycota)，有20种，除向日葵白锈病菌属于白锈科(Albuginaceae)外，其他均属于霜霉科(Peronosporaceae)，其中疫霉属(*Phytophthora*)所占比例最大，有11种之多(含变种或小种)，占55%。

归属真菌界的检疫性菌物共有110种，其中子囊菌门(Ascomycota)83种，担子菌门(Basidiomycota)26 种，壶菌门(Chytridiomycota)1 种[即集壶菌科(Synchytriaceae)的马铃薯癌肿病菌(*Synchytrium endobioticum*)]。子囊菌门占检疫性菌物比例最高(64%)，子囊菌门中除香菜茎瘿病菌(*Protomyces macrosporus*)属于外囊菌亚门(Taphrinomycotina)外，其余均属于盘菌亚门(Pezizomycotina)。盘菌亚门中涉及种类较多的科有球腔菌科(Mycosphaerellaceae)10 种，丛赤壳科(Nectriaceae)10 种，间座壳科(Diaporthaceae)6 种。担子菌门中以柄锈菌目(Pucciniales)种类最多，达 15 种，其中柱锈菌科(Cronartiaceae)6 种，柄锈菌科(Pucciniaceae)6 种，栅锈菌科(Melampsoraceae)2 种，鞘锈菌科(Coleosporiaceae)1 种。

①藻物界卵菌门　卵菌门中与植物病害密切相关的有腐霉目(Pythiales)、霜霉目(Peronosporales)和白锈目(Albuginales)。孢子囊及孢囊梗形态、卵孢子形态是区别不同属的重要特征。

栗疫霉黑水病菌[*Phytophthora cambivora* (Pe-tri)Buisman]属霜霉科(Peronosporaceae)，是我国进境植物检疫性有害生物。分布于日本、印度、波兰、丹麦、法国、葡萄牙、瑞典、斯洛伐克、土耳其、西班牙、英国、意大利、毛里求斯、南非、加拿大、美国、澳大利亚、新西兰等国家和地区。

大豆根腐病菌(*Phytophthora sojae* Kaufmann et Gerdemann)是我国进境植物检疫性有害生物，其侵染大豆引起的根腐病是大豆生产中的毁灭性病害之一。分布于俄罗斯、匈牙利、德国、英国、法国、意大利、斯洛文尼亚、瑞士、澳大利亚、新西兰、加拿大、美国、巴西、阿根廷、智利、日本、韩国、巴基斯坦和我国局部地区。大豆疫霉病最早于 1948 年在美国印第安纳州东北部发现，1951 年在俄亥俄州西北部发现，病原为大豆疫霉；1991 年在我国东北地区首次发现。在东北春大豆区都有疫霉病的发生，产量损失一般为 25%～50%，甚至绝产，被害种子的蛋白质含量明显降低。

烟草霜霉病菌[*Peronospora hyoscyami* de Bary f. sp. Tabacina(Adam)Skalicky]属于霜霉科，是我国进境植物检疫性有害生物。目前在柬埔寨、缅甸、伊朗、也门、伊拉克、叙利亚、黎巴嫩、约旦、塞浦路斯、以色列、土耳其、瑞典、波兰、捷克、斯洛伐克、匈牙利、德国、奥地利、瑞士、荷兰、比利时、卢森堡、英国、法国、西班牙、葡萄牙、意大利、罗马尼亚、保加利亚、阿尔巴尼亚、希腊、加拿大、美国、墨西哥、危地马拉、萨尔瓦多、洪都拉斯、哥斯达黎加、古巴、牙买加、海地、多米尼加、巴西、智利、阿根廷、乌拉圭、埃及、利比亚、突尼斯、阿尔及利亚、摩洛哥、卢旺达、莫桑比克等国家或地区有发生。该病于 1891 年首次在澳大利亚发现；1921 年在美国发生；1958 年传入欧洲，1960 年迅速蔓延欧洲大部分烟草产区，1961 年欧洲损失 1 亿 kg 烟叶，造成 8.8 亿美元损失；1996 年美国肯塔基州暴发的烟草霜霉病造成了烟农大约 2 亿美元的损失。虽然在我国山西等地发现过此病毒，但是我国尚未有关于此病发生的报道。

②真菌界壶菌门　壶菌门只有少数菌物可寄生于高等植物，其中只有马铃薯癌肿病菌被收录于《中华人民共和国进境植物检疫性有害生物名录》中。

马铃薯癌肿病菌[*Synchytrium endobioticum*(Schilb.)Percival]是我国进境植物检疫性有害生物，由其所造成的马铃薯癌肿病是世界许多国家马铃薯生产上的严重危险性病害。该病害分布于 50 多个国家或地区，包括日本、缅甸、尼泊尔、印度、巴基斯坦、黎巴嫩、巴勒斯坦、以色列、冰岛、丹麦、挪威、瑞典、芬兰、波兰、捷克、斯洛伐克、匈牙利、德国、瑞士、荷兰、英国、爱尔兰、法国、西班牙、意大利、罗马尼亚、保加利亚、希腊、突尼斯、肯尼亚、坦桑尼亚、津巴布韦、南非、澳大利亚、新西兰、加拿大、美国、墨西哥、厄瓜多尔、秘鲁、巴西、玻利维亚、智利、阿根廷、乌拉圭等。有 32 个国家将此病菌列为检疫对象。1895 年在匈牙利首次发生，我国于 1975 年在云南省昭通市永善县首次发现该病。该病主要危害地下部分,对马铃薯的产量、品质影响很大,一般减产 20%～30%,严重地块减产 80%,甚至绝收。2011 年在我国西藏亚东县发生病害。

③真菌界子囊菌门　子囊菌大多数陆生,少数水生,营养方式有腐生、寄生和共生,多数是重要的植物病原菌物。腐生的子囊菌可引起木材、皮革和食品的霉烂及动植物残体的分解。寄生的子囊菌多引起植物病害,少数寄生在人、畜和昆虫体内。有的子囊菌可与藻类共生形成地衣,与高等植物共生形成菌根。

向日葵茎溃疡病菌(*Diaporthe helianthin* Muntanola-Cvetkovic Mihaljcevic et Petrov)属于子囊菌门间座壳科(Diaporthaceae)间壳座属(*Diaporthe*),其无性阶段为向日葵拟茎点霉(*Phomopsis helianthin* Muntanola-Cvetkovic Mihaljcevic et Petrov),引起向日葵茎溃疡病。向日葵茎溃疡病菌于 1980 年夏在南斯拉夫的伏伊伏丁那地区首次被发现,随后扩展到欧美地区。该病在世界多个向日葵生产国家和地区均有发生。我国尚未见分布报道。

向日葵黑茎病菌[*Plenodomus lindquistii* (Frezzi) Gruyter, Aveskarnp et Verkley]属于子囊菌门座囊菌纲(Dothideomycetes),为土壤习居菌,能够在被侵染残存组织上以菌丝体、假囊壳和分生孢子器等越冬并重新侵染向日葵,引起向日葵黑茎病。该病是向日葵生产中的一种毁灭性病害,于 20 世纪 50 年代被首次发现,1964 年在加拿大首次分离和鉴定了该病菌,之后病菌相继扩展到世界各地。在加拿大、法国、阿根廷、匈牙利、罗马尼亚、美国、伊朗、巴基斯坦和澳大利亚等国家和地区都有发生危害的报道,2005 年我国新疆伊犁地区发现此病害,2010 年 10 月我国将该病菌列为进境检疫性有害生物。

榆枯萎病菌[*Ophiostoma ulmi* (Buisman) Nannf]属真菌界子囊菌门长喙壳科(Ophiostomataceae)长喙壳属(*Ophiostoma*),是榆属的有害寄生真菌,可侵染各龄榆树,导致榆树干枯、死亡,称为榆枯萎病或荷兰榆病。该病在印度、伊朗、土耳其、乌兹别克斯坦、塔吉克斯坦、丹麦、挪威、瑞典、波兰、捷克、斯洛伐克、匈牙利、法国、德国、奥地利、荷兰、瑞士、英国、比利时、西班牙、葡萄牙、意大利、罗马尼亚、保加利亚、希腊、爱沙尼亚、立陶宛、摩尔多瓦、乌克兰、美国、加拿大等国家或地区有发生。1930 年传入美国俄亥俄州,此后蔓延至美国 40 多个州。

④真菌界担子菌门　担子菌是菌物中最高等的类群。大多数是腐生的,常生于腐朽木材、植物枯枝落叶上,形成大型的子实体,可食用或药用,但有的有毒。有些担子菌寄生于植物引起严重病害,还有少数担子菌与植物共生形成有利于作物栽培和造林的菌根。

咖啡美洲叶斑病菌[*Mycena citricolor* (Berk. et Curtn.) Sacc.]属担子菌门伞菌科(Agaricaceae)小菇属(*Mycena*)。局限发生在中南美洲的一些国家和地区,主要危害咖啡属植物的叶片、嫩枝和嫩果,气候条件与环境条件适合时,也可危害其他科属植物。

小麦矮腥黑穗病菌(*Tilletia controversa* Kuhn)属担子菌门腥黑粉菌科(Tilletiaceae)腥黑粉菌属(*Tilletia*)。自 1847 年和 1860 年先后在捷克和美国发现小麦矮腥黑穗病以来,至今已传播至 40 多个国家和地区,发病地点均在中纬度地区。在 20 世纪 60 年代后期和 70 年代早期发生非常严重,几乎摧毁了美国冬小麦生产。1972 年平均减产 17%、损失小麦 1.2 亿 kg,严重发病地块发病率高达 90%。

2. 植物原核生物

原核生物(procaryote)是指自然界中广泛存在、含有原核结构的单细胞生物,是由细胞膜和细胞壁或只有细胞膜包围的单细胞微生物,没有真正的细胞核,DNA 分散在细胞质中,形成一个椭圆形或近圆形无核膜包围的核质区。原核生物界的成员很多，包括细菌、植原体及螺原体等，通常以细菌作为原核生物的代表。原核生物是仅次于真菌、病毒的第三大类植物病原物，可侵染植物引起重要的植物病害，如水稻白叶枯病、大白菜软腐病、果树根癌病等。其中梨火疫病菌、苜蓿细菌性萎蔫病菌、菜豆细菌性萎蔫病菌、豌豆细菌性疫病菌、柑橘顽固病螺原体、马铃薯丛枝植原体及草莓簇生植原体等 58 种植物病原原核生物被列入《中华人民共和国进境植物检疫性有害生物名录》。

我国进境植物检疫性病原原核生物的主要类群包括肠杆菌属（*Enterobacter*）、泛菌属（*Pantoea*）、劳尔氏菌属（*Ral'stonia*）、木质部小菌属（*Xylella*）、嗜木质菌属（*Xylophilus*）、植原体属（*Phytoplasma*）、螺原体属（*Spiroplasma*）。

肠杆菌属模式种是杨树枯萎病菌（*E. cancerogenus*），可侵染桦木属和杨属，引起云杉（*Picea asperata*）等植物顶枝坏死。

泛菌属模式种是成团泛菌，既可侵染棉花、香蕉（*Musa nana*）、洋葱、大豆、西葫芦（*Cucurbita pepo*）、番茄、玉米、苹果（*Malus pumila*）等植物，引起棉花细菌性烂铃病、香蕉叶鞘腐败病、洋葱叶枯和茎腐病等，也可感染人类，引起关节炎、骨髓炎、眼内炎和败血症等。

劳尔氏菌属模式种是茄青枯劳尔氏菌（*R. solanacearum*），该菌寄主范围极广，可以为害超过 50 科数百种植物，包括花生、马铃薯、番茄、烟草和许多重要经济树木和灌木。

木质部小菌属模式种是木质部难养菌，该菌寄主非常广泛，主要是葡萄、苜蓿、扁桃（*Amygdalus communis*）等 28 科的单子叶和双子叶植物，其中有 22 种禾本科植物，许多杂草带菌隐症，典型症状是叶缘坏死、皱缩、早落、生长缓慢，果少而小或畸形果，产量下降，严重时导致全株死亡。

嗜木质菌属仅包括 1 个种，即葡萄嗜木质菌，引起葡萄细菌性疫病，典型症状是葡萄根、枝条、嫩梢、叶柄和花梗上形成爆裂和溃疡，内部维管束组织变为红褐色。

植原体属是非常小的原核生物，无细胞壁，不能在人工培养基上培养，仅能在植物宿主中生长，使得植原体属的研究非常困难和费力，许多性状尚未测定。对青霉素不敏感，对四环素族抗生素敏感。

螺原体属模式种是柑橘顽固病螺原体（*S. citri*），可侵染苋科、车前科、十字花科及芸香科等 20 多科的植物，多数寄主受侵染后不表现明显症状。柑橘受害后植株矮化、节间缩短、叶变小、丛枝、结果小而畸形，引起柑橘僵化病。

3. 植物病毒

病毒（virus）是一种由核酸和蛋白质外壳组成的具有侵染活性的细胞内寄生病原物，也是迄今为止人们在超微世界里所认识的最小生物之一，以植物为寄主的这类病原物即为植物病毒，目前已研究和命名的植物病毒达 1 000 多种，其中许多为重要的农作物病原物，对农业生产造成了严重的经济损失。主要的检疫性植物病毒有以下几种。

可可肿枝病毒（Cacao swollen shoot virus）1936 年首次发现于加纳。分布于加纳、尼日利亚、科特迪瓦、塞拉利昂、多哥、特立尼达和多巴哥、委内瑞拉、哥伦比亚、哥斯达黎加、斯里兰卡、印度尼西亚（爪哇岛）和马来西亚等国家和地区。主要在非洲西部的多哥、加纳和尼日利亚等国流行，危害十分严重。20 世纪 40 年代，可可肿枝病毒在加纳东部大面积发生，受害可可树当年减产就达 25%，次年减产 50%，感病品种的感病植株在 3～4 年间整株枯死。据统计，世界可可产区因此病年平均产量损失达 15%。

棉花曲叶病毒(CLCuV)于 1912 年在尼日利亚首次报道,之后苏丹(1924 年)、坦桑尼亚(1926 年)、菲律宾(1959 年)、巴基斯坦木尔坦地区(1967 年)相继报道。当时该病毒由于发生范围小、危害较轻,一直未能引起人们的重视,直到 1988 年在巴基斯坦木尔坦地区棉花上暴发流行后才引起人们的关注。CLCuV 分布在尼日利亚、苏丹、坦桑尼亚、菲律宾、巴基斯坦、印度、埃及、老挝、越南、马拉维、南非和中国等国家。CLCuV 曾在巴基斯坦、印度棉花产区广泛流行,造成的危害十分严重。

马铃薯黄矮病毒(PYDV)于 1922 年在美国纽约州首次报道。该病毒分布在美国(加利福尼亚、明尼苏达、得克萨斯、威斯康星、佛罗里达、印第安纳、缅因、马萨诸塞、密歇根、蒙大拿、内布拉斯加、新罕布什尔、新泽西、纽约、俄亥俄、宾夕法尼亚、南达科他、佛蒙特、弗吉尼亚、怀俄明)和加拿大(阿尔伯特、不列颠哥伦比亚、新布伦斯维克、安大略、魁北克)。亚洲的沙特阿拉伯也有少量分布。

番茄黑环病毒(TBRV)于 1946 年在英国首次在番茄上描述。该病毒分布非常广泛,在欧洲的丹麦、芬兰、法国、克罗地亚、捷克、德国、希腊、摩尔多瓦、荷兰、挪威、匈牙利、爱尔兰、意大利、波兰、葡萄牙、罗马尼亚、俄罗斯、西班牙、瑞典、英国等,亚洲的印度、日本、土耳其和中国,非洲的肯尼亚、摩洛哥,美洲的巴西、加拿大、美国均有分布。1984 年在我国福建烟草发现了 TBRV,此后在河南的烟草,江苏和南京的越橘、月季、李、唐菖蒲和天津的番茄陆续发现了此病毒。2007 年我国颁布的《中华人民共和国进境植物检疫性有害生物名录》将其列为检疫性病毒。

4. 植物类病毒

虽然类病毒是不同于植物病毒的新病原物,但是其分类仍然与植物病毒一起。国际病毒分类委员会(International Committee on Taxonomy of Viruses,ICTV)第 10 次发布的分类报告中共包含了 32 种类病毒。根据理化性质、基因组结构特征,以及在寄主体内进行复制的位置和复制方式等将类病毒划分为两科:马铃薯纺锤块茎类病毒科(*Pospiviroidae*)和鳄梨日斑类病毒科(*Avsunviroidae*)。马铃薯纺锤块茎类病毒科包含了绝大多数的类病毒(28 种),其基因组结构通常为棒状,且由 5 个不同的结构功能区组成,在细胞核内进行非对称性滚环复制。鳄梨日斑类病毒科只包含 4 种类病毒,其基因组结构一般为分枝状且包含锤头状核酶结构,在叶绿体内进行对称性滚环复制。

《中华人民共和国进境植物检疫性有害生物名录》中包含 7 种类病毒:苹果皱果类病毒(AFCVd)、鳄梨日斑类病毒(ASBVd)、椰子死亡类病毒(CCCVd)、椰子败生类病毒(CTiVd)、啤酒花潜隐类病毒(HLVd)、梨疱状溃疡类病毒(PBCVd)和马铃薯纺锤块茎类病毒(PSTVd)。

5. 植物病原线虫

线虫(nematode)是一类低等的无脊椎动物,体长多在 1 mm 左右(部分长针属线虫可长达 9~10 mm)。线虫以线形(或蠕虫形)为主,但也有些线虫膨大为肾形、球形或梨形等。由于线虫虫体微小且无色透明,人类用肉眼一般看不到它们,必须借助解剖镜、显微镜才能观察线虫。并且,线虫引起的危害多数没有显著的症状,不易察觉。因此,真正的线虫学研究只有 100 多年的历史。我国线虫的研究历史更短,1916 年章祖纯首次报道北京地区发现小麦粒线虫。

线虫种类多,分布广,全球线虫保守估计种类超过 50 万种,人类已经描述的线虫约 25 000 种,还有很多种类不为人类所知。在海水、淡水、沼泽、土壤及动植物体内,都有线虫分布。线虫的食性十分复杂，有食腐、食真菌、食细菌、食藻等，还有些线虫寄生于各种动植物体内。寄生在植物体内的，称为植物寄生线虫（plant-parasiticnematode，PPN），或简称植物线虫。它们不但吸取植物的营养，为害植物，所造成的伤口还成为其他病菌的侵染点，并且一些长针科和毛刺科种类还能传播多种植物病毒。

植物病原线虫能造成农业经济作物的重大损失。全世界对农林业生产危害严重的植物线虫主要有根结线虫属、孢囊属、短体属、茎属、滑刃属等。松材线虫、马铃薯金线虫和白线虫、腐烂茎线虫、香蕉穿孔线虫，以及多种根结线虫属和短体属线虫都是世界公认的外来入侵物种。作为一类重要的植物病原物，线虫病害已成为农林业生产中的重要问题。

6. 杂草及寄生性种子植物

（1）杂草主要类群　检疫性杂草可以分为寄生性杂草和有毒性杂草等类群，寄生性杂草有菟丝子、假苍耳等，有毒性杂草有假高粱、毒麦等。

假高粱（*Sorghum halepense* Pers.）又名阿拉伯高粱、石茅高粱、约翰逊草、石茅、石荣高粱、宿根高粱、詹森草、顾买草、宿根须芒草、琼生草。禾本科（Poaceae）蜀黍属（高粱属）（*Sorghum*）。假高粱中所含氰化物高于其他栽培高粱，牲畜误食会引起中毒甚至死亡，可对谷类、棉花、苜蓿、麻类等30多种农作物构成危害，也是高粱属作物病虫害的寄主。它的根分泌物或腐烂的地下茎、根等，能抑制作物种子萌发和幼苗生长。假高粱侵入农田后，能使甘蔗减产25%～50%，玉米减产12%～33%，大豆每公顷减产300～600 kg。因此，它是禾本科中一种危害严重、难于防除的多年生杂草，为世界十大恶性杂草之一。

毒麦（*Lolium temulentum* L.）属于禾本科黑麦草属（*Lolium*），是我国禁止进口的检疫性杂草，也是一种极具危险性的有毒有害杂草。毒麦不仅分蘖力强，能抵抗不良环境，一旦传入，将使农作物严重减产；同时，毒麦颖果的种皮与糊粉层间含有毒麦碱（C17H12N20），对人、畜和家禽均有很大的毒害，是一种很危险的有毒草。

菟丝子（*Cuscuta chinensis* L.）属旋花科（Convolvulaceae）菟丝子属（*Cuscuta*），为一年生或多年生全寄生草本植物。菟丝子不仅可寄生危害农林作物，也是植物病害的寄主，其种子易随寄主植物及其产品传播。菟丝子具有顽强的适应性和可塑性，其具有危害作物种类多、传播速度快、根除难等特点。

假苍耳［*Cyclachaena xanthiifolia*（Nutt.）Fresen.］是菊科苍耳属一年生草本植物。原产于北美洲，欧洲也有分布，归化植物。1981年在中国辽宁省朝阳县大营子公社首次发现，1982年在沈阳等地也发现其分布。假苍耳寄主是谷物、大豆、棉花、蔬菜、果树、林业苗木等作物。群生繁茂，与目的植物争水、争肥、争空间，是农田重要危险性杂草之一，同时假苍耳可在花期产生大量花粉，其花粉可导致枯草热病的患者增多；果期植株散发明显的异味，皮肤接触后会有瘙痒感。皮肤敏感的人接触到假苍耳叶片会引发皮肤炎。

（2）寄生性种子植物主要类群　由于缺少足够的叶绿体或某些器官退化而依赖其他植物体内营养物质生活的某些种子植物称为寄生性种子植物，主要包括桑寄生科、旋花科和列当科，还有玄参科和樟科等的部分种，约2 500种以上。其中，桑寄生科超过总数之半，主要分布在热带和亚热带。寄生性种子植物由于摄取寄主植物的营养或缠绕寄主而使寄主植物发育不良，但有些寄生性种子植物如列当、菟丝子等有一定的药用价值。

7. 植物害虫

检疫性植物害虫主要包括鞘翅目、双翅目、同翅目、鳞翅目的昆虫。

椰心叶甲(*Brontispa longissima* Gestro)属鞘翅目(Coleoptera)铁甲科(Hispidae),别名椰棕扁叶甲、椰子刚毛叶甲、红胸叶虫。椰心叶甲原仅分布于太平洋群岛,后分布区逐渐扩大。分布于印度尼西亚、马来西亚、巴布亚新几内亚、新喀里多尼亚、澳大利亚、所罗门群岛、萨摩亚群岛、瓦努阿图群岛、法属波利尼西亚等,以及中国(台湾、香港、海南)。

寄主主要为棕榈科的重要经济林木,包括椰子、油椰、槟榔、棕榈、鱼尾葵、山葵、刺葵、蒲葵、散尾葵、雪棕、假槟榔等,其中椰子是最重要的寄主。通常幼树和不健康树更易受害。幼树受害后,移栽难成活;成年树受害后期往往枝叶部分枯萎,顶冠变为褐色,甚至枯死。

菜豆象[*Acanthoscelides obtectus*(Say)]属鞘翅目(Coleoptera)豆象科(Bruchidae)的一种昆虫。原产于中美洲和南美洲,广泛分布于亚洲、欧洲、非洲及大洋洲,主要分布于朝鲜、日本、缅甸、阿富汗、土耳其、波兰、匈牙利、德国、奥地利、瑞士、荷兰、比利时、英国、法国、西班牙、葡萄牙、意大利、罗马尼亚、阿尔巴尼亚、希腊、尼日利亚、埃塞俄比亚、肯尼亚、乌干达、布隆迪、安哥拉、澳大利亚、新西兰、斐济、美国、墨西哥、古巴、哥伦比亚、秘鲁、巴西、智利、阿根廷等。

主要为害菜豆属的植物,如菜豆、红花菜豆和宽叶菜豆等,也为害豇豆、兵豆、鹰嘴豆、木豆、蚕豆和豌豆等。

马铃薯甲虫[*Leptinotarsa decemlineata*(Say)]属鞘翅目(Coleoptera)叶甲科(Chrysomelidae)的昆虫。原产美国,随着美国西部开发和种植业运输业的发展,分布在墨西哥、伊朗、哈萨克斯坦、吉尔吉斯斯坦、格鲁吉亚、土库曼斯坦、塔吉克斯坦、乌兹别克斯坦、亚美尼亚、土耳其、丹麦、瑞典、芬兰、拉脱维亚、立陶宛、俄罗斯、白俄罗斯、乌克兰、摩尔达维亚、波兰、捷克、斯洛伐克、匈牙利、德国、奥地利、瑞士、荷兰、比利时、卢森堡、哥斯达黎加、危地马拉、古巴、阿塞拜疆、保加利亚、英国、法国、西班牙、葡萄牙、意大利、希腊、利比亚、爱沙尼亚、加拿大、美国。另外,已有 38 个国家(欧洲 17 个,亚洲 8 个,非洲 7 个,南美洲 3 个,大洋洲 3 个)将其列为检疫性害虫。

马铃薯甲虫是马铃薯的毁灭性害虫,主要以成虫和 3～4 龄幼虫取食为害寄主植物叶片,通常在马铃薯植株刚开花和形成薯块时大量取食。严重时,在薯块开始生长之前,可将叶片吃光,造成绝收。一般造成减产 30%～50%,有时高达 90%以上。

柑橘小实蝇[*Dacus dorsalis*(Hendel)]属双翅目(Diptera)实蝇科(Tephritidae)寡鬃实蝇亚科(Dacinae)果实蝇属(*Bactrocera*)的昆虫,该属中的非中国种全部列入《中华人民共和国进境植物检疫性有害生物名录》。

原产于我国台湾及日本九州一带,于 1911 年在台湾首次发现,1937 年谢蕴贞报道我国大陆有该虫分布。该虫随果品贸易和旅客携带入境的机会极多,已扩散到北美洲、大洋洲和亚洲许多国家和地区。

柑橘大实蝇[*Bactrocera minax*(Enderlein)]别名橘大实蝇、橘蛆,属双翅目(Diptera)实蝇科果实蝇属的昆虫。该虫原产于日本的野生橘林中,在国外分布于不丹、印度、日本、越南,在我国分布于台湾、四川、湖北、湖南、贵州、云南、广西和陕西各地。

寄主仅限于柑橘类,包括甜橙、金橘、红橘、柚、柠檬、酸橙、佛手、枸橼、温州蜜橘、葡萄柚、弹金橘等。

黑森瘿蚊[*Mayetiola destructor*(Say)]别名黑森麦秆蝇、小麦瘿蚊、黑森蝇,属双翅目(Diptera)瘿蚊科(Cecidomyiidae)的一种昆虫。原产于幼发拉底河流域,该虫现已广泛分布于世界各主要产麦区,国外主要分布于哈萨克斯坦、塞浦路斯、以色列、伊拉克、土耳其、保加利亚、德国、丹麦、匈牙利、荷兰、罗马尼亚、西班牙、英国、瑞士、乌克兰、拉脱维亚、奥地利、芬兰、法国、希腊、波兰、挪威、瑞典、意大利、葡萄牙、突尼斯、摩洛哥、阿尔及利亚、美国、加拿大、新西兰、黎巴嫩、伊朗、巴勒斯坦。国内仅分布于新疆北部。

寄主为小麦、大麦、黑麦、匍匐龙牙草、野麦属和冰草属等禾本科植物。该虫对冬小麦和春小麦都能造成严重危害。

葡萄根瘤蚜(*Vteus vitifoliae* Fitch)属同翅目(Homoptera)根瘤蚜科(Phylloxeridae)葡萄根瘤蚜属(*Viteus*)的一种昆虫。葡萄根瘤蚜是葡萄上一种毁灭性的害虫,原产于北美洲东部,1858—1862 年传入欧洲,1860 年传入法国后,在 20 多年内共毁灭葡萄园约 100 万 hm^2,曾给欧洲葡萄生产造成毁灭性灾害。分布于近 40 个国家,主要有朝鲜、日本、叙利亚、黎巴嫩、约旦、以色列、塞浦路斯、土耳其、俄罗斯、加拿大、美国、墨西哥、哥伦比亚、秘鲁等。1892 年葡萄根瘤蚜由法国传入我国,在台湾、辽宁、山东、陕西等局部地区曾有发生,目前多数地区已经根除。

苹果绵蚜[*Eriosoma lanigerum* (Hausmann)]属同翅目(Homoptera)瘿绵蚜科(Pemphigidae)的一种昆虫。该虫是多种果树的重要害虫,可造成严重损失。原产于北美洲东部。扩散到 70 多个国家和地区的苹果产区,在我国只分布于局部地区,应通过检疫防止其扩散危害。

松突圆蚧(*Hemiberlesia pitysophila* Takagi)别名松栉盾蚧,属同翅目(Homiptera)盾蚧科(Diaspididae)栉圆盾蚧属(*Hemiberlesia*)的一种昆虫。松突圆蚧可造成林木大面积枯死,原分布于日本(冲绳诸岛)、中国(台湾),20 世纪 70 年代在我国香港、澳门有大面积发生。在我国的危害仍在扩展之中,应加强检控防止其造成更大损失。

美国白蛾(*Hyphantria cunea* Dury)别名秋幕蛾、秋幕毛虫,属鳞翅目(Lepidoptera)灯蛾科(Hypercompe)白蛾属(*Hyphantria*)的一种昆虫。

美国白蛾原产于北美洲,广泛分布于美国、墨西哥和加拿大南部。1940 年在匈牙利布达佩斯附近被发现,1948 年蔓延至匈牙利全境,并开始向捷克斯洛伐克扩散;此后传播到罗马尼亚、奥地利、法国、波兰和保加利亚;1945 年传入日本,1958 年传入韩国,1961 年传入朝鲜。我国于 1979 年在辽宁丹东发现该虫,1981 年传播到旅顺、大连,1982 年传入山东荣成、河北秦皇岛、陕西武功和西安,后又传到甘肃天水和天津等地。根据国内各地的温度和光照等指标,可以将我国美国白蛾的适生地分为三级危险区和四级生存区:特别危险区北起新疆的博乐,南至贵州的黔西,东起山东的荣成,西至新疆的喀什;而主要潜在分布区包括山东、辽宁、河南、陕西、河北、北京、天津、上海、山西、江苏、安徽、甘肃、宁夏和湖北等地。因此,美国白蛾在我国可能扩散和生存的范围十分广阔。美国白蛾的食性极杂,可为害 300 多种植物,主要为害臭椿、柿、桑树、白蜡、泡桐等,也为害大豆、玉米等农作物和蔬菜。

咖啡潜叶蛾(*Leucoptera coffeella* Gufrin-Menville)属鳞翅目(Lepidoptera)潜蛾科(Lyonetiidae)的一种昆虫。咖啡潜叶蛾分布于中美洲及西印度群岛的一些国家和地区,包括危地马拉、萨尔瓦多、哥斯达黎加、秘鲁、巴西等。主要为害小粒种咖啡、中粒种咖啡、大粒种咖啡、高种咖啡、丁香咖啡等咖啡属植物。

苹果蠹蛾[*Cydia pomonella* (L.)]属鳞翅目(Lepidoptera)卷蛾科(Tortricidae)的一种昆虫。原产于欧洲东南部,已遍及欧洲各国,在澳大利亚、新西兰、加拿大、美国等国,亚洲、南美洲、非洲部分国家和地区也有分布。1987 年苹果蠹蛾随旅客携带水果传入甘肃,在敦煌立足,而后迅速扩展。1992 年已遍布全市，30 多个大中型果园受害。

8. 转基因植物

自从 1986 年首批转基因棉花被批准进入田间试验以来，全球已经有 27 种转基因植物获得批准商业化种植，如大豆、玉米、棉花、油菜、烟草、水稻、甜菜、亚麻、马铃薯、番木瓜等。

转基因亚麻。亚麻转基因技术的研究始于 20 世纪 80 年代初，已获得一批转基因亚麻新品系(种)。进行亚麻生物技术研究的主要有加拿大、捷克、法国、俄罗斯和中国等。目前在亚麻转基因研究中利用的主要是抗病、抗虫、抗除草剂、抗涝、耐盐碱等抗性基因。

转基因苜蓿产品。苜蓿是苜蓿属植物的通称，多以紫花苜蓿被熟知，作为一种优良的豆科牧草被广泛种植。在世界各地，紫花苜蓿作为饲用作物被种植，在南非、澳大利亚、新西兰、南美和北美地区成为重要的农作物。我国紫花苜蓿的栽培已有 2 000 多年的历史，广泛分布于西北、华北、东北地区，江淮流域也有种植，是我国栽培面积最大的牧草。转基因技术在苜蓿中的应用，已使苜蓿获得了许多优良性状，如抗病虫性、抗盐碱、优良品质等。主要转基因苜蓿品系 J101 和 J163，已被澳大利亚、加拿大、日本、新西兰、菲律宾、新加坡、韩国、美国等国家批准。

10.3 牧草与草坪草种子检疫的技术

检疫技术是一个以执法和把关为主要任务的工作体系，主要目的是发现、检查和鉴定有害生物，以作为出证放行或做进一步检疫处理的依据，防控各类检验检疫风险因子跨区域或跨境传播。植物检疫技术要求快速、准确、灵敏、安全、高通量、简便，易于标准化和推广应用。自 15 世纪中叶西方检验检疫制度产生以来，该项工作伴随着科学技术的进步而不断发展。科学技术是推动检疫工作产生、发展和进步的核心动力，是检疫事业健康发展的根本保障。

我国于 2001 年 12 月 1 日正式成为 WTO 成员。从技术层面要求，包括检疫技术在内所有与国际贸易有关的技术标准、技术规范，均要与国际接轨，采取的 SPS 措施应该基于国际标准，并以国际标准为基础制订国内标准。根据《全国标准信息公共服务平台》和《国家标准化业务管理平台》整理统计，截至 2021 年 8 月，我国制定实施的出入境植物检疫有效标准约 1 011 项，其中国家标准 282 项，行业标准 729 项，列入植物检疫国家标准计划有 343 项。

检疫的技术和方法因不同的植物、植物产品和有害生物的种类而异。针对牧草、草坪草种子，我国已制定了《草种病害检疫技术规程》《进境牧草种子检疫规程》和《进境牧草种子细菌的高通量检测技术规范》等标准，同时《进出境植物种子种传病原检测操作规程》《进境植物繁殖材料检疫规程》《进境植物繁殖材料隔离检疫操作规程》等适用范围更广的标准也适用于牧草与草坪草种子的检验检疫。通过植物检疫标准的制定，可以完善、补充进出境植物检疫法及其条例在技术上的有关规定，成为包括牧草、草坪草种子在内植物检疫的重要技术基础和重要依据。

10.3.1 检疫的范围、程序和技术

牧草与草坪草种子检验检疫主要包括产地检疫、调运检疫、出入境检疫 3 个方面。产地检疫是指植物检疫机构对种苗(例如牧草种子)及其他繁殖材料、植物及其产品等在原产地生产过程中进行的检疫，包括田间调查、室内检验、签发证书及监督生产单位做好选地、选种和疫情处理等工作。调运检疫是指草种子在国内地区间托运、邮寄、自运、携带、销售等过程中，农业专职植物检疫人员根据植物检疫法规进行的检疫检验和签证。进出境检疫是一项主要在国家

(或地区)边境口岸实施的植物检疫工作,包括出境检疫和入境检疫。其中,出境检疫鉴定的范围是指输入国(地区)的进境检疫要求,双方议定书和国内有关规定的有害生物。进境检验检疫的范围主要包括《中华人民共和国进境植物检疫性有害生物名录》中的 446 种(属)有害生物,双边政府间植物检验检疫协定、协议和备忘录中列明禁止携带的有害生物,国家质检总局以文件形式规定的禁止进境的有害生物,合同约定以及其他关注的有害生物等。详细内容可查阅《中华人民共和国进境植物检疫性有害生物名录》。

植物检疫程序一般涉及检疫许可、检疫申报、检验检疫、检疫处理、出证放行和检疫监管 6 个环节(图 10-2)。随着经济全球化和信息技术的发展,国内外贸易中包括牧草、草坪草种子在内的生产、加工、包装、运输、贮存和交易等方式发生了根本性的变化。因此,探索快进出、少周转、"零"库存的现代物流需要,提高检疫工作的便利化水平越来越受到重视。

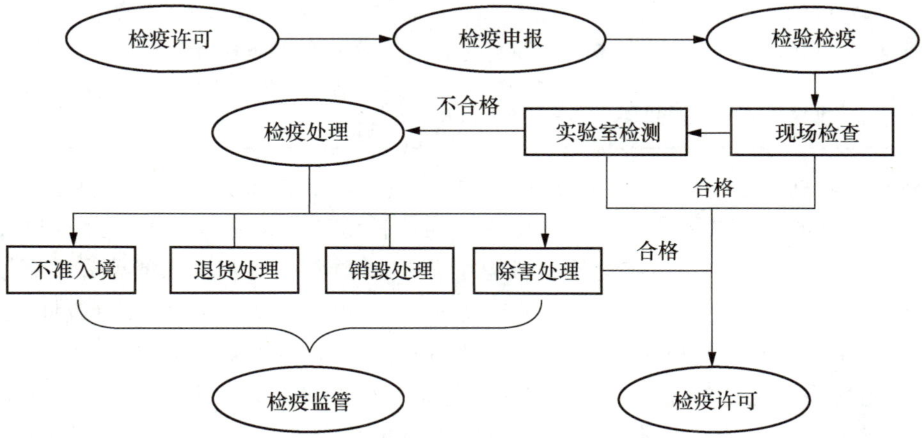

图 10-2　植物检疫的一般程序(张宏宇,2020)

综合比较分析产地检疫、调运检疫和出入境检疫,其工作程序略有区别,但都包括检疫这一关键环节。而检疫均包括现场检验和实验室检测两个方面。一般认为,现场检验和实验室检验是同一程序的两个组成部分,是查验检疫物、收集样品和鉴定有害生物种类的关键措施,二者相辅相成。经现场检验后,某些应检物或查验出的有害生物需要进一步送实验室进行检疫鉴定,以确定有害生物的种类。但在实施顺序、实施场所、主要任务、主要方法、所需设备以及对检验检疫人员要求等方面,二者有所差别(表 10-1)。由于有害生物种类不同,适用的技术也不同,有的只用一种技术检验即可,但大多数要用几种技术检验才能确定。

10.3.2　牧草与草坪草种子现场检疫

植物检疫相关规程标准有 100 余项,包括种子、苗木、组培苗、转基因植物及产品、集装箱等运载工具在内的检验检疫规程,也涉及进出境现场检疫抽样方法、种苗隔离检疫、引进天敌释放、有害生物防控等内容。从技术层面分析,牧草与草坪草种子的调运检疫与出入境检疫技术较为相近。因此,将现场检疫技术分为产地检疫调查、调运与出入境检疫两个方面进行论述。

1. 产地检疫调查

开展种苗产地检疫,建立无检疫性有害生物发生的种苗基地,是国内植物检疫的基础工作。产地检疫是一项积极、主动的检疫措施，是防止检疫性有害生物从源头传播蔓延的重要手段，也是国内外一致推崇的做法。每种作物有各自重点关注的检疫性有害生物，有不同的田间监测、调查、取样方法，以及不同的有害生物检测方法。针对单个作物有不同的产地检疫方法，我国制定发布了《小麦种子产地检疫规程》《玉米种子产地检疫规程》《大豆种子产地检疫规程》等一系列国家标准。

表 10-1　现场检验和实验室检验的比较(张宏宇，2020)

比较内容	现场检验	实验室检验
实施顺序	先	后
实施场所	现场(机场、车站、码头、田间、仓库、邮局等)	实验室(检疫机构、检测中心等)
主要任务	检查单证、抽取样品	制备样品、鉴定种类
主要技术	肉眼检查	镜检、生化检测、分子鉴定等
所需设备	放大镜、多孔筛、X光机、检疫犬等	解剖镜、显微镜、分析仪器等
人员要求	具备专业基础知识和现场检验经验	具备扎实的专业技能，熟悉仪器设备和检测技术

《草种病害检疫技术规程》规定了草种产地检疫的方法和程序。工作人员应按照规程对基地建设、检疫调查的各环节要求进行具体操作。在草种繁育基地建设方面，各环节要求如下：①新建草地繁育基地，应在当地植物检疫机构指导下，选择符合检疫要求的地方设立。②应在播种前 30 d 向当地植物检疫部门申请产地检疫，并提交产地检疫申请书，经审查同意后，方可安排生产。③草种繁育基地所用的草种，不得带有检疫性病虫杂草害和其他检疫性有害生物。④草种繁育基地周围定植的植物应与所繁育的材料不传染或不交叉感染检疫性病虫杂草害和其他检疫有害生物。⑤已建的草种繁育基地发生检疫性有害生物的，要采取措施限期处理。⑥草种繁育集中的区域或单位，应配备兼职植检员负责疫情调查、除害处理等工作。

在产地检疫调查方面各环节要求如下：①检疫调查前，植检员或兼职植检员应掌握草种繁育基地的草种来源、栽培管理及检疫性有害生物的发生情况，确定调查重点和调查方法，做好观察、采集、鉴定用的工具和记录表格等准备。②检疫调查应根据不同检疫性有害生物的生物学特性，在植物生长期进行，每年不得少于两次。③检疫调查一般先进行踏查。踏查要选择有代表性的路线，穿过草种繁育基地，必要时可采用定点或定株检查。踏查时，需查看植物各器官有无病变、病害症状等。初步确定疫情的种类、分布范围、发生面积、发生特点和危害程度。对在踏查过程中发现的检疫性有害生物，需进一步掌握危害情况的，应设立标准地做详细调查。④标准地应选设在疫情发生区域内有代表性的地段。标准地的累积总面积不少于调查总面积的 0.1%～5%。在全面目测的基础上，对疑似发生的地块采取棋盘式或对角线取样方法有针对性地调查，0.3 hm^2 以下的地块取样数不少于 10 点；0.3～1.3 hm^2 地块取样数不少于 15 点；1.3～3.3 hm^2 地块取样数不少于 20 点；3.3 hm^2 以上地块取样数不少于 25 点；每样点面积为 0.25～1.0 m^2。⑤对抽取的样株进行编号和逐株检查，统计调查总株数、疫情类别、被害株数和危害程度等。

将各项检疫调查结果填入产地检疫调查表。对踏查中发现的检疫性病害和其他危险性病害，要采集病害标本，并附上采集标签。对田间不能确认的，应在室内做进一步的检验。

2. 调运与出入境检疫(现场检疫)

(1)现场抽样　无论是调运检疫还是出入境检疫，需要进行植物检疫的货物数量都很大，很难进行全面检验。通常的做法是抽样检验，以样本的检验结果作为评定货物总体健康和安全状况（即所携带有害生物的状况）的依据。因此，科学抽样对确保检疫结果的准确性至关重要。抽样方法应根据货物的种类、特性和检验对象来决定。抽样除了有代表性和均匀性之外，还要考虑有害生物有移动性和趋性的特殊性。

牧草与草坪草种子可按检疫批扦取样品（进出境植物及植物产品检疫抽样方法 SN/T 2122—2015），同时出具抽样凭证。每份样品的抽样点不少于 5 个，随机扦取。单位包装只能有一个扦样点。常用的取样方法有对角线取样法、棋盘式取样法和随机布点或分层随机取样法等几种。每份样品都必须附有标签，记明产品的种类、品种、来自何地、批次、件数、取样日期及货物堆放（装运）场所。详细可查阅抽样方法和扦样器规程。

种子样品的数量应该根据所需要检测的项目，以及检测方法所需要的最少样品数量。一般包装种子：10 kg 以下 1 份，11～100 kg 抽取 3 份，101～500 kg 抽取 5 份，501～1000 kg 抽取 10 份，1 001～2 000 kg 抽取 15 份，2 001～5 000 kg 抽取 20 份，5 001～10 000 kg 抽取 30 份，10 001 kg 以上每增加 1 000 kg 增取 1 份，不足 1 000 kg 的取 1 份。每一份样品为 4 000 粒（实验室检测最低用量），以后每份样品为 2 000 粒。听装或锡箔袋封装的小包装种子，取样是按照种子的平均千粒重，计算需要抽取的样品数量（重量、袋或听等）。

（2）现场检查方法　现场检查的主要方法包括外观检查、过筛检查、X 射线检查和检疫犬检查等（李志红等，2004；鞠兴荣，2008；许志刚，2008）。

外观检查主要用于现场快速初验，做出初步的诊断。首先检查货物有无水湿、霉变、腐烂、异味、杂质、虫蛀、活虫、土壤和鼠类等，情况严重的，应对现场进行拍照或录像。然后打开包装，通过肉眼或手持放大镜，直接观察种子等物品中有无活虫、软体动物、杂草籽或病斑、蛀孔等有害生物的为害状；有无发霉、腐败变质、土壤及其他质量明显低劣的情况。检查时，应先检查外表和周围，然后由表及里仔细观察。必要时，结合采用刀具等进行刮检或剖检。

过筛检验又称筛检，主要用于检验谷物、种子、油料、干果和药材中的昆虫、病粒、菌瘿、菌核和杂草种子等。现场初验和室内检验均可使用。方法是将制备的代表样品，倒入规定孔径和层数的标准筛中过筛（小孔筛放在下层，最下层为筛底），盖上筛盖，用双手以回旋形的方式筛动，然后检查各层筛上物和筛下物，有无害虫、伪茧和杂草籽等，并进行识别分类，必要时装入指形管带回室内鉴定。标准筛的孔径规格及层数，依据植物籽粒的大小而定（表 10-2）。

表 10-2　标准筛的孔径规格及层数（任自忠，2003）

作物名称	层数	筛孔规格/mm
玉米、大豆、花生、向日葵	3	3.5，2.5，1.5
稻谷、小麦、大麦、高粱、大麻	2	2.5，1.5（长孔网眼）
小米、菜籽、芝麻、亚麻	2	2.0，1.2

X 射线检查广泛应用于旅客的行李物品的检查。检验人员可以通过 X 光机查看旅客包裹或邮寄物中的物品是否携带我国禁止进境的物品，在发现可疑物品时，检验人员可要求旅客打开包裹并根据物品的类型再进一步检查。

检疫犬检查作为检验检疫工作中一种特殊的检测手段，利用检疫犬灵敏的嗅觉来检查旅客的行李、邮寄包裹和运输货物中是否有国家规定的禁止进境物和限定的有害生物。美国、加拿大、澳大利亚、新西兰、日本、中国等都有利用检疫犬搜查动植物产品的经验。为了规范和指导全国检疫犬的应用推广工作，原国家质检总局动植司组织制定了《检疫犬的训练及使用规程》(SN/T 1677—2005)和《检疫犬的应用和管理规程》(SN/T 4231—2015)。

诱器检验将特异性引诱剂置于特制的诱捕器中，诱捕检疫性昆虫(主要是成虫)，主要用于产地、港口、机场、车站、货栈、仓库等处的现场检验。诱器由引诱剂、诱芯和诱捕器组成。引诱剂主要是信息素和诱饵两类。

声音测绘法是利用声学特征，对植物产品进行无损检测的新型技术。主要是利用了昆虫在活动过程中，各个器官所发出的频率和频次进行特征分析，从而依据所采集到的声音信号进行昆虫种类识别，然后再结合种类进行综合识别。

10.3.3 牧草与草坪草种子实验室检测

经现场检疫，将现场检查中发现的有害生物、带有症状的样品和其他需作进一步检测的样品送实验室检测。实验室工作人员依据相关的检疫法规程序、检疫要求和检疫技术标准，采用分离、培养、生理生化和形态学、分子生物学等方法，进行检测和鉴定。为了规范实验室的检测，对于送检的有害生物，有标准规定的，要严格按照有关国家、行业标准进行检疫鉴定。其中检疫技术标准优先使用国际标准、国家标准和行业标准。无相关标准规定的，按生物学特性、形态特征及参照有关有害生物鉴定资料进行检疫鉴定。

1. 基本检验方法

(1)害虫检查　检疫性害虫的种类不同，适用的检验方法也不同，检验方法需符合以下基本要求：安全，不使检疫性害虫扩散；准确可靠，灵敏度高；快速、简单、方便易行；有标准化的操作规程，检验结果重复性好。详细可查阅国外及国内有关昆虫分类专著。

过筛检查：根据检疫物粒径和拟检验害虫的虫体大小，选定标准筛的孔径及需要用的筛层数。将样品装入最上层的筛内，样品量约以筛层高度的 2/3 为宜，用回旋法进行过筛，回旋次数一般不少于 20 次，在筛选振荡器上筛选时振荡 0.5 min。把筛上物和筛下物分别倒入白瓷盘或黑底玻璃盘进行挑选检查。在气温较低时，害虫有冻僵、假死、休眠的情况，可将筛出物在 20～30 ℃的温箱内放置 10～20 min，待害虫复苏后再进行检查。必要时，一些卵、幼虫、蛹等经过饲养培育后再做鉴定。

染色检查：某些植物或植物器官，被害虫为害或病原物感染后，或某些病原物本身，常可用特殊的化学药品处理，使其染上特有的颜色，帮助检出和区分病虫种类。谷象、米象等为害的种子或谷物可用高锰酸钾染色法或品红染色法检测，豆象类蛀害的豆籽可用碘或碘化钾染色法予以检测。

比重法检查：一般用于检测种子、谷物、豆类中的钻蛀性害虫(也可检测其中的菌瘿、菌核和病秕籽粒及菟丝子等杂草种子)。其原理是有虫害的籽粒及菌瘿、菌核、病秕粒、草籽的比重(即相对密度)比健康籽粒轻，浸入一定浓度的食盐水或硝酸铁等溶液中，使含有有害生物的籽粒等浮于液面。捞取浮物，再结合解剖和显微镜检测，即可鉴定有害生物的种类。

饲养检查：当检查到幼虫或怀疑带有卵或幼虫的样品时用此方法。将适量样品放置在光照培养箱，温度设置在 25 ℃左右，饲养 3～5 d 或更长时间，再进行检查。进行昆虫饲养时要注意防止昆虫逃逸。针对不同的昆虫种类及寄主类别，相应的饲养方法也不尽相同，具体方法可参照不同种类昆虫的检疫鉴定方法标准。

分子方法检验：在害虫检疫鉴定工作中，主要依据成虫的形态学特征，在区分近似种方面，要求标本具有完整的形态结构。对于口岸截获的昆虫幼虫、蛹，依据形态学进行种类鉴定的难度很大，通常做法是将幼虫饲养到成虫再进行鉴定，这需要较长的时间，影响口岸检疫的速度和效率。解决这一问题的有效途径是运用现代生物技术，在基因水平上对物种进行准确鉴定。利用分子生物学技术进行昆虫种类鉴定，不受样品个体发育状态及形态结构完整性的影响，可直接从 DNA 上得到准确、可靠的鉴定信息。PCR 技术、DNA 条形码技术、RAPD 技术、RFLP 技术、AFLP 技术、DNA 芯片技术等多种分子生物学技术已经被应用于检疫性昆虫的快速鉴定。其中，基于线粒体细胞色素 c 氧化酶亚基Ⅰ(mtDNA CO Ⅰ)基因序列的 DNA 条形码技术是当前相对成熟的分子鉴定技术。

(2)病害检验　引起植物病害的病原生物包括真菌、细菌、植原体、螺原体、病毒、类病毒、线虫、寄生性种子植物等。应根据病原生物的形态、生物学、生态学和遗传特性等对其进行检疫和处理。

肉眼检查：通过过筛分离，仔细检查筛上物和筛下物中有无病瘿、菌瘿或病组织碎块，挑取可疑部分，进行镜检或培养鉴定。

比重检验法：一般用于检验种子、谷物、豆类中的菌瘿、菌核和秕籽粒等。将其浸入一定浓度的食盐水等溶液中，捞取浮物，结合解剖镜进行检验，即可鉴定其种类。

洗涤检查：主要用于种子和粮谷检验。检查附着在种子表面的各种真菌孢子、细菌或颖壳上的病原线虫时，由于肉眼或放大镜不易检查，一般可用洗涤检验。可将定量的种子放在三角瓶内，再注入一定量水加以振荡，将悬浮液用离心机浓缩，取沉淀液滴在载玻片上，置显微镜下观察有无病菌孢子、病原线虫等。该方法常用于检测种子表面附着的真菌孢子，包括黑粉菌的冬孢子、霜霉菌的卵孢子、锈菌的夏孢子以及多种半知菌的分生孢子等。

解剖检验：许多植物病害的病症在植物表面并不显著，不易诊断。为了解病菌在种子内的潜伏场所，特用解剖检验。解剖检验主要是用手切片或切片机切片，再经透明染色后，在显微镜下检视。常用于病原线虫和真菌的检测。胞囊类线虫和根结类线虫等雌雄异形线虫、定居性的内寄生线虫可在体视显微镜下用解剖针直接解剖病组织；对一些虫体较大的线虫，如茎线虫、粒线虫和潜根类线虫等，在体视镜下直接挑取即可。

分离培养检查：从代表样品中挑取可疑病瘿或病组织部分，经表面消毒后，移到培养基上进行分离培养或萌芽检查。从种子、苗木及其他繁殖材料中获得的病菌，有时还需接种到植株上，使其表现典型症状后，再检查鉴别。不同的病原种类，其接种的方法也各不相同，常用的接种方法有拌种、浸种、花器接种、喷雾接种、针刺接种、剪叶接种、摩擦接种等。对于病原线虫，可以用改良贝尔曼漏斗法、过筛检验法、漂浮分离法等分离检查。

分离培养检验：当症状不明显或多种病原物复合侵染时，对可培养的病原菌，常需要在适当的环境条件下进行人工培养，通过从组织中分离，获得纯培养，然后进一步鉴定。分离培养主要应用于潜伏于种子、苗木或其他植物产品内部的病菌检验。根据检查需要，在全批代表样品中挑取可疑病瘿或病组织部分，经表面消毒后，移于培养基上，进行分离培养或萌芽检查。适于植物中病原真菌、细菌和线虫的检验。在检测特定种类的病原时，还可选用适宜的选择性培养基。

萌芽检验：一般种子携带的寄生菌在种子发芽阶段开始为害，在种子发芽后即可检查其带病情况。萌芽检验的方法主要有保湿箱萌芽检验法、沙土萌芽检验法和土内萌芽检验法等。

隔离试种检验：有些种子或繁殖材料，在检疫现场不易发现病症或病原体，只有通过在植物生长阶段进行病害检验。检验种苗传染的病毒病应在检疫温室或隔离区进行试植，在生长阶段进行观察有无病害发生。检测种子传带的真菌可用试管幼苗症状检验法，即在试管中水琼脂培养基斜面上播种种子，在适宜条件下培养，根据幼苗症状，结合病原菌检查，确定种传真菌种类。生长检验花费时间长，使其应用受到限制。

血清学检测：各种病原物、害虫均可采用血清学方法来检测，关键是要制备具有专化性的抗体(抗血清)，利用抗原-抗体反应即可检测样本中有无目标生物存在。最常用的检测方法有凝胶扩散试验、乳胶凝集试验、酶联免疫分析、斑点免疫技术、免疫荧光检验和免疫电镜技术等。血清学反应不仅专化性强，而且十分灵敏。不同方法检测样品中抗原量的灵敏度也会有不同。

分子生物学技术：多种种子或苗木等繁殖材料所带的病害，不容易为肉眼、显微镜或分离培养等方法所识别，需要用分子生物学技术方法对其进行检测，如聚合酶链反应(PCR)、限制性片段长度多态性(RFLP)分析法等。

(3)杂草种子检验　将室内室外过筛检查中发现的杂草种子，通过肉眼或解剖镜、显微镜进行形态学鉴定，必要时可用分子生物学技术，或通过隔离种植的方式鉴定。假高粱、曼陀罗等杂草种子还要计算含量。我国已制定实施了 39 项检疫性杂草鉴定方法标准，为杂草种子检验奠定了坚实的基础。详细可查阅 39 项检疫性杂草鉴定方法标准。

外部形态鉴定：根据各种杂草种子或果实的植物学特征鉴定种别。观察种子的形态特征，包括小穗、小穗轴、颖片、颖果、冠毛、胚、子叶等的外部形态特征及其形状、大小、颜色、斑纹、附属物的有无等，来进行种类鉴定。对外部形态鉴定有困难的种类可以通过解剖观察其胚、子叶等内部特征进行鉴定。

一般解剖法：在外部形态区别有怀疑或者完全不能鉴别时，可采用解剖法从其内部形态和结构来区别鉴定。方法是先将种子浸泡在温水中，待其吸水充分、膨胀变软，用解剖刀或刀片将种子纵向或横向剖开，置于双目解剖镜或放大镜下观察其内部形态、结构、颜色，胚乳的有无、质地，胚的形状、大小、位置和子叶的数目等，然后进行比较鉴别。因杂草种子的种类不同，各种杂草种子的浸泡时间不同。一般凡是种皮或果实的果皮质地软、吸水快、薄的种子则浸泡时间相对较短，如十字花科植物的种子浸泡 2～3 h 即可。种皮较厚、质地坚硬、吸水慢的种子则浸泡时间必须延长，一般不应少于一昼夜。

显微切片法：对于某些杂草种子用外部形态鉴定和一般解剖法不能鉴别时，可采取显微切片法。将种子全部或部分的组织制成特殊切片(如石蜡切片)，再于显微镜下进行观察鉴定。豆科植物的种子可根据其种皮结构的不同，即构成种皮栅状组织的细胞大小、形状及在栅状组织下的细胞形态等，来区别种与种之间的差异。

培养鉴定：对于切片不能确定种别的，可以应用幼苗鉴定。由于幼苗的形态在遗传特征和科、属系统方面有着相对的稳定性，这对于识别提供了充分的可能性。因此，根据幼苗的形态特征来进行种的鉴定也是很重要的一种方法。

(4)转基因植物检测　转基因产品是一类重要的检验检疫对象。在农产品的国际贸易过程中，各国对转基因作物及其产品都给予了极大的关注。各个国家在生物技术方面都有完善安全性的管理体系，以对转基因农产品的安全性进行管理，只有经该国安全批准的转基因产品方可向该国出口。例如，主要转基因苜蓿品系 J101 和 J163，已被澳大利亚、加拿大、日本、新西兰、菲律宾、新加坡、韩国、美国等国家批准。而我国批准商业化种植的转基因产品主要有棉花、木瓜和杨树。至 2015 年，农业部批准进口用作加工原料的农业转基因生物 43 种。除批准了转基因棉花的种植外，进口的转基因大豆、转基因玉米、转基因油菜等仅限于用作加工原料，不得在国内种植。至 2021 年我国没有批准任何一种转基因粮食作物种子进口到中国境内种植。

在采用的各种检测方法中，所针对的目标是转移到植物中的外源基因，包括选择标记基因、报道基因、转入的目标基因、与基因相连的启动子和终止子等。因此，了解牧草、草坪草遗传转化中常用标记基因、报道基因、外源基因及启动子和终止子的种类，对选择科学的检测方法极其重要。我国现行的转基因检测依据包括国家标准、行业标准、地方性标准和农业部公告等。

2. 标本制作及样品保存

对于发现的检疫性病、虫、杂草和其他有害生物，要保存好实物标本，必要时还应照相或录像，以备复核或作为资料长期保存。按照样品保管的要求，保存好样品，以备复核。保存的样品和标本均需要做好标签，便于查对和对外交涉之用。对不需要保存的剩余样品、菌液、病瘿、活虫等要严格控制或处理，防止传播扩散为害。

10.3.4　牧草与草坪草种子检验检疫技术进展

随着科学技术的不断发展，植物检疫学发展迅速，在外来有害生物入侵、定殖、扩散、成灾等基础理论研究方面取得了重要突破。其中，以分子生物学等代表的现代检验检疫技术，在特异性、灵敏度、准确性及缩短检验时间和简化检测程序等方面都有了长足的发展，构建了更加完善的检疫性有害生物国境防御技术体系。

1. PCR 技术

基于种特异性 PCR(species-specific PCR，SS-PCR)技术，在设计目标物种的引物时考虑引物的特异性，使在扩增未知模板时能够根据目标片段条带的有无就能把目标种类与其他种类鉴别开。Asokan 等(2011)基于 DNA 条形码序列设计种特异性引物，成功实现对橘小实蝇、桃果实蝇以及不同虫态南亚果实蝇的鉴定。张桂芬等(2012)建立了美洲斑潜蝇的 SS-PCR 分子鉴定方法。程晓甜等(2013)建立了枣实蝇的 SS-PCR 分子鉴定方法。姜帆(2015)建立了墨西哥按实蝇、昆士兰果实蝇、枣实蝇等 27 种我国主要检疫性实蝇的 SS-PCR 鉴定技术体系。马以桂等(2006)也将多重 PCR 应用于检疫性线虫的检测，利用 3 对特异性引物成功地区分了剪股颖粒线虫(*Anguina agrostis*)、小麦粒线虫(*Anguina tritici*)和维氏粒线虫(*Anguina wevelli*)。SS-PCR 技术具有快速、经济、特异性强、灵敏度高、重复性好等优点，同时，基于常规 PCR 的分子检测方法，对仪器要求不高，一般检验检疫部门技术中心的分子生物学实验室都能开展相关工作，该技术更易于在实际工作中推广应用。

2. 实时荧光 PCR 技术

该技术不同于常规 PCR 之处在于其在反应体系中加入荧光基团，利用荧光信号的积累实时监测整个 PCR 进程。该技术不仅实现了 PCR 从定性到定量分析的飞跃，而且与常规 PCR 相比，它结合了 PCR 技术的高灵敏度和核酸杂交技术的特异性，具有特异性更强、有效解决 PCR 污染问题、自动化程度高、检测速度快(一般只需 1～2 h 就可完成整个检测过程)等特点。在植物病害检疫中可用于病原真菌、细菌、线虫、病毒等的鉴定和分类，特别是对植原体和难培养菌以及近似种或种下的分类鉴定。将对植物病害诊断产生重大影响，成为植物病原菌鉴定的标准方法。应用于实时定量 PCR 检测中的探针主要分子信标探针、杂交探针和 TaqMan 探针等，其中 TaqMan 探针使用最为广泛。

漆艳香等(2003)根据 16S rDNA 序列差异设计出苜蓿细菌性萎蔫病菌(*Clavibacter michiganensis* subsp. *insidiosus*)的实时定量 PCR 引物和特异性探针，仅苜蓿细菌性萎蔫病菌能检测到荧光信号，灵敏度是常规 PCR 的 100 倍。在苜蓿黄萎病分子鉴定方面，有多种用于检测病原体的分子标记并开发了定量 PCR 方法来检测苜蓿中黄萎病菌数量(Larsen et al.，2007；Bilodeau et al.，2012)。我国已制定实施了《苜蓿黄萎病菌检疫鉴定方法》(SN/T 1145—2014)技术标准，并正在制订《苜蓿黄萎病菌溯源检测方法》。此外，陈岩等(2005)建立了红火蚁实时荧光 PCR 检测方法。徐浪等(2010)利用 AllGlo 实时荧光 PCR 技术实现了 6 种按实蝇的种类鉴定。叶军等(2010)通过设计特异性引物和 TaqMan-MGB 探针，发明了菲律宾果实蝇的实时荧光 PCR 检测方法。Ma 等(2011)建立了剪股颖粒线虫 TaqMan 探针实时荧光 PCR 鉴定方法。姜帆(2015)建立了墨西哥按实蝇等 27 种主要检疫性实蝇 TaqMan-MGB 探针两步法实时荧光 PCR 鉴定技术方法。详细可查阅《苜蓿黄萎病菌检疫鉴定方法》《苜蓿黄萎病菌溯源检测方法》。

3. 等温扩增技术

等温扩增技术(isothermal amplification technology)是反应温度始终恒定的核酸扩增技术，已在许多领域被证明扩增效率等同或优于 PCR，等温扩增体系对温度精准度要求低，仅需简单的恒温装置，对现场检测配套装置具有更高的适配性。

环介导等温扩增(loop-mediated isothermal amplification，LAMP)是植物检疫性病毒检测中开展研究最早、涉及类群最多的等温扩增技术。Fukuta 等(2004)建立了检测番茄斑萎病毒(Tomato spotted wilt virus，TSWV)的免疫捕获 LAMP(IC/LAMP)方法，检测灵敏度达 10^{-3}稀释度的总 RNA，为最早建立的植物检疫性病毒 LAMP 检测方法。国内外已针对 12 个属的 20 种植物检疫性病毒和 1 种植物检疫性类病毒开发了 LAMP 检测技术。植物检疫性病毒的 LAMP 检测技术、反应体系不断改进与优化，并在产物检测方法、特异性、检出限上不断提升。例如，由闻伟刚等(2010)建立菜豆荚斑驳病毒(Bean pod mottle virus，BPMV)的 LAMP 检测技术，通过琼脂糖凝胶电泳检测扩增产物，灵敏度为 10^{-3}稀释度；Wei 等(2012)针对大豆种子中 BPMV 建立了 RT-LAMP 检测方法，并与快速提取 RNA 技术相结合，通过荧光染料 SYBR Green Ⅰ目视观察扩增产物，灵敏度达 1 pg；郭立新等(2013)进一步改进了 BPMV 的 LAMP 产物检测方法，通过实时浊度仪实时监测扩增过程，灵敏度提升为 200 fg。此外，Xu 等(2017)针对玉米褪绿斑驳病毒(Maize chlorotic mottle virus，MCMV)建立了实时浊度的 RT-LAMP 方法，反应在 61 ℃下 60 min 完成，灵敏度可达 20 pg 总 RNA，在盲样检测时与添加钙黄绿素的染料法呈现一致的检出率；Chen 等(2017)针对 MCMV 建立了 RT-LAMP 方法，反应在 63 ℃下 60 min 内完成，利用琼脂糖凝胶电泳和荧光目视法检测扩增产物，灵敏度都为 2.5 pg 总 RNA；单长林等(2017)改进了 MCMV 的 RT-LAMP 方法，反应时间缩短为 45 min，经钙黄绿素染料目视法和实时浊度检测扩增产物，灵敏度最低为 0.28 pg 总 RNA。

4. SELEX 技术

在实际口岸检疫中，由于研究资料的缺乏和技术的限制，常常面临以下几个难题。首先，现有的植物病原细菌分子检测技术，无论是常规 PCR 还是实时荧光 PCR、基因芯片等都是以

16 SrDNA 作为细菌群落结构分析最常用的系统进化标记，分子标记单一。而细菌中其他基因的序列大部分未知，无从设计引物。急需通过新的技术发现病原细菌特异性寡核苷酸或蛋白序列，为分子检测奠定基础。其次，变种分型难。新修订并公布的《进境植物检疫危险性病虫杂草名录》中有的植物病原细菌特别是致病变种，在现有技术和研究资料下，还不能有效区分，给口岸检疫鉴定带来一定的困难。再次，富集困难。进口种子中种传病原细菌含量低，常规的病原富集技术难以实施，造成许多微量病原菌的漏检。而目前的分子检测技术都是以分离到病原菌并提取到目标病原菌的 DNA 为前提的，因此，在病原菌含量低的情况下分子检测技术也无能为力，急需研究有效的病原细菌富集技术。

美国学者 Gold 和 Ellington 于 1990 年首先提出并命名了指数富集配体系统进化(Systematic evolution of ligands by exponential enrichment，SELEX)。该技术的基本途径主要是通过人工合成的随机寡核苷酸序列文库，历经筛选、分离、富集得到能与各种配体结合的寡核苷酸适配体，而这种适配体具有高特异性、高亲和力和稳定性良好的特点。SELEX 技术筛选的靶分子不仅包括无机离子、小分子有机化学物、核酸、蛋白质等，甚至扩展到了完整的细胞、病毒、细菌病原体等复杂靶分子。国内外还没有 SELEX 技术在植物检疫上应用的报道。

5. DNA 条形码

DNA 条形码是利用一个或几个基因片段进行物种鉴定的方法，通过标准的、易于扩增、相对较短的 DNA 片段，应用分子系统学的研究方法而建立的一种新的物种身份识别系统。作为分类学的研究工具，DNA 条形码技术将物种鉴定范围扩展到生物生活史各阶段。作为生物多样性研究工具，DNA 条形码技术有助于发现新物种，并为解决近似种和隐存种等传统分类鉴定难题提供新的研究方法与思路。DNA 条形码是一种快速、准确、标准化、可实现数据共享的通用分类鉴定技术，该技术的核心环节是 DNA 条形码基因的筛选。

DNA 条形码相关的组织机构相继成立，如 DNA 条形码加拿大中心(CCDB)、生命条形码联盟(CBOL)、国际生命条形码计划(iBOL)等。其中，加拿大圭尔夫大学的 DNA 条形码中心是国际“生命条形码计划”的研究中心，于 2005 年建立了生命条形码系统，是生命条形码领域最全面和最有效的数据管理系统。已发展到 V4 beta 版，采用云存储和云计算。该系统的功能主要包括收集、保存、分析和利用世界范围内产生的 DNA 条形码数据。截至 2017 年 10 月，有 267 653 个物种，5 791 015 个样本，7 812 057 条 DNA 条形码序列。欧盟检疫性有害生物 DNA 条形码数据库 Q-bank，针对欧盟检疫性有害生物建立的 DNA 条形码信息系统，研究对象包括细菌、真菌、昆虫、入侵植物、线虫、植原体和病毒等检疫性有害生物。数据库于 2012 年对外开放，研究人员在网站经过比对后，可实现欧盟检疫性有害生物的 DNA 条形码鉴定。我国也建立了“中国检疫性有害生物 DNA 条形码鉴定系统”，包括 1 053 种 54 591 条检疫性有害生物、动物疫病和医学媒介 DNA 条形码基础数据，涉及植物检疫性昆虫、线虫、杂草、病菌、动物疫病和医学媒介。系统具有数据录入与管理、数据分析、物种识别等模块，实现了我国检疫性有害生物的物种 DNA 条形码鉴定。详细内容可参考“欧盟 DNA 条形码数据库”及“中国检疫性有害生物 DNA 条形码鉴定系统”。

6. 集成流路芯片技术

集成流路(integrated fluidic circuit，IFC)芯片是一种利用具有高弹性的聚二甲基硅氧烷材料，采用多层软刻蚀技术在芯片上设计并加工成高密度的微泵微阀结构，通过控制微泵微阀的关闭和开启，快速准确地将反应液分成若干独立的纳升量级反应单元，实现多步平行进行的通量高、体积小的 PCR 反应平台。

以 IFC 芯片为反应平台的多种 PCR 技术已在医学诊断、基因分型、单细胞基因表达、转基因检测、环境微生物检测、下一代测序等方面得到了广泛的应用。姜帆(2015)将筛选出的 27 种我国主要检疫性实蝇种特异性引物和探针组合,应用集成流路芯片鉴定技术,建立了我国检疫性实蝇集成流路芯片鉴定方法,设定 CT≤20.0 为阳性扩增。从 DNA 提取,到芯片初始化、反应试剂和样品混合液配制、上样及分液,最后通过两步法实时荧光 PCR 扩增得出检测结果,整个鉴定流程只需 7.5 h 左右即可完成。由于 48.48 动态芯片每次最多可进行 48(引物探针组合)×48(样本)个实时荧光 PCR 反应。因此,应用 27 种主要检疫性实蝇种特异性引物和探针组合,只需一次实验即可实现 27 种我国主要检疫性实蝇的快速鉴定。

基于集成流路芯片的实时荧光 PCR 技术不仅具备传统实时荧光 PCR 技术特异性强、检测效率高、无污染的优点;同时,IFC 芯片简化了传统实时荧光 PCR 的操作步骤,使操作流程简化至 1/48;其纳升级的反应体系(每个微反应室的总体系约为 0.2 μL)比传统 PCR 和实时荧光 PCR 反应(每个反应体系一般为 20～25 μL)的试剂耗费减少 100 倍。在大量样品需要被检测的实际应用中,基于集成流路芯片的实时荧光 PCR 技术将发挥更大的作用。

7. 高通量测序技术

高通量测序是 DNA 测序发展历程的一个里程碑,能同时对数百万个 DNA 分子进行测序,又被称为下一代测序(next generation sequencing,NGS)或深度测序(deep sequencing)。相比于第一代测序技术,高通量测序技术性价比更高,它具有一代测序无法比拟的高通量,相对成本更低,使高通量测序使用越来越广泛。

高通量测序技术目前主要运用于全基因组测序、转录组学、宏基因组学、表观遗传学等方面,并且已在检验检疫中广泛运用,如有害生物鉴定与监测、新的有害生物的发现、有害生物基因组学研究、有害生物与寄主互作以及致病机制研究等。Hagen 等(2011)利用 Small RNA 高通量测序技术对接种了番茄斑萎病的番茄进行分析,在植物寄主出现明显症状之前准确检测到病原物。Caporaso 等(2012)利用 16S rRNA 高通量测序检测病原物种群的波动。Verbeek 等(2014)在荷兰种植的一种莴苣进行高通量测序分析,该材料具有叶基部坏死并伴随叶卷曲症状,发现了一种称为莴苣坏死叶卷病毒(LNLCV)的新病原物。Gao 等(2016)对引起小麦叶斑病病原菌(*Parastagonospora nodorum*)的 91 株自然种群,通过高通量测序进行 SNP 位点分析,发现了 1 个新的毒力因子。随着高通量测序技术的不断发展,测序成本逐渐降低,通量和精确度都在不断提升,高通量测序技术应用越来越广泛,在检验检疫行业中也将会发挥越来越重要的作用。

参考文献

陈岩,陈乃中,朱水芳,等 . 2005. 红火蚁实时荧光分子检测方法 . 植物检疫,(4):204-206.

程晓甜,阿地力·沙塔尔,张伟,等 . 2013. 枣实蝇特异引物 PCR 鉴定技术 . 林业科学,49(11):98-102.

郭磊,梅凤乔 . 2008. 风险防范原则在外来物种入侵立法中的适用 . 安徽农业科学,36(19):8308-8310.

郭立新,段维军,徐亚飞,等 . 2013. 逆转录环介导等温扩增技术检测菜豆荚斑驳病毒. 植物保护学报,40(5):473-474.

姜帆.2015. 我国检疫性实蝇分子鉴定技术体系的研究.博士学位论文.北京:中国农业大学.

鞠兴荣.2008. 动植物检验检疫学.北京:中国轻工业出版社.

李志红,杨汉春,沈佐锐.2004. 动植物检疫概论.北京:中国农业大学出版社.

马以桂,王金成,谢辉,等.2006. 3 种粒线虫多重 PCR 检测方法.植物病理学报,36(6):508-511.

漆艳香,赵文军,朱水芳,等.2003. 苜蓿萎蔫病菌 TaqMan 探针实时荧光 PCR 检测方法的建立.植物检疫,17(5):260-264.

任自忠,苑凤瑞,张森.2003. 新编植物保护实用手册.北京:中国农业出版社.

单长林,周圆,李孝军,等.2017. RT-LAMP 及 RT-PCR 方法快速检测玉米褪绿斑驳病毒的比较与应用.广东农业科学,44(7):83-90.

闻伟刚,杨翠云,崔俊霞,等.2010. RT-LAMP 技术检测菜豆荚斑驳病毒的研究.植物保护,36(6):139-141,146.

徐浪,余道坚,李建光,等.2010. AllGlo 实时荧光 PCR 快速检测 6 种按实蝇.植物检疫,24(5):18-21.

许志刚.2008. 植物检疫学.3 版.北京:高等教育出版社.

叶军,房蕊,易建平,等.2010. 4 种实蝇线粒体 DNA 全序列测定.植物检疫,24(3):11-14.

张桂芬,刘万学,郭建英,等.2012. 美洲斑潜蝇 SS-PCR 检测技术研究.生物安全学报,21(01):74-78.

张宏宇.2020. 植物害虫检疫学.3 版.北京:科学出版社.

Antolin-Llovera M, Ried M K, Binder A, et al. 2012. Receptor kinase signaling pathways in plant-microbe interactions. Annu Rev Phytopathol, 50:451-473.

Asokan R, Rebijith K B, Singh S K, et al. 2011. Molecular identification and phylogeny of bactrocera species(Diptera: Tephritidae). Florida Entomologist, 94(4):1026-1035.

Bilodeau G J, Tropiano R, Briere S C. 2012. Development of diagnostic assays for detection of *Verticillium* in alfalfa and flax and detection of blackleg (*Leptosphaeria maculans*) in canola using real-time PCR. Phytopathology, 102(S4):12.

Caporaso J G, Paszkiewicz K, Field D, et al. 2012. The Western English Channel contains a persistent microbial seed bank. ISME Journal, 6(6):1089-1093.

Chen L, Jiao Z, Liu D M, et al. 2017. One-step reverse transcription loop-mediated isothermal amplification for the detection of Maize chlorotic mottle virus in maize. Journal of Virological Methods, 240:49-53.

Fukuta S, Ohishi K, Yoshida K, et al. 2004. Development of immunocapture reverse transcription loop-mediated isothermal amplification for the detection of tomato spotted wilt virus from chrysanthemum. Journal of Virological Methods, 121(1):49-55.

Gao Y Y, Liu Z H, Faris J D, et al. 2016. Validation of genome-wide association studies as a tool to identify virulence factors in *Parastagonospora nodorum*. Phytopathology,

106(10):1177-1185.

Hagen C, Frizzi A, Kao J, et al. 2011. Using small RNA sequences to diagnose, sequence, and investigate the infectivity characteristics of vegetable-infecting viruses. Archives of Virology, 156(7):1209-1216.

Larsen R C, Vandemark G J, Hughes T J, et al. 2007. Development of a real-time PCR assay for quantifying *Verticillium albo-atrum* DNA in resistant and susceptible alfalfa. Phytopathology, 97:1519-1525.

Ma Y, Xie H, Wang J, et al. 2011. Detection of second-stage juveniles of *Anguina agrostis* using TaqMan Real-time PCR. Russian Journal of Nematology, 19(2):151-158.

Muthamilarasan M, Prasad M. 2013. Plant innate immunity: an updated insight into defense mechanism. Journal of Biosciences, 38(2):433-449.

Pan X, Zhang J, Xu H, et al. 2015. Spatial similarity in the distribution of invasive alien plants and animals in China. Natural Hazards, 77(3):1751-1764.

Tania Y T, Joannis S, Gitta C. 2016. Plant-pathogen effectors: cellular probes interfering with plant defenses in spatial and temporal manners. Annu Rev Phytopathol, 54:419-441.

Verbeek M, Dullemans A M, van Raaij H M G, et al. 2014. Lettuce necrotic leaf curl virus, a new plant virus infecting lettuce and a proposed member of the genus *Torradovirus*. Archives of Virology, 159(4):801-805.

Wei Q W, Yu C, Zhang S Y, et al. 2011. Molecular identification and phylogeny of bactrocera species(Diptera: Tephritidae). Florida Entomologist, 94(4):1026-1035.

Xu H, Chen K, Ouyang Z, et al. 2012. Threats of invasive species for China caused by expanding international trade. Environmental Science and Technology, 46(13):7063-7064.

Xu Y, Xu Y F, Liu Y F, et al. 2017. Reverse transcription-loop-mediated isothermal amplification for detection of maize chlorotic mottle virus. Agricultural Science & Technology, 18(1):123-126.